中国排灌机械全书

ZHONGGUO PAIGUAN JIXIE QUANSHU

袁寿其　主编

中国农业出版社
北　京

中国排灌机械全书

编写人员

主　编　袁寿其

副主编　袁建平　张德胜

参　编　（以姓氏笔画为序）

王　剑　王　勇　王文杰　王龙滟　王晓林
王新坤　毛艳虹　印　刚　朱　勇　朱兴业
向清江　刘建瑞　刘俊萍　汤　攀　许　彬
李　伟　李　岩　李刚祥　李娅杰　杨孙圣
杨思佳　吴　璞　邱　宁　汪家琼　张　帆
张国翔　张金凤　陆　荣　陆伟刚　周　岭
郑　珍　赵睿杰　骆　寅　徐恩翔　谈明高
黄　俊　曹璞钰　彭光杰　蒋　跃　裴　吉
熊　伟　魏洋洋

《中国排灌机械全书》是一部荟萃农业机械领域排灌机械科学知识的大型工具书。

中国农业历史悠久，农业科学知识的积累源远流长。中国历代刊出发行的许多农学著作是中华民族文化宝库的重要组成部分。北魏贾思勰的《齐民要术》、明代徐光启的《农政全书》被誉为中国古代的农业百科全书，至今为国内外学者所珍视。新中国成立 70 多年来，农业灌溉排水事业取得了举世瞩目的巨大成就，建成了较为完善的农业灌排工程体系和管理体制，为农业可持续发展和保障国家粮食安全做出了重大贡献。随着灌溉面积的增大，排灌机械化、智能化设施将极大提高我国粮食产量和农业生产能力，为面向现代化，面向未来，编纂出版具有现代实际意义的《中国排灌机械全书》，把排灌机械化的知识准确而简明地提供给读者，是学术界与广大读者的共同愿望。

中国是一个农业大国，又是一个水资源严重短缺的国家，人多水少、水资源时空分布不均是我国的基本国情和水情，水资源供需矛盾突出仍然是可持续发展的主要瓶颈。农业用水供需矛盾日益突出，一方面农业缺水，另一方面用水浪费现象又普遍存在，农田灌溉水有效利用系数也只有 54.8%，远低于世界先进水平，在农业灌溉中，排灌机械起到了举足轻重的作用。21 世纪以来，连续 17 个中央 1 号文件都把发展节水灌溉作为经济社会可持续发展的一项战略任务，大力发展农业节水和高效排灌机械化装备是缓解水资源供需矛盾的必然选择，也是促进水资源可持续利用的重要举措。党的十九大提出要实施乡村振兴战略，加快推进农业现代化；习近平总书记对水利工作提出“节水优先，空间均衡，系统治理，两手发力”的 16 字方针；国家发展改革委和水利部出台了《国家节水行动方案》，提出要实施重大农业节水工程建设，推广先进适用节水技术与工艺，推进节水技术装备产品研发及产业化，使技术与装备适应新形势、新要求，为灌溉现代化高质量发展做出新的贡献。为了加快实现农业机械化及现代化，需要加速发展排灌机械化科学研究和教育事业，培养大批的排灌机械化科学技术人才，向广大农民普及排灌机械化的科学技术知识。因此，编撰出版一部全面而扼要地介绍现有排灌机械化科学技术知识的大型工具书，是建设社会主义现代化农业的迫切需要。

本书由江苏大学主持编撰。江苏大学流体机械工程技术研究中心的前身为创建于1962年的吉林工业大学排灌机械研究室，1963年成建制迁入镇江农业机械学院，2011年组建国家水泵及系统工程技术研究中心，2018年获批流体工程装备节能技术国际联合研究中心，2020年获批国家高端流体机械装备与技术学科创新引智基地。江苏大学流体机械工程技术研究中心曾是全国流体机械及工程学科教学指导委员会组长单位，也是全国排灌机械的技术归口单位，并且是国家级排灌机械产品质量监督检测中心。在排灌机械理论、技术和产品开发等方面有半个多世纪的研究基础、经验和成果，在节水灌溉装备领域积累了丰富的理论和实践经验，中国农机学会排灌机械专业委员会挂靠在本学科，主办的《排灌机械工程学报》系中文核心期刊。江苏大学流体机械工程技术研究中心编撰的《中国排灌机械全书》，以农业各学科的知识体系为基础，发扬学术民主，坚持实事求是的科学态度，讲求书稿质量，贯彻百科体例，使其具有中国特色和风格。《中国排灌机械全书》具有一定的专业深度和实用性，它的主要读者是农业科学技术工作者、农业大专院校师生、具有高中或相当于高中文化程度以上的农业干部和农民。这部专业性百科全书，以条目的形式介绍知识和提供相应的资料，每个条目是一个独立的知识主题；不仅具有一般工具书检索方便、查阅容易的特点，而且由浅入深地介绍知识，有助于读者向知识的深度和广度探索。

本书在编纂的过程中，参考和引用了大量国内外相关文献，在此对这些文献的作者表示感谢。本书的出版得到了“十三五”国家重点研发计划“适宜西北典型农区的绿色高效节水灌溉装备研制与开发（2016YFC0400202）”及江苏省高校优势学科建设工程项目的资助，也一并表示感谢。最后，向对本书相关研究工作做出贡献的全体课题组成员和参与编纂工作的人员表示真诚的感谢。

《中国排灌机械全书》的编纂出版，是中国农机科学事业的一项基本建设。在编纂过程中，得到有关高等院校、科研单位及生产部门的大力支持，在此谨致诚挚的谢意。由于排灌机械化内容丰富、发展迅速，有待进一步研究的内容很多，编纂这样大型的专业百科全书，由于缺乏经验，书中难免存在疏漏之处，恳请读者批评指正，以便再版时修订。我们向所有对这项工作给予支持的各位领导、有关单位和参与编写、审稿工作的同志表示衷心的感谢。

2020年9月于江苏大学

凡例

一、全书由条目组成。

二、条目按条题第一个字的汉语拼音字母顺序排列。第一字同音时，按阴平、阳平、上声、去声的声调顺序排列；第一字同音同调时，按笔画多少顺序排列；同音同调且笔画相同时，按起笔的笔形一（横)、丨（竖)、丿（撇)、丶（点)、乛（折，包括亅、乚、乙等）的顺序排列；同音同调同笔画同起笔笔形时按第二字的音、调顺序排列，余类推。

三、绝大多数条题后附有对应的英文。

四、正文前设条目的分类目录，供读者了解内容全貌或查阅一个分支或一个大主题的有关条目之用。为了保持学科或分支学科体系的完整并便于检索，有些条目可能在几个分类标题下出现。

五、有些条目的释文后附有参考书目，供读者选读。

六、条目释文中出现的外国人名、地名、外国组织机构名，一般用汉语译名，后附原文。

七、一部分条目在释文中配有必要的插图。

八、正文书眉标明双码页第一个条目及单码页最后一个条目第一个字的汉语拼音和汉字。

九、正文后附条目的汉字笔画索引、外文索引。

十、本书所用科学技术名词以各学科有关部门审定的为准，未经审定或尚未统一的，从习惯。地名以中国地名委员会审定的为准，常见的别名必要时加括号注出。

目 录

条目分类目录

说　明

一、条目分类目录供了解农业机械领域排灌机械的科学知识体系，查阅一个分支或一个知识主题的有关条目之用。如查“手提式喷灌机”，“手提式喷灌机”是喷灌机的一种类型。因此，在“喷灌机”标题下查到“手提式喷灌机”在第×××页。

二、为了学科分类体系的完整，有些条目标题可能在几个分类条题下出现，如“钢管”既列入微灌，又列入管材。其中加［　］的标题用于归纳下层条目，没有释文。

［排灌泵及系统］

［节水灌溉技术及装备］

[作业机械及辅助器材]

[测量仪器仪表]

[生产检测设备]

A

安全阀（safety valve） 通过向系统外排放介质防止系统内压力超过规定值的自动阀门。是一种各类承压设备不可缺少的安全设备。主要用于锅炉、压力容器和管道中，控制压力不超过规定值，对人身安全和设备运行起重要保护作用。

原理 安全阀正常情况下处于常闭状态，当设备或管道内的介质压力升高超过规定值时，依靠介质的压力自动开启阀门，迅速排出一定数量的介质。当容器内的压力降到允许值时，阀门自动关闭，容器内压力始终低于允许压力的上限。

类型 主要分为弹簧式安全阀、杠杆式安全阀和先导式安全阀 3 种（图）。弹簧式安全阀中阀瓣与阀座的密封靠弹簧的作用力。杠杆式安全阀是靠杠杆和重锤的作用力。先导式安全阀由主安全阀和辅助安全阀两部分组成，先开启辅助安全阀，介质沿着导管进入主安全阀，将主安全阀打开，降低增高的介质压力。

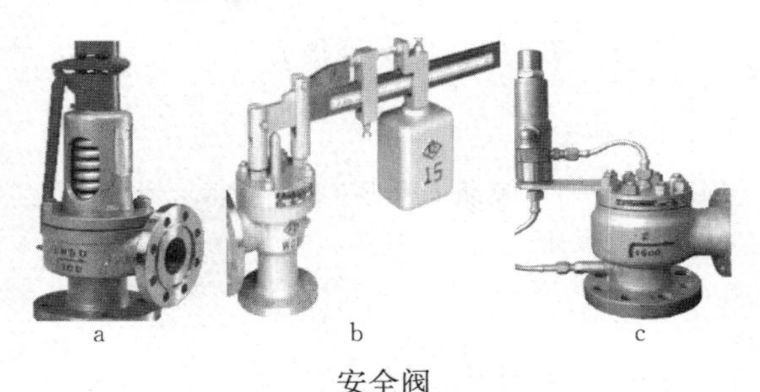

a　b　c

安全阀

a. 弹簧式安全阀　b. 杠杆式安全阀　c. 先导式安全阀

结构 弹簧式安全阀主要由阀体、阀座、反冲盘、导套、弹簧和阀盖等组成。杠杆式安全阀主要由阀体、阀座、阀瓣、支点、杠杆、顶针和重锤等组成。先导式安全阀主要由主安全阀和辅助安全阀组成。

参考书目

章裕昆，2016. 安全阀技术［M］. 北京：机械工业出版社.

张汉林，2013. 阀门手册——使用与维修［M］. 北京：化学工业出版社.

（王文杰）

安全机构（safety mechanism） 一种灌溉系统中安装的安全保护装置（图）。灌溉系统和灌溉方式不同，采用的安全保护装置也不同，但最基本的要求是设置逆止阀和排气阀，防止化学物质回流入水源造成污染和保障管道安全运行。一些常用安全机构还包括泄压阀、泄水阀等。

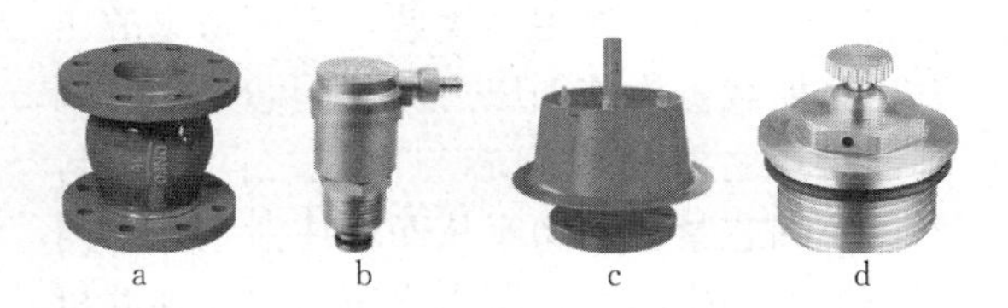

a　b　c　d

安全机构

a. 逆止阀　b. 排气阀　c. 泄压阀　d. 泄水阀

类型 逆止阀是依靠介质本身流动而自动开、闭阀瓣，用来防止介质倒流的阀门。排气阀是一种安装于系统架构中的控制器，用来释放供水管道中产生的气穴的阀门。泄压阀是当设备或管道内压力超过设定压力时，会自动开启泄压，保护设备和管道。泄水阀是在管道系统中安装的一种阀门，当水压过大时会自动排水，减轻管路压力，以保护管路安全。

原理 ①逆止阀的原理：当介质按规定方向流动时，阀瓣受介质力的作用而被开启；介质逆流时，阀瓣因自重和受介质反向力的作用，与阀座的密封面闭合而关闭，以阻止介质逆流。②排气阀的原理：当系统充满水时，水中的气体因为温度和压力变化不断逸出向最高处聚集，当气体压力大于系统压力的时候，浮筒便会下落带动阀杆向下运动，阀口打开，气体不断排出；当气体压力低于系统压力时，浮筒上升带动阀杆向上运动，阀口关闭。③泄压阀的原理：主管道水流方向自左向右，一路控制水进入导阀控制室，当水的压力小于设定泄压值时，导阀弹簧的推力大于水的压力，导阀阀瓣处于关闭状态；另一路控制水经节流针形阀进入主阀上腔后产生一个静压，上腔的压强和流道内的压强相等。由于主阀阀瓣的上平面大于下平面，所以上腔对阀瓣的压力大于主流道内水对阀瓣的推力，使主阀处于关闭状态。如果主管道水流压力升高并超过设定的泄压值，经控制管进入导管控制室的水流压力增加，水的压力大于弹簧推力，此时导阀被打开，主阀上腔开始泄压。④泄水阀的原理：喷灌时，压力水作用于阀芯，当压力水的压力小于加载机构施加压力时，阀芯紧压着阀座，两者之差构成阀芯与阀座之间的密封力，使阀芯紧压着阀座从而堵住泄水孔，内部介质无法排出；当压力水压力大于加载机构施加压力时，阀芯离开阀座，泄水阀开启，介质排出；如果泄水阀的排量大于设备的安全泄放量，通过短时间的排气后，设备内压力即降回至正常工作压力。此时压力水作用于阀芯上的力又小于加载机构施加在阀芯上的力，阀芯紧压阀座，内部介质停止排出，从而使设备保持正常的工作压力继续运行。

结构　逆止阀由阀体、阀座、导流体、阀瓣、轴瓦及弹簧等零部件组成，内部流道采用流线型设计，压力损失小，阀瓣启闭行程很短，停泵时可快速关闭，防止巨大的水锤声，形成静音效果。排气阀由阀盖、排气嘴、杠杆、浮子和阀体等部件组成，浮子在阀体内部，通过浮子的上下运动来控制阀门的开闭。泄压阀由针形阀、压力表、主阀、导阀及连接管等部件组成，主阀被隔膜分成上、下两部分，隔膜下腔为水流通道，上腔为控制室，由它来控制主阀阀瓣的启闭。泄水阀由阀座、阀瓣（阀芯）和加载机构等部分组成，阀瓣连带有阀杆，紧扣在阀座上，阀瓣上面是加载机构，由它来控制载荷的大小。

参考书目

赵燕东，张军，王海兰，2010. 精准节水灌溉控制技术［M］. 北京：电子工业出版社.

樊惠芳，2010. 灌溉排水工程技术［M］. 郑州：黄河水利出版社.

张强，吴玉秀，2016. 喷灌与微灌系统及设备［M］. 北京：中国农业大学出版社.

许一飞，许炳华，1989. 喷灌机械：原理·设计·应用［M］. 北京：中国农业机械出版社.

（朱勇）

暗锁式快速接头

（pin type quick connector）　一种锁片固定式快速接头。一般用在金属管道上，优点是连接可靠，但连接速度慢，目前在国内使用较少。

结构　承口有四个孔，可插锁片，插口上有四个凹坑（锁槽），插入承口后旋转管子，使锁片进入锁槽，起卡死作用。

暗锁式快速接头

参考书目

周世峰，2004. 喷灌工程学［M］. 北京：北京工业大学出版社.

（蒋跃）

B

半固定滴灌系统（semi fixed drip irrigation system） 一种干、支管道固定，只有田间毛管移动的滴灌系统。在半固定式滴灌系统中，一条毛管可控制数行作物。与固定式滴灌系统相比，半固定式滴灌系统采用毛管移动的方式灌溉，大大减少了毛管用量，从而可提高毛管的利用率，降低了滴灌设施投入，并取得节水、节肥、省地等效果，但需要人工移动毛管，灌溉工作量较大。半固定式滴灌系统亩[①]投资为500～700元。为避免夜间移动毛管，在规划设计时，可尽量控制移管间隔时间在6～8 h。

原理 半固定滴灌系统的毛管上具有多个插孔，毛管可反复拆卸移动，灌水时，灌完一行再将毛管移至另一行进行灌溉，依次移动可灌数行。

结构 与常规滴灌一样，半固定滴灌系统也由首部枢纽、输配水管网和灌水器等部分组成。其中，输配水管网中的干、支管固定，毛管可移动。

主要用途 适用于宽行蔬菜与瓜果等作物的灌溉。

（李岩）

半固定管道式喷灌（semi fixed pipeline sprinkler irrigation） 一种喷头和支管可以移动、其他部分固定、干管埋入地下的喷灌方式。管道可移动程度介于固定管道式喷灌系统和移动管道式喷灌系统之间。

特点 干管上装有许多给水栓，喷灌时将支管连接在干管给水栓上，再在支管上安装竖管及喷头，喷洒完毕再移接到下一个给水栓上继续喷灌。由于支管可以移动，支管用量少，设备利用率高，降低了系统投资，但与固定式喷灌系统相比，运行比较烦琐。

（郑珍）

半固定式低压管道输水灌溉系统（semi fixed low pressure pipeline irrigation system） 一种由固定的和移动的灌溉管道共同组成的低压管道输水灌溉系统。该类型系统又称为半移动式灌溉管道系统。最常见的是首部枢纽和干管固定，其他各级管道和田间灌水装置是移动的，可通过移动软管输水进入田间畦、沟进行灌水。

特点 由于首部枢纽和干管笨重，固定后可以减少移动的劳动强度，还可以节省较多的投资。所以该系统具有固定式和移动式两类系统的特点，并在一定程度上克服了两者的缺点，目前是灌区使用广泛并符合实际需求的输水工程类型，系统在设计时由经济分析和技术比较来确定具体的固定部分和移动部分。

参考书目

王留运，杨路华，2011. 低压管道输水灌溉工程技术［M］. 郑州：黄河水利出版社.

李远华，1999. 节水灌溉理论与技术［M］. 武汉：武汉水利电力大学出版社.

（向清江）

① 亩为非法定计量单位，1亩≈667 m^2。

半固定式灌溉管道系统（semi - stationary irrigation pipeline system） 一种由固定的和移动的管道共同组成的灌溉管道系统。一般首部枢纽和干管（或干、支管）固定不动，固定管道埋于地下，而末级管道（支管、毛管）及灌水装置则是可移动的。

特点 由于首部枢纽和干管比较重，固定下来可以减少移动的劳动强度，而末级管道一般重量较轻，但所投资的比例较大。因此，系统移动所消耗的劳动强度相对较小，同时可节省较多的投资。这种类型的系统目前在渠灌区灌溉系统使用中最为广泛。

参考书目

王留运，杨路华，2011. 低压管道输水灌溉工程技术［M］. 郑州：黄河水利出版社.

李远华，1999. 节水灌溉理论与技术［M］. 武汉：武汉水利电力大学出版社.

（王勇　王晓林）

半固定式喷灌机组（semi - permanent sprinkler irrigation unit） 一种动力机、水泵和干管固定不动而支管、喷头可移动的喷灌系统（图）。其核心设备是自吸泵，配套部件主要有喷头、输水管（管件）、机架和原动机。半固定式喷灌机组常用于大田作物。半固定式喷灌机组的喷灌效率较移动式喷灌机组高。

半固定式喷灌机组

概况 半固定式喷灌机组由固定管网和田间移动喷洒设备两大部分组成。半固定式喷灌机组与移动式喷灌机组比较效率高，节水节能，经济效益显著。但由于半固定式喷灌是以水滴形式灌溉，当风力达到4级左右时，为了避免水被吹走，必须暂停喷灌，因此有一定局限性。而且，由于喷灌是通过压力来实现，所以，在投资设备时，需要的费用比较高。

类型 从移动方式上可划分为：①人力搬移、滚移式。②由拖拉机或绞车牵引的端拖式。③由小发动机驱动做间歇移动的动力滚移式。

结构 半固定式喷灌机组的固定部分（动力机、水泵和干管）与固定式喷灌机组较为相似，其不同之处多在于移动方式的不同。

（徐恩翔）

半螺旋型吸水室（half - spiral suction chamber） 一种在叶轮进口处断面面积从大到小逐渐变化的外壁呈螺旋型的过流部件。半螺旋型吸水室中液体流过吸水室断面的同时，有一部分液体进入叶轮。图为半螺旋型吸水室平面投影。半螺旋型吸水室和环型吸水室相比，有利于改善流动条件，能保证液体在叶轮进口处得到均匀的速度场。

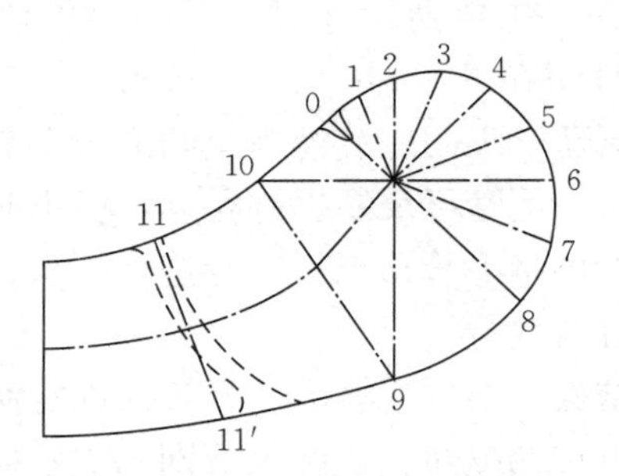

半螺旋型吸水室平面投影

0～10为半螺旋型吸水室的11个断面；

11～11′为半螺旋型吸水室的进口截面

原理 根据半螺旋吸水室的原理图可见，吸水室由蜗壳形成部分及非蜗壳形成部分组成，总的流动情况相当于一个蜗壳。当采用半螺旋吸水室的时候，叶轮进口环量大于零，根据欧拉方程可知，在其他条件相同时，叶轮的能量头（扬程、全压）会降低。在叶轮的设计中，应考虑这一点。

设计要点 ①确定入口直径 D_S。②确定0～8断面的液体平均流速，该流速按下式计算：

$$v=(0.7:0.85)v_j$$

式中 v_j 为叶轮进口流速（m/s）。

③ 确定0～8断面面积，认为有 $Q/2$ 的流量通过第8断面，故 $F_8=Q/(2v)$，其他断面面积与第8断面成正比例减小。

绘型 ①画各断面轴面投影图，形状根据结构确定，如单级泵轴向可以宽些，多级泵为压缩轴向尺寸，可适当增加径向尺寸。通常先画第8断面，然后再画其他断面，各断面的面积应等于计算面积，形状和各部分尺寸应有规律变化。②画平面图，将各断面的顶点转移到相应断面的射线上，以圆弧连接各点，即得螺旋形部分的轮廓线。③画进口到第8断面的过渡部分的轮廓线时，应考虑泵的总体结构和流动特性。其中间断面积如第4、第6、第7等应从第8断面逐渐过渡到进口的圆形断面，绘图和检查方法与压水室相同。

主要用途 目前，半螺旋型吸水室作为一种广泛应用的吸水室形式，主要用于单级双吸式水泵、水平中开式多级泵、大型节段式多级泵及某些单级悬臂泵等。

参考书目

关醒凡，2011. 现代泵理论与设计［M］. 北京：中国宇航出版社.

施卫东，1996. 流体机械［M］. 成都：西南交通大学出版社.

关醒凡，施卫东，高天华，1998. 选泵指南［M］. 成都：成都科技大学出版社.

（许彬）

拌料机（mix machine） 一种将主辅料强迫对流并混合均匀的设备（图）。

原理 由电动机经传动系统使搅拌轴转动，带动搅拌室内的物料上下翻动及轴向左右往复移动，以达到均匀混合物料的目的。

拌料机

结构 主要由电动机、传动系统、离合器、搅拌室、搅拌轴等部件组成。

类型 按桨叶构造特征可分为桨式、涡轮式、推进式、三叶后弯式、螺杆式、螺带式、锚框式等。

主要用途 广泛应用于国防、机电、汽车、交通运输、建材、包装、农业、文教卫生及人们日常生活各个领域。

（印刚）

薄壁滴灌带（drip irrigation belt） 一种管壁较薄、卷盘后压扁呈带状的加有孔眼或其他出流装置所形成的兼具配水和滴水功能的塑料带（图）。由薄壁塑料带和出量装置两部分组成。

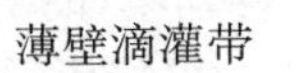

薄壁滴灌带

类型 可分为内镶式滴灌带和热合式滴灌带等类型。

参考书目

姚振宪，何松林，1999. 滴灌设备与滴灌系统规划设计［M］. 北京：中国农业出版社.

（王剑）

薄壁镀锌管（thin - walled galvanized steel pipe）

由厚度为0.7～1.5 mm的带钢辊压成形，并通过高频感应对焊成管，管的长度按需要切割，在管端配上快速接头，然后经过镀锌而成的管材。重量约为同样直径的水煤气管的1/5，根据材料不同会有差异。一根6 m长的直径为108 mm的管道约重20 kg，可承受内压4 MPa左右。其优点是强度高，韧性好，能经受野外恶劣条件下由水和空气引起的腐蚀，使用寿命长。缺点是镀锌时质量不易过关，影响使用寿命，而且价格较高，重量也较铝管、塑料管大，移动不如铝管、塑料管方便。

主要用途 多用于竖管及水泵进、出水管。

参考书目

迟道才，2009. 节水灌溉理论与技术［M］. 北京：中国水利水电出版社.

李宗尧，2010. 节水灌溉技术［M］. 2版. 北京：中国水利水电出版社.

王立洪，管瑶，2011. 节水灌溉技术［M］. 北京：中国水利水电出版社.

（刘俊萍）

薄壁钢管（thin - wall steel pipe）

由0.7～1.5 mm带钢卷焊而成的管材。它的优点是重量轻，搬运方便；强度高，可承受较大的工作压力；韧性好，不易断裂；抗冲击力强，不怕一般的碰撞；寿命长。缺点是耐锈蚀能力不如铝管和塑料管；镀锌质量不易过关，影响使用寿命，而且价格较高；重量也较铝管和塑料管大，移动不如铝管、塑料管方便。

类型 多分为焊接钢管和无缝钢管。

主要用途 多用于喷灌系统的地面移动管道。

参考书目

郑耀泉，1998. 喷灌与微灌设备［M］. 北京：中国水利水电出版社.

（刘俊萍）

薄壁铝管（thin - wall aluminium pipe）

壁厚比较薄的铝制管材。优点是重量轻；能承受较大的工作压力；韧性强，不易断裂；不锈蚀，耐酸性腐蚀；内壁光滑，水力性能好；寿命长，一般可使用15年。缺点是价格较高；抗冲击力差，怕砸，怕摔；耐磨性不及钢管；不耐强碱性腐蚀等。薄壁铝管的接头为快速接头。

类型 分为冷拔管和焊管。

主要用途 一般用作喷灌系统的地面移动管道。

参考书目

郑耀泉，李永光，党平，等，1998. 喷灌与微灌设备［M］. 北京：中国水利水电出版社.

（刘俊萍）

薄壁铝合金管（thin - walled aluminum alloy pipe）

管壁较薄的铝合金管材。优点是具有强度高、重量轻、耐腐蚀、搬运方便等特点。铝合金的相对密度为2.8，约为钢的1/3，单位长度重量仅为同直径水煤气管的1/7，比镀锌钢管还轻。缺点是价格较高，管壁薄，容易碰瘪。在正常情况下使用寿命可达15～20年。

类型 分为薄壁铝合金冷拔管和薄壁铝合金焊管。

主要用途 用作喷灌系统的地面移动管道。

参考书目

迟道才，2009. 节水灌溉理论与技术［M］. 北京：中国水利水电出版社.

李宗尧，2010. 节水灌溉技术［M］. 2版. 北京：中国水利水电出版社.

王立洪，管瑶，2011. 节水灌溉技术［M］. 北京：中国水利水电出版社.

（刘俊萍）

薄膜式减压阀（diaphragm valve）

减压阀的一种，区别于一般的活塞式减压阀，薄膜式减压阀出口压力更稳定，不随入口压力的变化而波动，且更耐腐蚀。薄膜式减压阀是气动调节阀的一个必备配件，主要作用是降低气源的压力并稳定到一个定值，以便于调节阀能够获得稳定的气源动力用于调节控制。与活塞式减压阀相比，灵敏度较高，因为它没有活塞的摩擦力；但薄膜行程较小，且容易损坏，同时耐温受到限制，承受的压力不能太高（因为一般薄膜均用橡胶制造，温度和压力较高时就要用铜或不锈钢制造），因此，薄膜式减压阀普遍用于水、空气等温度与压力不高的条件。

结构　主要由调节弹簧、橡胶薄膜、阀杆和阀瓣等组成（图）。

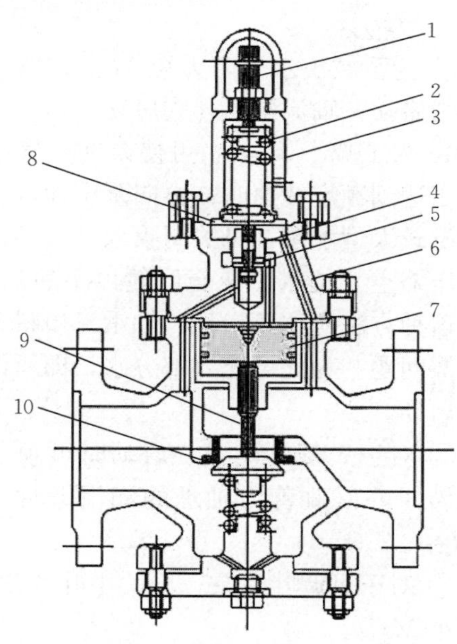

薄膜式减压阀结构示意

1. 调节螺钉　2. 调节弹簧　3. 帽盖
4. 副阀座　5. 副阀瓣　6. 阀盖　7. 活塞孔
8. 膜片　9. 主阀瓣　10. 主阀座

工作原理　当调节弹簧在自由状态下，阀瓣由于进口压力的作用和下面有弹簧顶着而处于关闭状态，拧动调整螺钉，顶开阀瓣，介质流向出口，阀后压力逐渐上升至所需的压力，同时介质压力也作用于薄膜上，调节弹簧受力向上移动，阀瓣亦随后向关闭方向移动，直到与调节弹簧力平衡，使阀后压力保持在一定的误差范围之内；如果阀后压力增高，使原来的平衡遭到破坏时，薄膜下方的压力亦随之增加，使薄膜向上移动，阀瓣亦随之向关闭方向移动，阀后压力又随之上升，达到新的平衡。

参考书目

《阀门设计》编写组，1976. 阀门设计[M]. 沈阳：[出版者不详].

机械工业部合肥通用机械研究所，1984. 阀门[M]. 北京：机械工业出版社.

（张帆）

泵并联

泵并联（pumps in parallel）　两台以上水泵通过联络管共同向管网或高低水池输水的工作方式，如图所示。

泵并联

概况　通常是输水管路所需流量大于单台泵所能提供的流量或系统的流量要求可变时采用泵并联。当泵站的机组台数较多，出水管路较长时，为了节省管材，减少占地面积，降低工程造价，也常采用水泵的并联运行。

类型　按照水泵型号可分为同型号水泵并联和不同型号水泵并联。

结构　主要包括进水管、阀门、水泵机组、出水管路。

参考书目

袁寿其，施卫东，刘厚林，2014. 泵理论与技术[M]. 北京：机械工业出版社.

（袁建平　陆荣）

泵串联（pumps in series） 几台水泵通过联络管顺次连接，一起运行的工作方式。前一台水泵的出水管路与后一台水泵的进水管路相接，最后一台水泵将水送入输水管路，如图所示。

泵串联

类型 按水泵的特性可分为相同特性泵的串联运转和不同特性泵的串联运转。

结构 主要包括进水管、水泵机组、出水管路。

概况 泵串联运行方式适用于扬程较高而一台水泵的扬程不能满足要求的供水场合，或用于远距离输水、输油管线上的加压。随着水泵设计、制造水平的提高，目前生产的各种型号的多级泵基本上都能满足各类泵站工程的需要，所以现在一般很少采用串联运行方式。

参考书目

袁寿其，施卫东，刘厚林，2014. 泵理论与技术［M］. 北京：机械工业出版社.

（袁建平 陆荣）

泵启动特性（starting characteristic of the pump） 泵开启的过程。通常，中小型泵机组的启动不存在什么问题。而大型泵机组的启动会引起很大的冲击电流，影响电网的正常运行。另外，大型机组惯性和阻力矩大，有时会造成启动困难。在很多大型泵站中，为了提高电网功率因数，使用同步电动机，如果启动阻力矩过大，则不能牵入同步。因此，对于不同形式泵的启动特性应引起足够的重视。

概况 近年来国内外部分学者相继开展了离心泵瞬态水力特性与快速瞬变过程的研究，取得了一定研究成果，但受研究难度与试验手段等诸多限制，目前还远没达到完善的程度。对于泵启停过程瞬态特性的研究，试验测量仍然是主要研究手段，而基于近似离散叠加的准稳态方法也被很多学者采用。但准稳态计算中单个离散点的实际工况为稳态工况下的小流量工况，这与瞬态工作过程中的低转速工况存在较大差异。因而，准稳态假设计算方法获取的瞬态特性需要得到进一步验证。

方法 为保证机组正常启动，可采用以下措施：

① 尽量减小电动机的断电压降，以提高和电压平方成正比的电动机启动转矩，使$M_{电起}>M_{静阻}$。

② 为了减小水力阻力矩$M_{水阻}$，离心泵要关阀启动，轴流泵要开阀启动。

③ 为了减小$M_{水阻}$，可使泵在空气中启动，当达到额定转速时，再向泵中冲水。对于潜没式大型水泵，可关闭吸入阀启动，或通入压缩空气把水位压至叶轮以下后启动。采用这种方法应注意口环、轴承、填料等的干摩擦问题。为此可充入部分水，即所谓半充水启动。

④ 对于大型轴流泵，启动时可顶起电动机转子，以改善力轴承的润滑条件，降低$M_{静阻}$。

⑤ 对于可调叶片泵，可关小叶片角度，以减小$M_{水阻}$。

⑥ 采用专用启动发电机、液力偶合器等。

⑦ 变频启动。

主要用途 目前在水下武器发射系统等场合对泵的启动特性有着重要的应用。涡轮泵发射装置就是利用特种泵在快速启动过程中产生的瞬时水压力将武器从发射管中推射出去的主动应用。

类型 ①离心泵的零流量启动特性——关阀启动。离心泵在零流量工况时轴功率最小，为额定轴功率的30%～90%，所以离心泵的启动特性是零流量启动（即关阀启动）。待泵至额定转速之后才能调节排出阀门至流量额定点。②轴流泵的大流量启动特性——全开阀启动。轴流泵在零流量工况时轴功率最大，为额定轴功率的140%～200%，最大流量时功率最小，所以为了启动电流最小，轴功率的启动特性应是大流量启动（即全开阀启动）。③混流泵的启动特性——全开阀启动。混流泵在零流量工况时轴功率介于上述两种泵之间，为额定功率的100%～130%，所以混流泵的启动特性也应是上述两种泵之间，最好全开阀启动。④旋涡泵的启动特性——全开阀启动。旋涡泵在零流量工况时轴功率最大，为额定轴功率的130%～190%，所以与轴流泵相似，旋涡泵的启动特性应是大流量启动（即全开阀启动）。

参考书目

关醒凡，2011. 现代泵理论与设计［M］. 北京：中国宇航出版社.

施卫东，1996. 流体机械［M］. 成都：西南交通大学出版社.

关醒凡，施卫东，高天华，1998. 选泵指南［M］. 成都：成都科技大学出版社.

（许彬）

泵切割定律（cutting - down law of pump） 在同一转速下，离心泵叶轮切割前后的外径与对应工况点的流量、扬程、功率间的关系。通过切割定律的计算公式，可得知在转速不变的情况下，缩小叶轮外径将使泵的性能曲线下降；并且，叶轮切割前后的扬程和流量比例关系是不变的，即扬程和流量的平方成正比关系不变，这种关系称为切割抛物线。叶轮的切割量不能太大，否则切割定律失效，并使泵效率明显降低。一般要求泵工作时的效率与最高效率之间的差值为5%～8%，此范围称为泵的高效工作区。随着社会的进步、工业的发展，泵的应用范围越来越广，应用工况越来越复杂，所需泵的类型、规格越来越多。在离心泵的设计中，为了扩大适用范围，同时考虑泵的经济性及标准化等因素，要求一台泵能同时适应多个叶轮，以提高产品的通用性。另一方面要考虑采用改变泵的转速或叶轮直径等方法来满足各种性能要求，以扩大泵的使用区域。切割叶轮外径是解决上述问题既经济又简单的方法之一。因此，定量确定切割量与性能变化的关系至关重要。

原理 因为切割抛物线上各点的 K 值相等，若已知某外径 D_2 曲线上任一点的 H、Q，据此求 $K=H/Q^2$，给定不同的 Q，得到对应的 H，可作出相应的切割抛物线，求出切割后泵的效率曲线。

公式 切割前后对应工况点参数间的关系为：

$$\frac{Q'}{Q}=\frac{D_2'}{D_2} \qquad \frac{H'}{H}=\left(\frac{D_2'}{D_2}\right)^2 \qquad \frac{P'}{P}=\left(\frac{D_2'}{D_2}\right)^2$$

主要应用 一般来说，叶轮切割定律主要应用于下列两种情况：①已知叶轮切割量，求切削前后泵特性曲线的变化，即已知叶轮外径 D_2 时的特性曲线，要求画出叶轮切割到 D_2 时的泵特性曲线；②根据用户需求，泵应工作在流量为 Q_B、扬程为 H_B 的工况下，而试验所得或样本给出的已知曲线在要求之上，需通过切割叶轮外径来满足用户要求。

有经验修正公式和苏尔寿公式。①经验修正公式：$D'_2=D_2\left(\frac{H'}{H}\right)^{0.43}$（单吸泵）；$D_2'=D_2\left(\frac{H'}{H}\right)^{0.42}$（双吸泵）。

②苏尔寿公式：$D'_2=D_2\sqrt{\frac{H'}{H}}$；$D'_2=D_2\ \frac{Q'}{Q}$；$P'=P\left(\frac{D_2''}{D_2}\right)^3$；$D_2''=0.75D'_2+0.25D_2$（最终切割直径）。实际应用中使用扬程切割公式计算的结果更加准确。

参考书目

袁寿其，施卫东，刘厚林，等，2014. 泵理论与技术［M］. 北京：机械工业出版社.

关醒凡，2011. 现代泵理论与设计［M］. 北京：中国宇航出版社.

王福军，2005. 水泵与水泵站［M］. 北京：中国农业出版社.

（许彬）

泵全特性曲线

泵全特性曲线（full characteristic curve of the pump） 以流量、转速为坐标，在四个象限内分别给出水泵和各种工况的特性曲线，又被称为四象限特性曲线，是进行水泵过渡过程计算的基础资料。图1为泵全特性曲线，图2为水泵四象限曲线测定装置。水泵全特性曲线是水泵从开始正常运转到停泵的整个过程当中，其力矩线以及扬程线变化规律的曲线，由此可以看出不同的水泵其对应的比转数及其水泵全特性曲线也是不同的。

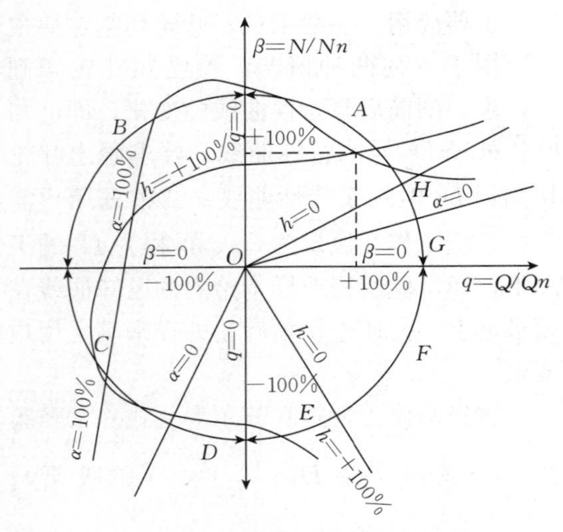

图1 泵全特性曲线

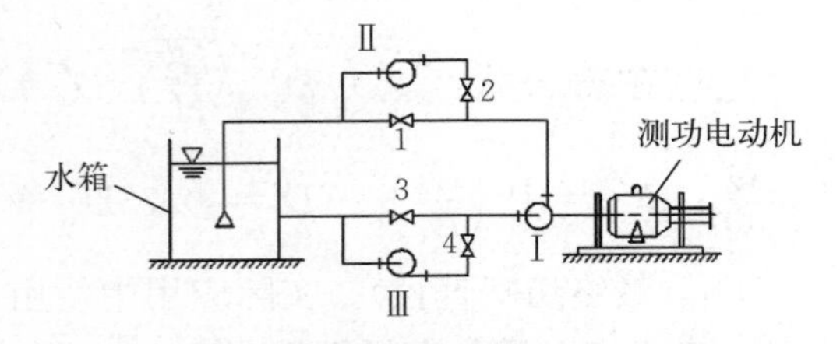

图2 水泵四象限曲线测定装置示意

原理 以往学者对于水泵水轮机“S”形特性的处理方法基本分为两大类：一是二维坐标下采用数学变换进行处理。包括①Suter变换；②Suter变换改进方法；③等开度线长度法；④对数投影法；⑤全特性曲线分区处理法；⑥基于元胞自动机的曲线逼近法。二是在三维空间下利用曲面拟合进行处理。包括①基于最小二乘法的曲面拟合；②基于神经网络的曲面拟合；③基于B样条函数的曲面拟合。

工况 水泵全特性曲线表达的工况：①倒转逆流的制动工况。②倒转正流的制动工况。③倒转的水轮机工况。④正转的水泵工况。⑤正转的逆流制动工况。⑥反转的水泵工况。⑦正转的水轮机工况以及正转正流的耗能工况等各种工况。

类型 全特性曲线在分析时可以分为转速为正值时的特性曲线、转速为零时的特性曲线、转速为负值时的特性曲线、泵的特性曲线及无因次特性曲线。

主要用途 无论研究突然断电后水泵站和管路中的水力暂态过程，或是消除停泵水锤危害的水锤防护措施，都必须应用叶片泵的全特性曲线或四象限特性曲线。近年来，由于大型水泵站的兴建和对安全运转要求的提高，对全特性曲线的需求更为迫切。

参考书目

关醒凡，2011. 现代泵理论与设计［M］. 北京：中国宇航出版社.

王福军，2005. 水泵与水泵站［M］. 北京：中国农业出版社.

查森，1988. 叶片泵原理设计及水利设计［M］. 北京：机械工业出版社.

（许彬）

泵特性曲线

泵特性曲线（characteristic curve of pump） 表示离心泵基本性能参数的曲线。它全面、综合、直观地表示了泵的性能。用户可以根据特性曲线选择所需求的泵，确定泵的安装高度，掌握泵的运行情况。制造厂在泵制造完成以后，通过试验作出特性曲线，并根据特性曲线形状的变化，分析泵几何参数对泵性能的影响，以便修正设计方案制造出性能符合要求的泵。可供使用者选泵和操作时参考。压头、流量、功率和效率是离心泵的主要性能参数，这些参数之间的关系，可通过试验测定。泵特性曲线测试装置如图1所示。

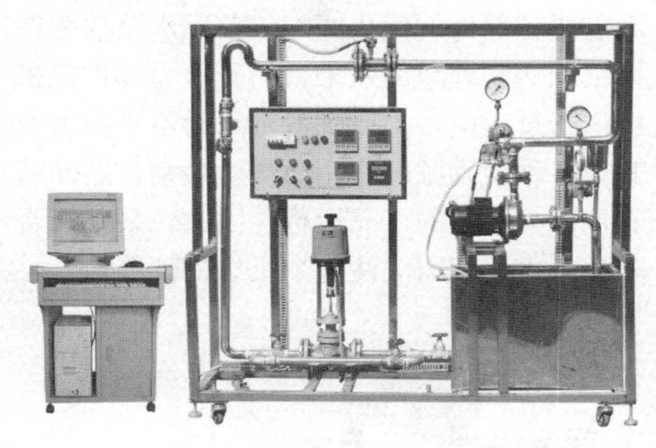

图1 泵特性曲线测试装置

原理 泵内运动参数之间存在着一定的联系。由叶轮内液体的速度三角形可知，对既定的泵在一定转速下，圆周分速度（表示扬程）随着轴面速度（表示流量）增加而变小。因此，运动参数的外部表示形式——性能参数，其间也必然存在着相应的联系。如果用曲线的形式表示泵性能参数之间的关系，则曲线称为泵的性能曲线（也称特性曲线，如图2所示）。通常用横坐标表示流量，

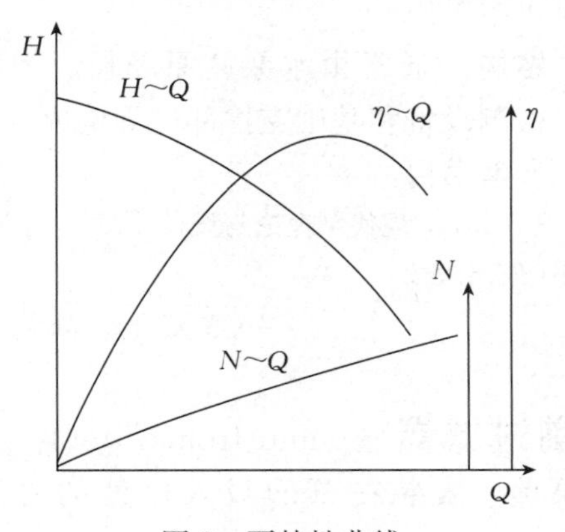

图2 泵特性曲线

纵坐标表示扬程、效率、轴功率、汽蚀余量（净正吸头）等。

类型 ①$H-Q$ 曲线。表示泵的流量 Q 和压头 H 的关系。离心泵的压头在较大流量范围内是随流量增大而减小的。不同型号的离心泵，$H-Q$ 曲线的形状有所不同。如有的曲线较平坦，适用于压头变化不大而流量变化较大的场合；有的曲线比较陡峭，适用于压头变化范围大而不允许流量变化太大的场合。②$N-Q$ 曲线。表示泵的流量 Q 和轴功率 N 的关系，N 随 Q 的增大而增大。显然，当 $Q=0$ 时，泵轴消耗的功率最小。因此，启动离心泵时，为了减小启动功率，应将出口阀关闭。③$\eta-Q$ 曲线。表示泵的流量 Q 和效率 η 的关系。开始 η 随 Q 的增大而增大，达到最大值后，又随 Q 的增大而下降。该曲线最大值相当于效率最高点，泵在该点所对应的压头和流量下操作，其效率最高，所以该点为离心泵的设计点。

主要用途 可以帮助人们全面、系统地了解水泵的安全情况与水泵性能，对水泵的安全运行有着非常重要的意义。

其他因素对特性曲线的影响：①离心泵的转数；②叶轮直径；③液体物理性质。

参考书目

关醒凡，2011. 现代泵理论与设计［M］. 北京：中国宇航出版社.

施卫东，1996. 流体机械［M］. 成都：西南交通大学出版社.

丁成伟，1981. 离心泵与轴流泵［M］. 北京：机械工业出版社.

（许彬）

泵无因次特性曲线

（dimensionless characteristic curve of the pump） 以泵的标准化流量（Q'）为横坐标，泵的标准化扬程（H'）、标准化功率（P'）以及标准化效率（η'）为纵坐标所绘出的 $H'-Q'$、$P'-Q'$、$\eta'-Q'$的关系曲线。无因次特性曲线能

够清楚地比较各种泵的性能随比转速变化的情况。通常根据泵的无因次特性曲线可以作出泵的有因次特性曲线，对于泵的选型设计有很大的帮助。

原理 相似理论。

公式 以设计工况点的参数 Q_N、H_N、P_N、η_N 为 100%，非设计工况点的参数与设计工况点的参数之比为 Q'、H'、P'、η'，即

$$Q'=Q/Q_N\times100\%$$

$$H'=H/H_N\times100\%$$

$$P'=P/P_N\times100\%$$

$$\eta'=\eta/\eta_N\times100\%$$

应用 代表是一系列相似水泵的流量与扬程、功率和效率之间的性能关系，展示该系列相似水泵的性能曲线走向。

共性 ①均反映了泵（或风机）的各主要参数之间的变化关系。②无因次性能曲线与有因次性能曲线趋势相似。

区别 ①应用对象及范围不同。无因次性能曲线应用于大小不同、转速不等的同一系列泵（或风机）；有因次性能曲线应用于一定转速、一定尺寸的泵（或风机），对单体泵、风机的不同运行工况适用。②无因次性能曲线上查得的性能参数不能直接使用，需要根据泵（或风机）的转速、尺寸换算成有因次量之后才能使用。

参考书目

袁寿其，1997. 低比速离心泵理论与设计［M］. 北京：机械工业出版社.

袁寿其，施卫东，刘厚林，等，2014. 泵理论与技术［M］. 北京：机械工业出版社.

蔡增基，龙天渝，1999. 流体力学泵与风机［M］. 北京：中国建筑工业出版社.

（许彬）

泵机组（pump assembly） 水泵、原动机、控制设备、检测设备和一些水泵运行辅助机构共同安装于某个基础上组成的成套设备（图）。泵机组是泵站运行的核心部件，泵机组选型配套合理与否，直接关系到泵站能否安全可靠地满足供水、灌溉排水任务要求并关系到工程投资、工程效益以及供排水作业能耗和成本等。泵机组中，水泵是工作机，水泵选型适当是泵机组选型配套合理的基础。大型水泵机组中，如果高效节能且稳定运行是经常遇到的难题。泵机组效率的提高需要各部件的优化匹配，单靠水泵效率往往很难达到理想的效果，而其水力部件在机组运行过程中，会受到各种水力不平衡力及其他各种激励源的作用而产生振动，振动将直接影响机组的可靠运行。因此，泵站能否安全可靠运行需关注整个机组的性能。

泵机组

类型 分为电泵机组、柴油机泵机组、离心泵机组、混流泵机组、轴流泵机组和贯流泵机组等。

结构 通常由水泵、原动机、控制设备、检测设备和基础支撑部件等构成。

参考书目

关醒凡，2011. 现代泵理论与设计［M］. 北京：中国宇航出版社.

（袁建平　陆荣）

泵前过滤器（pump front filter） 设置于泵前，安装在泵的吸入口处的过滤器（图）。

概况 泵前过滤器可以过滤进入水泵的流体，保护水泵免受固体污物堵塞、固体污物磨损水泵的影响，延长泵的运行寿命，确保泵可以高效输水。可以用于工业领域中的冷却循环水水泵保护、污水提升泵保护；用于市政领域中的自来水厂水泵保护、污水处理厂水泵保护；用于农业灌溉领域中的江河用水泵、井水用水泵保护。

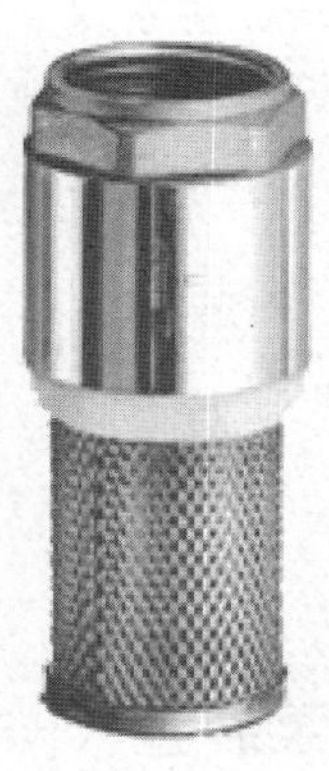
泵前过滤器

原理 泵前过滤器一般为网式过滤器。被吸入的水流经泵前过滤器，固体状污物被截留在滤网上，阻止污物对泵的阻塞和损坏。

结构 由壳体、连接结构和滤芯等部分组成。

主要用途 设置于泵前，对流体进行过滤，保证进入泵体的流体不含大型固体状污物，从而起到对泵体的保护作用，同时在一定程度上提高泵和整个系统的工作效率。

（邱宁）

泵运行工况调节 (regulation of Working conditions of pumps)

改变水泵运行状态的一种手段。水泵的流量是由水泵的工况点决定的，而水泵的工况点则由水泵的特性曲线和装置扬程特性曲线的交点决定。如果水泵的运行工况点不在高效区，或水泵的流量、扬程不能满足需要，可采用改变装置扬程特性曲线，或者改变水泵的特性曲线，或同时改变水泵和装置的特性曲线进行调节，如图所示。

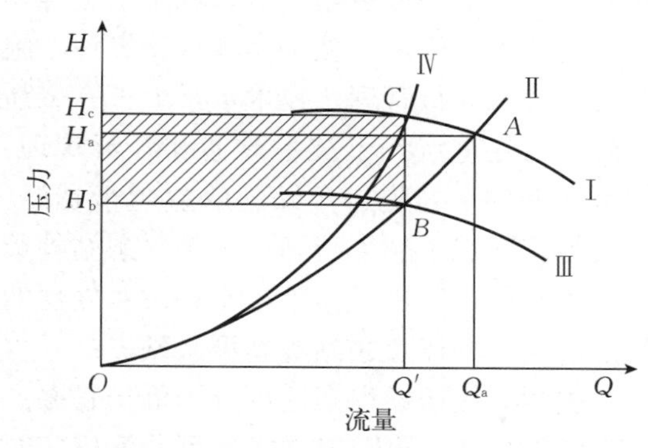

泵运行工况调节特性曲线

概况 泵在系统中运转时，有时由于两台以上的泵协同工作和管路系统等方面的因素影响，致使运转工况点和泵的最优工况点不符合。在这种情况下，调节泵的特性，使其经济运转；有时为了满足一定的流量要求，也需要对泵装置特性进行调节。

类型 按照调节不同的特性曲线可分为装置扬程特性调节、泵特性调节和综合调节。其中装置扬程特性调节又分为节流调节和水位调节。泵特性调节又分为变速调节、变径调节和变角调节。

结构 主要包括进水管、阀门、水泵机组、出水管路。

参考书目

袁寿其，施卫东，刘厚林，2014. 泵理论与技术[M]. 北京：机械工业出版社.

（袁建平 陆荣）

泵站 (pumping station)

将电（热）能转化为水的动能和压力能进行农业灌溉、乡镇供水、渍涝排水、跨流域调水及污水处理的抽水系统，通常由水泵、流道、管道及控制系统等组成。

概况 新中国成立以来，为应对农业灌溉、洪涝灾害和水资源分布不均等日益突出的问题，泵站工程在中国开始兴起。随着科学研究与工程技术的日益提高，工程规模与效益不断扩大，从1949年到1957年底，机电排灌泵站的总装机容量由71MW增加到3 530MW，为全国的推广探索了经验，奠定了较好的技术基础。20世纪80年代至今，泵站工程在规模质量、效益、管理、种类等方面得到了全面的提高和综合的发展。

其特点：一是大型泵站在跨流域调水工程相继建成并投入使用，从工程规划、设计、施工、安装到运行管理，技术水平上了一个新台阶；二是重点抓了技术改造和经营管理，技术水平越来越先进，经济效益越来越好，建设与管理水平越来越高；三是对泵站种类进行了拓展，适用于城市排水和污水处理的移动泵站、一体化泵站等新型泵站。

类型 按照扬程高低可分为低扬程泵站和高扬程泵站；按固定方式又可分为固定泵站（图1）和移动泵站（图2）；按照水泵形式不同可分为轴流泵站、混流泵站和离心泵站；按照水泵安装方式又可分为立式泵站、卧式泵站、斜式泵站和贯流泵站；按照调水方向可分为单向泵站和双向泵站。目前还存在一些市政排污用的一体化预制泵站（图3）。

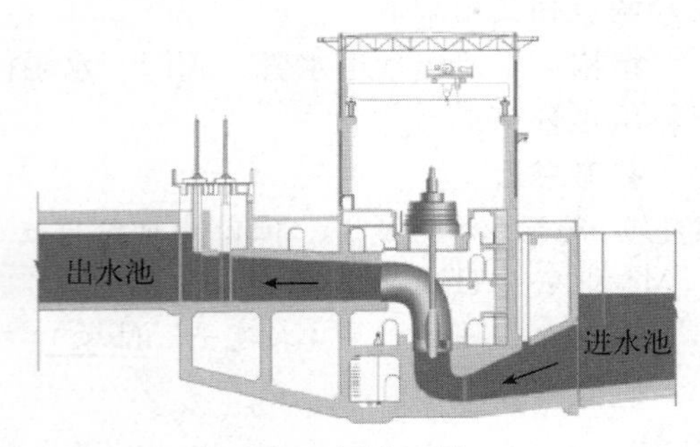

图1 固定泵站

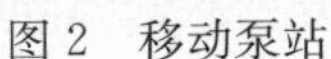

图2 移动泵站

图3 一体化预制泵站

结构 ①固定式泵站由泵房、进出水池、流道、水泵、电机、闸门及拦污栅等组成，通常用于调水灌溉等大型水利工程。②移动泵站通常由泵车、水泵、管道等组成，具有投资小、机动性强、适用范围广等优点。③一体化预制泵站，通常由玻璃钢筒体、污水泵、管道、粉碎型格栅、液位计及控制柜等组成，结构紧凑。

参考书目

严登丰，2000. 泵站过流设施与截流闭锁装置［M］. 北京：中国水利水电出版社.

严登丰，2005. 泵站工程［M］. 北京：中国水利水电出版社.

（袁建平　陆荣）

泵装置（pumping unit）

水泵配上进出水流道、测量、稳压、控制等辅助设备后形成的系统。

概况 水泵是给管路增压和水循环的主要设备，但在实际生产生活中水泵通常需配套一些辅助设备，如管路、流道、控制柜、稳压罐、耦合底座等，这些设备与水泵组成泵装置发挥重要作用。泵装置应用于国民经济多个领域，如大型固定泵站使用的轴流泵装置和混流泵装置、市政排污使用的潜水排污泵装置、现代高层建筑使用的恒压供水泵装置以及现在比较热门的智能泵装置等。

类型 泵装置的种类很多，结构各异，常用泵装置包括：离心泵装置（图1）、混流泵装置、轴流泵装置（图2）、潜水泵装置等。

图1 离心泵装置

图2 轴流泵装置

结构 通常由水泵、进出水流道、管路、控制柜等组成。

参考书目

关醒凡，2011. 现代泵理论与设计［M］. 北京：中国宇航出版社.

（袁建平　陆荣）

比转数

比转数（specific speed） 在一系列各种流量、扬程的水泵中，假想一标准水泵，扬程为 1 m，流量为 75 L/s（升/秒）。此时，水泵应该具有的转数即为比转数，用 n_s 表示。

概况 比转数的概念最早在研究水轮机时引用，以后又广泛应用于动力式泵和通风机。由于各国采用的计量单位不同，比转数定义和计算得到的比转数值也不相同。

原理 在相似定律的基础上，可以推出一系列几何相似和运动相似的泵性能之间的综合数据。如果各泵的这个数据相等，则这些泵是几何相似和运动相似的，可以用相似定律换算性能之间的关系。这个综合数据就是比转数，也称比转速或简称比速。公式为：

$$n_s = \frac{3.65n\sqrt{Q}}{H^{3/4}}$$

式中 H 为扬程（m）；Q 为泵流量（m^3/s）；n 为转速（r/min）。

主要用途 ①利用比转数对叶轮进行分类。比转数的大小与叶轮形状和泵的性能曲线有密切关系。比转数确定以后，叶轮形状和性能曲线的形状就大致地确定了。比转数越小，叶轮流道相对越细长，叶轮外径和进口直径的比值越大，性能曲线比较平坦；随着比转数的逐渐增大，叶轮流道相对地越来越宽，叶轮外径和进口直径的比值越来越小，性能曲线也就越陡；当比转数大到一定数值后叶轮出口边就倾斜，成了混流泵，性能曲线开始出现“S”形曲线，如果比转数继续增大，当叶轮外径和进口直径的比值等于 1 时就成了轴流泵，此时性能曲线更陡，“S”形曲线更严重。由于泵比转数与叶轮形状有关，所以泵的各种损失和离心泵的总效率均与比转数有关。②比转数是编制离心泵系列的基础。在编制离心泵系列时，适当地选择流量、扬程和转速等的组合，就可以使比转数在型谱图上均匀地分布。③比转数是离心泵设计计算的基础。无论是相似设计法，还是速度系数设计法，都是以比转数为依据来选择模型或速度系数的。

类型 按比转速从小到大，泵分为离心泵、混流泵（斜流泵）和轴流泵。低比转速泵意味着高扬程、小流量，高比转速泵意味着低扬程、大流量。

参考书目

施卫东，1996. 流体机械［M］. 成都：西南交通大学出版社.

查森，1988. 叶片泵原理设计及水利设计［M］. 北京：机械工业出版社.

赫尔姆特·舒尔茨，1991. 泵：原理、计算与结构［M］. 吴达人，周达孝，译. 北京：机械工业出版社.

（许彬）

边缝式滴灌带

边缝式滴灌带（side seam drip irrigation belt） 边缝式滴灌带中的迷宫流道和滴孔是一次性真空整体热压成型的滴灌带（图）。自 20 世纪以来已得到大量应用，是目前我国干旱地区使用较广泛的一种节水灌溉产品，制作工艺较简单，造价也相对较低。滴灌带的出水口间距为 0.3～0.4 m。

结构 主要是一次性成型的流道，没有附加结构，流道在侧面，受压力影响大，不适宜埋地布设。

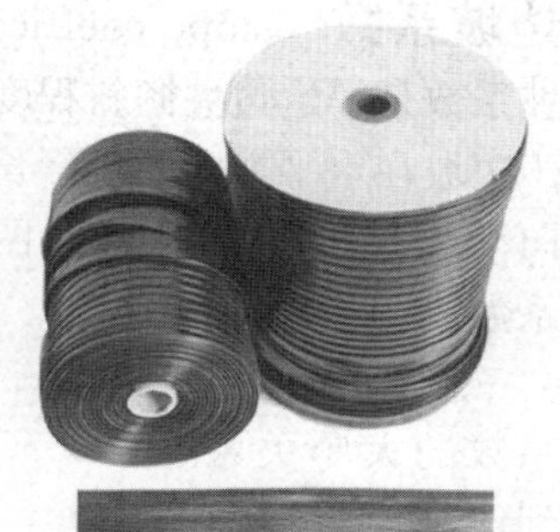

边缝式滴灌带

特点 ①省水省工，防止土壤板结，提高作物产量；②迷宫式的流道，具有一定的抗堵塞能力；③价格低廉，适合干旱地区大面积种植经济作物时使用。

滴灌带的安装 ①在支管上打孔。在聚乙烯支管上先用专用打孔工具进行打孔。②输水管与滴灌带相连。用专用旁通将输水支管与滴灌带连在一起。③清洗与封头。

发展历程　边缝式滴灌带最早是美国雨鸟（Rain Bird）公司在我国市场上推出的。山东省莱芜塑料制品股份公司、新疆天业塑料股份公司先后从德国引进了 U－NIKOR 边缝式滴灌带生产线，该生产线集拉管与灌水器流道一次成形。其中新疆天业在引进的基础上，已仿制出 200 条该类型生产线，形成年产 15 亿 m 薄壁滴灌带的主要供应商。边缝式滴灌带产品由于制造成本低，基本上满足了大田作物滴灌一次投入低且一年更新的要求，在新疆已有大面积使用。但产品在使用中出现灌水均匀度不够、抗堵塞性能差、滴灌带破裂及管件连接处漏水等问题，与国外进口的同类产品在质量上尚有一定差距。

参考书目

张强，吴玉秀，2016. 喷灌与微灌系统及设备［M］. 北京：中国农业大学出版社 .

（蒋跃）

边坡系数（slope coefficient）

渠道的边坡系数是渠道边坡倾斜程度的指标，其值等于边坡在水平方向的投影长度 b 和在垂直方向投影长度 h 的比值。图中 m 即为边坡系数。

概况　边坡系数的大小关系到渠坡的稳定，要根据渠床土壤质地和渠道深度等条件选择适宜的数值。大型渠道的边坡系数应通过土工试验和稳定分析确定。中小型渠道的边坡系数根据经验选定。

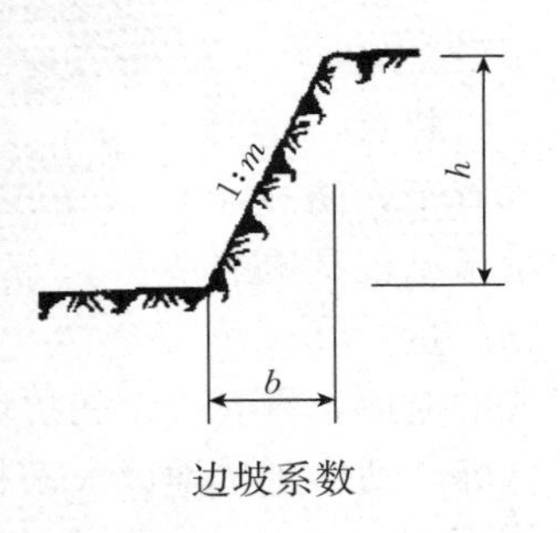

边坡系数

参考书目

王仰仁，2014. 灌溉排水工程学［M］. 北京：中国水利水电出版社 .

（向清江）

变量喷洒喷头（variable spraying sprinkler）

通过机械方式实现喷头在圆周范围内喷洒射程不同的喷头，可以根据喷洒地块形状和喷洒量的要求实现射程和流量的同步可控。图为变量喷洒喷头。

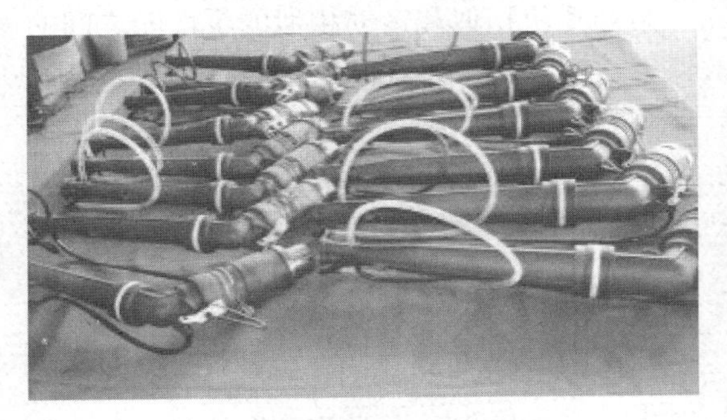
变量喷洒喷头

概况　变量喷洒喷头方面的研究始于 20 世纪 20 年代。1920 年，新西兰的唐纳德（Donald）研制出了一种能够实现仰角和流量的自动调节喷头。1952 年，美国的詹姆斯（James）研制出了一种挡水器转速可调的反作用式喷头，2000 年，美国的沃哈雍（Ohayon）在摇臂式喷头进口处安装柱塞形式的流量调节阀，实现了流量和压力自动调节。

结构　结构形式可分为喷头出口增设挡水装置实现变量喷洒，改变喷头进口压力实现变量喷洒，改变喷头仰角实现变量喷洒和改变喷头运动轨迹实现变量喷洒等不同形式。

发展趋势　国外已经在摇臂式喷头、反作用式喷头、叶轮式喷头和地埋式喷头等方面实现了变量喷洒，他们研制的喷头运行可靠，但因其结构复杂，操作困难，且成本较高，因而有待进一步改进。我国在变量喷洒技术方面较落后，喷头种类和功能也较少，研究运行可靠且结构简单的变量喷洒喷头具有重要使用价值。

参考书目

郑耀泉，李光永，党平，等，1998. 喷灌与微灌设备［M］. 北京：中国水利水电出版社.

刘俊萍，朱兴业，李红，2013. 全射流喷头变量喷洒关键技术［M］. 北京：机械工业出版社.

（朱兴业）

表观密度测定仪

表观密度测定仪（apparent density tester） 用于颗粒状或粉状材质的表观密度测定的装置（图）。

表观密度测定仪

原理 将漏斗垂直固定，用量杯量取一定体积混合均匀的试样，导入挡板封住的漏斗下端小口后迅速移去挡板，使试样自然流入量筒，刮去量筒上部多余试样后用天平称量，量筒中试样的质量除以量筒容积即为试样的表观密度。

结构 主要由天平、量筒、漏斗、挡料板、支架等组成。

主要用途 适用于颗粒状或粉状材质的表观密度测定。

（印刚）

波纹管减压阀

波纹管减压阀（reducing valve with bellows） 减压阀的一种形式（图），通过介质的阀后压力作用在波纹管的面积上传递给调节弹簧，实现减压、稳压功能。若阀后的压力过大，则波纹管向下的压力大于调节弹簧的顶紧力，使阀瓣关小、阀后压力降低，从而达到新的平衡，满足了要求的压力。

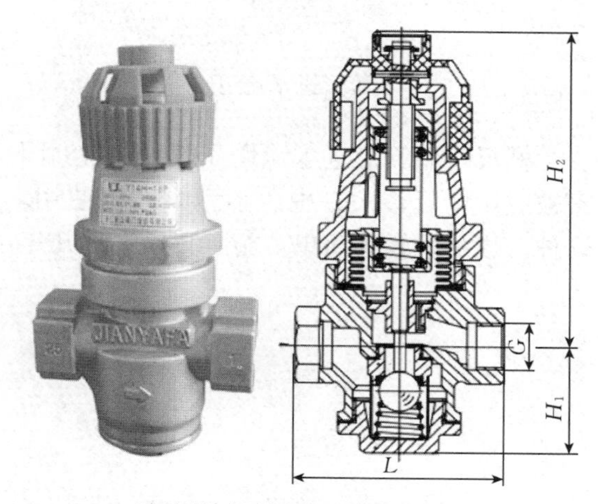

波纹管减压阀及二维截面示意

概况 用于温度在 200 ℃以下的蒸汽、空气、水无腐蚀性介质的管路系统，使通过阀体的介质压力保持恒定，以适应工作需要。阀前进口压力为 0.1～1.0 MPa，减压阀后出口压力为 0.05～0.4 MPa，阀前与阀后的压力差不大于0.6 MPa，不小于 0.05 MPa。

结构 由阀体、阀盖、阀瓣、阀体密封圈、阀杆、波纹管、调节弹簧等零件组成。体腔进口组装有阀瓣、阀体密封圈和辅弹簧，辅弹簧主要是保持阀瓣和阀体密封圈的自动密封。体腔出口组装弹性密封元件（波纹管）保证阀后介质压力的泄漏和克服压力不均匀度的补偿。螺钉用来调整弹簧负荷压力减压阀的工作性能。

参考书目

陆培文，2016. 阀门选用手册［M］. 北京：机械工业出版社.

（王文杰）

簸箕形流道（dustpan shaped passage）

外形类似簸箕的流道，如图所示。

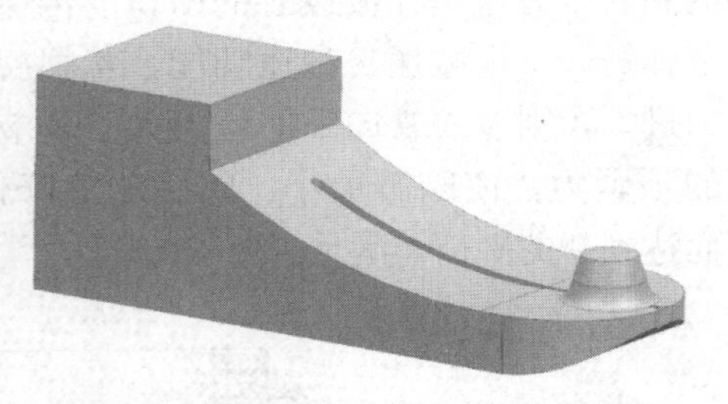

簸箕形进水流道

概况　簸箕形进水流道在荷兰等欧洲国家被应用广泛，大、中、小型泵站都使用，这种流道形状较为简单，施工方便。近几年来，簸箕形流道在我国已经开始得到应用。上海郊区首次将这种流道应用于小型泵站的节能技术改造，江苏的刘老涧泵站首次将这种流道应用于大型泵站，预计今后这种流通可能会得到更多的应用。

结构　簸箕形进水流道比较简单，可分为上部的喇叭管和下部的吸水箱两个部分。

参考书目

廖闾彧，柳畅，尹奇德，2014. 城市排水泵站运行维护［M］. 长沙：湖南大学出版社.

潘咸昂，1989. 泵站辅机与自动化［M］. 北京：中国水利水电出版社.

（袁建平　陆荣）

C

层流式灌水器（laminar irrigator） 水流在流道内呈层流的灌水器。

概况 流体在流道内低速流动时呈现为层流，其质点沿着与管轴平行的方向作平滑直线运动。层流只出现在雷诺数 Re($Re=\rho UL/\mu$) 较小的情况下，即特征速度 U 和物体特征长度 L 都较小。流体的流速在管中心处最大，在近壁处最小。层流式灌水器的流量大小主要取决于流道的长短与尺寸大小，受温度影响明显，在夏季昼夜温差较大时，同一灌水器的流量差可达 20%以上。我国在早期的滴灌系统中广泛使用这一种微管灌水器，后来产生了内螺纹管式灌水器，这些灌水器随着发展逐渐为其他灌水器所取代，但是这种结构简单、造价低廉的灌水器在发展中国家仍具有实用价值。

原理 主要靠流道壁的沿程阻力来消除能量。

结构 流道形式分为微管或内螺纹管等。

主要用途 利用水的黏滞性，通过流道壁的沿程阻力对管道系统中集中的有压水流进行消能，并分配到每棵作物根区的土壤中去。

类型 常见的有微管、内螺纹管式灌水器等。其中，微管灌水器是将 0.5～2.0 mm 的聚乙烯管直接插入毛管进行灌溉的技术，通过改变微管的长度来调节出流量。

参考书目

姚彬，2012. 微灌工程技术［M］. 郑州：黄河水利出版社.

（李岩）

柴油机（diesel engine） 柴油发动机是燃烧柴油来获取能量释放的发动机（图）。它是由德国发明家鲁道夫·狄塞尔（Rudolf Diesel）于 1892 年发明的，为了纪念这位发明家，柴油就是用他的姓 Diesel 来表示，而柴油发动机也称为狄塞尔发动机。

柴油机

原理 柴油发动机的工作过程其实跟汽油发动机一样，每个工作循环也经历进气、压缩、做功、排气四个冲程。柴油机在进气行程中吸入的是纯空气。在压缩行程接近完成时，柴油经喷油泵将油压提高到 10 MPa 以上，通过喷油器喷入气缸，在很短时间内与压缩后的高温空气混合，形成可燃混合气。由于柴油机压缩比高（一般为 16～22），所以压缩终了时气缸内空气压力可达 3.5～4.5 MPa，同时温度高达 750～1 000 K（而汽油机在此时的混合气压力为 0.6～1.2 MPa，温度达 600～700 K），大大超过柴油的自燃温度。因此，柴油在喷入气缸后，在很短时间内与空气混合后便立即自行发火燃烧。气缸内的气压急速上升到 6～9 MPa，温度也升到 2 000～2 500 K。在高压气体推动下，活塞向下运动并带动曲轴旋转而做功，废气同样经排气管排入大气中。普通柴油机的供油系统是由发动机凸轮轴驱动，借助于高压油泵将柴油输送到各缸燃油室。这种供油方式要随发动机转速的变化而变化，做不到各种转速下的最佳供油量。

结构 柴油机的主要机构组件一般包括机体、曲柄连杆机构、配气机构、燃油系统、润滑系统、冷却系统、电器系统。①机体：柴油机的骨架，由它来支撑和安装其他部件，包括缸体、缸套、缸盖、缸垫、油底壳、飞轮壳、正时齿轮壳、前后脚。②曲柄连杆机构：柴油机的主要运动件，它可以把燃料燃烧产生的能量通过活塞、活塞销、连杆、曲轴、飞轮转变成机械能传出去。曲柄连杆机构包括曲轴、连杆、活塞、活塞销、活塞销卡簧、活塞销衬套、活塞环、主轴瓦、连杆瓦、止推轴承、曲轴前后油封、飞轮、减震器等。③配气机构：定时开启和关闭进、排气门。包括正时齿轮、凸轮轴、挺柱、顶杆、摇臂、气门、气门弹簧、气门座圈、气门导管、气门锁块、进排气管、空气滤清器、消音器、增压器等。④燃油系统：按柴油机的需要，定时、定量地把柴油供给到燃烧室燃烧。包括柴油箱、输油管、柴油滤清器、喷油泵、喷油器等。⑤润滑系统：把润滑油供给到各运动摩擦部件，包括机油泵、机油滤清器、调压阀、管路、仪表、机油冷却器等。⑥冷却系统：把柴油机工作时产生的热量散发给大气。包括水箱、水泵、风扇、水管、节温器、水滤器、风扇皮带、水温表等。⑦电器系统：启动、照明、监测、操作的辅助设备。包括发电机、启动马达、电瓶、继电器、开关、线路等。

类型 按用途可分为工程机械配套柴油发动机、农用机械配套柴油发动机、井下设备配套柴油发动机、车辆配套柴油发动机、叉车配套柴油发动机、压缩机配套柴油发动机、发电机组、焊机、泵配套柴油发动机、发电用柴油机、船机配套柴油发动机。按排量缸分为单缸柴油机和多缸柴油机缸。按工作循环分为二冲程柴油机和四冲程柴油机。其他分类：立式、卧式、直列式、斜置式、V形、X形、W形、对置汽缸、对置活塞等。

优点 柴油发动机的优点是扭矩大、经济性能好。柴油发动机的每个工作循环也经历进气、压缩、做功、排气四个行程。但由于柴油机用的燃料是柴油，其黏度比汽油大，不易蒸发，而其自燃温度却较汽油低，因此可燃混合气的形成及点火方式都与汽油机不同。不同之处主要是，柴油发动机气缸中的混合气是压燃的，而不是点燃的。柴油发动机工作时进入气缸的是空气，气缸中的空气压缩到终点时，温度可达 500～700 ℃，压力可达 4～5 MPa。活塞接近上止点时，发动机上的高压泵以高压向气缸中喷射柴油，柴油形成细微的油粒，与高压高温的空气混合，柴油混合气自行燃烧，猛烈膨胀，产生爆发力，推动活塞下行做功，此时的温度可达 1 900～2 000 ℃，压力可达 6～10 MPa，产生的扭矩很大，所以柴油发动机广泛应用于大型柴油汽车上。

发展前景 柴油发动机应用广泛，处于所属产业链相对核心的位置。在过去十多年的发展中，柴油发动机生产业形成了一系列的配套企业，很多的柴油发动机企业更多充当了总承装配者的角色，而柴油发动机的一些关键的零部件：曲柄连杆、活塞、气缸套、凸轮已交由专业公司生产。专业化分工使得柴油发动机厂商能更加集中自身的优势，专注于柴油发动机的设计和制造。

柴油发动机主要用于最终配套产品，比如大功率高速柴油机主要配套重型汽车、大型客车、工程机械、船舶、发电机组等。因此，柴油机行业的发展在很大程度上取决于相关终端产品市场情况。

在农用柴油机领域，发展中国家的市场增长将弥补发达国家的市场滑落，全球人口的快速增长，以及老旧设备的更新换代都对农业机械有较大需求，全球农用柴油机市场将呈现高速增长。在航空发动机领域，发动机产业是航空工业的核心细分子行业，未来发展前景非常广阔。

参考书目

侯天理，何国炜，1993. 柴油机手册［M］. 上海：上海交通大学出版社.

欧阳光耀，2012. 柴油机高压共轨喷射技术［M］. 北京：国防工业出版社.

（周岭　李伟）

柴油机驱动喷灌机

柴油机驱动喷灌机（diesel - engine - driven sprinkling machine）　在喷灌系统中采用轻小型柴油机—泵直联机组驱动的喷灌机。

概况　柴油机水泵泛指以柴油机为动力，泵组通过弹性联轴器由柴油机驱动，具有先进合理的结构，效率高，汽蚀性能好，振动小，噪声低，运行平稳、可靠和装拆方便等优点。利用柴油机驱动喷灌机经济性好，优势突出，在我国农村应用广泛。

结构　柴油机动力型驱动泵由卧式离心泵与柴油机、电器仪表等设备安全紧密地安装在一公共底架上，通过控制线和信号线与电控箱相连。

工作原理　柴油机在工作时，吸入到密闭汽缸内的空气因活塞的上行运动而受到较高程度的压缩。压缩终了时，汽缸内可达到500～700 ℃的高温和3.0～5.0 MPa的高压。然后将燃油以雾状喷入汽缸燃烧室内的高温空气中，与高温高压的空气混合形成可燃混合气，自动着火燃烧。燃烧中释放的能量作用在活塞顶面上，推动活塞并通过连杆和曲轴转换为旋转的机械功。

特点　柴油机驱动的喷灌机热效率高，油耗低，燃油经济性好，结构简单，工作可靠。但同时，柴油机驱动的喷灌机存在转速低、质量大、噪声大、制造和维修的费用高等缺点。

参考书目

刘景泉，蒋极峰，李有才，1998. 农机实用手册［M］. 北京：人民交通出版社.

（曹璞钰）

长流道滴头

长流道滴头（long path emitter）　采用长的发丝管或者做成窄槽使水流通过的一种滴头（图）。

长流道滴头示意

概况　以塑料微管等为滴头，可以把出水口放在不同的地方，也有把这种微管做成不同的形状，如绕在输水管上，还有做成螺旋状或曲折的水流通道，并且放在输水管内，形成了现在的滴灌管（带）。特点是流量随温度的变化较大，长流道微管滴头流量随温度增加而增加每摄氏度增加约0.7%。

原理　以塑料微管等为滴头，利用水流在微管中流动摩擦消能，从而调节出水量大小。

主要用途　主要适用于水资源和劳动力缺乏地区的大田作物、果园、树木绿化，广泛用于温室、大棚、露天种植和绿化工程。

类型　可分为微管滴头、内螺纹管式滴头等。

参考书目

郭彦彪，邓兰生，张承林，2007. 设施灌溉技术［M］. 北京：化学工业出版社.
王立洪，管瑶，2011. 节水灌溉技术［M］. 北京：中国水利水电出版社.

（王剑）

长流道消能灌水器

长流道消能灌水器（long runner energy dissipator irrigator）　通过长流道对有压水流进行消能的灌水器。

概况　长流道型灌水器自20世纪50年代发明以来，起初为微管型，其结构简单但灌水均匀度不理想。后来发展为螺纹型，其结构较为复杂，但灌水质量有所提高。为适应灌水性能和成本方面的要求，出现了现在流行的迷宫型长流道灌水器。

原理 主要是依靠流道的摩擦阻力损失进行消能。流道长度越长，直径越小，流经灌水器水流的能量损失就越大，且直径变化对能量损失的影响远大于长度变化的影响。在灌水器进口压力一定的条件下，为了获得小流量，灌水器必须有较长的流道和较小直径，但小直径流道很容易被水流挟带的泥沙和其他污染物堵塞，这就使小流量和大流道成为一对矛盾。为了保持较大的流道直径并获得小的流量，不得不采用加工难度较大的迷宫型流道或较长的流道。对长流道消能灌水器而言，灌水器流道长度较大，沿程摩擦能量损失是最主要的能量损失。

结构 以塑料微管等形式作为灌水器的流道，流道长度较长。

主要用途 将管道系统中集中的有压水流经长流道消能并分配到每棵作物根区的土壤中去。

类型 流道形式主要有光滑型长流道和迷宫型流道，光滑型流道灌水器包括微管滴头、螺纹滴头等，迷宫型流道常见的有齿形、梯形等、圆弧形等。

参考书目

郑耀泉，刘婴谷，严海军，等，2015. 喷灌与微灌技术应用［M］. 北京：中国水利水电出版社.

（李岩）

长轴深井泵（long shaft deep well pump） 深井泵的一种特殊型式，一般是指叶轮装在井中动水位以下，动力机设置在井上，通过传动长轴驱动叶轮旋转做功，并将液体向上提升到地面的一种深井泵（图）。

长轴深井泵

概况 1959年以前我国就已经开展了长轴深井泵的研究，但是由于其结构复杂且价格高，因此没有得到很好的发展。1965年，中国农业机械化科学研究院联合多家泵厂对J型长轴深井泵和T型长轴深井泵进行了设计和试制，两种类型的结构基本相同，水流经叶轮后通过导流壳消除环量从而提高水力性能，从实测结果看，泵效率较高，结构紧凑，运行可靠。这对解决北方地区提取地下水，发展农业生产有着重要意义，此后各地厂家纷纷试制出各自特色的产品，总体上呈现了品种多而不全、型号繁杂、尺寸不一、性能落后等状况。这一状况一直维持到20世纪80年代初，而后逐步有了统一的标准。J型就是曲型的长轴深井泵，后来发展成JD开式叶轮型，后又演变为JC闭式叶轮型。经过持续性的研发，目前国内已在叶轮和导流壳的水力设计理论方面取得了重要进展。

原理 基本原理是电机等动力机设置在井口的地面上，通过传动长轴驱动深入井下水中的叶轮多级高速旋转做功，进而经输水管将地下水向上提升到地面。

结构 长轴深井泵由单个或多个离心式或混流式叶轮和导流壳、扬水管、传动轴、泵座、电机等部件组成立式泵。泵座和电机位于井口（或水池）上部，电机的动力通过与扬水管同心的传动轴传递给叶轮轴，产生流量、扬程。

主要用途 长轴深井泵主要用于自来水供应、钢铁冶炼和市政等领域。

类型 长轴深井泵的类型主要根据输送介质及应用场合的不同而区分，例如立式长轴消防泵、长轴油泵等。

参考书目

周岭，施卫东，陆伟刚，2015. 新型井用潜水泵设计方法与试验研究［M］. 北京：机械工业出版社.

袁寿其，施卫东，刘厚林，等，2014. 泵理论与技术［M］. 北京：机械工业出版社.

（周岭　陆伟刚）

超声波流量计（ultrasonic flowmeter）

通过检测流体流动对超声束（或超声脉冲）的作用以测量流量的仪表。主要原理是利用超声波在流动的流体中传播时就载上流体流速的信息。因此通过接收到的超声波就可以检测出流体的流速，从而换算成流量。根据检测的方式，可分为传播速度差法、多普勒法、波束偏移法、噪声法及相关法等不同类型的超声波流量计。

概况 超声波流量计是近十几年来随着集成电路技术迅速发展才开始应用的一种非接触式仪表，适于测量不易接触和观察的流体以及大管径流量。它与水位计联动可进行敞开水流的流量测量。使用超声波流量计可不用在流体中安装测量元件故不会改变流体的流动状态，不产生附加阻力，仪表的安装及检修均可不影响生产管线运行，因而是一种理想的节能型流量计。20 世纪 90 年代后，随着新材料工艺的不断涌现和智能化处理技术的发展，超声波流量计的应用范围得到扩展，1994 年正式制定了中国计量科学院组织有关专家起草，经国家技术监督局和建设部批准的“JJG” 198－94 速度试流量计的国家计量检定规程和 JJG（建设）0002－94 超声波流量计的部门计量检测规程，这是中国历史上超声波流量计发展的一个重要标志。在经济水平不断提高、综合国力不断增强的情况下，超声波流量计的研究技术水平也在不断突破，在目前中国的节能减耗、可持续发展的体制下，我们已将超声波流量计应用在重油、天然气、水等宝贵资源的测控上。

类型 如图所示，包括插入式超声波流量计：可不停产安装和维护。采用陶瓷传感器，使用专用钻孔装置进行不停产安装。一般为单声道测量，为了提高测量准确度，可选择三声道。管段式超声波流量计：需切开管路安装，但以后的维护可不停产。可选择单声道或三声道传感器。外夹式超声波流量计：能够完成固定和移动测量。采用专用耦合剂（室温固化的硅橡胶或高温长链聚合油脂）安装，安装时不损坏管路。便携式超声波流量计：便携使用，内置可充电锂电池，适合移动测量，配接磁性传感器。

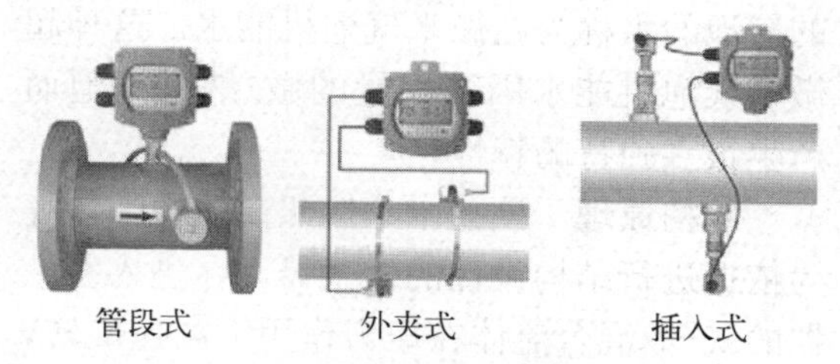

超声波流量计的类型及使用方式

结构 超声波流量计由超声波换能器、电子线路及流量显示和累积系统 3 部分组成。超声波发射换能器将电能转换为超声波能量，并将其发射到被测流体中，接收器接收到的超声波信号，经电子线路放大并转换为代表流量的电信号供给显示和积算仪表进行显示和计算，这样就实现了流量的检测和显示。

（骆寅）

超微米气泡发生器（ultra－micron bubble generator）

使水与气高度相溶混合，经过超声波空化弥散释放出高密度的、均匀的超微米气泡，构成“乳白色”的气液混合体的装置（图）。

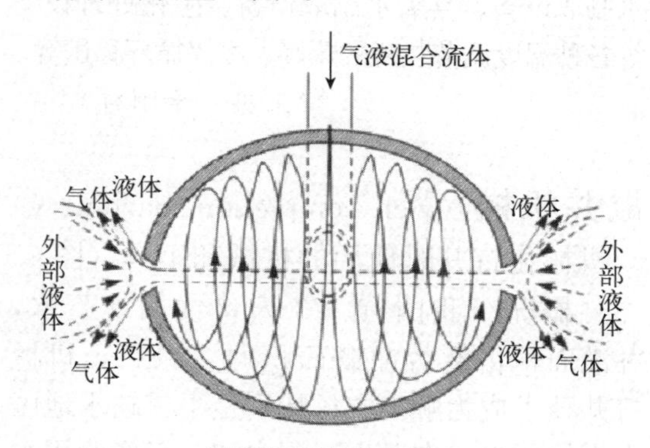

超微米气泡发生原理

概况 超微米气泡发生技术是 20 世纪 90 年代后期产生的，21 世纪初在日本得到了蓬勃的发展，其制造方法包括旋回剪切、加压溶解、电化学、微孔加压、混合射流等方式，均可在一定条件下产生直径在 30～50 μm 的气泡。由于超微米气泡产生时通常在水中，所以把含有大量直径在 30～50 μm 的气泡的水称为超微米气泡机能水。这种超微米气泡机能水因含大量的微/纳米气泡而产生很多独特的特性。

结构原理 该技术是按照流体力学计算为依据进行结构设计的发生器，在进入发生器的气-液混合流体在压力作用下高速旋转，并在发生器的中部形成负压轴，利用负压轴的吸力可将液体中混合的气体或者外部接入的气体集中到负压轴上，当高速旋转的液体和气体在适当的压力下从特别设计的喷射口喷出时，由于喷口处混合气液超高的旋转速度与气-液密度比超微米气泡在水中的溶解率超过 85%，溶解氧浓度可以达到10 mg/L 以上，并且超微米气泡是以气泡的方式长时间（上升速度 3 m/h）存留在水中，可以随着溶解氧的消耗不断地向水中补充活性氧，为处理污水的微生物提供了充足的活性氧、强氧化性离子团，并保证了活性氧充足的反应时间，由超微米气泡处理过的水的净化能力远远高于自然条件下的自净能力。

主要用途 主要用于气浮处理设备、臭氧水制取设备、富氧水制取设备、生化处理设备等各种温度调节装置的热媒、冷媒循环移送等。

（王勇　李刚祥）

成井机械（well completion machinery）

机械化打井时使用的机械和工具（图）。

概况 我国有 1/3 人口饮用地下水，井灌面积占有效灌溉面积的 24.8%，机械打井技术成为解决农村特别是干旱缺水地区人畜饮用水、农业生产用水和二三产业用水问题的主要工程措施之一。2005 年以来，我国的川中地区完成大、中、小、微 2 万余口示范机井，对丘陵地区打井找水方向、找水方法、开发模式和施工管理等方面进行了成功探索。

成井机械

原理 在大气压力的作用下，循环液由沉淀池经回水沟沿着井孔的环状间隙流到井底，此时转盘驱动钻杆，带动钻头旋转进行钻进，由泥浆泵抽吸建立的负压把碎屑泥浆吸入钻杆内腔，随后上升至水龙头，经泥浆泵排入沉淀池，沉淀后的循环液继续流入井孔，如此周而复始，形成了反循环的钻井工作，之后利用动力机械驱动水泵提水进行灌溉。

结构 包括柴油机、摩擦离合器、变速箱、分动箱、传动轴、泥浆泵、清水泵、真空泵、转盘、水龙头、卷扬机、液压系统、操纵机构、桅杆、钻具、车架和水泵等。

主要用途 用于开发地下水资源，包括生活用水、农业用水和工业用水等钻井工作，同时也适用于水文地质勘探、建筑工程、桥梁基础打孔等。

类型 分为牵引式、车载式、车载背机式。

（王勇　熊伟）

齿轮泵（gear pump）

依靠泵缸与啮合齿轮间所形成的工作容积变化和移动来输送液体或使之增压的回转泵。

概况 作为泵的一个主要品种，齿轮泵经过了很多重要的发展变化。早期的齿轮泵都是全液压式，由于环保和节能的需要，以及伺服电机的成熟应用和价格的大幅度下降。近年来全电动式的精密齿轮泵越来越多，全电动式齿轮泵有一系列优点，特别是在环保和节能方面的优势，据报道，截至2014年12月底较先进的全电动式齿轮泵节电可以达到70%，另外，由于使用伺服电机注射控制精度较高，转速也较稳定，还可以多级调节。但全电动式齿轮泵在使用寿命上不如全液压式齿轮泵，而全液压式齿轮泵要保证精度就必须使用带闭环控制的伺服阀，而伺服阀价格昂贵导致成本上升。全液压式齿轮泵在成型精密、形状复杂的制品方面有许多独特优势，它从传统的单缸充液式、多缸充液式发展到现在的两板直压式，其中以两板直压式最具代表性，但其控制技术难度大，机械加工精度高，液压技术也难掌握。电动-液压式齿轮泵是集液压和电驱动于一体的新型齿轮泵，它融合了全液压式齿轮泵的高性能和全电动式的节能优点，这种电动-液压相结合的复合式齿轮泵已成为齿轮泵技术发展方向。

依据齿轮泵设备工艺的需求，齿轮泵油泵马达耗电占整个设备耗电量的比例高达50%～65%，因而极具节能潜力。

原理 依靠泵缸与啮合齿轮间所形成的工作容积变化和移动来输送液体或使之增压的回转泵。由两个泵体与前后盖组成两个封闭空间，当齿轮转动时，齿轮脱开侧的空间的体积从小变大，形成真空，将液体吸入，齿轮啮合侧的空间的体积从大变小，而将液体挤入管路中去。吸入腔与排出腔是靠两个齿轮的啮合线来隔开的。齿轮泵的排出口的压力完全取决于泵出口处阻力的大小。

结构 齿轮泵主要由齿轮、轴、泵体和前后泵盖组成，如图所示。

齿轮泵

主要用途 ①耐腐蚀性能好，主要运用于中酸、强碱场合。例如：化工中酸碱流量计、泵、阀、印染机械、海洋工业耐腐蚀滑动部位。②适合于各种转动、滑动、摆动、往复运动；不产生和不集聚静电，广泛运用于各种机械的滑动部位，如自动化机械设备（伸缩、摇摆、滑动、弯曲、回旋、回转部位）、油压气缸导套、齿轮泵、纺织机械、自动售货机、塑胶成型机、压铸机、橡胶机械、烟草机、健身器材、办公机械、液压搬运车、农林机械、印刷机、微电机等。③由于不含铅，故可用于食品饮料机械、医药机械等绿色环保设备。④港口机械、船舶机械。⑤齿轮泵在水利水电、桥梁制造等重型机械行业都被广泛使用。

类型 作为液压传动系统中常用的液压元件，在结构上可分为外啮合齿轮泵和内啮合齿轮泵两大类。

（黄俊）

抽水蓄能

抽水蓄能（pumped - hydro energy storage） 兼具发电及蓄能功能的水电站技术，是世界上最重要的储能技术之一。

概况 抽水蓄能电站是电网调峰的有效手段之一，具有不同于一般发电站的工作特性。它通过水泵抽水将系统中的多余电能转化为上水库水的势能，当系统需要时，再通过水轮发电机将水的势能转化为电能。20世纪90年代，随着改革开放的深入，国民经济快速发展，抽水蓄能电站建设也进入了快速发展期。先后兴建了广蓄一期、北京十三陵、浙江天荒坪等几座大型抽水蓄能电站。“十五”期间，又相继开工了张河湾、西龙池、白莲河等一批大型抽水蓄能电站。截至2018年底，中国抽水蓄能装机容量为30GW，占发电总装机1.6%；在建规模为50GW。据预测到2030年中国抽水蓄能装机容量可达130GW。未来十年，将新增抽水蓄能装机容量100GW。我国已建和在建抽水蓄能电站主要分布在华南、华中、华北、华东等地区，以解决电网的调峰问题，按照国家“十三五”能源发展规划要求，“十三五”期间新开工抽水蓄能 60GW，到 2025 年达到 90GW 左右。

类型 按照有无天然径流可分为纯抽水和混合式抽水蓄能电站，按照水库调节性能可分为日调节、周调节和季调节抽水蓄能电站，按照机组类型可分为四机分置式、三机串联式和二机可逆式抽水蓄能机组。

结构 抽水蓄能电站主要包括上水库、引水道、上库调压井、压力管道、地下厂房、尾水道、下水库，如图所示。

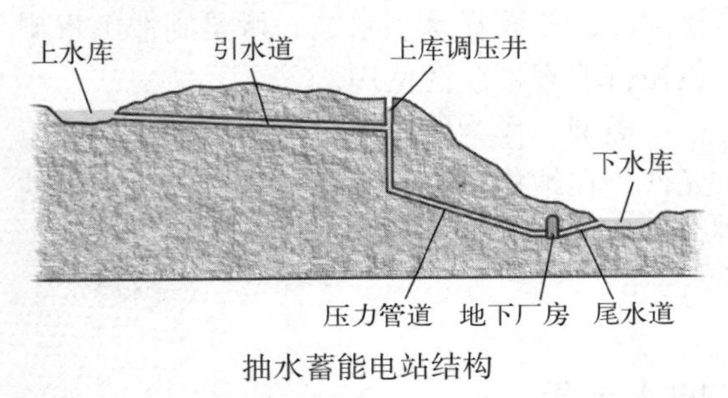

抽水蓄能电站结构

参考书目

张春生，姜忠见，2012. 抽水蓄能电站设计［M］. 北京：中国电力出版社 .

（袁建平　陆荣）

传动设备 (transmission equipment)

把动力装置的动力传递给工作机构等的中间设备。传动系统的基本功用是将发动机发出的动力传给汽车的驱动车轮，产生驱动力，使汽车能在一定速度上行驶。

结构 对于前置后驱的汽车来说，发动机发出的转矩依次经过离合器、变速箱、万向节、传动轴、主减速器、差速器、半轴传给后车轮，所以后轮又称为驱动轮。驱动轮得到转矩便给地面一个向后的作用力，并因此使地面对驱动轮产生一个向前的反作用力，这个反作用力就是汽车的驱动力。汽车的前轮与传动系一般没有动力上的直接联系，因此称为从动轮。传动系统的组成和布置形式是随发动机的类型、安装位置，以及汽车用途的不同而变化的。例如，越野车多采用四轮驱动，则在它的传动系中就增加了分动器等总成。而对于前置前驱的车辆，它的传动系统中没有传动轴等装置。

基本分类 机械式传动系统常见布置型式主要与发动机的位置及汽车的驱动型式有关。可分为：①前置后驱，即发动机前置、后轮驱动。这是一种传统的布置型式。国内外的大多数货车、部分轿车和部分客车都采用这种型式。②后置后驱，即发动机后置、后轮驱动。在大型客车上多采用这种布置型式，少量微型、轻型轿车也采用这种型式。发动机后置，使前轴不易过载，并能更充分地利用车厢面积，还可有效地降低车身地板的高度或充分利用汽车中部地板下的空间安置行李，也有利于减轻发动机的高温和噪声对驾驶员的影响。缺点是发动机散热条件差，行驶中的某些故障不易被驾驶员察觉。远距离操纵也使操纵机构变得复杂、维修调整不便。但由于优点较为突出，在大型客车上应用越来越多。③前置前驱，即发动机前置、前轮驱动。这种型式操纵机构简单、发动机散热条件好。但上坡时汽车质量后移，使前驱动轮的附着质量减小，驱动轮易打滑；下坡制动时则由于汽车质量前移，前轮负荷过重，高速时易发生翻车现象。大多数轿车采取这种布置型式。④越野汽车的传动系。越野汽车一般为全轮驱动，发动机前置，在变速箱后装有分动器将动力传递到全部车轮上。轻型越野汽车普遍采用 4×4 驱动型式，中型越野汽车采用 4×4 或 6×6 驱动型式，重型越野汽车一般采用 6×6 或 8×8 驱动型式。

参考书目

机械设计手册编委会，2004. 机械设计手册：第 5 卷［M］. 北京：机械工业出版社 .

侯天理，何国炜，1993. 柴油机手册［M］. 上海：上海交通大学出版社．

（李伟　周岭）

传动装置（transmission）

传动装置（transmission）　把动力装置的动力传递给工作机构等的中间设备。

概况　一般工作机器通常由原动机、传动装置和工作装置3个基本部分组成。传动装置传送原动机的动力、变换其运动，以实现工作装置预定的工作要求，它是机器的主要组成部分。在农业灌溉等大型机械中，齿轮、带轮、磁力和液压传动装置应用最为广泛，其中液压传动装置在大型灌排泵站中常用来调节叶轮叶片角度，而磁力传动装置在磁力泵中发挥着重要作用。传动装置的选择首先应保证工作机的可靠性。此外，还应该结构简单、尺寸紧凑、成本低、效率高和易维护等。同时满足上述要求很困难，因此，应该根据具体要求，选用具体方案。分析和选择传动机构的类型及其组合是拟定传动方案的重要一环，这时应综合考虑工作装置载荷、运动以及机器的其他要求，再结合各种传动机构的特点、适用范围，加以分析比较，合理选择。

类型　齿轮传动装置（图1）、带轮传动装置、磁力传动装置和液压传动装置（图2）等。

图1　齿轮传动　　图2　液压传动

参考书目

潘咸昂，1989. 泵站辅机与自动化［M］. 北京：中国水利水电出版社．

（袁建平　陆荣）

垂直摇臂式喷头（vertical impact sprinkler）

垂直摇臂式喷头（vertical impact sprinkler）　垂直摆臂靠其后端的配重进行回转的喷头，利用水流冲击垂直摆臂前端的导流器时产生的反作用力使喷头完成间歇旋转运动。喷头转动一定角度后，靠轭架滚轮与限位器配合通过传动杆推拉喷嘴前方的反转臂，使其切入或离开喷嘴射流，迫使喷头迅速反转。图为垂直摇臂式喷头。

垂直摇臂式喷头

原理　运动过程可以分为以下几个阶段：第一阶段为摇臂脱离射流阶段（获能阶段），第二阶段为摇臂的减速阶段（蓄能阶段），第三阶段为摇臂回摆阶段（释能阶段），第四阶段为摇臂切入射流阶段（增能阶段）。摇臂回到初始位置，进入第二轮循环，重复上述过程，喷头则间歇正向转动。

结构　包括流道、旋转密封机构、驱动机构、换向机构和限速机构5部分。流道一般采用直管稳流锥管过渡形式，旋转密封机构采用轴向密封，驱动机构由正转臂、导流器、配重铁等件组成，换向机构由反转臂、传动杆、换向轭架等件组成，限速机构由摩擦片、压力弹簧、调节螺栓等件组成。

参考书目

袁寿其，李红，施卫东，2011. 新型喷灌装备设计理论与技术［M］. 北京：机械工业出版社．
郑耀泉，李光永，党平，等，1998. 喷灌与微灌设备［M］. 北京：中国水利水电出版社．

（朱兴业）

磁力泵（magnetic pump） 一种带有磁力耦合器的泵，又称磁力驱动泵或磁力耦合泵。

概况 磁力泵用磁力耦合器代替传统的机械联轴器，将电机轴的力矩以无接触方式传递给泵转子。磁力泵在泵轴和电机轴之间无机械连接，通过在泵盖上设置隔离套实现输送介质的静密封，避免了动密封这一易损易漏环节，故较常规带机械联轴器的泵安全可靠，可以实现“零”泄漏，常与屏蔽泵并称为无泄漏泵，特别适用于易燃、易爆、易挥发、有毒、有腐蚀以及贵重液体的输送。磁力泵在石油、化工、电镀、制药、食品、造纸、印染等行业中已得到广泛应用；高速磁力泵由于安全可靠，且体积小、重量轻，近年来在航空、航天等重要领域逐渐得到推广应用。从广义上讲，磁力泵分为容积式磁力泵和叶片式磁力泵，容积式磁力泵有磁力驱动螺杆泵、磁力驱动齿轮泵、磁力驱动转子泵等；叶片式磁力泵有磁力旋涡泵、磁力离心泵、磁力混流泵、磁力轴流泵等。从狭义上讲，磁力泵指离心式磁力泵。

原理 当电动机带动外磁转子旋转时，磁场能穿透空气间隙、液体间隙和非磁性材质的隔离套，带动与泵轴及叶轮相连的内磁转子作同步旋转，使叶轮输送液体介质，从而实现动力的无接触同步传递，将容易泄露的动密封结构转化为零泄漏的静密封结构。由于泵轴及叶轮转子、内磁转子被泵体、隔离套完全封闭，从而彻底解决了“跑、冒、滴、漏”问题。

结构 磁力泵由泵、磁力耦合器、电动机 3 部分组成，CZA 型磁力泵结构如图 1 所示。

关键部件磁力耦合器由外磁转子、内磁转子及不导磁的隔离套组成，磁力泵用磁力耦合器结构如图 2 所示。外磁钢体及镶嵌其内侧的一圈外磁钢组成外磁转子，内磁钢体及镶嵌其外侧的一圈内磁块组成内磁转子。外侧转子固定在电机轴上，内磁转子固定在泵轴上。隔离套通过静密封固定在泵盖上，将泵轴、叶轮及内磁转子封闭在泵盖内。

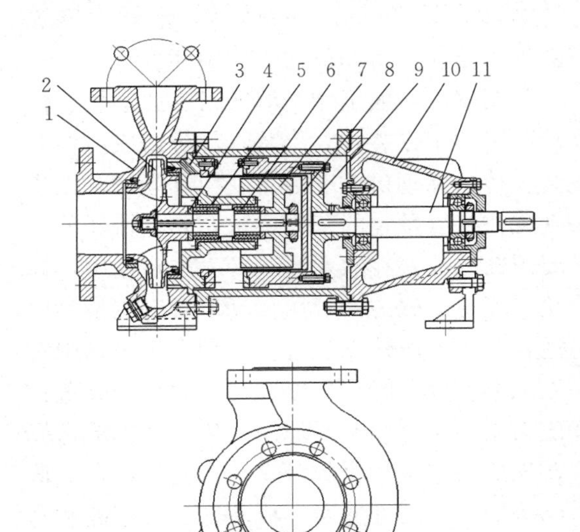

图 1 CZA 型磁力泵结构

1. 泵体 2. 叶轮 3. 泵盖 4. 推力盘
5. 导轴承 6. 轴套 7. 内磁钢 8. 隔离套
9. 外磁钢 10. 轴承架部件 11. 电机轴

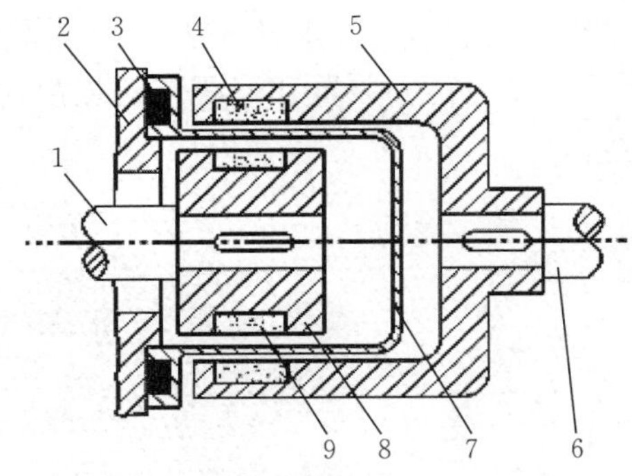

图 2 磁力泵用磁力耦合器结构

1. 泵轴 2. 泵盖 3. 静密封
4. 外磁块 5. 外磁钢体 6. 驱动轴
7. 隔离套 8. 内磁钢体 9. 内磁块

主要用途 可用于各种机械及电子设备的冷却循环系统、太阳能喷泉、桌面喷泉、工艺品、咖啡机、饮水机、泡茶器、倒酒器、无土栽培、淋浴器、洗牙器、热水器加压、水暖床垫、热水循环、游泳池水循环过滤、洗脚冲浪按摩盆、加油器、加湿器、空调机、洗衣机、医疗器械、冷却系统、卫浴产品等。

类型 分为有刷直流、无刷直流。

参考书目

袁寿其，施卫东，刘厚林，等，2014. 泵理论与技术［M］. 北京：机械工业出版社.

（汪家琼）

D

搭扣式快速接头

搭扣式快速接头（buckle type quick connector） 一种挂钩式快速接头（图）。

搭扣式快速接头

类型 分为单挂钩式快速接头和双挂钩式快速接头。

结构 V形橡胶密封圈止水，插入时搭扣自动滑入挂钩槽内。

参考书目

周世峰，2004. 喷灌工程学［M］. 北京：北京工业大学出版社.

（蒋跃）

导向机构

导向机构（link system of suspension） 一种在悬架系统中能够传递各种力和力矩，引导车轮按一定规律相对于车架（身）运动的机构。其作用是用来决定车轮相对车架（或车身）的运动关系，并传递纵向力、侧向力及其引起的力矩。导向机构由控制臂和推力杆组成（图）。

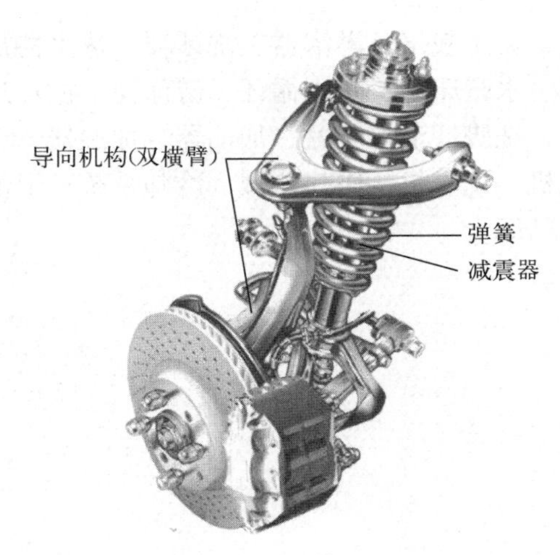

导向机构

概况 随着汽车行业的发展，汽车渐渐成为改变世界的机器，而汽车产业也在国民经济中占据重要地位。导向机构作为汽车悬架结构的重要组成部分，对其的研究一直是国内外学者的重要课题。特别是在空气悬架中，由于空气弹簧只能承受垂直载荷，为了传递作用在车轮和车架（或车身）之间的一切力（纵向力和侧向力）及其力矩，必须在汽车空气悬架中设计导向机构。国外对导向机构的研究始于18世纪，经历了漫长的发展时期。但我国自主研发的导向机构还很少，特别是对导向机构的创新不足。目前我国对导向机构的研究集中在对现有导向机构的运动学、动力学及建模仿真和优化设计等方面。就汽车底盘的发展状况来看，对导向机构的创新设计是汽车底盘研发过程中的难题和制约底盘自主开发的重要因素。

类型 目前典型的导向机构有下列几种：①板簧式导向机构。主要用于复合式空气弹簧悬架中，钢板弹簧主要作用为导向元件，同时也承担一部分载荷，兼起一部分弹性元件的作用。日野、日产及韩国的部分大中型客车都采用这种悬架结构型式。②纵向单臂式导向机构。类似于纵置1/4椭圆钢板弹簧导向机构，所不同的是纵臂采用刚性臂，而纵置1/4椭圆钢板弹簧导向机构采用弹性臂，这种导向机构必须设置横向推力杆，用来承担侧向力。该导向机构可降低汽车纵向倾覆力矩中心位置，增加了车身抗纵倾能力。③A 形导向机构。可以看成纵向单臂式导向机构的特殊型式，它将两根纵置刚性臂通过与车架上一点的连接构成 A 形架，在传递纵向力的同时还传递侧向力。A 形架可避免导向机构内的附加载荷，克服了纵向单臂式导向机构的缺点。④四连杆导向机构。空气弹簧悬架系统广泛采用的一种结构型式。它常采用两种结构型式：一种主要用于前悬架，另一种主要用于后悬架。

结构　导向机构由控制臂和推力杆组成。①根据控制臂在车上布置形式不同，可分为纵臂、横臂和斜臂 3 种。双横臂式独立悬架的横臂又有上控制（横）臂和下控制（横）臂之分。单斜臂式悬架中，控制臂一端通过有橡胶衬套的铰链与车架（身）铰接，另一端经球头销与车轮相连。控制臂可以用钢板冲压焊接件，锻造、铸造或钢管焊接等制成。因控制臂要传递牵引力、制动力、侧向力和承受力矩，所以要求有较大的刚度。因此，冲压焊接结构控制臂的断面做成箱形断面，而锻造和铸造的控制臂又常做成 H 形断面。②推力杆有横向推力杆与纵向推力杆之分。分别用来传递产生在车轮与车架之间的横向力和纵向力。推力杆由杆和套管组成。套管内压有橡胶衬套，套管焊接在杆部的两端。杆部可以是实心轴或空心管，也可以用锻成 H 形断面的杆件或钢板冲压件。推力杆的一端固定在车桥上，另一端则铰接在车身（架）上。

参考书目

陈家瑞，2000. 汽车构造（下）［M］. 北京：机械工业出版社.

（徐恩翔）

导叶（guide vane）

离心泵的转能装置，它的作用是把叶轮甩出来的液体收集起来，使液体的流速降低，把部分速度能转变为压力能后，再均匀地引入下一级或者经过扩散管排出，如图所示。

导　叶

概况　导叶按其结构形式可分为径向式导叶和流道式导叶。流道式导叶的正向导叶和反向导叶是铸在一起的，中间有一个连续流道，使液体在连续的流道内流动，不易形成死角和突然扩散，速度变化比较均匀，水力性能较好，但结构复杂，制造工艺性差。导叶大多用于水力机械中的倒流情况，像水轮机的活动导叶、固定导叶及水泵中的导叶，它们的作用都是产生环量。

原理　导叶的工作原理和螺旋形压水室相同，设计和计算有很多共同之处，可以把导叶间的流道看作在叶轮外周的几个小螺旋形压水室，也可以把螺旋形压水室看作构成一个流道的导叶。

结构　导叶的组成包括导叶体和导叶轴两部分，其结构型式有两种：第一种是整体铸造的导叶，为了减轻重量，叶体制成中空的；第二种是铸焊导叶，导叶体和轴分别铸造，再焊成一体；第三种是全焊导叶，导叶体用钢板压制，然后焊接成型，再与导叶轴焊成整体。

主要用途　一般分段式多级泵上均装有导叶。导叶的作用是将叶轮甩出的液体汇集起来，均匀地引向下一级叶轮的入口或压出室，并能在导叶中使液体的部分动能转变成压力能。特点是轴向尺寸小、径向尺寸大。

类型 ①径向导叶；②流道式导叶；③轴向导叶和只有反导叶的结构；④空间导叶。

参考书目

关醒凡，2011. 现代泵理论与设计［M］. 北京：中国宇航出版社.

施卫东，1996. 流体机械［M］. 成都：西南交通大学出版社.

关醒凡，施卫东，高天华，1998. 选泵指南［M］. 成都：成都科技大学出版社.

（许彬）

倒虹吸

倒虹吸（back siphonage） 渠道与河流、谷地、道路、山沟及其他渠道相交处的一种交叉建筑物，图为倒虹吸布置示意。

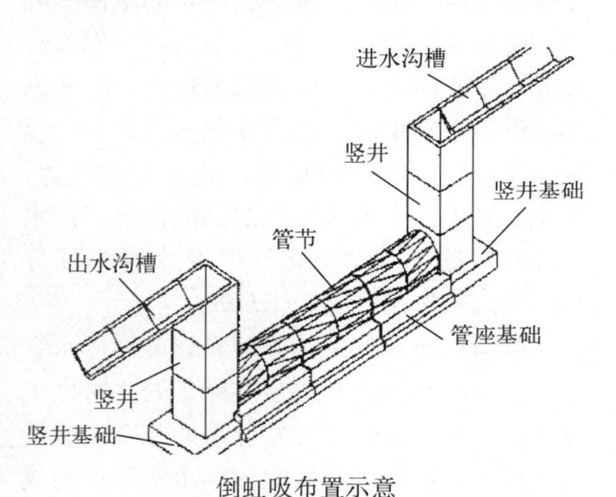

倒虹吸布置示意

概况 倒虹吸管有悠久的历史。公元前180年在古希腊（今土耳其）帕加马曾建筑一座倒虹吸管，其下弯穿越河谷的深度超过200 m，管径为30 cm。倒虹吸管在中国古代称为渴乌，公元186年在《后汉书》中已见记载。中华人民共和国成立后，修建了大量倒虹吸管，在结构形式、用材、施工方法和制管工艺上有很大发展。预应力钢筋混凝土管由于其承压较高，具有较高的抗裂性、抗渗性，故得到了推广。

原理 借助于上下游的水位差的作用力现象，最高点液体在重力作用下往低位处移动，在内部产生负压，导致高位的液体被吸进最高点。

结构 由进口段、管身段、出口段3部分组成。

主要用途 主要用于农田水利工程中。渠道与道路、河流等发生交叉时，既可采用渡槽，如北宋时曾在引用泾水的郑白渠上使用过；也可采用倒虹吸，如南宋时曾在引用褒水的山河堰上使用过。

类型 根据布置方式不同可分为斜管式和竖井式。

参考书目

吕宏兴，2002. 力学［M］. 北京：中国农业出版社.

（王勇　杨思佳）

低压管道灌溉系统

低压管道灌溉系统（low pressure pipeline irrigation system） 利用灌区地形高差形成的自然压力或低耗能机泵提供的压力，通过管道代替明渠进行输水、配水，将水源地的水引入农田，达到灌溉农作物目的的系统。

概况 管内压力一般0.2 MPa以下为低压，0.2～0.4 MPa为中压，大于0.4 MPa为高压灌溉管道。系统通常由水源与首部枢纽、输配水管网、田间灌水系统、分水给水装置和附属建筑物组成。低压管道灌溉系统由于管内水流具有一定压力，因此可在出口自流溢出，进行地面灌、滴灌、微喷灌或在地下进行渗灌。

结构 低压管道输水灌溉系统结构如图所示。

特点 低压管道输水灌溉优点为可减少渗漏损失和蒸发损失，低压管道输水灌溉比明渠输水节约30%～50%，节水效益明显；输水速度快，灌溉效率高，灌水及时；土地利用率高，适应性强，便于实现自动化；维修养护省工省时，管理方便。缺点为投资相对明渠输水要高，寒冷地区需注意放空管道存水，防止冻胀。

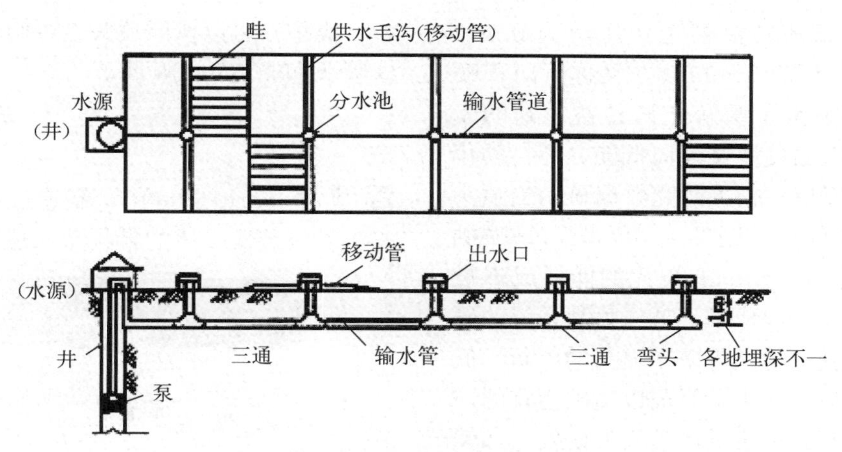

低压管道输水灌溉系统结构

类型 低压管道输水灌溉系统类型很多，特点各异，一般可按以下两个特点进行分类：按灌溉管道系统在灌溉季节中各组成部分的可移动程度可分为固定式低压管道输水灌溉系统、移动式低压管道输水灌溉系统和半固定式低压管道输水灌溉系统；按获得压力的来源可分为机压式低压管道输水灌溉系统和自压式低压管道输水灌溉系统。

参考书目

郝树荣，缴锡云，2016. 高效灌排技术［M］. 北京：中国水利水电出版社.

王留运，杨路华，2011. 低压管道输水灌溉工程技术［M］. 郑州：黄河水利出版社.

（向清江）

低压管道输水灌溉 (low pressure pipe irrigation)

用工作压力小于 0.2 MPa 的管道系统向田间灌水沟或畦田输水、配水的灌溉方式。低压管道输水灌溉技术是利用管道输水、配水，而田间则利用软管或田间闸管系统或传统的地面灌水技术实施的灌溉。"低压"是指田间末级水管出水口工作压力与喷灌、滴灌系统相比较，远低于其灌水器的工作压力，一般控制在 3 kPa（0.3 m 水头）以下。低压管道输水灌溉具有节水、节能、节地、节时、省工、适应性强等特点。但该技术需要较多管件和设备，用多泥沙水灌溉时还存在泥沙淤积等问题。

概况 管道输水灌溉技术已成为世界上农业节水灌溉的一项关键技术。在美国，低压管道灌溉被认为是节水最有效、投资最省的一种灌溉技术，全美近一半大型灌区实现了管道化。以色列的国家输水管道工程堪称国际一流，全国除个别偏远山区外，全部实现输水管网化。我国自 20 世纪 50 年代开始尝试低压管道输水灌溉技术的应用，进入 20 世纪 80 年代后，随着我国北方水资源供需矛盾的日益加剧和农村经济的发展，"七五"期间，低压管道输水灌溉技术被列入重点科技攻关项目，在管道、管材及配套装置的研制上取得了一批成果。到 2016 年底，全国管道输水灌溉面积达14 177万亩。

类型 根据管道的可移动程度，低压管道输水灌溉分为移动式、固定式、半固定式 3 种类型。

组成 低压管道输水系统一般由水源、首部取水枢纽、输配水管道、田间灌水系统、给水设备、安全保护装置等组成。

（汤攀）

低压节能喷洒器 (low - pressure energy - saving sprinkler)

用低压将有压水喷射到空中的部件，射程大小与水的压力高低直接相关。低压喷洒器工作压力为0.1～0.2 MPa，射程为5～14 m，又称近射程喷洒器。近年来为了缓解能源日益短缺的矛盾，各国喷灌的发展逐渐向低能、高自动化的灌溉方向发展。相关研究数据显示当喷头工作压力由高压降至254 MPa时，每喷洒1 000 m³的水可节约9.6美元的能耗成本投入。为了降低喷灌成本，低压喷灌系统的研发逐渐被重视，随之带来了喷头的革新，低压节能喷头应运而生。目前以美国为首的许多发达国家都致力于低压喷头的研发，如美国森宁格（Senninger）公司研制的低压旋转式喷头I-Wob Spray、瓦蒙特（Valmont）公司研制的低压非旋转式喷头LEN Spray等。与国外相比，我国对移动式喷灌喷头研究相对滞后，国内喷灌机设备的喷头常年依赖于进口，价格极其昂贵。国内偶有公司对国外产品进行仿造，但是其喷洒性能得不到保证。

1997年，王振海通过对摇臂式喷头限水片的形式进行了改进，改变了喷头的喷洒域，揭开了我国低压喷头开发的篇章。随后我国诸多科研人员对喷头进行了优化改进，开发出不同类型的摇臂式喷头。近年来，江苏大学袁寿其团队研制出基于附壁效应的全射流喷头，具有我国自主知识产权，更是推动了我国喷灌事业的发展。然而这些喷头大多是摇臂式，不能较好地应用在大型移动式喷灌设备上。由于国内对折射式喷头开发研究较少，国内平行移动式和中心支轴喷灌机使用的低压喷头，如尼尔森（Nelson）公司D3000、R3000和S3000系列低压折射式喷头，森宁格公司LDN喷头和I-Wob喷头仍然依靠进口，因此，我国将来对低压喷头的研究重点应放在能够装配在移动式喷灌设备上的低压折射式喷头，并且针对国外当前低压折射式喷头的问题进行研究，开发具有我国自主知识产权的、水力性能更加优越的喷头。

类型 可以按照喷头是否旋转分为旋转式喷头和非旋转式喷头。

（李娅杰）

滴灌带（drip-tape） 制造过程中将滴头与毛管组装成一体的带状灌水器（图）。

滴灌带

概况 滴灌带由于其迷宫结构而具有紊流特性，且具有抗堵性良好、出水均匀、铺设长度长、制造成本低的特点，是目前世界上使用最广泛的一类灌水器。我国在1990—1999年从瑞士引进了“薄壁内镶式滴灌带高速生产技术”，有效解决了我国的农作物生产需要高性价比滴灌带的生产问题，由此具备了采用大面积滴灌技术的生产条件。滴灌带的生产能力被极大地提高，滴灌带的壁厚也被有效地降低，大大地降低了农业生产成本。

原理 利用塑料管道将水通过直径约10 mm毛管上的孔口或滴头送到作物根部进行局部灌溉。

结构 滴灌带是一种厚0.1～0.6 mm的薄壁塑料带，充水时胀满管形，泄水时为带状，输水、储藏都十分方便。

主要用途 可适用于果树、蔬菜、经济作物以及温室大棚灌溉，在干旱缺水的地方也可用于大田作物灌溉。

类型 按其迷宫所在位置不同，滴灌带可分为单翼迷宫式滴灌带及虎头式滴灌带。

（王剑）

滴灌带回收装置（drip irrigation tape recovery device） 用于滴灌带回收的机械装置。

概况 目前滴灌带回收装置的技术还不成熟，得不到广泛的推广。以色列是研究滴灌带回收装置起步较早的国家之一，利用收卷机回收滴灌带，效果较好。英国主要是采用悬挂式回收机，在残膜回收机械装置上经过改进而研制的回收装置。滴灌带回收机械化计划需要进一步研究，可以显著提高作业效率，解放劳动力，减轻农民劳动强度。

类型 滴灌带回收装置种类繁多，功能不同，大部分是半机械化作业的滴灌带回收装置，由于作物、地形、土壤等条件不同，很难实现完全机械化。

结构 滴灌带回收装置结构各不相同（图）。国内滴灌带回收装置主要由地轮、调速机构、机架、悬挂架、仿形机构、卷筒、变速装置、排管机构等组成。配套动力多为轮式拖拉机，运输时由拖拉机悬挂，工作时由拖拉机牵引，回收装置的地轮结构作为动力源，通过链传动、皮带传动将动力分别传到卷筒及排管机构。

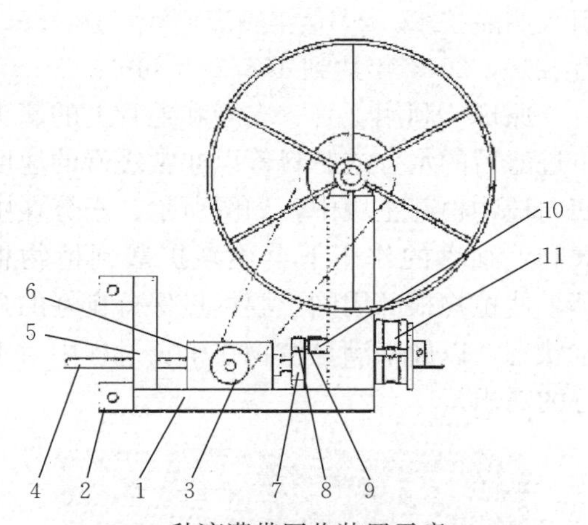

一种滴灌带回收装置示意

1. 机架 2. 悬挂架 3. 驱动轮 4. 传动轴 5. 三角支架 6. 变速箱 7. 传动轮 8. 摆轮 9. 偏心轴 10. 槽轮 11. 摆轮

（魏洋洋）

滴灌带铺收装置 (drip irrigation tape spreading and collecting device)

用于滴灌带铺设的机械装置，又称滴灌带铺设装置。

概况 目前应用较多的是半机械化作业的滴灌带铺收装置，它不仅减轻了农民的劳动强度，而且作业效率显著提高。我国目前的铺收装置大部分为改装机械，如在原有的地膜覆盖、播种机上等改装相关装置实现滴灌带铺设功能。

类型 滴灌带铺收装置种类繁多，功能不同，大部分是半机械化作业的滴灌带铺收装置。很多工程师根据实际使用中的地形、土壤条件等进行了改装或重新设计，大大提高了机械化、速度化和生态化。

结构 由于使用环境不同，滴灌带铺收装置种类繁多，结构各不相同（图）。一般由悬挂装置、导向装置、支撑装置、行走装置等组成。

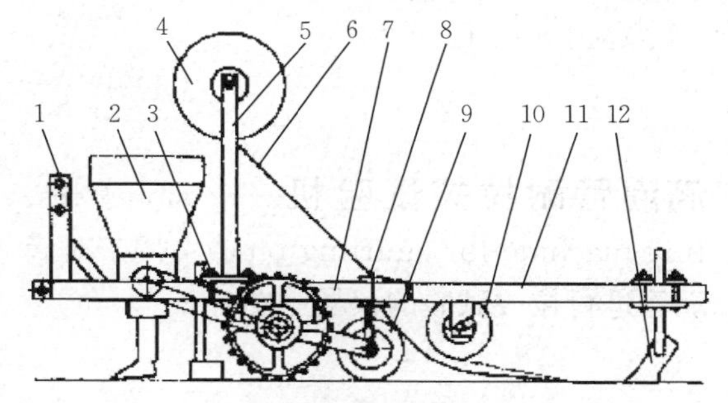

一种滴灌带铺设装置示意

1. 悬挂装置 2. 播种箱 3. 地轮 4. 滴灌带卷盘 5. 卷盘支撑 6. 滴灌带 7. 前支架 8. 导向孔 9. 镇压轮 10. 地膜 11. 后支架 12. 覆土装置

（魏洋洋）

滴灌管 (drip lateral)

滴头与毛管制造成一个整体，兼具配水和滴水功能的管（图）。

概况 滴灌管较好地克服了滴孔堵塞、出水不均匀等缺陷，成功运用于番茄、黄瓜、棉花、西瓜、哈密瓜等多种农作物的种植基地，同时也能适应温室大

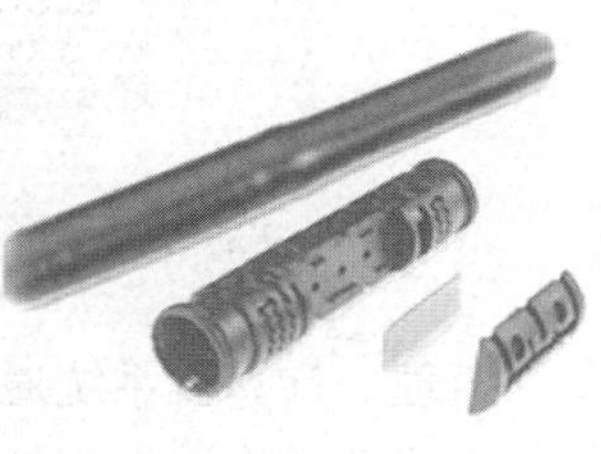

滴灌管

棚、山地、起伏路面等各种环境。

原理 按照作物需水要求，通过低压管道系统与安装在毛管上的灌水器，将水和作物需要的养分，均匀而又缓慢地滴入作物根区土壤中。

结构 主要由滴头和毛管两部分组成。

主要用途 主要适用于水资源和劳动力缺乏地区的大田作物、果园、树木绿化，广泛用于温室、大棚、露天种植和绿化工程。

类型 按照水力性能分为压力补偿式滴灌管和非压力补偿式滴灌管，按照结构分为圆柱迷宫式滴灌管、片状迷宫式滴灌管和管间式滴灌管。

参考书目

罗金耀，2003. 节水灌溉理论与技术［M］. 武汉：武汉大学出版社.

（王剑）

滴灌管耐拉拔试验机

滴灌管耐拉拔试验机（tension - testing machine for emitting pipe） 用于对滴灌管进行拉拔试验的仪器（图）。

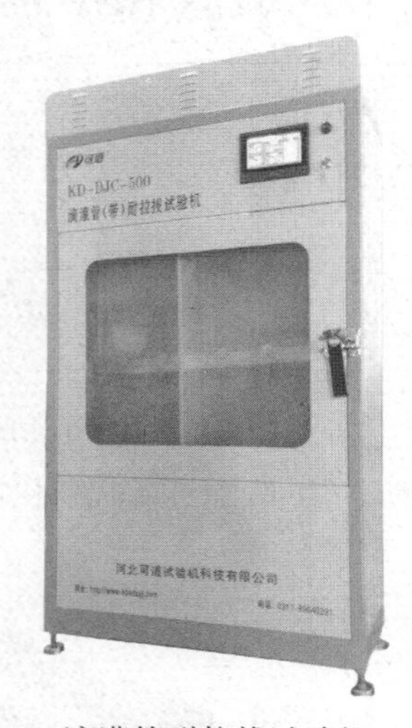

滴灌管耐拉拔试验机

原理 计算机系统通过控制器均匀地对夹紧装置上的滴灌管施加拉力，直到达到标准要求的拉力为止，并保持拉力一段时间。

结构 主要由环境试验箱、拉拔装置、电控台等部件组成。

主要用途 应用于滴灌管的耐拉拔试验。

（印刚）

滴灌系统

滴灌系统（drip irrigation system） 将具有一定压力的水过滤后，经管网和出水管道（滴灌带）或滴头以水滴的形式缓慢而均匀地滴入植物根部附近土壤的一种灌水系统。

概况 滴灌起源于1920年。1959年，滴灌已成为美国滴灌的重要组成部分。20世纪70年代，滴灌设备在性能方面得到较大的改善，但滴灌灌水均匀性较差、堵塞问题等一直没有得到有效的解决，发展速度缓慢。20世纪80年代至今，随着水资源的严重短缺和人类环保意识的不断提高，滴灌技术又被重视起来。我国于1974年从墨西哥引入滴灌技术，2010年滴灌面积已达468.1万hm^2，2014年达到468.2万hm^2。

原理 利用干管、支管和毛管上的滴头将过滤后的水分或肥料等以非常缓慢的速度滴向植物根部土壤中，如图所示。水分在中立和毛细管的作用下会逐渐扩散到植物根部，使植物根部周围土壤尽量保持良好的含水状态，以此来满足植物在生长过程中对水分的需求。

滴灌系统

结构 由灌水器、输配水管网和首部枢纽组成。

主要用途 滴灌对地形和土壤的适应能力较强，由于滴头能够在较大的工作压力范围内工作，且滴头的出流均匀，因此滴灌适宜于地形有起伏的地块和不同种类的土壤。

类型 主要分为固定式滴灌系统、移动式滴灌系统和地下式滴灌系统。固定式滴灌系统把毛管固定布置在地面，施工安装方便，便于检查土壤湿润和灌水器堵塞等情况，但影响其他田间作业，毛管受阳光照射易老化。移动式滴灌系统是指毛管在田间移动作业的滴灌系统，可节省设备材料，降低工程投资，适合于对大面积密植行种作物进行灌溉，按毛管移动方式可分为机械移动和人工移动两种。地下式系统把毛管甚至灌水器全部埋在地表下面，管道不易老化，但不便于检修。

（李岩）

滴箭（drop arrow） 由于外形似箭而得名，前部的箭头部分用于插入土壤做固定导流用，柄部内部有迷宫流道，插入毛管中（图）。

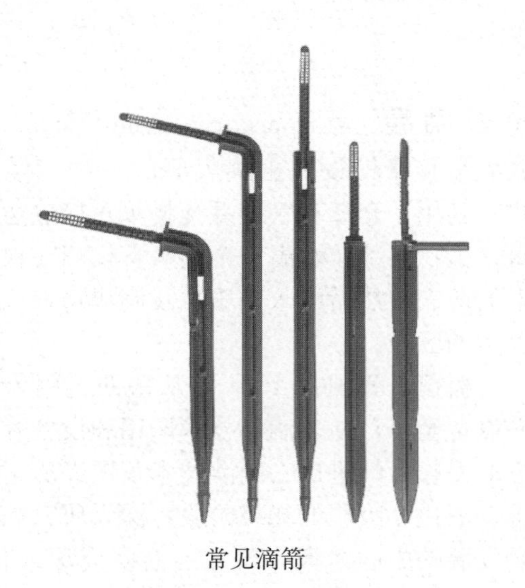

常见滴箭

概况 滴箭型滴头能很大程度地减轻劳动强度，实现水肥一体化，节省劳动量最大可达到 95%；灌水均匀，均匀度可达到 85%～95%；比人工浇灌省水 50%～70%；水肥利用率高，减小对环境的污染，水分蒸发量小，降低室内湿度，减小病虫危害。

原理 滴箭型滴头的消能方式主要有两种：一种是以小内径的微管与输水毛管和滴灌插件相连，靠微管流道壁的沿程阻力来消能，微管出水的水流以层流运动的成分较大，层流滴头流量受温度影响，在夏季昼夜温差较大的情况下，流量差有时可达 20% 以上；另一种是靠出流沿滴箭的插针头部的迷宫形流道造成的局部水头损失来消能，调节流量大小，其出水可沿滴箭插入土壤的地方入渗。

类型 分为直箭、弯箭、长箭、短箭等。

结构 一种稳流集束式滴箭组，由分水器、发丝管和滴箭组成。

主要用途 滴箭型滴头是盆花、盆栽植物及苗木等作物灌溉最合适的灌水器。

（王剑）

滴头（emitter） 通过流道或孔口将毛管中的压力水流变成滴状或细流状的装置（图）。其流量一般不大于 12 L/h。

滴　头

概况 1920 年，德国首次采用穿孔管灌溉，使水沿着管道输送时从孔眼流出，这就是孔口型滴头的雏形，在出流方面取得重大突破。我国引进滴灌技术初期使用一种微管滴头，即将 $\phi1.2$ PE 塑料管插接于毛管管壁内。

原理 滴头外形如图所示，通过流道或孔口将压力水流变成滴状或细流状。长流道型滴头靠水流与流道壁之间的摩阻消能来调节流量；孔口型滴头靠孔口出流造成的局部水头损失来消能，调节流量；涡流型滴头靠水流进入涡室内形成的涡流来消能，调节流量；压力补偿型滴头利用水流压力对滴头内弹性体的作用改变流道形状并调节流量。

结构 不同类型的滴头具有不同的结构，长流道型滴头具有微管或螺纹流道槽等结构；涡流型滴头具有涡流室；压力补偿式滴头具有橡胶补偿片。

主要用途 在微灌系统中，将毛管中的压力水流变成滴状或细流状。

类型 主要有长流道型滴头、孔口型滴头、涡流型滴头、压力补偿型滴头。

参考书目

郑耀泉，李光永，党平，等，1998. 喷灌与微灌设备［M］. 北京：中国水利水电出版社.

（李岩）

滴头设计工作水头 (designed operating pressure of dripper)

滴头设计流量所对应的工作水头。

公式 微灌系统设计水头，应在最不利轮灌组条件下按下式计算：

$$H=Z_p-Z_b+h_o+\sum h_f+\sum h_j$$

式中 H 为微灌系统设计水头（m）；Z_p 为典型灌水小区管网进口的高程（m）；Z_b 为水源的设计水位（m）；h_o 为典型灌水小区进口设计水头（m）；$\sum h_f$ 为系统进口至典型灌水小区进口的管道沿程水头损失（含首部枢纽沿程水头损失）；$\sum h_j$ 为系统进口至典型灌水小区进口的管道局部水头损失（含首部枢纽局部水头损失）（m）。

参考书目

李光永，龚时宏，仵峰，等，2009. GB/T 50485—2009 微灌工程技术规范［S］. 北京：中国计划出版社.

（王勇　张国翔）

底阀 (bottom valve)

也称逆止阀，是止回阀的一种（图），起防止水倒流的作用。

底　阀

概况 底阀是一种节约能源的阀，一般安装在水泵水力吸管的底端，其作用是保证液体在吸入管道中单向流动，使泵正常工作；当泵短时间停止工作时，使液体不能返回水源箱，保证吸水管内充满液体，以利于泵的启动，起到畅通抽水和减小能源损失的作用。广泛适用于石化、化工、纺织、印染、冶金、矿山、排灌等行业的水泵配套设施。

结构 由阀体、过滤器网、过滤器盖和垫圈等组成。

参考书目

张汉林，2013. 阀门手册——使用与维修［M］. 北京：化学工业出版社.

（王文杰）

地表滴灌 (surface drip irrigation)

将滴灌带直接铺设在土壤表面的一种滴灌方式。利用一套塑料管道系统将水直接输送到每棵植物根部，水由每个滴头直接滴在根部上的地表，然后渗入土壤并浸润作物根系最发达的区域。

概况 我国自 1974 年从墨西哥引入滴灌设备至今，地表滴灌技术应用和设备开发已取得长足的进展。滴灌技术发展经历了引进、消化、吸收的初级阶段，深入研究和缓慢发展的中间阶段，步入当前研究深入化、应用市场化、符合国情发展的逐步追赶国际水平的快速发展阶段。

发展趋势 滴灌技术是典型的节水灌溉技术之一，目前的发展趋势是如何运用先进的信息技术、物联网技术、控制技术和灌溉过程结合起来，从水力控制、机械控制到机械电子混合协调式控制，未来基于物联网的计算机控制、传感技术和神经网络控制的结合等，可以使灌溉过程可靠性强、操作简单，逐步实现智能化和精准化程度高的灌溉模式。将灌溉决策与物联网结合，发展智慧节水农业，实现灌溉过程自动化、检测控制数字化、运营管理智能化。

（汤攀）

地下滴灌（subsurface drip irrigation）将滴灌毛管铺设在耕作层内，将作物所需的水、肥、药直接灌到作物根系区的滴灌方式。

概况　1982年，我国提出了地下滴灌系统设计、安装和运行管理指南，标志着地下滴灌技术开始步入成熟阶段。“九五”期间，中国水利水电科学研究院对自行研制的地下滴灌系统进行了大田试验，取得了良好的节水效果和社会效益。近年来，大量的田间试验主要应用在果树、棉花、番茄、苜蓿、玉米等作物上，取得了良好的效果。

原理　地下滴灌技术通过管道内供水压力直接将水分滴入耕作土壤中，然后在土壤中依靠土壤毛管力作用及重力作用扩散到周围土壤中，在这个入渗过程中，地表积水较少。

发展趋势　综合研究地下滴灌技术和农业节水技术，科学确定地下滴灌技术参数，包括埋管深度、进口压力、滴孔的孔径和孔距等，对水分和养分在土壤中的分布、运移，作物根系的分布与生长，提高水肥利用效率等。研究地下滴灌技术的特殊性和复杂性，为其有效推广和应用提供理论支持，促进其更好地推广和应用。加强安装、运行、管理，结合作物类型、土壤条件、耕作制度等，合理确定毛管埋深和毛管间距，研发防负压堵塞，具有较强压力补偿的灌水器。

（汤攀）

地下滴灌系统（subsurface drip irrigation system）　将各级管道一次性铺设于地表以下供多年使用，水通过地埋滴管上的灌水器缓慢渗入附近土壤的灌溉系统。

概况　早在1913年，美国的E·B.豪斯就开始了地下滴灌的探讨，但由于受当时技术水平等因素的限制，最终放弃了这项研究。1920年，美国的L.查尔斯利用一种灌溉瓦管“使瓦管周围的土壤得以湿润”而获美国专利，被认为是世界上最早的地下滴灌技术。地下滴灌系统可以保持地表干燥，减少地表的无效蒸发和杂草生长，而且在方便田间管理、防止毛管丢失或老化、延长毛管的使用寿命等方面具有显著优势。

原理　水通过地埋滴管上的灌水器缓慢渗入附近土壤，再借助毛细管作用或重力扩散到整个作物根层。地下滴灌系统以土壤水为媒介，将灌溉水与作物构成一个连续的有压系统，为直接改善作物根区生长环境创造了条件。

结构　与常规滴灌一样，地下滴灌系统也由首部枢纽、输配水管网和灌水器等部分组成。毛管埋深多为0.02～0.70 m，确定毛管埋深通常需要考虑耕作深度、土壤导水性能及作物需水规律，避免耕作或其他设备破坏，既能保证湿润根区又能避免表土湿润。

主要用途　适合于干旱、高温、风大的自然条件或用以灌溉果树等经济作物效益较好的作物。

类型　主要有暗管灌溉和潜水灌溉。

（李岩）

电磁阀（electromagnetic valve）　一种依靠电磁力为动力源的自动阀门，即利用电磁阀的电磁铁通电后产生的电磁力，驱动电磁阀相关零部件运动实现其开启、关闭或切换功能的阀门。

概况 与国外相比，国内电磁阀企业起步较晚，技术经济实力都存在明显差距，20世纪40年代后期，我国在上海出现了小规模的电磁阀制造厂，主要生产冷冻阀和水阀。之后在60年代末期，我国出现了使用增强尼龙和氟塑料材质的电磁阀，在市场上有耐高温、高压、防腐、防爆、防水和防尘等多种电磁阀。改革开放以后，由于民营企业的崛起，电磁阀生产能力不断增长，产品也开始逐渐步入国外市场，使得我国电磁阀市场形势越来越好。现在我国电磁阀行业不断发展创新，在很多行业上都有应用，由于我国电磁阀价格便宜、构造简单、动作迅速、方便安装维护，已经成为流体控制自动化的选购产品。

类型 电磁阀按照动作原理分为直动式电磁阀（图1）、先导式电磁阀（图2）和反冲式电磁阀（图3）。按照控制方式分为二通式、三通式、四通式或五通式。按照使用介质压力分为①真空型：一般真空为 1.33×10^{-4} MPa，中真空为 1.33×10^{-6} MPa，高真空为 $1.33\times10^{-9}\sim1.33\times10^{-7}$ MPa；②微压型：工作压力一般为 0～0.002 MPa 的煤气介质；③低压型：工作压力一般为 0～0.4 MPa的气体或液体；④常压型：工作压力一般为 0～1.6 MPa 的气体或液体；⑤中压型：工作压力一般为 2.5～6.4 MPa 的气体或液体；⑥高压型：工作压力一般为 6.4～20 MPa 的气体或液体。

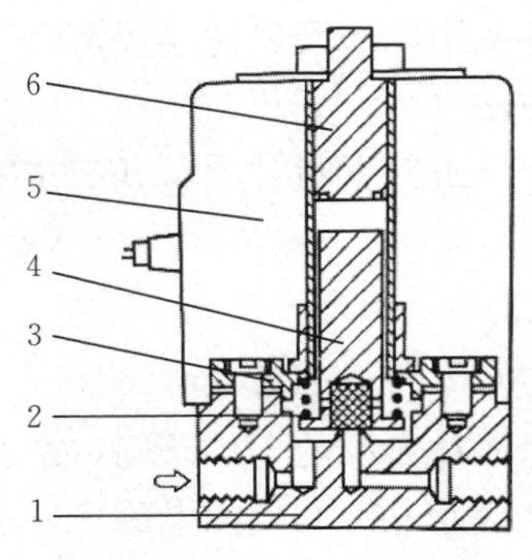

图1 直动式电磁阀示意

1. 阀体 2. 弹簧 3. 阀盖 4. 动铁芯 5. 线圈 6. 静铁芯

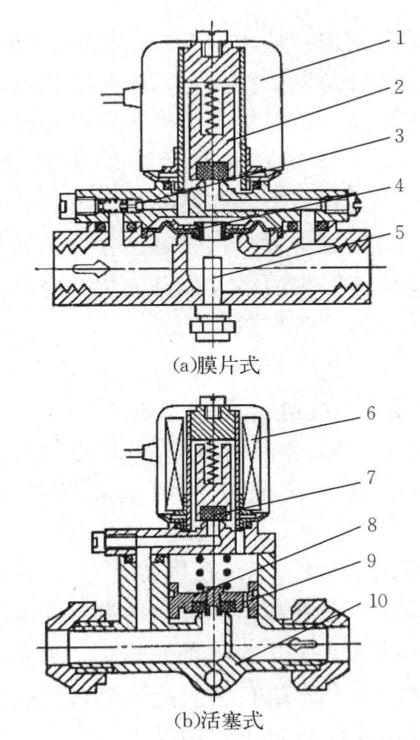

图2 先导式二位二通电磁阀示意

1，6. 电磁头 2，7. 先导阀 3. 节流孔 4. 膜片 5. 手动装置 8. 活塞 9. 平衡孔 10. 阀体

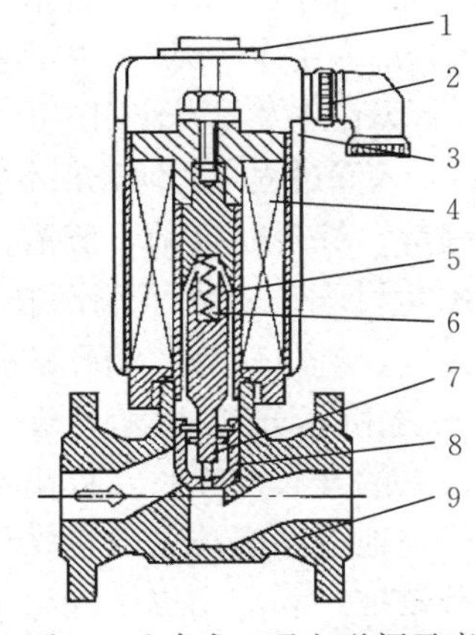

图3 反冲式二通电磁阀示意

1. 顶盖 2. 插座 3. 外壳 4. 线圈 5. 动铁芯（衔铁） 6. 弹簧 7. 辅阀（小阀头） 8. 活塞 9. 阀体

结构 ①直动式电磁阀是指电磁力直接作用于阀芯系统，电磁阀的动作功能完全依靠电磁力及复位弹簧，不受介质压差等因素

的影响，可靠性很高。②先导式电磁阀是一种电磁力只作用于先导阀，主阀依据先导阀的指令，完全依靠介质压差的作用而完成其动作功能的电磁阀。先导式电磁阀由两大组件组成，上部件为先导阀，下部件为主阀，先导阀和主阀间通过在阀盖上的管道相连，并通过这种联系用先导阀的动作来控制主阀的开关。③反冲式电磁阀是直动式电磁阀和先导式电磁阀的结合体，集合了直动式电磁阀的"零压差"启闭和先导阀的高压差启闭的优点。反冲式电磁阀由电磁头、阀体组件及反冲组件组成，电磁头由线圈、导磁壳、上下导磁板及导磁管组成，阀体组件由阀体、阀盖及非磁管或屏蔽套组成，反冲组件由动铁芯、阀杆、辅阀、主阀塞组成。

参考书目

王兴，蒋庆华，1982. 电动执行器 [M]. 北京：机械工业出版社.

蔡国廉，1964. 电磁铁 [M]. 上海：上海科学技术出版社.

杨源泉，1992. 阀门设计手册 [M]. 北京：机械工业出版社.

《阀门设计》编写组，1976. 阀门设计[M]. 沈阳：沈阳阀门研究所.

（张帆）

电磁流量计 (electromagnetic flow - measurement)

利用法拉第电磁感应定律制成的一种测量导电液体体积流量的仪器，形式如图 1 所示，其测量通道是一段无阻流检测件的光滑直管，因而不易阻塞，适用于测量含有固体颗粒或纤维的液固二相流体，如纸浆、煤水浆、矿浆、泥浆和污水等。且不易于藏污纳垢，便于消毒杀菌，对于发酵、食品、医药等对卫生要求较高的工业应用较为适用。电磁流量计不产生因检测流量所形成的压力损失。仪表的阻力仅是同一长度管道的沿程阻力，对于要求低阻力损失的大管径供水管道最为适用。电磁流量计所测得的体积流量，实际上不受流体密度、黏度、温度、压力和电导率变化的明显影响，与其他大部分流量仪表相比，前置直管段要求较低，电磁流量计测量范围大，通常为（20～50）：1。可选流量范围宽，满度值液体流速可在 0.5～10 m/s 内选定。电磁流量计不能测量电导率很低的液体，如石油制品和有机溶剂等。不能测量气体、蒸汽和含有较多较大气泡的液体。通用型电磁流量计由于受衬里材料和电气绝缘材料的限制，不能用于较高温度的液体；某些型号仪表用于低于室温的液体的测量时，会因测量管外凝露（或霜）而破坏绝缘。

图 1　电磁流量计

概况　法拉第自 1831 年发现电磁感应定律后，1832 年他便期望利用地球的地磁场来测量英国泰晤士河水的潮汐和流量，但试验进行 3 天便失败了。这也是世界上最早的一次电磁流量计的试验。1930 年，威廉斯在用硫酸铜溶液做实验的基础上，第一次用数学上的方法分析圆管内流速分布对测量的影响，这是最早关于电磁流量计测量的基础理论。科林（Kolin）于 1932 年发表了利用法拉第电磁感应定律测量圆管内生物循环血液流量的论文。1952—1954 年，第一次在荷兰出现了工业上应用的电磁流量计商品，用来测量人造丝黏胶和水砂混液等。1955 年，日本也制成了电磁流量计，几乎同时苏联、英国、西德也相继试制成功。我国在 1957 年才开始研制电磁流量计，经过几十年的发展，国内外生产电磁流量计的厂家如雨后春笋般迅速发展起来。目前国外主要厂家有：日本横河公司（YEWMAG、ADMAG 型）、日立公司（FMP - 51 型）、美国布鲁克斯（Brooks）公司（Maglite、

May7500 系列)、福克斯波罗（Foxbor）公司（M800 型）、德国克朗（KROHNK）公司（KXBO、K180、K280、K480 型等）、恩德斯豪斯（Endress Hauser）公司（Mastermag 型等）等著名厂家。目前我国约有 20 家电磁流量计制造厂。据 1994 年 7 月《计装》杂志报导，美国 1989 年的实际流量仪表市场为 7.25 亿美元，电磁流量计占 9.7%；日本 1992 年的实际流量仪表市场为 591 亿日元，其中，电磁流量计占 16.5%，仅次于差压式流量计，位居第二，足见电磁流量计在流量计量工业中的重要地位。

类型 电磁流量计分类如下：①按激磁电流方式可分为直流激磁、交流（工频或其他频率）激磁、低频矩形波激磁和双频矩形波激磁。②按输出信号连线和激磁（或电源）连线的制式可分为四线制和二线制。③按转换器与传感器组装方式可分为分离（体）型和一体型。④按流量传感器与管道连接方法可分为法兰连接、法兰夹装连接、卫生型连接和螺纹连接。⑤按用途可分为通用型、防爆型、卫生型、防浸水型和潜水型等。

结构 电磁流量计由电磁流量传感器和电磁流量转换器两部分组成。如图 2 所示为传感器结构示意，具体结构包括：①磁路系统，其作用是产生均匀的直流或交流磁场。直流磁路用永久磁铁来实现，通常直流磁路系统会严重影响仪表正常工作，故电磁流量计一般采用 50 Hz 工频电源激励产生的交变磁场。②测量导管，其作用是让被测导电性液体通过。为了使磁力线通过测量导管时磁通量被分流或短路，测量导管必须采用不导磁、低导电率、低导热率和具有一定机械强度的材料制成，可选用不导磁的不锈钢、玻璃钢、高强度塑料、铝等。③电极，其作用是引出和被测量成正比的感应电势信号。电极一般用非导磁的不锈钢制成，且被要求与衬里齐平，以便流体通过时不受阻碍。它的安装位置宜在管道的垂直方向，以防止沉淀物堆积在其上面而影响测量精度。④外壳，应用铁磁材料制成，是分配制度励磁线圈的外罩，并隔离外磁场的干扰。⑤衬里，在测量导管的内侧及法兰密封面上，有一层完整的电绝缘衬里。它直接接触被测液体，其作用是增加测量导管的耐腐蚀性，防止感应电势被金属测量导管管壁短路。电磁流量计衬里材料多为耐腐蚀、耐高温、耐磨的聚四氟乙烯塑料及陶瓷等。⑥转换器，由液体流动产生的感应电势信号十分微弱，受各种干扰因素的影响很大，转换器的作用就是将感应电势信号放大并转换成统一的标准信号并抑制主要的干扰信号。其任务是把电极检测到的感应电势信号 Ex 经放大转换成统一的标准直流信号。

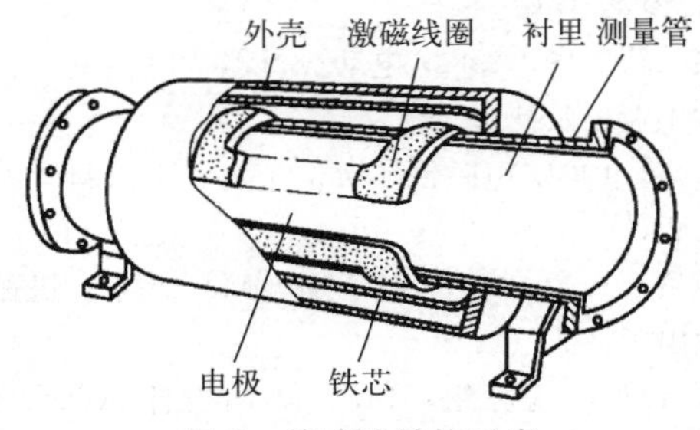

图 2　传感器结构示意

参考书目

J. A. Shercliff，1962. The Theory of Electromagnetic Flow-Measurement [M]. NewYork：Cambridge Univ Press.

（骆寅）

电动泵（electrically driven pump）

由电驱动的泵（图）。

电动泵

概况 电机下部装有橡胶调压膜，当电机开停或负荷变动引起电机体内的压力变化时，可由橡胶调压膜自动调节内部压力。电动泵采用离心式叶轮，单级扬程高、结构紧凑。

原理 在泵启动前，泵壳内灌满被输送的液体；启动后，叶轮由轴带动高速转动，叶片间的液体也必须随着转动。在离心力的作用下，液体从叶轮中心被抛向外缘并获得能量，以高速离开叶轮外缘进入蜗形泵壳。在蜗壳中，液体由于流道的逐渐扩大而减速，又将部分动能转变为静压能，最后以较高的压力流入排出管道，送至需要场所。

结构 由泵体、扬水管、泵座、潜水电机（包括电缆）和启动保护装置等组成。泵体是潜水泵的工作部件，它由进水管、导流壳、逆止阀、泵轴和叶轮等零部件组成。

主要用途 无论是飞机、火箭、坦克、潜艇，还是钻井、采矿，或者是日常的生活，都需要用电动泵。

类型 按照其用途分类，可分为电动润滑泵、电动燃油泵、电动充气泵、电动抽液泵。

（杨孙圣）

电动阀（electric valve）

一种通过电动执行器控制来实现阀门的开和关，从而控制管道中介质流量的阀门。电动阀一般通过电机驱动，阀的开度可以控制，状态有开、关、半开半关。

概况 20 世纪 50 年代，国内对电动阀门的领域开始有所涉猎，当时由于国内工业的发展急需引进先进的电动阀门。后来随着国民经济的不断进步，各行业对工作效率与工作安全性的要求在不断增加，电动阀门的应用范围在迅速扩张。但是在当时，电动阀门的需求远远要大于电动阀门行业的能力，其技术水平还停留在原地，产品落后、复杂、精度差、安装困难等各种问题都暴露出来，根本不可能满足较高的生产需求，后来电动阀门也逐渐从单一的机械结构转向智能化的方向。随着电力电子技术被应用到电动阀门的行业中，电动阀门的控制系统得到了长足的发展与进步，在逐步克服了原有的各种问题的基础上，其功能更丰富、性能更优秀，可以应用的领域也更加广泛，最重要的是，电动阀门的成本也在进一步降低。

类型 按阀位功能可以分为开关型电动阀和调节型电动阀；按阀位形状可以分为电动球阀和电动蝶阀；按阀体大小可以分为普通电动阀和微型电动阀。

结构 分为电动执行器和阀门两部分。

参考书目

陆培文，2006. 调节阀实用技术［M］. 北京：机械工业出版社.

张清双，尹玉杰，明赐东，等，2013. 阀门手册——选型［M］. 北京：化学工业出版社.

（张帆）

电动机（motor）

把电能转换成机械能的一种设备（图）。它是利用通电线圈（也就是定子绕组）产生旋转磁场并作用于转子（如鼠笼式闭合铝框）形成磁电动力旋转扭矩。电动机按使用电源不同分为直流电动机和交流电动机，电力系统中的电动机大部分是交流电动机，可以是同步电动机或者是异步电动机（电机定子磁场转速与转子旋转转速不保持同步）。电动机主要由定子与转子组成，通电导线在磁场中受力运动的方向跟电流方向和磁感线（磁场方向）方向有关。电动机工作原理是磁场对电流受力的作用，使电动机转动。

电动机

应用 各种电动机中应用最广的是交流异步电动机（又称感应电动机）。它使用方便、运行可靠、价格低廉、结构牢固，但功率因数较低，调速也较困难。大容量、低转速的动力机常用同步电动机。同步电动机不但功率因数高，而且其转速与负载大小无关，只决定于电网频率，工作较稳定。在要求宽范围调速的场合多用直流电动机，但它有换向器，结构复杂，价格昂贵，维护困难，不适于恶劣环境。20 世纪 70 年代以后，随着电力电子技术的发展，交流电动机的调速技术渐趋成熟，设备价格日益降低，已开始得到应用。电动机在规定工作制式（连续式、短时运行制、断续周期运行制）下所能承担而不至引起电机过热的最大输出机械功率称为它的额定功率，使用时需注意铭牌上的规定。电动机运行时需注意使其负载的特性与电机的特性相匹配，避免出现飞车或停转。电动机能提供的功率范围很大，从毫瓦级到万千瓦级。电动机的使用和控制非常方便，具有自启动、加速、制动、反转、掣住等能力。一般电动机调速时其输出功率会随转速而变化。

市场情况 高效电机以 Y 系列交流异步电动机替代 JO2 型电机，基本不受机型限制，因此，所有应用交流异步电动机的场合都可以用 Y 系列电机取代 JO2 系列电机。YX 系列电机的市场潜力受到其容量的制约。原则上，90 kW 以下的交流异步电动机可以由 YX 系列的高效电机取代。90 kW 以下的交流异步电动机装机容量约占交流异步电动机总量的 30%。近十多年来，中国政府致力于推广电动机调速技术，各行各业都在一定程度上采用了电动机调速。据石油、电力、建材、钢铁、有色、煤炭、化工、造纸、纺织等部门对企业抽样调查结果，石油、建材、化工行业电动机调速应用较好。在 400 GW 的电机负载中，约有 50%是负载变动的，其中 30%可以通过电机调速解决其负载变动问题。因此，仅就市场容量考虑，约有 60 GW 的调速电机市场。中国各类电动机的装机容量已超过400 GW，其中，异步电动机约占 90%，中小型电动机约占 80%，拖动风机水泵及压缩机类机械的电动机约 130 GW。中小型电动机已超过 152 个系列，842 个品种，4 000 多个规格。近十多年来，机械工业等有关部门大力抓电动机的节电工作，组织领导了有关研究所及企业，先后设计制成多种节能电动机，并明令颁布淘汰 63 种高耗能电动机和推广 24 种节能电动机，取得了一定的成效。这些节能产品主要分成两大类：一类是提高电动机效率的高效电动机；另一类是调速电动机。直流电动机采用八角形全叠片结构，适用于需要正、反转的自动控制技术中。

优势 无刷直流电机由电动机主体和驱动器组成，是一种典型的机电一体化产品。电动机的定子绕组多做成三相对称星形接法，同三相异步电动机十分相似。电动机的转子上粘有已充磁的永磁体，为了检测电动机转子的极性，在电动机内装有位置传感器。驱动器由功率电子器件和集成电路等构成，其功能是接受电动机的启动、停止、制动信号，以控制电动机的启动、停止和制动；接受位置传感器信号和正反转信号，用来控制逆变桥各功率管的通断，产生连续转矩；接受速度指令和速度反馈信号，用来控制和调整转速；提供保护和显示等。

由于无刷直流电动机是以自控式运行的，所以不会像变频调速下重载启动的同步电机那样在转子上另加启动绕组，也不会在负载突变时产生振荡和失步。中小容量的无刷直流电动机的永磁体，多采用高磁能积的稀土钕铁硼（Nd－Fe－B）材料。因此，稀土永磁无刷电动机的体积比同容量三相异步电动机缩小了一个机座号。近三十年来针对异步电动机变频调速的研究，归根到底是在寻找控制异步电动机转矩的方法，稀土永磁无刷直流电动机必将以其宽调速、小体积、高效率和稳态转速误差小等特点在调速领域显现优势。无刷直流电机因为具有直流有刷电机的特性，同时也是频率变化的装置，所以又名直流变频，国际通用名词为 BLDC。无刷直流电机的运转效率、低速转矩、转速精度等都比任何控制技术的变频器要好，所以值得业界关注。目前无刷直流电机的功率已经超过 55 kW，可设计到 400 kW，可以解决产业界节电与高性能驱动的需求。①全面替代直流电机调速、全面替代变频器+变频电机调速、全面替代异步电机+减速机调速。②可以低速大功率运行，可以省去减速机直接驱动大的负载。③具有传统直流电机的所有优点，同时又取消了碳刷、滑环结构。④转矩特性优异，中、低速转矩性能好，启动转矩大，启动电流小。⑤无级调速，调速范围广，过载能力强。⑥体积小、重量轻、出力大。⑦软启软停、制动特性好，可省去原有的机械制动或电磁制动装置。⑧效率高，电机本身没有励磁损耗和碳刷损耗，消除了多级减速损耗，综合节电率可达 20%～60%，仅节电一项一年收回购置成本。⑨可靠性高，稳定性好，适应性强，维修与保养简单。⑩耐颠簸震动，噪声低，震动小，运转平滑，寿命长。⑪没有无线电干扰，不产生火花，特别适合爆炸性场所，有防爆型。⑫根据需要可选梯形波磁场电机和正弦波磁场电机。

参考书目

许伯强，孙丽玲，2018. 异步电动机故障在线监测与诊断［M］. 北京：中国电力出版社.

杨扬，2013. 电动机维修技术［M］. 北京：国防工业出版社.

（周岭　李伟）

电机（electric machinery）　依据电磁感应定律实现电能与机械能、势能之间相互转换或传递的一种电磁装置。又分为发电机与电动机，工业民用领域多涉及电动机。以下以电动机为例。

概况　自 19 世纪法拉第发现电磁感应以来，电机先后经历了直流电机、交流电机、控制电机、特种电机 4 个发展阶段。我国电机生产始于 20 世纪初叶，20 世纪 80 年代进入高速发展期，目前该行业在国内已经形成比较完整的产业体系。为适应未来社会的发展，电机将会向小型化、高效化、智能化、特种化方向发展。

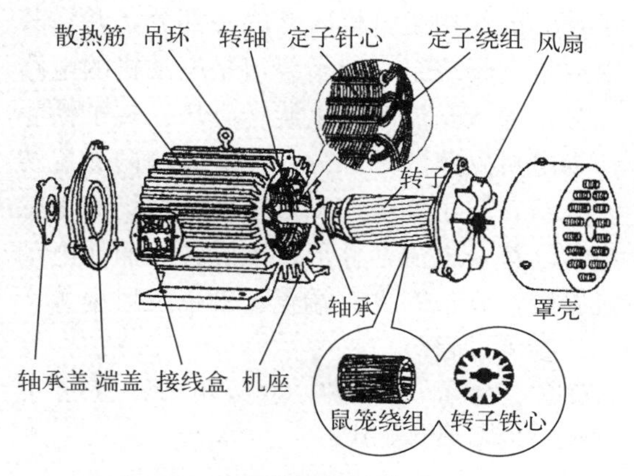

电机结构示意

类型　①按工作电源种类可分为直流电机和交流电机。其中直流电机可再分为无刷直流电动机和有刷直流电动机；交流电机可根据工作原理的区别分为同步电机与异步电机。②按用途和使用环境可分为开启式电机、封闭式电机、防爆电机等。③按控制方法可分为伺服电机和步进电机等。④按运转速度可分为高速电动机、低速电动机、恒速电动机、调速电动机。

结构　①直流电机主要包括两部分：定子与转子。定子由主磁极、机座、换向极、电刷构成。转子由电枢铁芯、电枢绕组、换向器、轴构成。电枢铁芯部分的作用是嵌放电枢绕组和颠末磁通，能有效降低电机工作时电枢铁芯中涡流损耗和磁滞损耗，电枢部分的作用是产生电磁转矩和感应电动势，进行能量变换。换向器又称整流子，在直流电动机中，它的作用是将电刷上的直流电源的电流变换成电枢绕组内的电流，使电磁转矩的倾向稳定不变。②交流电动机的结构，由定子、转子和其他附件组成，如图所示。定子铁心的作用是电机磁路的一部分，并在其上放置定子绕组，定子绕组是电动机的电路部分，通入交流电产生旋转磁场。转子铁心作为电机磁路的一部分，在铁心槽内放置转子绕组，转子绕组切割定子旋转磁场产生感应电动势及电流，并形成电磁转矩而使电动机旋转。其他附件有端盖、轴承及风扇等。

参考书目

汤蕴璆，罗应立，梁艳萍，2008. 电机学 [M]. 北京：机械工业出版社.

（徐恩翔）

电控系统（electric control system） 也称电气控制系统，是指由若干电气原件组合，用于实现对某个或某些对象的控制，从而保证被控设备安全、可靠地运行的装置系统（图 1）。电气控制系统的主要功能有：自动控制、保护、监视和测量。它的构成主要有 3 个部分：输入部分（如传感器、开关、按钮等）、逻辑部分（如继电器、触电等）和执行部分（如电磁线圈、指示灯等）。

图 1　电控系统

概况　20 世纪 40 年代开始，早期的仪表与继电器构成了电控系统的前身。而以微处理器为核心的可编程控制器（PLC）和分散控制为特征的集散控制系统（DCS）为代表的控制系统则成为 20 世纪 60 年代诞生并开始发展起来的一种新型电控系统装置。从此以后其在冶金、电力、石油、化工、轻工等工业过程控制中获得迅猛的发展。目前电控系统已发展出现场总线控制系统、基于 PC 控制系统等。其应用十分广泛，在交通运输、工业生产、医学制药等领域都发挥了关键作用。随着智能科技、计算机与互联网技术、仿真科技等学科的发展，为适应未来社会的发展，电控系统将会向低故障率、智能化、统一化、简便化的方向发展。

类型　按主要实现的控制功能可分为自动控制系统、保护功能系统、监视监控系统、测量分析系统。

结构　常用的电控系统由以下几部分基本回路组成。①电源供电回路。供电回路的供电电源有交流 380 V、220 V 和直流24 V 等多种。②保护回路。保护（辅助）回路的工作电源有单相 220 V（交流）、36 V（直流）或直流 220 V（交流）、24 V（直流）等多种，对电气设备和线路进行短路、过载和失压等各种保护，由熔断器、热继电器、失压线圈、整流组件和稳压组件等保护组件组成。③信号回路。能及时反映或显示设备和线路正常与非正常工作状态信息的回路，如不同颜色的信号灯，不同声响的音响设备等。④自动与手动回路。电气设备为了提高工作效率，一般都设有自动环节，但在安装、调试及紧急事故的处理中，控制线路中还需要设置手动环节，用于调试。通过组合开关或转换开关等实现自动与手动方式的转换。⑤制动停车回路。切断电路的供电电源，并采取某些制动措施，使电动机迅速停车的控制环节，如能耗制动、电源反接制动、倒拉反接制动和再生发电制动等。⑥自锁及闭锁回路。启动按钮松开后，线路保持通电，电气设备能继续工作的电气环节称为自锁环节，如接触器的动合触点串联在线圈电路中。两台或两台以上的电气装置和组件，为了保证设备运行的安全与可靠，只能一台通电启动，另一台不能通电启动的保护环节称为闭锁环节。图 2 为电控系统电气原理。

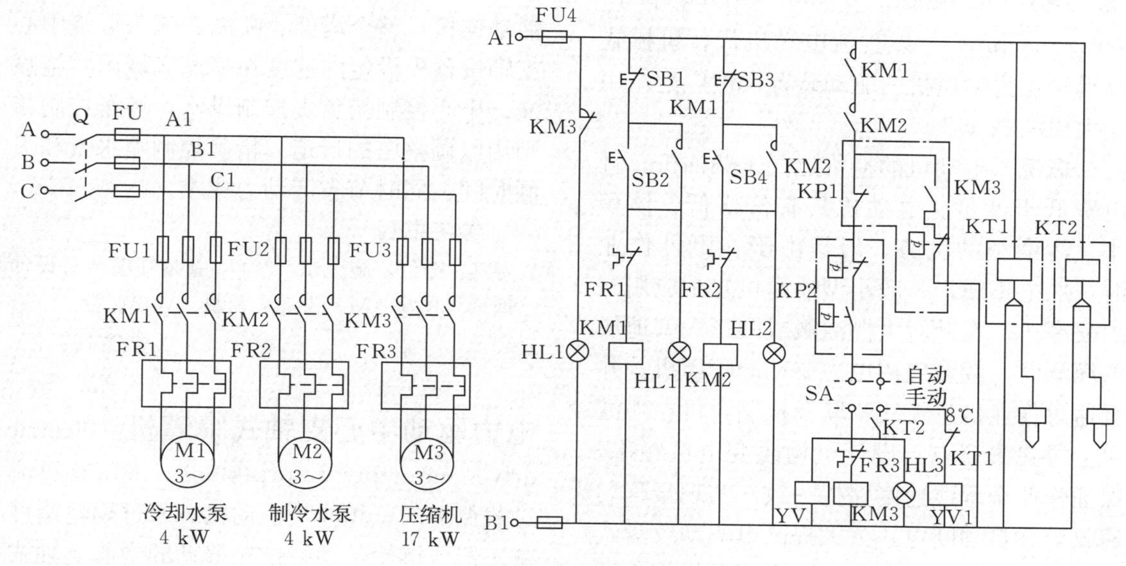

图 2　电气原理

参考书目

赵晶，2014．台达可编程控制器原理与应用［M］．厦门：厦门大学出版社．

张国军，杨羊，2012．机电设备装调工艺与技术［M］．北京：北京理工大学出版社．

（徐恩翔）

电力驱动卷盘机（electric drive reel irrigator）

采用无刷直流电动机代替传统水涡轮驱动带动卷盘旋转回收 PE 管的卷盘式喷灌机。电动机输出轴与变速箱相连，变速箱通过降低转速的方法增大输出扭矩。

概况　卷盘式喷灌机的驱动方式有多种，其中市场上最常用的驱动方式是水涡轮驱动。这种驱动方式受涡轮联杆和减速机构机械损失以及高速水流冲击涡轮叶片水力损失的影响，能量转化效率低。袁寿其等通过试验得到 JP50 卷盘式喷灌机水涡轮的外特征曲线，并对水涡轮内部流场进行了数值模拟，证实了该水涡轮的能量转化效率低下，最高仅为 15％。因此，国内外均开展了提高水涡轮能量转化效率的研究。除了通过优化水涡轮结构参数以改善涡轮内流出特性以外，也有一些企业尝试了采用能量转化效率更高的电机替代水涡轮，为机组提供驱动力。电力驱动由直流电机、交流电机或步进电机完成。

特点　相较于水涡轮驱动，电机驱动的优点有：①有效降低了机组的入口水压和允许费用；②可以通过直流斩波电路控制脉冲宽度调制（PWM）的占空比，或者用电位器控制直流电压的大小来控制电机转速，从而实现机组的无级调速；③当灌溉水中混有固体物时也不易发生堵塞。

用途　常用于小管径和管长较短的小型机组，对草坪或园艺景观进行灌溉；而对于灌溉控制面积更大的大中型机组，由于大田内往往缺乏高效稳定的电力供应，机组供电无法得到保证。

参考书目

张志新，2007．滴灌工程规划设计原理与应用［M］．北京：中国水利水电出版社．

张国祥，2012．微灌技术探索与创新［M］．郑州：黄河水利出版社．

（李娅杰）

电力驱动喷灌机（power－driven sprinkling machine） 以直流电动机代替机械式水涡轮作为喷灌机的驱动装置，被广泛应用于大田灌溉作业。

概况 电动机的造价远低于柴油机，且电费低于油价。电动机具有价格低、体积小、污染小的优势，但是由于在野外作业时，取电不便，一般小型喷灌机较少应用电力喷灌机。在针对大棚灌溉或圆形大型地块的灌溉时，较多应用电力驱动的喷灌机。并且通过作业信息无线物联及控制，可在喷灌机上寻找参照点，设计机构改变电机频率，保证作业全程线速度保持一致，实现全程匀速收管并自动断电，大大提高电驱动绞盘式喷灌机的应用性。同时，可实现手机客户端远程监控卷盘喷灌机的运行剩余时间、PE管长度、电动机转速、卷盘转速和PE管回收速度等作业信息等，为实现喷灌机智慧灌溉提供了前提保障。

结构 主要由电动机、喷头、输水管和桁架等组成。以电力驱动中心支轴式全自动喷灌机为例，其喷水管为竹节状的薄壁金属软管，高架在若干个等间距的塔车上，塔架一端与固定中心支轴座活动连接，整个塔架、喷灌、喷头可绕中心支轴按预先设定的速度在喷灌区域内实施喷灌。图为中心支轴式全自动喷灌机。

中心支轴式全自动喷灌机

工作原理 塔架一端与固定中心支轴座活动连接，整个塔架、喷灌、喷头可绕中心支轴按预先设定的速度在喷灌区域内实施喷灌。中心控制箱负责控制供水，塔车控制箱则用以调整塔的行走。精确控制喷水量和喷洒时间，同时节省劳动力成本。

参考书目

袁寿其，李红，施卫东，2011. 新型喷灌装备设计理论与技术［M］. 北京：机械工业出版社.

（曹璞钰）

电力驱动中心支轴式喷灌机（electric drive center pivot sprinkler） 采用有过流过载保护的三相异步电动机，通过蜗轮蜗杆减速器或链轮带动行走轮移动的中心支轴式喷灌机（图）。驱动电机由电机和齿轮变速箱组成，其合理的设计和优化的配置保证电机整体工作性能更可靠、使用寿命更长、运行成本更低。

电力驱动中心支轴式喷灌机

概况 早期的中心支轴式喷灌机以液压驱动和水力驱动为主。在20世纪60年代中期，中心支轴式喷灌机研发升级出现了电力驱动。美国应用最为广泛，节水、节能、增效等方面效果显著，这种机组对美国农业综合实力的提高起到了强有力的推动作用，随后在全世界得到了广泛应用。我国最早于1977年从美国维蒙特公司引进了7台电动、

1台水动中心支轴式喷灌机，安装在河北省大曹庄农场。

原理 合上主控制箱总电源控制开关，将百分率计时器调节到速度需要值，将运行方向开关转换到正向位置。按下行走启动按钮，末端塔架车车轮旋转，开始顺时针方向行走。开启进水阀门后，当末端塔架车与紧邻的次末端塔架车之间构成1°左右角度时，末端塔架车的电机停止供电，车轮停止旋转。次末端塔架车上的同步控制机构动作，微动开关接通，向次末端塔架车上的电机供电，次末端塔架车车轮转动并向末端塔架车看齐，开始顺时针旋转。与上述的过程相似，只要某一塔架车与左右相邻的两个塔架车之间构成1°左右角度时，该塔架车微动开关接通向电机供电，塔架车就向前行走，当某一塔架车与左右相邻的两个塔架车之间构成一条直线时，该塔架车电机供电被切断，塔架车就停止行走。末端塔架车按百分率计时器确定的需要值一直向前行走，其余塔架车根据其与左右相邻两个塔架车之间是否构成1°左右角度，或行走或停止。

参考书目

袁寿其，李红，施卫东，2011. 新型喷灌装备设计理论与技术［M]. 北京：机械工业出版社.

郑耀泉，刘婴谷，严海军，等，2015. 喷灌与微灌技术应用［M]. 北京：中国水利水电出版社.

张强，吴玉秀，2016. 喷灌与微灌系统及设备［M]. 北京：中国农业大学出版社.

（朱勇）

电子万能拉力试验机（electronic universal tensile testing machine）

电子万能拉力试验机（electronic universal tensile testing machine） 通过电子控制方式实现测试材料力学性能的装置（图）。

概况 我国自1965年起开始研制电子拉力试验机，其发展初期主要采用电子测量装置以及控制横梁做等速运动，目前国外生产的电子万能试验机大多数可以控制横梁的移动速度、加荷速率和应变速率。国外电子万能试验机先后推出了四代产品，第一代为电子管与晶体管产品，第二代为集成电路模拟产品，第三代为数字产品，第四代为计算机产品。国外比较有代表性的厂家为英国的英斯特朗公司和日本的岛津制作所，我国有代表性的厂家为长春试验机研究所。

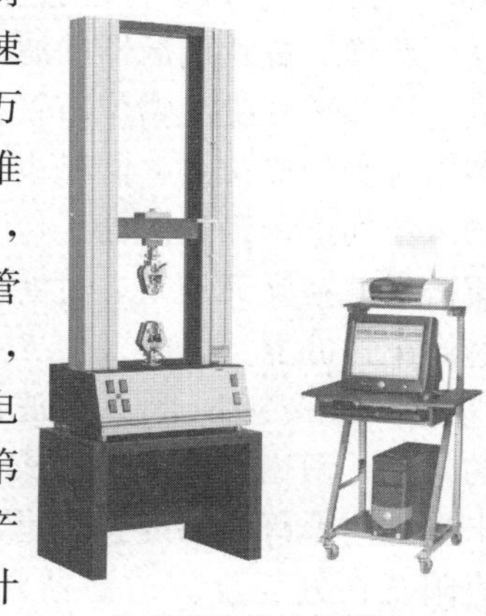

电子万能拉力试验机

原理 计算机系统通过控制器，经调速系统控制伺服电机转动，经减速系统减速后通过精密丝杠带动移动横梁上升、下降，完成试样的拉伸、压缩、环刚度、弯曲、剪切等多种力学性能试验。

结构 主要由测力传感器、伺服驱动器、微处理器、计算机等构成。

主要用途 应用于对各种材料进行拉伸、压缩、弯曲、剪切、撕裂、剥离、低周循环、蠕变等试验。

类型 ①按照出力源的类型分类主要有电机、液压、气动、电磁等几种。②按测量结束的指示类型分类主要有数显、指针。③按试样所受有载与时间的关系分类主要有静态机和疲劳机。④按控制方式分类主要有开环控制（手动控制）和闭环控制（自动控制）。对于闭环控制类型有速度控制、载荷控制、变形控制、位置控制。⑤按用途分类主要有通用机（万能机）、专用机。

（印刚）

叠片过滤器（laminated filter） 一种使用表面具有沟槽的塑料片（称为叠片）作为滤芯的过滤器，兼具砂石过滤器和筛网过滤器的特点，能够进行表面过滤和深度过滤。

原理 叠片过滤器的滤芯由多片叠片组成，这些叠片交叉错位布置在一起，形成许多不规则的交叉点，同时也形成许多不规则的水流通道。当过滤器工作时，流体中的杂质被拦截在交叉点上，过滤后的流体通过滤芯流出过滤器。

结构 类似于网式过滤器，叠片过滤器的外壳一般由上下壳体构成，上下壳体间用卡箍扣紧或螺纹口对接，进出水口水平或垂直附置在外壳上。过滤器外形多呈 T 形或 Y 形，内置滤芯，滤芯多为柱形，由数量众多的表面带有凹槽的塑料薄片套在骨架上组合而成（图）。

主要用途 广泛应用于工业、商业领域，如食品、纺织、冶金、塑料、医药、建材、造纸、工业及商业建筑的暖通空调系统、灌溉、废水处理、污水再生、市政供水、自来水厂、大型发电厂、化工企业及应急情况过滤等领域。

一种叠片式过滤器

类型 根据叠片过滤器的结构形状可以分为：Y 型、T 型和双筒型。Y 型是指过滤器进口与筒体成斜角，像字母“Y”，所以称为 Y 型；T 型是指过滤器进口与筒体成直角，像字母“T”，所以称为 T 型；双筒型是指一个过滤单元有两个叠片滤芯，通常是对称在进出口的两侧。

发展趋势 在叠片过滤器的研发方面，目前的研发主要集中在自动反冲洗等方面，这体现了过滤设备自动化、智能化的发展趋势，但这仅是对现有工程技术的集成，而涉及叠片过滤器流体性能的机理性研究及过滤器本身结构优化等相关问题未得到足够重视。在紧跟灌溉发展趋势的同时，适当地应用现有先进技术和手段，如 CFD 模拟等，展开适量的机理性研究，提供进一步优化过滤效果的研究方案，对过滤器结构适当优化，也是未来微灌过滤的发展点。

（邱宁）

定喷式喷灌机 (fixed spray sprinkler irrigation machine)

一种用于喷洒灌溉水的机器设备。一般包括水泵机组、管道、喷头和行走机构等。定喷式喷灌机是先停留在一个工作位置进行喷洒，完成喷灌定额后，再移到新的位置继续喷洒的喷灌设备。

概况 我国从 20 世纪 70 年代中期开始大规模引进喷灌技术，一开始就着眼于农田灌溉。定喷式喷灌机沿供水线的给水点定点喷洒，管道较少，适用于山丘的零散地块。其优点是用材少，投资小，结构简单，使用灵活，动力便于综合利用。缺点是喷灌机启动频繁，移动困难，特别是单喷头机的喷洒质量差。

类型 定喷式喷灌机包括手推（抬）式喷灌机、拖拉机悬挂式喷灌机、拖拉机牵引式喷灌机、滚移式喷灌机、拖拉机双悬臂式喷灌机（图）。

a　　b

定喷式喷灌机

结构 ①手推（抬）式喷灌机特点是水泵和动力机安装在一个特制的机架上，动力机一般采用小功率电动机和柴油机，水泵、管路、喷头大多采用快速接头连接，可在田间整体搬移。②拖拉机悬挂式喷灌机是将喷灌泵安装在拖拉机（或农用运输车）上，利用拖拉机的动力，通过皮带（或其他）传动装置带动喷灌泵工作的一种喷灌机。动力机（拖拉机或农用运输车）与喷灌机常采用以下几种典型配置：①水泵后置式喷灌机是将水泵安装在小四轮拖拉机的后面，利用拖拉机的动力输出轴带动水泵。但因拖拉机的后动力输出轴的转速较低，需在水泵和拖拉机之间加装齿轮传动箱，满足水泵转速的匹配要求。②水泵前置式喷灌机最简单，配置方式是将水泵安装在拖拉机前部，由拖拉机的柴油机通过带传动带动水泵工作。缺点是拖拉机在田间行走转移时，需要摘下传动带。

参考书目

郑耀泉，刘婴谷，严海军，等，2015. 喷灌与微灌技术应用［M］. 北京：中国水利水电出版社.

（徐恩翔）

堵塞（blocking） 过流部件因受到阻碍造成介质流动不通畅、设备无法正常运转的情况。

类型

（一）生物堵塞

定义 生物堵塞是由微生物的活动引起的，主要是铁细菌和硫酸还原菌。

概况 目前对于生物堵塞的观测研究还不够，尽管如此，生物堵塞在回灌过程中仍是不可忽视的。凡能接触性地加速 $Fe(HCO_3)$ 溶液和 $Fe(OH)_2$ 溶液中的 Fe^{2+} 氧化成 Fe^{3+}，从而引起 $Fe(OH)_3$ 沉淀的微生物称为铁细菌。这种由于 $Fe(OH)_3$ 聚集而造成的堵塞现象称为铁细菌堵塞。铁细菌的形状和大小各有不同，一半为线状，其大小由不到 1 μm 到几毫米，一般生活在 pH 为 6.5～7.5 的介质中。铁细菌能摄取水中的铁质，从低价铁到高价铁的过程中，获取能量以满足自身的生命需要，并使高价铁沉淀。如果水中有较多的溶解氧和其他盐类，使水中 Fe^{2+} 浓度增加，为铁细菌制造了生存和繁殖的环境，则会加速生物堵塞。

（二）物理堵塞

（1）气相堵塞。流动较快的回灌水流，经过管路装置的漏气部位，把空气带入井内，进入含水层里，充填于沙层孔隙，造成的水路堵塞，称为气相堵塞。

这种堵塞现象在回扬时，回扬水呈乳白色，夹有大量微小气泡，需停放一定时间待气体逸出后水才变清，严重时水像螃蟹吐沫一样使大量气泡从排水管口溢出，同时有很浓的臭味。造成气相堵塞的原因主要是回灌装置密封不严，回灌时携带大量空气进入井内，空气与回灌水在井下形成水气混合体，水中的气体呈球状，它的上升速度决定于气泡的直径大小，气泡直径大，则上升速度快，直径小，上升速度慢。当气泡的上升速度小于回灌水向下流动速度时，就会使气泡向下运动，带入含水层里，充填于沙层的孔隙中间。由于气泡表面有较大的弹性力，增加了水的流动阻力，使沙层渗透能力减少，回灌量显著下降，要克服这种阻力需要很大的能量。

（2）悬浮物质堵塞。这种堵塞现象，在回扬时可以发现回扬水混浊，携带杂质和泥等。这主要是由于回灌水源往往带有一定的飞花、泥土、胶结物、有机物等物质，若回灌水的混浊度以 3°（1°相当于 1 mg/L 悬浮物）计算，回灌井日灌量 1 000 t 水，就有 3 kg的悬浮物被带入井下。这些悬浮物积聚于滤网及井管附近的沙层中，造成了悬浮物质堵塞。排水管出水口直接与下水道相通，又无单流阀装置的管井，当停泵后在虹吸作用下，往往很容易将脏水脏物吸入井内，这也会造成悬浮物质堵塞。

（3）沙颗粒排列变化引起的堵塞。根据上海地区埋设在含水层里的沉降分层表资料，证明含水沙层在抽水时，由于向上的水头压力减小，引起沙层压密；灌水时，由于含水沙层得到大量水的补给，向上的水头压力增大，沙层发生回弹。灌水回弹，抽水压密，相当于对含水沙层反复加荷卸荷，结果使含水层沙颗粒的排列越来越趋紧密，渗透性能降低。同样，滤水管外面的人工围填砾料，也由于反复地灌水和抽水，引起沙砾填料的排列越趋紧密，使滤水层的渗透性降低。这种由于灌水和抽水频繁交替，引起沙颗粒紧密排列形成的永久性堵塞，进程是极其缓慢的。根据上海管井回灌经验的预测资料，在十几年甚至几十年内才能逐渐反映出来。一般可定期测定回灌井的单位回灌量和单位出水量的变化情况，以判断永久变形的程度。

（三）化学堵塞

概况 地下水往往含有多种可溶性盐类，但是它们并不都很稳定，当水的温度和压力变化时，能产生不同盐类的沉淀。在管井回灌过程中比较常见的是铁质、钙质的沉淀。

（1）氢氧化铁沉淀。地下水的 pH 在 6.5～8.5 时，水中不会有溶解性的 Fe^{3+}，只能有溶解性的 Fe^{2+}。但当回灌水中含有较多的溶解氧或回灌水混入空气时，空气中的氧溶解于地下水中，这时氧与 Fe^{2+} 作用生成不溶解于水的氢氧化铁，沉淀在滤水管的网眼缝隙里或沙层孔隙里，产生化学沉淀堵塞现象。

$$2Fe^{2+}+O_2 \longrightarrow 2FeO$$

$$4FeO+O_2 \longrightarrow 2Fe_2O_3$$

$$Fe_2O_3+3H_2O \longrightarrow 2Fe(OH)_3 \downarrow$$

（2）碳酸钙沉淀。在含有大量钙离子和重碳酸根离子的地下水中，以碳酸钙沉淀为主。重碳酸钙是一种溶解于水但又非常不稳定的物质，当压力、温度变化时就不溶解于水而沉淀下来。

$$HCO_3^- + OH^- \longrightarrow CO_3^{2-} + H_2O$$

$$CO_3^{2-} + Ca^{2+} \longrightarrow CaCO_3 \downarrow$$

冬灌夏用井或夏灌冬用井在抽水和灌水时，地下水的温度和压力常常发生变化，因而使 CO_2 逸出，$CaCO_3$ 沉淀，并积聚在滤水缝隙内，也能积聚在围填层或含水沙层的孔隙里，产生化学沉淀管的网眼堵塞现象。

（3）金属滤水管和井管腐蚀生成的铁质沉淀物。地下水一般含有各种盐类和气体，可以认为是一种天然的电解质。水虽然电离程度很小，但仍然能电离成氢离子（H^+）或氢氧根离子（OH^-），而且当水中含有 CO_2 时，氢离子将会增加。

$$CO_2 + H_2O = H_2CO_3 = H^+ + HCO_3^-$$

根据电化学腐蚀的原理，两种不同的金属插入任何一种电解液中，用导线将它们连在一起时，就组成了原电池。由于电极电位不同，电极电位低表示金属活泼，将失去电子，并把离子投入到溶液中，金属就受到腐蚀破坏，而电极电位高的金属将得到电子而受到保护。

参考书目

上海市水文地质大队《地下水人工回灌》编写组，1977. 地下水人工回灌［M］. 北京：地质出版社.

（王勇　张国翔）

堵头（plug） 又称管堵、塞头、管塞子等，是封堵管道端口的管件（图）。适用于钢管、塑料管和铸铁管等。

一种外丝堵头

概况 堵头是管道系统中一种不可缺少的安装管件。一般安装在管道的终端，维修管道时，安装于不再使用的管道口处。

原理 堵头和管口通过焊接、螺纹等方式连接在一起，将管路封堵，阻止流体介质外泄。

主要用途 堵头主要用来封堵管路，阻止管路中的流体外泄。

类型 堵头按照连接方式有丝堵、承堵、插堵和盘堵（法兰盲板）等；按照螺纹的不同分为公制、英制和美制；按照形状的不同分为内六角堵头、外六角堵头、锥螺纹堵头和四方堵头。

发展趋势 堵头作为管道系统中必不可少的管件，在未来的发展中将会随着管道系统的发展而不断进步。

（邱宁）

渡槽

渡槽（aqueduct bridge） 输送渠道水流跨越河渠、溪谷、洼地和道路的架空水槽。

概况 世界上最早的渡槽诞生于中东和西亚地区。公元前700余年，亚美尼亚已有渡槽。公元前703年，亚述国国王西拿基立下令建一条483 km长的渡槽引水到国都尼尼微。渡槽建在石墙上，跨越泽温的山谷。石墙宽21 m，高9 m，共用了200多万块石头。渡槽下有5个小桥拱，让溪水流过。

中国修建渡槽也有悠久的历史。古代人们凿木为槽，引水跨越河谷、洼地。据记载，西汉时修渠所建渡槽称为“飞渠”。中华人民共和国成立初期所建渡槽多采用木、砌石及钢筋混凝土等材料，槽身过水断面多为矩形，支撑结构多为重力式槽墩，跨度和流量一般不大，施工方法多为现场浇筑。20世纪60年代以后，施工方法向预制装配化发展。各种类型的排架结构、空心墩、钢筋混凝土U形薄壳渡槽及预应力混凝土渡槽相继出现。随着大型灌区工程的发展，又促使采用各种拱式与梁式结构渡槽以适应大流量、大跨度、便于预制吊装等要求，并且开始应用跨越能力大的斜拉结构形式。

原理 槽身置于支承结构上，槽身重及槽中水重通过支承结构传给基础，再传至基地。

结构 渡槽由进出口段、槽身、支承结构和基础等部分组成，下图为渡槽纵剖面。

主要用途 普遍用于灌溉输水，也用于排洪、排沙等，大型渡槽还可以通航。

类型 按照其支承形式可以分为梁式、拱式、桁架式、斜拉桥式和吊索桥式；按照施工方法分为现浇整体式、预制装配式、预应力渡槽；按照槽身断面形式分为矩形槽、U形槽、梯形槽、抛物线或椭圆线槽和圆形管等。

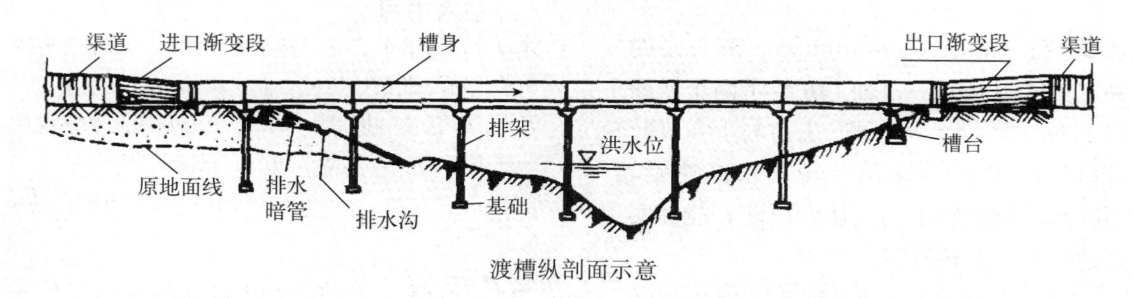

渡槽纵剖面示意

（王勇　杨思佳）

短管

短管（short pipe） 水流的流速水头和局部水头损失都不能忽略不计的管道称为短管。用于连接具有不同形式管接头的直线管段。

类型 分为盘承短管和插盘短管。盘承短管又称承盘短管、甲管、短甲、短管甲（图）。俗语就是一头是法兰盘接口，一头是承口。盘承短管是起到球墨铸铁管直管接口变换的作用，可以将直管变为承口或者法兰接口，以改变连接方式。插盘短管即铸铁水管是承插口的，只能按顺序安装，中间无法安装阀门和水表。因此，铸铁上水管有一种短管，称为“短管甲、乙”，即承口管带法兰、插口管带法兰。这样的短管带法兰，就是用在铸铁管上为安装阀门和水表准备的。

盘承短管

闸前短管式量水放水闸，是在放水闸门前安装一个短管，在其上安设取压管或量水井，短管的类型有斜口圆管、直口圆管、矩形短管、文德里短管、圆弧形进口矩形短管等。具有测流范围大、结构简单、造价低廉、管理方便、水头损失小、量水精度高、不淤积等特点，适用于多泥沙渠道。

参考书目

皮积瑞，解广润，1992. 机电排灌设计手册［M］. 北京：水利电力出版社.

（蒋跃）

多级泵（multistage pump） 离心泵的一种，其特点是同一根轴上安装了两个或两个以上的叶轮，上一级导叶出口与下一级叶轮进口相连（图）。多级叶轮同步高速旋转，不断将机械能转换为液体的压能，能够实现高达数千米的扬程。

多级泵

概况 多级泵种类较多，在远程输水、楼宇供水、矿井排水等领域都有着极为广泛的应用。多级泵大多采用精密铸造或不锈钢冲压焊接等先进工艺制造，整体结构紧凑、噪声低、检修方便。多级离心泵效率较高，能够满足高扬程、大流量工况的需要。

原理 通过多个叶轮做功，实现液体的逐级增压。在第一级叶轮做功后，高速水流进入导叶，其动能逐级转换为压能；随后液体进入第二级后再次被叶轮加速，而后再进入导叶；如此往复，实现了扬程的逐级提高。因此，多级泵的扬程一般等于单级扬程与其级数的乘积。

结构 主要由单级泵段叠加而成，单级泵段内主要包括叶轮和导叶等水力部件。

主要用途 适应于矿山、工厂及城市给排水，用来输送不含固体颗粒的清水或物理、化学性质类似于清水的液体，被输送的介质温度为 0～80 ℃，允许进口压力为 0.6 MPa。

类型 常见的类型有 GDL 多级泵、LG 多级泵、DL 多级泵、CDL 多级泵等。

参考书目

袁寿其，施卫东，刘厚林，等，2014. 泵理论与技术［M］. 北京：机械工业出版社.
周岭，施卫东，陆伟刚，2015. 新型井用潜水泵设计方法与试验研究［M］. 北京：机械工业出版社.

（周岭　陆伟刚）

多孔毛管（multi - outlet pipes） 含有多个滴头的灌水管道。

原理 用塑料做成管壁上有许多微孔的毛管，水流在压力作用下从管壁渗出滴在土壤表面。

概况 滴灌管网系统的基本组成部分，铺设于田间，将水分从支管传输到滴头，进而灌溉至土壤，常用材料有丙烯腈-丁二烯-苯乙烯三元共聚物或聚乙烯或聚氯乙烯等。出水孔口安装有滴头，孔口间距由作物类型决定，通常在 0.2～4 m。对于密植作物每个孔口通常安装一个滴头，对于果树或经济林木根据耗水量常安装多个滴头。

结构 由塑料管道和滴头组成，滴头在管道内的安装方式及管道壁厚由滴头类型决定。

类型 根据滴头类型不同可分为插入式滴头滴灌管、内镶圆柱式滴灌带和贴片式滴灌带等。

参考书目

廖林仙，黄鑫，杨士红，2011. 设施农业节水灌溉实用技术［M］. 郑州：黄河水利出版社.

（王剑）

多孔渗灌管（porous seepage pipe） 管壁上有均匀透气孔的渗管（图）。工作时类似人类的皮肤发汗，灌溉水沿着管壁微孔渗出。管壁上分布许多细小弯曲的透水微孔，质地柔软，在 0.1～0.2 MPa 压力下，水从透水微孔中渗出，每米管上可供流量 1.5 m^3/h。供水后不久，渗灌管周围的土壤便达饱和状态。渗灌管周围土壤毛细管力将成为影响渗灌管渗水量的主要因素之一。

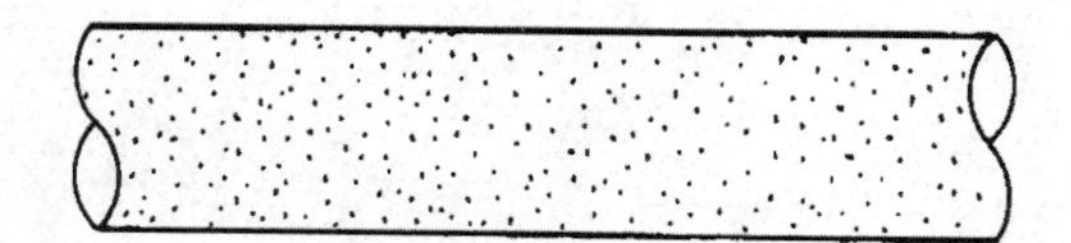

多孔渗灌管示意

发展历程 美国 20 世纪 70 年代初开始进行地下渗灌研究。1984 年利用橡胶和聚乙烯及一些特殊的添加剂，经科学配方和特殊加工制成了新型的水分通道（aquapore）多孔渗灌管，80 年代后美国各地对棉花、小麦、西瓜、黄瓜、玉米、西红柿等作物进行渗灌试验研究。1980—1992 年菲尼克斯等人在美国的加利福尼亚州对地下渗灌能否节水或高效利用水等基本问题做过系统的研究论证，对美国亚利桑那州圣得西农场进行 20 多年的农业地下渗灌研究。此外，日本、以色列、意大利、澳大利亚、中东等国也对渗灌做了大量研究和广泛应用。

主要原料 废旧橡胶粉沫。

参考书目

马孝义，2000. 节水灌溉新技术［M］. 北京：中国农业出版社.

（蒋跃）

E

二氯甲烷浸渍试验机（dichloromethane resistance testing machine） 用于对塑料管材、管件、片材等进行二氯甲烷的浸渍试验的设备，又称二氯甲烷浸渍测定仪（图）。主要用来测试试样在相关产品标准规定温度下的破坏程度，用以表征试样的塑化程度和均一性。

概况 二氯甲烷浸渍试验机广泛用于塑料管材、管件、片材等进行二氯甲烷的浸渍试验，在其生产、检验以及研究中发挥了重要的作用，是塑性管材物理力学性能试验机之一。二氯甲烷浸渍试验是塑性管材重要的检测项目，用以表征管材的塑化程度和均一性，管材的塑化程度将直接影响管材的长期静液压性能，对管材的使用寿命有直接影响，不同标准对管材的检测条件要求也不相同。随着科技的发展与进步，试验机的精度及试验能力逐步提高。

结构 二氯甲烷浸渍试验机由恒温水浴槽、不锈钢试样容器、试样吊装架、试样细孔滤网、温控系统和计时系统等组成。试验机主要由控温系统调整恒温浴槽温度使其中的二氯甲烷温度达到设定温度±0.5℃，浸入试样，保持温度，取出即可，使用方便。

二氯甲烷浸渍试验机

（魏洋洋）

F

阀门（valve） 用来开闭管路、控制流向、调节和控制输送介质参数（温度、压力和流量）的管路附件。

概况 阀门（图）最早起源于中国，它早在公元两千多年前就出现了。春秋战国时期的蜀国人（今四川一带）将竹子捅空，在一端装上木制的柱塞阀防止泄漏，再把竹子放入井中汲卤以制盐。1769年，瓦特发明了蒸汽机使阀门正式进入了机械工业领域，18—19世纪，蒸汽机在采矿业、冶炼、纺织、机械制造等行业的迅速推广，促使阀门数量不断增多以及质量日益增强，于是出现了滑阀。相继出现的带螺纹阀杆的截止阀和带梯形螺纹阀杆的楔式闸阀是阀门发展中的一次重大突破。此后，电力、石油、化工、造船行业的兴起，各种高中压的阀门得到了迅速发展。

阀　门

类型 按使用功能可分为截断阀、调节阀、止回阀、分流阀、安全阀、多用阀六类；工业管道阀门按公称压力又可分为真空阀、低压阀、中压阀、高压阀、超高压阀；阀门按工作温度又可分为常温阀、中温阀、高温阀、低温阀。

结构 阀门连接端的连接形式通常分为螺纹式、法兰式、焊接式、卡箍式及卡套式。①螺纹连接结构：螺纹连接属于可拆卸连接，适用于不宜焊接或需要拆卸的场合。②法兰连接结构：对于直径大于DN50的管道，法兰是常用的连接方式，法兰连接的阀门，安装和拆卸都非常方便，而且适用的公称尺寸和公称压力非常广。③焊接端部连接结构：这种结构适用于各种压力和温度，在较苛刻条件下使用。④卡箍连接结构：卡箍连接结构具有独特的柔性特点，使管路具有抗振动、抗收缩和膨胀的能力，与焊接和法兰连接相比，管路系统的稳定性增加，并能够更好地抵御由于振动引起的疲劳，因而被广泛用于卫生工况和快速拆卸等极端操作的工况。⑤卡套连接结构：具有连接紧固、耐冲击、抗振动性好、维修方便、防火防爆和耐压能力高、密封性能良好等优点，是电站、炼油、化工装置和仪表测量管路中的一种先进连接方式。

参考书目

《阀门设计》编写组，1976. 阀门设计[M]. 沈阳：沈阳阀门研究所.

机械工业部合肥通用机械研究所，1984. 阀门[M]. 北京：机械工业出版社.

宋虎堂，2007. 阀门选用手册［M］. 北京：化学工业出版社.

（张帆）

法兰（flange） 又称法兰凸缘盘或突缘。法兰是轴与轴之间相互连接的零件，用于管端之间的连接；也有用在设备进出口上的法兰，用于两个设备之间的连接，如减速机法兰。

概况 从2005年开始，管路附件行业每年的整体进出口总值就已超过50亿美元。近几年，随着国内制造业的蓬勃发展，管路附件行业产品的产量和质量也有大幅度的提升。产品的国产化程度得到了明显的加强。国产的垫片、管接头等管路附件产品已在高铁、风电、光伏发电等新兴产业中大规模采用。同时，该行业还有以下两个特点：一是管路附件产品多为管道工程和设备配套。行业内的生产企业数量大，地域分布较广，且多为中小型企业。民营和个体企业所占比例较大。二是在部分地区存在以某一管路附件产品为主要生产对象的产业集中现象。如浙江慈溪生产的密封垫片、山西定襄生产的法兰、江苏江阴生产的管件等，均占有较大的市场份额。

类型 按照国家（GB）标准分为整体法兰、螺纹法兰、对焊法兰、带颈平焊法兰、带颈承插焊法兰、对焊环带颈松套法兰、板式平焊法兰、对焊环板式松套法兰、平焊环板式松套法兰、翻边环板式松套法兰、法兰盖。

结构 法兰上有孔眼（图），螺栓使两法兰紧连，法兰间用衬垫密封。法兰分螺纹连接（丝扣连接）法兰、焊接法兰和卡夹法兰。法兰都是成对使用的，低压管道可以使用丝接法兰，4 kg以上压力的使用焊接法兰。两片法兰盘之间加上密封垫，然后用螺栓紧固。不同压力的法兰厚度不同，它们使用的螺栓也不同。

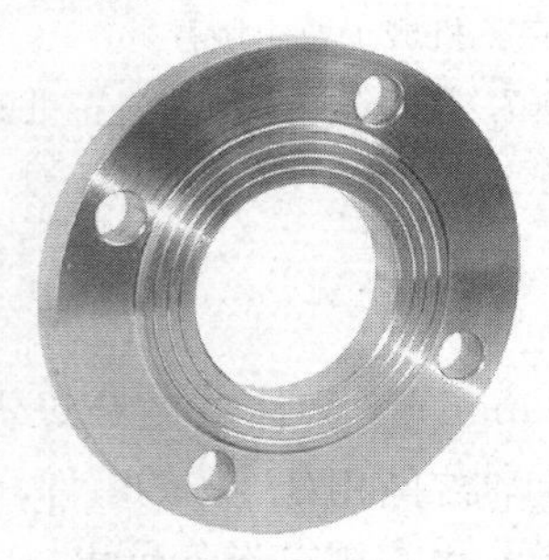

板式平焊钢制管法兰盘

参考书目

徐至钧，2005. 管道工程设计与施工手册［M］. 北京：中国石化出版社.

（蒋跃）

法兰盖 (blind flange)

又称盲板法兰，是中间不带孔的法兰，供封住管道堵头用（图）。

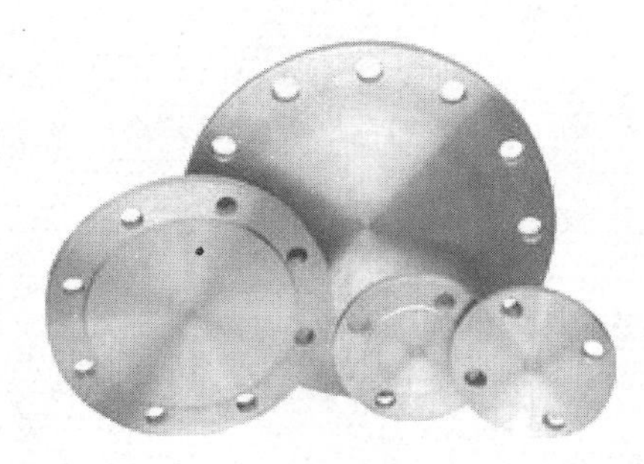

法兰盖

类型 法兰盖密封面的形式种类较多，有平面、凸面、凹凸面、榫槽面、环连接面。塑料法兰盖分为国际法兰盖、美标法兰盖、宽边法兰盖。法兰盖有国标和美标，国标有 PN16、PN10、PN25、PN40（PN 表示选用标准件时的等级压力）；美标有 150 LB、300 LB、600 LB、1 500 LB（LB 代表磅级）。

结构 类似一个钢板在边缘打孔，因为中间无内孔，所以称为盲板法兰，其连接方式是与法兰连接。

使用方式 管路装配到一定程度先封堵，随后再继续安装，可以拆卸后继续安装或清理杂物等。BL 法兰与管道连接采用的是螺栓连接方式，主要是用螺栓与其他设备上的法兰或法兰靠螺栓连接在一起。

参考书目

徐至钧，2005. 管道工程设计与施工手册［M］. 北京：中国石化出版社.

（蒋跃）

防渗渠道 (anti－seepage canal)

通过减少渠道输水渗漏损失，提高渠系水利用系数而采取工程技术措施建造的渠道（图）。

作用 渠道防渗是诸多农田灌溉节水措施中经济合理、技术可行的主要节水措施之一，也是我国目前应用最广泛的节水工程技术措施。防渗渠道有很多优点：①能够增

防渗渠道

大渠道中水的流速，减少输水所用的时间，能够使灌概更有效率，进而促进农业的发展。②能够降低地下水位，防止浸害，改良沼泽地、盐碱地，从而使生态环境得以改善。③能够减小渠床的糙率，提高输水能力，进而使渠道的断面和相应建筑物的尺寸相对减小，达到节省投资、节约土地、增加耕地面积的目的。④能够降低淤积、坍塌、杂草丛生出现的概率，增强渠床稳定性，从而减少养护和维修的工作量以及产生的相应费用。

除以上所述，渠道防渗之后还可以阻止渠道中的水从地下水或者土壤中获取有害的物质，从而避免了灌溉时作物从中吸收有害物质，有利于作物的生长。所以，渠道防渗技术的推广及发展，对我国的农业、经济的发展和生态环境的改善有着非常重要的意义。

概况 我国的防渗渠道发展悠久，到21世纪10年代，灌溉渠道总长约450万km，已进行防渗处理的约有75万km，占渠道总长的1/6，目前，渠系水的利用系数较低，渠道防渗是我国应用较广泛的节水改造工程措施之一。

分类 进行渠道防渗的工程措施方法很多，就特点而言可以分为两类：①采用防渗层，即进行渠道衬砌或覆膜，使土壤的透水性减小，最终做到减小渠道渗水量来减小渗漏的方法。②改变渠床的土壤渗透能力从而达到防渗的目的。可分为压实减小土壤空隙达到减少渗漏的物理机械法和掺入特定材料增强渠床土壤不透水性的化学法。

参考书目

何武全，2011. 渠道衬砌与防渗工程技术［M］. 郑州：黄河水利出版社.

（向清江）

防渗渠道材料（anti-seepage canal material）

为了降低渠道输水损失而采取防渗措施时所使用的土木工程材料。目前我国防渗渠道常用材料主要为土料、水泥土、砌石、混凝土、沥青混凝土、膜料等。一般分为刚性材料、膜料和复合材料。

概况 根据我国南北地区气候差异以及土质，水质条件不同，渠道在防渗措施不同，按照因地制宜、就地取材的原则合理选择防渗材料，建立衬砌层或上述材料构成的复合结构，达到渠道在防渗、抗冻、强度等方面的要求。

类型 ①土料。土料防渗一般指以黏性土、黏砂混合土、灰土、三合土和四合土等为材料的防渗措施。土料防渗是我国沿用已久的防渗措施，该材料能就地取材，料源丰富，技术简单，造价低廉，可以利用碾压设备。土料防渗的渠道允许流速较低，抗冻性差。土料防渗效果为0.07～0.17 $m^3/(m^2 \cdot d)$，适用年限5～25年。②水泥土。水泥土主要由土料、水泥和水等按一定比例配合拌匀后制成，在渠道表面经过压实进行防渗处理。水泥土是一种便于就地取材、防渗性能较好、施工简便的低强度防渗材料。但由于水泥土抗冻性差，因而适用于气候温和的无冻害地区。水泥土防渗效果为0.06～0.17 $m^3/(m^2 \cdot d)$，适用年限8～30年。③砌石。砌石防渗按结构形式分为护面式、挡土墙式两种。按材料及砌筑方法分为干砌卵石、干砌块石、浆砌料石、浆砌块石、浆砌石板等多种。浆砌石衬砌具有就地取材、抗流速大、耐磨能力强、抗冻和防冻害能力强，并具有较好的防渗效果和较强的稳定性等优点。砌石防渗的缺点是不易机械化施工，故施工质量难于控制，因为砌石缝隙较多，砌筑、勾缝不易保证质量。砌砖石防渗效果一般减少渗漏量70%～80%，浆砌石防渗效果为0.09～0.25 $m^3/(m^2 \cdot d)$，干砌卵石为0.2～0.4 $m^3/(m^2 \cdot d)$。④混凝土。混凝土防渗具有防渗效果好、糙率低、强度高、便于管理等优点，已使其成为目前我国广泛采用的一种渠道防渗技术措施，一般能减少渗漏损失90%～95%，正常使用年限50年以上。缺点是适应变形的能力差，在缺乏沙石料的地区造价较高。⑤沥青混凝土。沥青混凝土是以沥青为胶结剂，与矿粉、矿物骨料经过加热、拌和、压实而成的防渗材料。属黏弹性材料，它具有良好的不透水性、耐久性和柔性等优点。造价与混凝土相近，易修补，适用于冻胀性土基。防渗效果为0.04～0.14 $m^3/(m^2 \cdot d)$，使用年限为20～30年。⑥膜料。膜料防渗是采用塑料薄膜和沥青玻璃布油毡等材料做渠道衬砌来减少或防止渠道渗漏的技术措施。我国目前用于渠道防渗的塑料薄膜材料主要是聚乙烯（PE）、聚氯乙烯（PVC）、线性低密度聚乙烯（LLDPE）等。膜料防渗能力强，质量轻，具有良好的柔性和延展性，抗冻抗热和抗腐蚀性能较好，施工技术简单等优点。采用膜料的不足之处为抗穿刺能力，在运行管理期要防止芦苇、杂草的根系穿透。防渗效果为0.04～0.08 $m^3/(m^2 \cdot d)$，使用年限为20～30年。

参考书目

何武全，2011. 渠道衬砌与防渗工程技术［M］. 郑州：黄河水利出版社.

郝树荣，缴锡云，2016. 高效灌排技术［M］. 北京：中国水利水电出版社.

（向清江）

防水井（waterproof well） 预防地下水渗漏的工程构筑物（图）。

防水井

概况 我国寒冷地区的矿井竣工后，井筒井壁质量尽管达到验收规范的要求，但由于地面环境气温较低，大量的冷风进入井筒，井内温度随之降低，使井壁渗漏水发生结冰现象，给安全生产带来隐患。为防止冬季井壁结冰，在进风井井口附近设置空气预热装置，会耗费大量的人力、物力和财力，对矿区环境也造成严重危害，为此，对部分典型矿井井筒保温现状开展了调研工作。通过调研提出了提高井壁防水性能，可以缩小井筒保温设施的规模，甚至可以取消井筒保温设施的解决办法。

原理 在双层混凝土之间增设塑料夹层的防水机理为：①将井壁分隔成不直接接触的内外两层，使内层混凝土在浇注硬化过程中不受外层井壁的约束，而沿着塑料夹层的光滑面自由滑动，以克服或减少混凝土收缩裂缝；②辅助内层井壁起隔水作用。

结构 防水井壁结构型式的主要发展方向有：①钢板-混凝土井壁（西欧的发展趋向）；②提高防水性的混凝土井壁（波兰凿井工程中有代表性的方向）。

主要用途 用于地下室、路面、游泳池、水塔以及隧道、地下巷道、硐室等混凝土工程，能有效地解决混凝土收缩裂缝和漏水问题。

类型 可分为设置锅炉加热系统的防水井、用天然气预热空气系统的防水井、用无风机预热空气系统的防水井等。

（杨孙圣）

非旋转折射式喷头

(fixed spray - plate sprinklers) 一种单一流道结构喷头，它的喷盘为固定式喷盘，喷盘上刻有特定的沟槽式流道结构，高速水束撞击喷盘上的折射锥后沿着喷盘上的沟槽抛射而出形成射流水束，其水量在射流方向呈条带状分布。此外，非旋转折射式喷头具有抗风性强、造价低和能耗小等优点，广泛应用于我国移动式喷灌机组的喷灌设备。

概况 以美国为首的许多发达国家都致力于低压喷头的研发，如美国森宁格（Senninger）灌溉公司研制的低压旋转式喷头 I-Wob Spry，美国维蒙特（Valmont）工业公司研制的低压非旋转式喷头 LEN Spray，美国尼尔森（Nelson）灌溉公司研制的低压折射式喷头 R3000 Rotater（旋转式）和 D3000（非旋转式）。与国外相比，我国对移动式喷灌研究相对较为滞后，国内喷灌机配备的喷头常年依赖进口，价格极其昂贵，目前，国内中心支轴式和平行移动式喷灌机多配套美国尼尔森（Nelson）公司生产的 R3000 和 D3000 系列喷头。

原理 喷嘴喷射出的高速水流撞击旋转子上的折射锥后，沿着旋转子上的沟槽抛射而出，在水束喷射时沿喷盘切线方向形成力矩，带动旋转子旋转，其水量呈条带状分布。

结构 非旋转折射式喷头结构主要部件包括：①接头；②喷嘴；③喷头支架；④喷盘；⑤喷盘帽。其中，喷盘由中心锥、折射锥、流道、挡水柱和固定支爪等组成（图）。

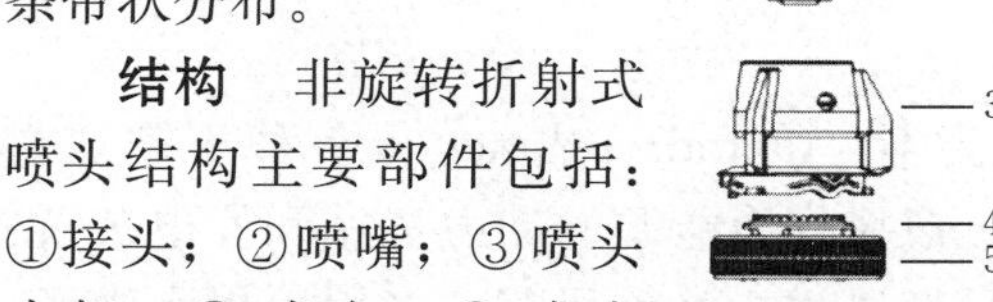

非旋转折射式喷头结构示意

1. 接头 2. 喷嘴 3. 喷头支架 4. 喷盘 5. 喷盘帽

主要用途 主要用于粮食作物、蔬菜、花卉等的灌溉，由于其抗风性能较好，所以对自然环境条件要求不高。

参考书目

袁寿其，李红，施卫东，2011. 新型喷灌装备设计理论与技术［M］. 北京：机械工业出版社．

郑耀泉，刘婴谷，严海军，等，2015. 喷灌与微灌技术应用［M］. 北京：中国水利水电出版社．

刘俊萍，朱兴业，2013. 全射流喷头变量喷洒关键技术［M］. 北京：机械工业出版社．

（朱勇）

非压力补偿式滴头

(non - pressure compensation emitter) 利用其内部水流流道消能的滴头，其流量随水流压力的提高而增加（图）。

非压力补偿式滴头

概况 滴头内部未装备弹性膜片等压力补偿装置，其流量受管道内部压力变化的影响较大，灌水均匀性较差。但结构简单，造价较低，生产方便，被广泛应用于节水灌溉系统中。

类型 可分为长流道滴头、插入式滴头和微孔毛管等。

主要用途 主要适用于水资源和劳动力缺乏地区的大田作物、果园、绿化树木等的滴灌，广泛用于温室、大棚、露天种植和绿化工程。

（王剑）

分布均匀度

(distribution uniformity) 灌溉过程中衡量如何将水均匀地分配到田间的度量。目前，对灌溉系统灌水均匀度的评价方法可分为两大类：一类是间接法，认为影响均匀度的主要因素是系统的工作压力，通常是通过监测系统的压力、流量分布，依据灌水器出流与压力等的关系，计算出灌水均匀度。另一类是直接测量灌溉水的分布状况，从而对灌水均匀性进行评价。对于在地表可直接观察到灌溉水的灌水方式，如地面灌、喷灌、地表滴灌等，可采用在田间布设一定数量的雨量筒等来观测灌溉水量的分布状况或按照一定的取样方法，对灌溉后土壤水分的分布进行观测，从而对灌溉系统的灌水均匀度进行评测。

评价方式 除了用克里斯琴森均匀系数来表示外，灌溉水在田间实际分布的均匀状态还可用配水均匀度（C_u）来评价。配水均匀度是将所有取样按其值的大小进行排列后，用其占总取样数目 1/4 的低值部分的平均值占所有取样平均值的百分数来表示均匀度，即

C_u≈100%×(占取样数目 1/4 的低值平均数÷取样平均数)

标准 为保证灌水质量，灌溉要求达到一定的均匀度。对于一个良好的灌溉系统，现行的《节水灌溉技术规范》中明确要求 C_u 大于 70%。

（王勇 吴璞）

分水闸（diversion sluice）

干渠以下各级渠道首部控制并分配流量的闸。

概况 设于干渠以下各级渠道的渠首用以控制分水流量的水闸。分水闸一般布置在节制闸的稍上游，与节制闸协同工作（图）。当需要向两侧分水时，两个分水闸应尽可能共用一个节制闸以减小建闸工程量，节约投资。分水闸通常建在上一级渠道的堤线上。当渠堤不高、分水流量又较大时，通常做成开敞式；反之，宜做成涵洞式。常用的进口布置形式有八字式、一字式和扭曲面式。扭曲面式施工稍复杂，但进流条件最好。分水角因分水分沙的要求不同，可以采用直角或锐角。因分水闸进口水流发生转向，并不对称，有时将进口做成不对称的布置形式，其过水能力比对称的布置形式可略为提高。图为分水闸不同的进口布置形式。

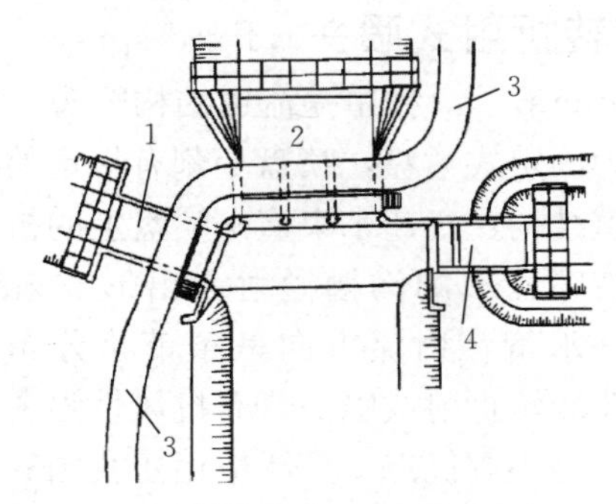

分水闸布置示意

1. 分水闸 2. 节制闸 3. 道路 4. 泄水闸

原理 闸门用来挡水和控制过闸流量，闸墩用以分隔闸孔和支承闸门、胸墙、工作桥、交通桥等。底板是闸室的基础，将闸室上部结构的重量及荷载向地基传递，兼有防渗和防冲作用。闸室分别与上下游连接段和两岸或其他建筑物连接。

结构 水闸由闸室、上游连接段和下游连接段组成。

主要用途 建于灌溉渠道分岔处用以分配水量的水闸。将上一级渠道的来水按一定比例分配到下一级渠道中，可兼做量水用。

类型 有开敞式及封闭式两种。前者为露天的，结构简单；后者为涵洞，上有填土覆盖，主要修建在深挖方渠道上。

参考书目

陈宝华，张世儒，2003. 水闸［M］. 北京：中国水利水电出版社.

（王勇 杨思佳）

风力机（wind turbine）

一种不需要燃料、以风作为能源的动力机械和发电装置。在早期风力机又称风车，多用于提水灌溉，目前风力机多指风力发电机（图）。

概况 风能资源是清洁的可再生能源，安全、清洁、资源丰富，取之不竭，是一种永久性的大量存在的本地资源，可为我们提

风力发电机

供长期稳定的能源供应。风力发电是新能源领域中技术最成熟、最具规模、开发商业化发展前景的发电方式之一。发展风电对于保障能源安全，调整能源结构，减轻环境污染，实现可持续发展等都具有非常重要的意义。

风力发电的原理 利用风力带动风车叶片旋转，再透过增速机将旋转的速度提升，来促使发电机发电。依据目前风车技术，微风便可以开始发电。风力发电正在世界上形成一股热潮，因为风力发电没有燃料问题，也不会产生辐射或空气污染。风力发电在芬兰、丹麦等国家很流行，我国也在西部地区大力提倡，小型风力发电系统效率很高，但它不是只由一个发电机头组成的，而是一个有一定科技含量的小系统：风力发电机＋充电器＋数字逆变器，风力发电机由机头、转体、尾翼、叶片组成，每一部分都很重要。各部分功能为：叶片用来接受风力并通过机头转为电能；尾翼使叶片始终对着来风的方向从而获得最大的风能；转体能使机头灵活地转动以实现尾翼调整方向的功能；机头的转子是永磁体，定子绕组切割磁力线产生电能。风力发电机因风量不稳定，故其输出的是13～25 V变化的交流电，需经充电器整流，再对蓄电瓶充电。使风力发电机产生的电能变成化学能，然后用有保护电路的逆变电源，把电瓶里的化学能转变成交流220 V市电，才能保证稳定使用。通常人们认为风力发电的功率完全由风力发电机的功率决定，总想选购大一点的风力发电机，而这是不正确的，风力发电机只是给电瓶充电，而由电瓶把电能储存起来，人们最终使用电功率的大小与电瓶大小有更密切的关系。

参考书目

李春，2013. 现代大型风力机设计原理［M］. 上海：上海科学技术出版社.

王同光，2019. 风力机叶片结构设计［M］. 北京：科学出版社.

（李伟　周岭）

封闭式管道系统（closed piping system）

水流在全封闭的管道中从上游管端流向下游管道末端，输水过程中系统不出现自由水面的管道系统形式。

原理 根据用水需求打开给水栓使水从进水口流向出水口。

结构 封闭式管道系统结构（图）。

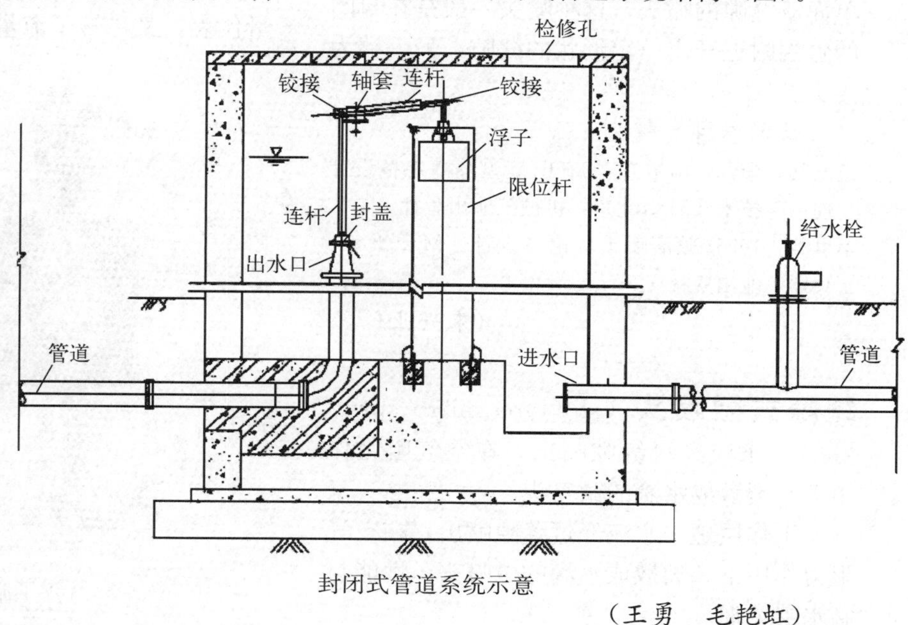

封闭式管道系统示意

（王勇　毛艳虹）

缝隙式喷头（crevice sprinkler） 水流在压力作用下通过缝隙喷到四周的喷头，是一种最简单的固定式喷头，图为缝隙式喷头。

缝隙式喷头

原理 工作时水流从缝隙喷出呈平片状，经一定距离后裂散成水滴降落地面。当水流经过缝隙时，不会受到外界物体的强烈干扰，所以散落成水滴的强度较小，喷头附近存在着末灌区，另外水流受挤导致缝隙两端的水流较集中，喷洒均匀度较低，且缝隙易堵塞。

结构 由缝隙、喷体和管接头三部分组成。均为整体式，也有做成双面均有缝隙或单面双缝隙的喷头，这种喷头一般是在封闭的管端附近开出一定形状的缝隙，另一端为接头。

参考书目

袁寿其，李红，施卫东，2011. 新型喷灌装备设计理论与技术［M］. 北京：机械工业出版社.

李世英，1995. 喷灌喷头理论与设计［M］. 北京：兵器工业出版社.

（朱兴业）

缝隙式微喷头（slit type micro sprinkler） 水流经过缝隙喷出，在空气阻力作用下，裂散成水滴的微喷头。

工作原理 水流经过缝隙喷出，在空气阻力作用下，裂散成水滴的微喷头。性能与滴水器类似。

结构 一般由两部分组成，下部是底座，上部是带有缝隙的盖。

用途 用于草坪、蔬菜、园林、苗圃、温室等灌溉用，特别用于长条带状形花坛微喷。

特点 雾化好，扇形向上喷洒，多种连接尺寸，工程塑料或铜材；垂直喷洒 110°，水平喷洒多种角度。

缝隙式微喷头

参考书目

周卫平，2005. 微灌工程技术［M］. 北京：中国水利水电出版社.

（蒋跃）

浮子流量计（float flow - meter） 以浮子在垂直锥形管中随着流量变化而升降，改变它们之间的流通面积来进行测量的体积流量仪表，又称转子流量计（图）。

浮子流量计

原理 被测流体从下向上经过锥管和浮子形成的环隙时，浮子上下端产生差压形成浮子上升的力，当浮子所受上升力大于浸在流体中浮子重量时，浮子便上升，环隙面积随之增大，环隙处流体流速立即下降，浮子上下端差压降低，作用于浮子的上升力亦随着减小，直到上升力等于浸在流体中浮子重量时，浮子便稳定在某一高度。浮子在锥管中高度和通过的流量有对应关系。

结构 透明锥形管用得最普遍，它是由硼硅玻璃制成，习惯简称玻璃管浮子流量计。流量分度直接刻在锥管外壁上，也有在锥管旁另装分度标尺。锥管内腔有圆锥体平滑面和带导向棱筋（或平面）两种。浮子在锥管内自由移动或在锥管棱筋导向下移动，较大口平滑面内壁仪表还有采用导杆导向。直角型安装方式金属管浮子流量计典型结构，通常适用于口径15～40 mm的仪表。锥管和浮子组成流量检测元件。套管内有导杆的延伸部分，通过磁钢耦合等方式，将浮子的位移传给套管外的转换部分。转换部分有就地指示和远传信号输出两大类型。除直角安装方式结构外还有进出口中线与锥管同心的直通型结构，通常用于口径小于10～15 mm的仪表。

类型 市场上定型产品和特殊型仪表从不同角度可做不同分类，按锥形管材料不同可分为透明锥形管和金属锥形管。按是否有远传信号输出分为就地指示型和远传信号输出型，后者又分为触电信号和电信号两种。按被测流体性质可分为液体用、气体用和蒸汽。按被测流体通过浮子流量计的量可分为全流型和分流型。

应用特点 最简单的浮子流量计由浮子和锥管两个部件组成，数十元的制造成本，有些使用场合甚至可以免维护，可用于低雷诺数的测量场合，适用于小管径和低流速。压力损失小，对上游直管段要求比较低，有较宽的流量范围，量程比一般为10∶1，双浮子结构的量程比甚至可以达到50∶1。玻璃管浮子流量计显示的流量值多是直接刻印在透明玻璃外表面上，目测浮子停留位置即可，而金属管浮子流量计往往测量高温、高压、危险性流体，不能用人眼来观察浮子位置，采用了磁感应显示机构。

（骆寅）

辅助设备

辅助设备（auxiliary equipment；ancillary equipment；accessor） 泵站安全可靠运行不可或缺的设备，相对主设备而言，仅在设备系统中起到辅助主设备运行的作用。

概况 大型泵站的特点之一是它们都有一套较完整的、较现代化的辅机系统，泵站自动化程度较高，从而为主机组获得最佳技术经济效果、持久地安全可靠地运行创造了必要的条件。主要由控制、传动、水、油、气等辅助系统构成。供水系统是为解决机组、生活及消防用水，排水系统主要是为检修和调相而设置，供排结合运行，油系统中的油压装置用于调节水泵轮叶，还有润滑油处理装置、高压油顶转子装置和操纵液动检修闸阀装置；气系统划分为高压和低压，高压气供油压装置补气之用，低压气作为电机刹车、主泵围带充气、风动工具用气。

类型 泵站中的辅助设备及辅助设施主要包括电控设备（图1）、压力油和润滑油设备、空压设备、液压调节设备（图2）、供排水设备、抽真空设备、通风设备、高压储油罐、储气罐等压力设施以及各种阀门（闸阀、碟阀、逆止阀、真空破坏阀和水锤消除器等）、起重行车、储油及供油设施等。

图1　电控设备

图2　液压调节设备

参考书目

潘咸昂，1989. 泵站辅机与自动化［M］. 北京：中国水利水电出版社.

严登丰，2000. 泵站过流设施与截流闭锁装置［M］. 北京：中国水利水电出版社.

（袁建平　陆荣）

负压灌溉（negative pressure irrigation）

利用土壤基质吸力，将水自行抽吸到高处而后灌溉的方式。

原理　负压自动补给灌溉系统是一种新型的将灌水器埋入地下的节水灌溉技术。之所以称为“负压”，是因为系统中灌溉水源的高程低于灌水器的高程，运行时供水水头为负值。如图所示为负压自动补给灌溉示意，以灌水器为原点，建立如图所示坐标系。H 为水源与灌水器之间的高程差。$H>0$（水源高于灌水器）为“正压”（有压）灌溉；$H=0$ 为“无压”灌溉；$H<0$ 则为“负压”灌溉。现在对整个系统进行能量分析。在不计大气压的情况下，灌水器内单位重量的水所具有的水势为：

$$\psi_{内}=H \quad (1)$$

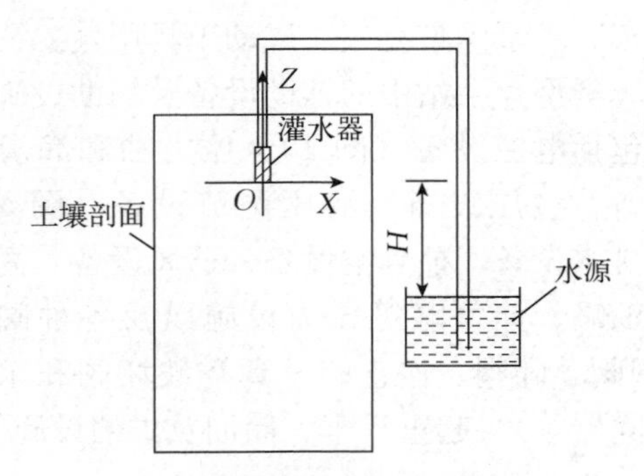

负压灌溉系统原理

灌水器外单位重量的水所具有的土水势为：

$$\psi_{外}=\psi_{m} \quad (2)$$

水由灌水器流入土壤只需满足：

$$\psi_{内}>\psi_{外}，即\ H>\psi_{m} \quad (3)$$

负压灌溉时，H、ψ_{m} 均为负值，H 受水柱的真空吸上高度限制，其最小值约为－7 m水柱；但在土壤含水量较低时土水势可能更低。因此，负压灌溉是可以实现的。

（汤攀）

覆膜铺管机（film laying machine）

一次操作过程中能同时完成起垄、铺管、覆膜等多项工序的机械设备（图）。

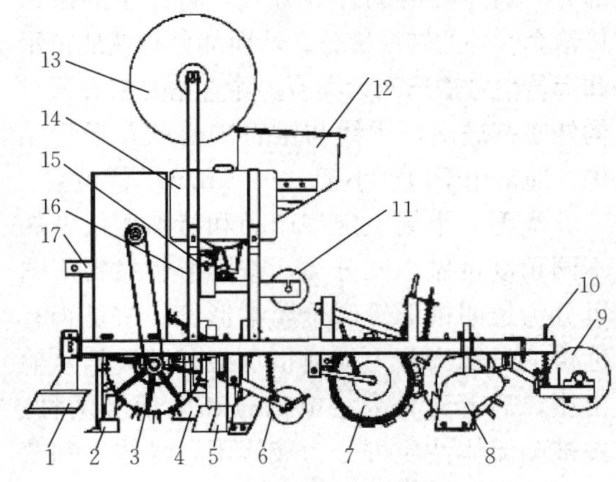

一种花生覆膜铺管播种机

1. 推土铲　2. 施肥铲　3. 地轮　4. 滴灌管开沟器　5. 播种开沟器　6. 压膜辊　7. 破膜轮　8. 覆土铲　9. 镇压轮　10 镇压轮压紧装置　11. 农膜架　12. 种箱　13. 滴灌管架　14. 除草剂箱　15. 除草剂喷洒器　16. 固定架　17. 悬挂架

概况　国外自20世纪60年代开始对覆膜铺管机械装置开始研究，我国进入20世纪90年代后，加大对覆膜铺管机的研制、改装和试验，取得了很大的进展。随着覆膜铺管技术在不同地区针对不同作物的试验研究，该技术的机械化水平不断提高，但仍存在许多问题，很大程度上制约着技术的推广与应用。

类型 覆膜铺管机广泛应用于玉米、小麦、花生、马铃薯等作物种植，因作物、地形及土壤情况不同，类型多样。如常用的玉米覆膜铺管机有气吸式覆膜铺带播种机、覆膜铺带播种机、全膜覆盖播种施肥机等。

结构 覆膜铺管机的结构各不相同。一般主要由整形装置、开沟器、挂膜轮、压膜轮、覆土铧、盘式覆土器、挡土板等组成。

（魏洋洋）

G

干管（main pipe） 将灌溉水输送并分配给支管的管道，输水管的第一级，从水源向支、毛管输送水的管道。

概况 依据地形条件、工作压力、毛管和支管的田间布置等条件布置干管。管径是干管设计的主要内容，可采用经验公式法、经济管径法等求出初选管径，然后根据压力要求、分流条件和布置情况进行优化，对比后确定管径。在直径大于 50 mm 的管道末端以及变坡、转弯、分岔和阀门处均应设置镇墩。当地面坡度大于 20%或管径大于 65 mm时，宜每隔一定距离增设支墩。管道埋深应结合土壤冻层深度、地面荷载、机耕深度和排水条件确定。管道应综合分析地形、管理、维护等因素，避免穿越障碍物，并应避开地下电力、通信等设施。干管冲洗，应先打开待冲洗干管末端的冲洗阀门，关闭其他阀门，然后启动水泵，缓慢开启干管控制阀，直到干管末端出水清洁为止。

类型 固定和半固定管道式喷灌系统输配水管道一般有两级，即干管和分干管。灌溉面积大的喷灌系统的输配管道可以有三级，即主干管、干管和分干管。移动管道式喷灌系统输配水管道一般只有一级或两级，即干管或分干管。有时为了节约工程投资，将输配水管道安装在地面，以便于移动。按照材料可分为聚乙烯管（PE 管）和聚氯乙烯管（PVC 管），直径 63 mm 以下的管通常采用聚乙烯管，直径 63 mm 以上的管通常采用聚氯乙烯管。对于大型微灌工程的骨干输水管道（如上、下山干管，输水总干管等），当塑料管不能满足设计要求的时候，可采用其他材质的管道，但要防止锈蚀堵塞灌水器。

布置原则 输水管通常埋于地下，其布置应考虑下列因素：①避开地质条件容易塌陷、施工难度大的地段，以及重要建筑物和特殊进入地段；②使管道总长度最小，运行管理方便；③上级管道布置为下级管道连接布置创造方便条件；④尽可能利用已有管道和有用的设施；⑤分干管尽可能为支管创造适当布置位置和高度。

主要用途 输配水管网的主干道，输送所属轮灌组工作时相应设计流量，并满足下一级管道工作压力需求。

参考书目

李晓，孙福文，张兰亭，1996. 管道灌溉系统的管材与管件［M］. 北京：科学出版社.

郑耀泉，刘婴谷，严海军，等，2015. 喷灌与微灌技术应用［M］. 北京：中国水利水电出版社.

吴普特，牛文全，郝宏科，2002. 现代高效节水灌溉设施［M］. 北京：化学工业出版社.

（刘俊萍 李岩）

干渠（main canal） 输水渠道的最重要的主干部分（图）。

干 渠

概况 我国早在 2 000 多年前，就已引黄河水灌溉，秦、汉渠灌溉工程是我国最早的水利工程之一。自秦、汉之后，青铜峡灌区经历代开发营造，又相继开挖了汉延渠、唐徕渠、大清渠、西干渠、东干渠、泰民渠等。干渠在现代我国水资源优化及利用上的地位也越来越重要，如我国投资 4 860 亿元于 2002 年底启动的“南水北调工程”，计划用 6～8 年时间，分别建设东、中、西 3 条输水干渠，连接长江、淮河、黄河和海河四大水系，向北方“注水”。

原理　水量通过干渠并输送到支渠。

结构　主要有进水闸、隧洞、泄洪闸、渡槽。

主要用途　输水的输水渠道，作为支渠水流的主要来源。

类型　分为总干渠和分干渠。

参考书目

王仰仁，段喜明，刘佩茹，等，2014. 灌溉排水工程学 [M]. 北京：中国水利水电出版社.

（王勇　熊伟）

干式水表（dry type water meter）　计数器不浸入水中的水表，结构上传感器与计数器的室腔相隔离，水表表玻璃不受水压，传感器与计数器的传动一般用磁铁传动，形式如图所示。干式水表因其计数机构与被测水隔绝，故不受水中悬浮杂质的影响，确保计数机构的正常工作和读数的清晰，同时也不会像湿式水表那样，因表内外温差而造成玻璃下方起雾或凝结水珠等影响水表抄读的现象。

特点　干式水表与湿式水表的最大区别在于计量机构。其叶轮与中心齿轮相分离，叶轮上端由磁性元件（磁环或柱状磁铁）与中心齿轮下端的磁性元件相耦合。当水流推动叶轮旋转时，通过叶轮上端的磁性元件与中心齿轮下端的磁性元件相吸或相斥，驱动中心齿轮同步旋转，并由中心传动计数器记录流经水表的水量。①干式水表的磁性元件。干式水表磁性材料常用的有铁氧体和钕铁硼，磁性元件的结构形状一般有环状磁铁、柱状磁铁和环状磁铁与“门”形硅钢片。②干式水表的齿轮盒。干式水表的计数机构是依赖齿轮盒与被测水隔绝，所以齿轮盒底部及四周需能承受 2 MPa 压力试验而不变形。为此，在设计干式水表时，除了在齿轮盒上、下底部增设了十余条加强筋外，往往在齿轮盒上底部和内壁衬以金属的碗状内衬，以防其受压变形。

结构　①多流干式水表主要由壳体、计量机构和密封计数器等部分组成。计量机构由叶轮、叶轮盒、顶尖、刚玉、磁钢等零部件组成。②水平螺翼可拆干式水表主要由壳体、计量机构和密封计数器等部分组成，计量机构是由整流器、翼轮组件、支架、斜齿轮组件、下磁钢、调节装置等主要零部件组成。

发展趋势　近几年国外的各大水表巨头公司一直以高精度智能化的干式水表占据大部分的国际高端市场。然而国内大多数的水表厂家在出口的干式水表产品中，几乎全部以常规的 B 级干式机械水表为主导产品。随着水表新标准在不同国家逐步推行之下，客户对高性能、高精度的智能化干式水表需求迅速增加，当前国内的机械干式水表已经不能满足国内外市场竞争的需求。

干式水表

（骆寅）

刚性联轴器（rigid coupling）　一种扭转刚性的联轴器，即使承受负载时也无任何回转间隙，即便是有偏差产生负荷时，刚性联轴器还是刚性传递扭矩（图）。

刚性联轴器

产品特点 ①重量轻，超低惯量和高灵敏度；②免维护，超强抗油和耐腐蚀性；③铝合金和不锈钢材料；④提供紧固螺栓型、夹持型和分离型；⑤两端不同孔径大小的产品型号也备有库存。

分类 刚性联轴器分为凸缘联轴器、径向键凸缘联轴器、套筒联轴器、夹壳联轴器和平行轴联轴器。凸缘联轴器：利用螺栓联接两半联轴器的凸缘以实现两轴联接的联轴器。径向键凸缘联轴器：利用径向键和普通螺栓联接两半联轴器的联轴器。套筒联轴器：利用公用套筒以某种方式联接两轴的联轴器。夹壳联轴器：利用两个沿轴向剖分的夹壳以某种方式夹紧以实现两轴联接的联轴器。平行轴联轴器：利用中间盘通过销轴以实现两平行轴联接的联轴器。

优缺点 ①缺点：凸缘联轴器对两轴中性的要求很高，当两轴有相对位移存在时，就会在机件内引起附加载荷，使工作情况恶化，这是它的主要缺点。②优点：由于结构简单、成本低、可传递较大转矩，故当转速低、无冲击、轴的刚性大、对中性较好时常采用。凸缘联轴器（亦称法兰联轴器）是利用螺栓联接两凸缘（法兰）盘式半联轴器，两个半联轴器分别用键与两轴联接，以实现两轴联接，传递转矩和运动。

拆卸方法 在刚性联轴器拆卸前，要对联轴器各零部件之间互相配合的位置做一些记号，以作为复装时的参考。用于高转速机器的凌斯联轴器，其联接螺栓经过称重，标记必须清楚，不能搞错。拆卸联轴器时一般先拆联接螺栓。由于螺纹表面沉积一层油垢、腐蚀的产物及其他沉积物，使螺栓不易拆卸，尤其对于锈蚀严重的螺栓，拆卸是很困难的。联接螺栓的拆卸必须选择合适的工具，因为螺栓的外六角或内六角的受力面已经打滑损坏，拆卸会更困难。对于已经锈蚀的或油垢比较多的螺栓，常常用溶剂（如松锈剂）喷涂螺栓与螺母的联接处，让溶剂渗入螺纹中去，这样就会容易拆卸刚性联轴器。

参考书目

朱龙根，2005. 简明机械零件设计手册［M］. 北京：机械工业出版社.

（李伟　周岭）

钢管（steel pipe） 具有空心截面，其长度远大于直径或周长的钢材。

分类 按截面形状分为圆形、方形、矩形和异形钢管；按材质分为碳素结构钢钢管、低合金结构钢钢管、合金钢钢管和复合钢管；按用途分为输送管道用、工程结构用、热工设备用、石油化工工业用、机械制造用、地质钻探用、高压设备用钢管等；按生产工艺分为无缝钢管和焊接钢管，其中无缝钢管由整块金属制成，断面上没有接缝，是用实心钢坯穿孔后轧制或冷拔而成的，焊接钢管是用带钢焊成、断面有接缝的钢管。

类型 常用的钢管有热轧无缝钢管、冷轧（冷拔）无缝钢管、水煤气输送钢管（即自来水管）和电焊钢管等。

用途 冶金工厂的输送管道和土建工程多使用碳素结构钢钢管和低合金结构钢钢管，耐腐蚀性能要求高的输送管道可选用不锈钢钢管、内壁衬塑料的钢管和内层为铜而外层为钢的双层复合金属管。土建工程中，钢管主要用作钢管桩、钢管结构、钢管混凝土结构、降水排水管网及脚手架、塔架和模板支撑等。

参考书目

山仑，黄占斌，张岁岐，2009. 节水农业［M］. 北京：清华大学出版社.
李宗尧，2010. 节水灌溉技术［M］. 2 版. 北京：中国水利水电出版社.
王立洪，管瑶，2011. 节水灌溉技术［M］. 北京：中国水利水电出版社.

（王勇　刘俊萍）

钢筋混凝土管（reinforced concrete pipe）

由水泥混凝土配置普通钢筋制成的管。

概况　一般用离心法、悬辊法或挤压法制作。管口有承插式、企口式和平口式。类型分为轻型钢筋混凝土管和重型钢筋混凝土管两种。前者管壁较薄，能承受较低的外荷载，一般埋设的深度小于 3 m。后者管壁较厚，能承受较高的外荷载，埋设的深度为 3～6 m。管子的截面有圆形、多边形或其他形状等，以圆形为最多。普通钢筋混凝土压力管亦能承受一定的内压力，管体配置的钢筋骨架由纵向钢筋和环向钢丝构成。

优缺点　①优点：钢材用量仅为铸铁管的 10%～15%，而且不会因锈蚀使输水性能降低，使用寿命长，一般可使用 70 年以上或更长时间。②缺点：自重大，运输不便；质脆，耐撞击性差等。钢筋混凝土管一般为承插口，刚性接头用石棉水泥或膨胀性填料之水，柔性接头用圆形橡胶圈止水。

用途　主要用作地埋暗管。抵抗酸、碱浸蚀及抗渗性能差，所以一般用于排泄雨水、污水、废水，农田灌溉，水泵站的压力管和倒虹管，不能用以排除有严重侵蚀性的污水和废水。

参考书目

郑耀泉，李永光，党平，等，1998. 喷灌与微灌设备［M］. 北京：中国水利水电出版社.
迟道才，2009. 节水灌溉理论与技术［M］. 北京：中国水利水电出版社.
王立洪，管瑶，2011. 节水灌溉技术［M］. 北京：中国水利水电出版社.

（王勇　刘俊萍）

钢丝网水泥离心管（steel mesh cement centrifugal pipe）

钢丝网水泥是以钢丝网或钢丝网和加筋为增强材，水泥砂浆为基材组合而成的一种薄壁结构材料。钢丝网水泥离心管是指用离心工艺制作的空心混凝土管道。离心工艺是指利用旋转的管模带动混凝土混合物同时运动而产生离心力，使混凝土混合料在离心力的作用下均匀分布挤向管模内壁，从而排出混凝土中的空气和多余水分，使混凝土达到密实。

参考书目

四川省建筑工程局，1977. 钢筋混凝土离心管结构［M］. 北京：中国建筑业出版社.

（刘俊萍）

钢索牵引绞盘式喷灌机（cable reel irrigator）

绞盘式喷灌机的一种，它用拖拉机将喷头绞盘车拖到要灌溉条形地块的中轴线一端，在这端地头把钢索设桩锚固。然后拖拉机开始拖引喷头绞盘车沿条田中轴线驶向中轴线中部给水栓，边走边铺放钢索，到达给水栓处，将软管接到给水栓上，继续驶向条田的另一端，边走边铺放钢索和软管，当钢索和软管铺放完毕后，拖拉机开走，开启泵站，打开给水栓，开始喷灌作业。

工作原理　钢索牵引绞盘式喷灌机压力水通过软管输送到绞盘车上的进水阀，然后进入垂直摇臂式喷枪，从喷嘴射出高压远射程水束，在换向机构作用下进行 240°～300° 扇形喷洒。另有一股高压水流经水力驱动装置驱动钢索绞盘转动，缠绕钢索牵引喷头车拖拽软管向条田的另一端移动。一个喷灌行程为软管长度的 2 倍，当喷头车达到行程终点时，它的框架碰撞到锚固桩的一个可调节套筒，拉动弹簧杆，关闭喷头绞盘车上的进水阀，绞盘车停止转动，喷枪停止喷水，然后开始进入下一条田作业。

结构 由绞盘车、缠绕软管绞盘、缠绕钢索绞盘、水力驱动装置、软管和喷枪等主要部件构成。

类型 按照绞盘的放置位置分为卧式软管绞盘和立式软管绞盘两种形式。

主要技术性能参数 主要技术性能参数有软管长×管径（m×mm）、喷头工作压（MPa）、喷嘴直径（mm）、喷水量（m^3/h）、有效喷洒宽度（m）、降雨深度（mm）、每个作业点控制面积（hm^2）等。

参考书目

袁寿其，李红，王新坤，等，2015. 喷微灌技术及设备［M］. 北京：中国水利水电出版社.

（李娅杰）

杠杆紧扣式快速接头（lever tight quick connector）

一种两头各有一个拉耳的快速接头（图）。

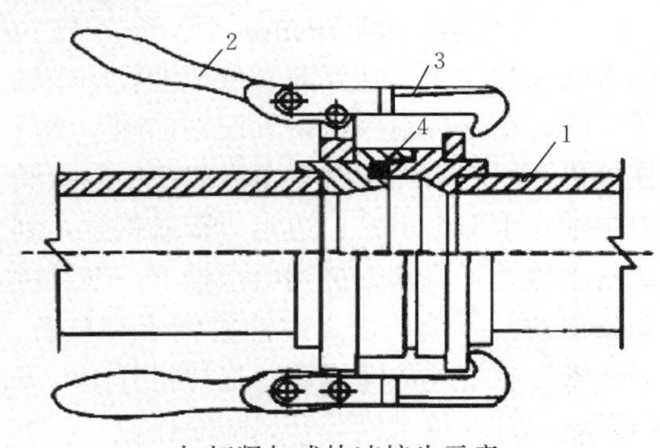

杠杆紧扣式快速接头示意

1. 聚乙烯管 2. 杠杆 3. 搭钩 4. 橡胶密封圈

用途 通过轻松操作杠杆，可输送液体、气体、粉体。常用于化工管道、软管接头、油罐车、船厂等。

类型 按主体材质可分为金属制（铝合金、铜合金、不锈钢）和树脂制。

结构 杠杆紧扣式接头的承口和插口呈半球形，其原理同箱子上的扣吊挂钩，利用杠杆原理压紧，因而结合牢固，密封性好，挠性好，最大允许转角 30°。缺点是需人手工扳动杠杆拆卸，速度较慢。采用端面密封构造，内面凹凸少，实现顺畅的流体输送。采用“特殊唇状密封圈”（3/4·1 硅酮橡胶，FEP 橡胶涂层外），减低杠杆操作荷重。连接尺寸采用美国军用规格 A－A－59326，多种标准化的主体材质、尺寸以及安装形状可对应广泛的用途。配带制动阀功能产品更加提高了安全性能。

组成 由接合碗、杠杆扣紧环和带橡胶密封圈的承碗组成。

特点 密封性好，最大偏角可达 30°但不能自动锁紧和脱扣，插入后要用手将搭钩锁紧。

参考书目

周世峰，2004. 喷灌工程学［M］. 北京：北京工业大学出版社.

（蒋跃）

杠杆式安全阀（safety valve with lever）

杠杆和重锤的作用力传递到阀盘而封闭阀座的一种安全阀。根据杠杆原理，它可以使用质量较小的重锤通过杠杆的增大作用获得较大的作用力，并通过移动重锤的位置（或变换重锤的质量）来调整安全阀的开启压力。

概况 压力介质处于阀盘下方，当介质压力超过规定值时，将阀盘顶起而泄至外界，改变重锤的重量和位置，即改变对阀盘的压紧力，就可调节安全阀的工作压力。杠杆式安全阀结构简单，调整容易又比较准确，所加的载荷不会因阀瓣的升高而有较大的增加，适用于温度较高的场合，特别是用于锅炉和温度较高的压力容器。但重锤杠杆式安全阀结构比较笨重，加载机构容易振动，并常因振动而产生泄漏，其回座压力较低，开启后不易关闭及保持严密。

结构 由阀体、阀杆、阀罩、杠杆、支点、阀芯和重锤等零件组成（图）。

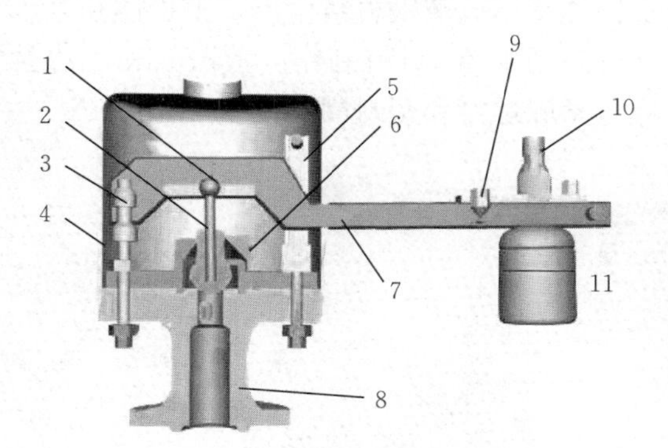

杠杆式安全阀结构示意

1. 力点 2. 阀杆 3. 支点 4. 阀罩 5. 导架 6. 阀芯 7. 杠杆 8. 阀体 9. 调整螺钉 10. 固定螺钉 11. 重锤

参考书目

章裕昆，2016. 安全阀技术［M］. 北京：机械工业出版社.

（王文杰）

高压灌溉管道系统

高压灌溉管道系统 (high pressure irrigation pipeline system)　水源取水经处理后，通过大于 400 kPa 压力的管道网输送输水、配水及向农田供水、灌水的全套工程系统。

用途　适用于一些特殊田块地形，如地势较高、起伏较大的地形，可弥补低压灌溉管道系统适用性的不足，解决地势高、灌溉难的问题。

（王勇　王晓林）

格栅

格栅 (grille)　由一组或多组相平行的金属栅条与框架组成，倾斜安装在进水的渠道或进水泵站集水井的进口处，以拦截污水中粗大的悬浮物及杂质的设备（图）。

格　栅

类型　格栅按形状可分为平面格栅、曲面格栅和阶梯形格栅；按栅条间隙大小可分为细格栅（3～10 mm）、中格栅（10～50 mm）和粗格栅（50～100 mm）；按照功能可分为传统格栅与粉碎型格栅。

结构　传统格栅由一组或多组相平行的金属栅条与框架组成，因防锈蚀、耐久性要求高，所以大多选用钢材作为栅条、横梁等的制造材料。粉碎型格栅一般由格栅、粉碎机及辅助格栅组成，格栅将来水中的大块固体物拦截，并引导至粉碎机，由粉碎机将其破碎进入后续部分，辅助格栅则在超高水位运行时进行辅助性截污。

参考书目

廖闻彧，柳畅，尹奇德，2014. 城市排水泵站运行维护［M］. 长沙：湖南大学出版社.

潘咸昂，1989. 泵站辅机与自动化［M］. 北京：中国水利水电出版社.

（袁建平　陆荣）

隔膜泵

隔膜泵 (diaphragm pump)　一种将安装在偏心轴上的弹性膜片在电动机的带动下做直线往复运动，使得腔体发生形变，来输送液体的机械设备（图）。泵在转移、疏散及压缩的过程中完

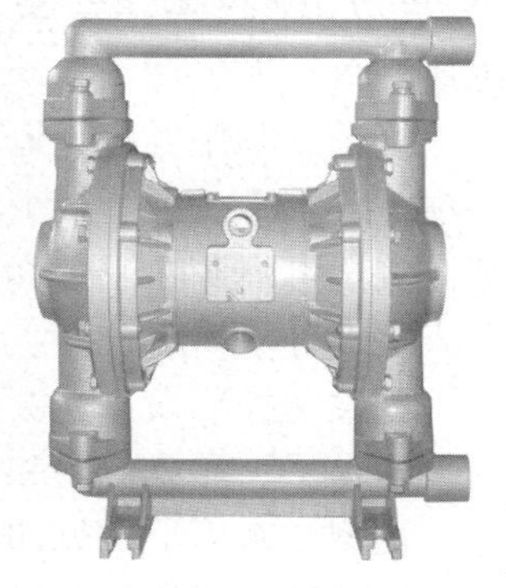

隔膜泵

全无油，实现了无污染传输。

概况 重量轻、造价低，最大优点是泵的运转部分完全不与工作介质接触，不受介质腐蚀，具有良好的抗酸、碱、盐的特性。因此，隔膜泵在食品加工机械与农业植保机械中得到了广泛应用。

原理 压缩空气经气阀进入膜片的背面，使左边的气腔不断地充满压缩空气，使膜片向左运动而挤压液体腔中的液体，同时，左上部球阀打开，左下部球阀关闭，使液体被送出。随着膜片的运动，膜片在隔膜连杆的拉动下也向左运动，使右气腔的空气由消音器口排放到泵体外，然而右边液体腔将产后负压，右液体腔的上部球阀关闭，下部球阀打开，液体进入右液体腔直至充满整个腔。膜片将运动到它的极限——贴近主体平面。

主要用途 可以将具有高浓度、高腐蚀的固体液体混合物运输到长距离位置的核心设备。

类型 按其所配执行机构使用的动力可以分为气动、电动、液动三种，即以压缩空气为动力源的气动隔膜泵，以电为动力源的电动隔膜泵，以液体介质（如油等）压力为动力的电液动隔膜泵。

（黄俊　杨孙圣）

给水栓（hydrant）

给水栓（hydrant） 可以向地面管道提供压力水源的给水装置（图）。它主要由进水口、给水栓阀体、弯头和密封圈等部分组成。

概况 利用低压管道是进行节水灌溉的一项重要措施。为了减少水资源浪费、保证灌溉安全可靠和在一定程度上降低投资，研究人员设计了给水栓。它是管道灌溉管网系统中的关键控制设备，决定着灌溉管网系统的技术水平、灌溉效率和使用寿命等。

类型 市面上常见的农田管道灌溉给水栓是以玻璃钢材质作为出水口，分为单向和双向。该种给水栓的上下栓体由法兰连接，上栓体采用玻璃钢材料生产，下栓体和进水立管采用 PVC 材料制作。上法兰和下法兰通过紧固螺钉和密封圈连接于一体。

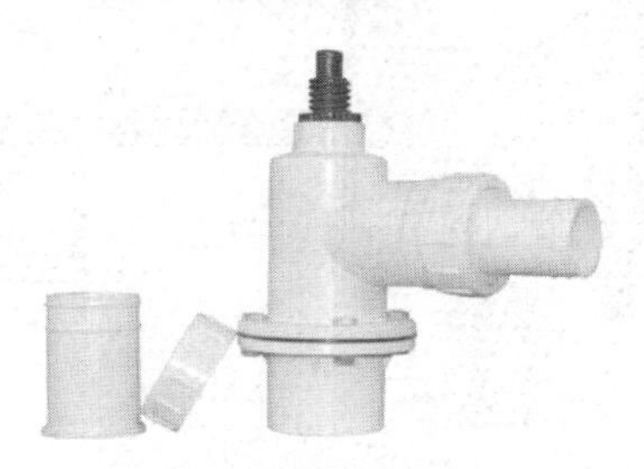

一种玻璃钢制给水栓

发展趋势 近年来，国家对小型农田水利工程的重视程度和投资力度不断加大。由于管灌技术具有投资小、便于管理和容易实施等优点，成为深受群众喜爱的节水灌溉技术。给水栓作为管灌技术中的配水建筑物，它的发展是管灌技术发展的重要组成部分。

（邱宁）

功率测量仪（power meter）

功率测量仪（power meter） 测量电功率的仪器，一般是指在直流和低频技术中测量功率的功率计，如图所示，又称为瓦特计。

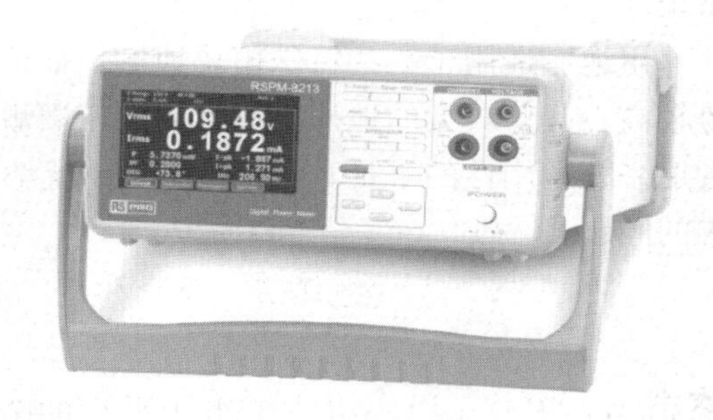

功率测量仪

概况 按功率计的灵敏度和测量范围分为热电阻型功率计、热电偶型功率计、量热式功率计和晶体检波式功率计。热电阻型功率计使用热变电阻做功率传感元件，热变电阻值的温度系数较大，被测信号的功率被热变电阻吸收后产生热量，使其自身温度升高，电阻值发生显著变化，利用电阻电桥测量电阻值的变化，显示功率值。热电偶型功率计中的热偶结直接吸收高频信号功率，结点温度升高，产生温差电势，电势的大小正比于吸收的高频功率值。量热式功率计是典型的热效应功率计，利用隔热负载吸收高频信号功率，使负载的温度升高，再利用热电偶元件测量负载的温度变化量，根据产生的热量计算高频功率值。晶体检波式功率计中晶体二极管检波器将高频信号变换为低频或直流电信号。适当选择工作点，使检波器输出信号的幅度正比于高频信号的功率。

类型 按功率计在测试系统中的连接方式分为终端式和通过式两种。终端式功率计把功率计探头作为测试系统的终端负载，功率计吸收全部待测功率，由功率指示器直接读取功率值。通过式功率计，它是利用某种耦合装置，如定向耦合器、耦合环、探针等从传输的功率中按一定的比例耦合出一部分功率，送入功率计度量，传输的总功率等于功率计指示值乘以比例系数。

结构 功率计由功率传感器和功率指示器两部分组成。功率传感器也称功率计探头，它把高频电信号通过能量转换为可以直接检测的电信号。功率指示器包括信号放大、变换和显示器。显示器直接显示功率值。功率传感器和功率指示器之间用电缆连接。为了适应不同频率、不同功率电平和不同传输线结构的需要，一台功率计要配若干个不同功能的功率计探头。

参考书目

Golding E W，1963. Electrical measurements and measuring instruments [M]. London：Sir Isaac Pitman & Sons.

（王龙滟）

鼓形滤网 (drum filter)

由一个旋转的筒形骨架结构组成，在骨架圆周方向上安装有过滤网片的滤水设备。在泵站、核电站、火力发电厂、化工、城市自来水、环保污水处理厂等供水系统中发挥重要作用。

概况 鼓形滤网可以将水中经格栅处理后的杂质去除，以保证后续的水泵和传热设备的正常运行，具有过滤和输送两种功能，具有过水量大、密封性能好、运行平稳可靠、寿命长、维修方便等优点。

类型 按进水方式分为内侧进水外侧出水方式鼓形滤网和外侧进水内侧出水方式鼓形滤网。按结构形式分为双A形轮辐鼓形滤网、单A形轮辐鼓形滤网和单幅条鼓形滤网。

结构 鼓形滤网由一个旋转的筒形骨架结构组成，在骨架圆周方向上安装有过滤网片，水流从两侧端面进入鼓网，经过网片上的网孔过滤后流到鼓形滤网外面，当鼓形滤网旋转时，捞污斗及网片内侧捕集的垃圾被提升到操作平台上方，由鼓形滤网网片外面喷射的冲洗水冲入排水槽中排出，如图所示。

鼓形滤网

参考书目

廖闻彧，柳畅，尹奇德，2014. 城市排水泵站运行维护 [M]. 长沙：湖南大学出版社.

潘咸昂，1989. 泵站辅机与自动化 [M]. 北京：中国水利水电出版社.

（袁建平　陆荣）

固定泵站（fixed pumping station） 泵房的位置固定不变的泵站（图）。

概况 固定泵站在我国是一项长期性的泵站工程，最早为大型农业灌排和调水泵站，如农村灌溉泵站及南水北调大型泵站，如图所示。21世纪以来，随着国内城市供水和污水处理压力的加大，小型供水泵房和预埋于地下的一体化预制泵站开始得到广泛的应用，这些固定泵站在人们的日常生活中发挥着重要的作用。

固定泵站

类型 按其泵房结构特点可分为分基型、干式型、湿式型和块基型；按其安装方式可分为立式、卧式、斜式及贯流式；按水泵类型可分为轴流式、混流式和离心式。

结构 固定泵站通常由泵房、进出水池、流道、水泵、电机、闸门、拦污栅和控制单元等组成。

参考书目

严登丰，2000. 泵站过流设施与截流闭锁装置［M］. 北京：中国水利水电出版社.

严登丰，2005. 泵站工程［M］. 北京：中国水利水电出版社.

（袁建平　陆荣）

固定管道式喷灌（fixed pipeline sprinkler irrigation） 除喷头外，喷灌系统的水泵、动力设备、干管和支管都是固定的灌溉方式。竖管一般也是固定的，但也可以是可拆卸的，根据轮灌计划，喷头轮流安设在竖管上进行喷洒。

特点 操作使用方便，易于维修管理，易于保证喷洒质量。缺点是管材用量多，工程投资大，设备利用率低，竖管对耕作有一定妨碍。

主要用途 多用于灌水频繁、经济价值高的蔬菜、果园、经济作物或园林工程中。

（郑珍）

固定式低压管道输水灌溉系统（fixed low pressure pipeline irrigation system） 开展灌溉作业的管道系统所有组成部分在整个灌溉季节中或常年都固定不动的一种低压管道输水灌溉系统形式。

特点 该系统的各级管道通常均为地埋管。固定式低压管道输水灌溉系统只能固定在一处使用，故需要管材数量多、使用寿命长，单位面积投资较高。一般是机泵、输配水管道、给配水装置都是固定不动。灌溉水从管道系统出水口直接分水进入田间畦、沟进行灌水。在滴灌、微喷灌中采用这类管道输水系统较多。缺点为管道布置密度大、投资高。

参考书目

郝树荣，缴锡云，2016. 高效灌排技术［M］. 北京：中国水利水电出版社.

王留运，杨路华，2011. 低压管道输水灌溉工程技术［M］. 郑州：黄河水利出版社.

（向清江）

固定式滴灌系统（fixed drip irrigation system） 全部管网安装好后不再移动的滴灌系统。

概况 固定式滴灌的各级管道和滴头的位置在灌溉季节是固定的。其优点是施工安装方便，便于检查土壤湿润和灌水器堵塞等情况，省工、省时、灌水效果好。缺点是影响其他田间作业、毛管受阳光照射易老化损坏。因此，在材质选择上，各级管道常采用PE抗老化管材。国产设备果树亩投资约为700元，大棚蔬菜亩投资为1 400元。

原理 在灌水期间，毛管和灌水器可固定在地面上，也可埋在地下。

结构 由首部枢纽、输配水管网和灌水器等部分组成。全部管网固定，安装好后不再移动。

主要用途 适用于对棉花、小麦、蔬菜等作物或草坪、成片灌木的灌溉。

类型 主要有地面固定式滴灌系统和地下固定式滴灌系统。

（李岩）

固定式管道（fixed pipeline）

灌溉季节中始终不移动的管道，多数埋在地下，少数在灌溉季节铺设在地面上，灌溉季节后立即拆除。固定管道要求防腐锈，经久耐用。主要用于固定式喷灌系统及半固定式喷灌系统的干管。图为固定式管道示意。

类型 根据管道材质不同，主要有：钢管、铸铁管、钢筋混凝土管、石棉水泥管、塑料管等。钢管优点是能经受较大的压力；缺点是价格高，易腐蚀。埋设在地下时钢管表面应涂有良好的防腐层。常用的钢管有热轧无缝钢管、冷轧（冷拔）无缝钢管、水煤气管和电焊钢管等。铸铁管优点是承受内水压力大，一般可承压1 MPa；工作可靠；使用寿命长。缺点是材料较脆，不能承受较大的动荷载。按加工方法和接头形式，铸铁管可分为铸铁承插直管、砂型离心铸铁管和铸铁法兰直管。按其承受压力大小，可分为低压管（工作压力不大于450 kPa）、普压管（工作压力450～750 kPa）和高压管（工作压力750～1 000 kPa）。喷灌中一般采用普压管或高压管。钢筋混凝土管有预应力钢筋混凝土管和自应力钢筋混凝土管两种，都是在混凝土浇制过程中使钢筋受到一定的拉力，从而使管子在工作压力范围内不会产生裂缝，可承受内压400～500 kPa，主要用作地埋暗管。石棉水泥管是用75%～85%的水泥与15%～25%的石棉纤维（以重量计）混合后经制管机卷制而成，规格管径为75～500 mm，管长为2～5 m，可承受压力在600 kPa以下。常用石棉水泥浇缝刚性接头、环氧树脂和玻璃布缠结的刚性接头以及橡皮套柔性接头等。塑料管是由不同种类的树脂掺入稳定剂、添加剂和润滑剂等合配后挤压成形的。塑料管的连接形式有刚性连接和柔性连接两种。刚性连接有法兰连接、承插连接、粘接和焊接等，柔性连接多为铸铁管套橡胶圆止水的承插式连接。常用的塑料管有硬聚氯乙烯管、聚乙烯管和聚丙烯管等。

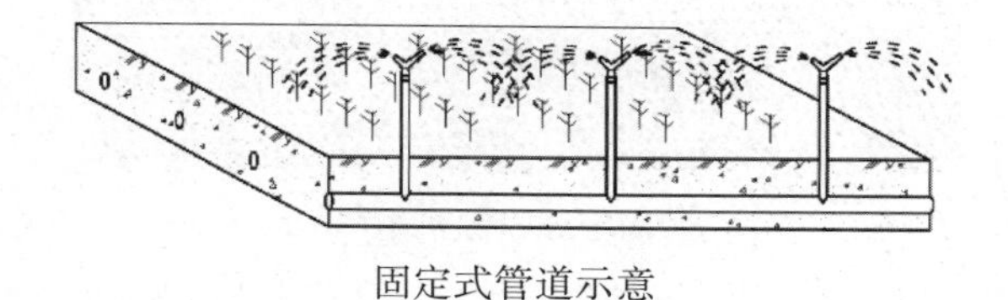

固定式管道示意

参考书目

王立洪，管瑶，2011. 节水灌溉技术［M］. 北京：中国水利水电出版社：104-107.

李宗尧，2010. 节水灌溉技术［M］. 2版. 北京：中国水利水电出版社：20-21.

迟道才，2009. 节水灌溉理论与技术［M］. 北京：中国水利水电出版社：95-96.

（刘俊萍）

固定式灌溉管道系统（fixed irrigation pipeline system）

组成部分在整个灌溉季甚至常年固定安装在地面或埋入地下的灌溉管道系统。

特点 只能安装在一个地方使用，其设备利用率不高，单位面积投资大，但灌溉方便，适合应用于经济发展水平较高或劳动力紧张的地区，以及灌水频繁的经济作物。

（王勇 王晓林）

固定式喷灌机组 (fixed sprinkler irrigation unit)　由水泵、动力机、输水管道、喷头等部件组装而成的一种固定式的喷灌装置（图）。多从田间配水系统（多为明渠，也可是输水管道）取水进行喷灌。喷灌机组的核心设备是自吸泵，其配套部件主要有喷头、输水管（管件）、机架和原动机。固定式喷灌机组的特点是除喷头外，各组成部分在长年或灌溉季节均固定不动。干管和支管多埋设在地下，喷头装在由支管接出的竖管上。

固定式喷灌机组

概况　我国从20世纪70年代中期开始大规模引进喷灌技术。固定式喷灌机组使用操作方便，效率高，占地少，也便于综合利用（如结合施肥、喷农药等）和实现灌溉的自动控制。但需要大量管材，一次性投资较大，故目前应用较少。适用于灌溉频繁的经济作物区（如蔬菜种植区）和高产作物地区。同时在山丘区等特殊地形地貌下也可更好发挥固定式喷灌机组的节水和增产效应。

结构　固定式喷灌机组的固定部分（动力机、水泵和干管）与半固定式喷灌机组较为相似。机组中水泵和动力机安装在固定位置，主干管和支干管埋在地下，竖管伸出地面约1 m，喷头固定安装在竖管上方。喷头配置方式有正方形、三角形和矩形。可以全圆周喷洒，也可以扇形喷洒。地埋管网一般主干管直径为75～100 mm，支干管直径为38～75 mm，支干管与主干管垂直方向安装。管网常用的材料有塑料管、钢筋混凝土管、铸铁管等。

（徐恩翔）

固定式喷头 (fixed sprinkler head)　喷洒时，各部件相对竖管为固定的喷头。固定式喷头又称漫射式或散水式喷头，它的特点是在整个喷灌过程中，喷头的所有部件都是固定不动的，水流以全圆周或扇形同时向外喷洒。图为固定式喷头。

固定式喷头

结构　可分为折射式、缝隙式和离心式三种。

主要用途　优点是结构简单，工作可靠；缺点是水流分散，射程小，喷灌强度大，水量分布不均，喷孔易被堵塞。因此，其使用范围受到很大限制，多用于公园、苗圃、菜地、温室等。

参考书目

袁寿其，李红，王新坤，等，2015. 喷微灌技术及设备［M］. 北京：中国水利水电出版社.

郑耀泉，李光永，党平，等，1998. 喷灌与微灌设备［M］. 北京：中国水利水电出版社.

（朱兴业）

管材 (tubing)　管子的主要构成材料或管子种类的通称。

类型　分为金属管材和非金属管材两大类。金属管材是以金属材料为主要成分制成的管材。主要有无缝钢管、有缝钢管、不锈钢管、铸铁管、金属软管和有色金属管。非金属管材是用玻璃、陶瓷、石墨、橡胶、石棉、水泥等非金属材料制成的管子。用于低压管道输水灌溉的管材较多，按管道材质可分为塑料管材、金属管材、水泥类管材和其他材料管材四类。塑料管材有硬管和软管两类。金属管材主要有钢管、铸铁管、铝合金管、薄壁钢管、钢塑复合管等，均为硬管材。水泥管材主要有现浇和预制两类。其他如缸瓦管、陶瓷管、灰土管等，均属硬管，用作固定管道。

技术要求 ①能承受设计要求的工作压力。管材允许工作压力应为管道最大工作压力的1.4倍，且大于管道可能产生水锤时的最大压力；②管壁薄厚均匀，壁厚误差应不大于5%；③地埋管材在农机具和外荷载的作用下，管材的径向变形率不得大于5%；④便于运输和施工，能承受一定的沉降应力；⑤管材内壁光滑、糙率小，耐老化，使用寿命满足设计年限要求；⑥管材与管材、管材与管件连接方便，连接处同样满足相应的工作压力，满足抗弯折、抗渗漏、强度、刚度及安全等方面的要求；⑦移动管道要轻便，易快速拆卸、耐碰撞、耐摩擦，具有较好的抗穿透及抗老化能力等；⑧当输送的水流有要求时，还要考虑对管材的特殊要求。

参考书目

胡忆沩，杨梅，李鑫，2017. 实用管工手册［M］. 北京：化学工业出版社：15-79.

李雪转，2017. 农村节水灌溉技术［M］. 北京：中国水利水电出版社：45-48.

蒋玉翠，2003. 工业管道工程概预算手册［M］. 北京：中国建筑工业出版社.

（刘俊萍）

管材耐压爆破试验机

（plastic - pipe hydraulic pressure testing machines） 用于各种塑料管材、复合管材及铝塑复合管等在长时间恒定内压和恒定温度下的耐压破坏时间的测定和瞬时爆破的大压力值测定的设备（图）。

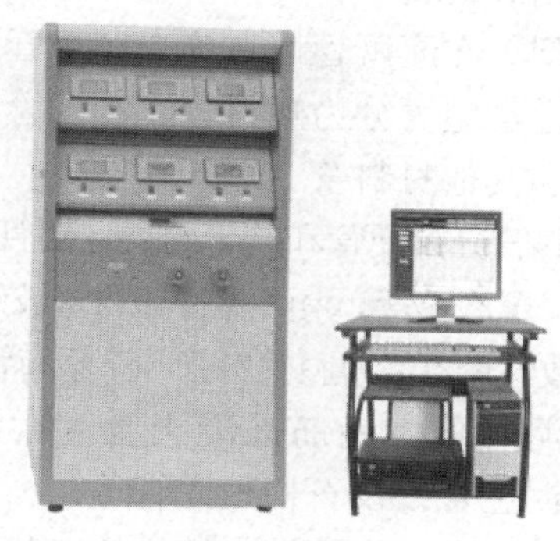

管材耐压爆破试验机

概况 广泛应用于生产厂家、建筑工程质量检查站、产品质量检验所、科研院校等各种管材的生产检验、开发研究等领域。根据管材的不同温度和压力及环应力，在工业控制机上输入不同的参数，高压泵产生高压液体，经过压力控制系统，由高压软管输送给介质恒温箱内的试样中，进行管材的长时间静液压试验。

类型 管材耐压爆破试验机的实验能力与增压泵的增压范围有很大关系，如0～10MPa、0～20MPa、0～100MPa等。常见的有3种不同控制方式可供选择：手动控制、PLC控制、计算机控制。主要技术指标有：试样管径范围、试验路数、控制方式、压力控制范围及精度、温度控制范围及精度、采样频率、计时范围及精度等。

结构 由压力控制系统、压力源、恒温介质箱、夹具、主机系统等五部分组成。压力源高压泵产生高压液体，经过压力控制系统主机的测量后，经高压软管输送给恒温介质箱内的试样中，进行管材的长时间静液压和爆破试验。

参考书目

赵凌云，陈洪程，张香玲，等，2016. JB/T 12724—2016 塑料管材耐压爆破试验机［S］. 北京：机械工业出版社.

（魏洋洋）

管道类型（pipeline type） 按特定条件给管道划分的类型。

类型 在灌溉管道系统中，按管道的材质，管道类型可分为塑料管、水泥管、金属材料管和其他材料管。

塑料管分为硬管和软管两类，硬管如聚氯乙烯管、聚乙烯管、聚丙烯管和双壁波纹管等，软管如改性聚乙烯薄膜塑料管、涂塑布管等。

水泥管分为钢筋混凝土管、素混凝土管、水泥土管以及石棉水泥管等。

金属管主要有钢管、铸铁管、铝合金管及薄壁钢管等。

其他材料管主要有缸瓦管、陶瓷管、灰土管、石料圬工管等。

特点 塑料硬管具有重量轻、易搬运、内壁光滑、输水阻力小、耐腐蚀和施工安装方便等优点，但其抗紫外线性能差，一般常作为固定管道埋于地下使用，也可选用做地面移动管道；塑料软管具有轻便柔软、易于盘卷等优点，主要用作地面移动管道。

水泥管均为硬管，其优点是耐腐蚀、使用寿命长，主要用作地埋暗管。

金属管均为硬材管，具有耐高压、韧性强、不易断裂及铺设简单等优点，但价格高，易生锈，使用寿命短，可用作固定管道，也可作地面移动管道。

其他材料管一般为硬管，用作固定管道；该类管道一般利用当地材料制作，价格低廉，但耐压性差，目前已很少应用。

（王勇 王晓林）

管道式喷灌系统（pipeline sprinkler irrigation system） 以各级管道为主体组成的喷灌系统。

分类 根据管道的可移动程度，可分为固定管道式喷灌系统、半固定管道式喷灌系统和移动管道式喷灌系统。

（郑珍）

管道系统（pipeline system） 从水源取水经处理后，用有压或无压管道网输送到田间进行灌溉的全套工程。

类型 ①按结构形式可分为开敞式、封闭式、半封闭式；②按工作压力分为无压灌溉管道系统、低压灌溉管道系统（$P \leqslant 200$ kPa）、中压灌溉管道系统（200 kPa$<P\leqslant$ 400 kPa）、高压灌溉管道系统（$P>400$ kPa）；③按移动程度分为固定式、移动式、半固定式。

组成 ①首部枢纽；②输配水管网；③灌水器；④附属建筑物；⑤附属装置。

（王勇 毛艳虹）

管间式滴头（inter - tube emitter） 一种安装在两端毛管之间，毛管的水流从滴头中间流过，滴头本身成为毛管一段的一种滴头。装有这种形式滴头的毛管便于移动，移动时不易损坏滴头。

结构 管间式滴头一般由迷宫形的滴头芯及小管的外套组成，可随时拔出滴头芯清洗滴头，排出堵塞（图）。

用途 主要适用于水资源和劳动力缺乏地区的大田作物、果园、树木绿化，广泛用于温室、大棚、露天种植和绿化工程。

管间式滴头结构

参考书目

廖林仙，黄鑫，杨士红，2011. 设施农业节水灌溉实用技术［M］. 郑州：黄河水利出版社．

（王剑）

管件（pipe fitting） 管件即管子的连接件，是用以沟通介质的通道或供介质导流、分流汇合之用，广义的管件尚可包括阀门。

概况 管道系统中用于直接连接、转弯、分支、变径以及用作端部等的零部件。其中包括弯头、三通、四通、异径管接头、管箍、内外螺纹接头、活接头、快速接头、螺纹短节、加强管接头、管堵、管帽、盲板等（不包括阀门、法兰、紧固件）。

类型

（1）按用途分类：①直管与直管连接。有活接头、管箍。②分支。有三通、四通、承插焊管接头、螺纹管接头、加强管接头，管箍、管嘴。③改变管径。有异径管（大小头）、异径短节、异径管箍、内外丝。④封闭管端。有管帽、丝堵。⑤改变走向。有弯管、弯头。⑥其他。有螺纹短节、翻边管接头等。

（2）按连接方式分类，根据管件端部连接方式可分为对焊管件、承插焊管件、螺纹管件、法兰连接管件及其他管件。

（3）按材料分类，有碳素钢管件、合金钢管件、不锈钢管件、塑料管件、橡胶管件、铸铁管件、锻钢管件等。

（4）按加工方式分类，有无缝管件、焊接管件、锻制管件、铸造管件。图为不锈钢管件。

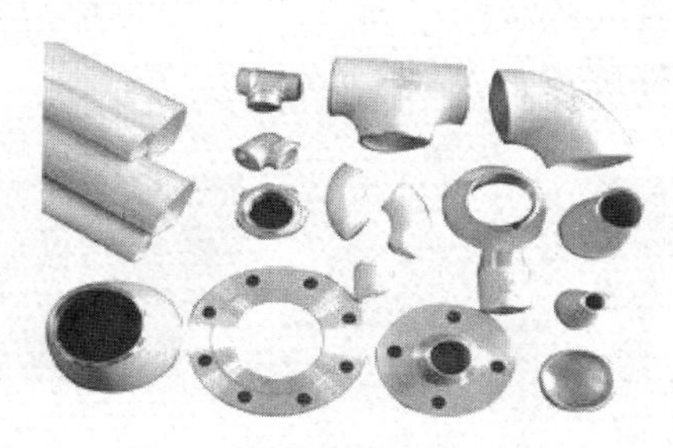

不锈钢管件

参考书目

胡忆沩，杨梅，李鑫，2017. 实用管工手册［M］. 北京：化学工业出版社：15-79.

李雪转，2017. 农村节水灌溉技术［M］. 北京：中国水利水电出版社：45-48.

蒋玉翠，2003. 工业管道工程概预算手册［M］. 北京：中国建筑工业出版社：1.

（刘俊萍）

管接头（pipe connection） 喷灌系统中连接管路或将管路装在喷灌元件上的零部件是一种在流体通路中能装拆的连接件的总称（图）。

管接头

应用 管接头是管道与管道之间的连接工具，是元件和管道之间可以拆装的连接点。在管件中充当着不可或缺的重要角色，它是管道系统的主要构成部分之一。

管接头用于仪表等直线连接，连接形式有承插焊或螺纹连接。主要用于小口径的低压管线，用于需经常装拆的部位或作为使用螺纹管件管路的最终调整之用。结构形式宜采用金属面接触密封结构，垫片密封的结构形式通常用于输送水、油、空气等一般管路上，采用可锻铸铁材料制造。由于管接头属于可拆装式的连接元件，它在满足正常的连接稳固、密封性强、尺寸合理、压力损失小、工艺性能好等要求之外，还必须要满足拆装便利的要求。

类型 管接头种类很多，如卡套式管接头、焊接式管接头、过渡式管接头、三通式管接头、非标式管接头、扩口式管接头、直角式管接头、旋转式管接头、快速接头、不锈钢管接头、铜接头等。常用的管接头一般可以分为硬管接头和软管接头两种。如果依照管接头和管道的连接方式来分类，硬管接头有扩口式、卡套式和焊接式三种，软管接头则主要是扣压式胶管接头。

参考书目

张强，吴玉秀，2016. 喷灌与微灌系统及设备［M］. 北京：中国农业大学出版社.

郑耀泉，刘婴谷，严海军，等，2015. 喷灌与微灌技术应用［M］. 北京：中国水利水电出版社.
杜森，钟永红，吴勇，2016. 喷灌技术百问百答［M］. 北京：中国农业出版社.

（朱勇）

管上式滴头

管上式滴头（online emitter） 又称侧向安装滴头，是将滴头嵌装在毛管上的一种滴头形式，滴头的进水口在毛管管壁上（图）。

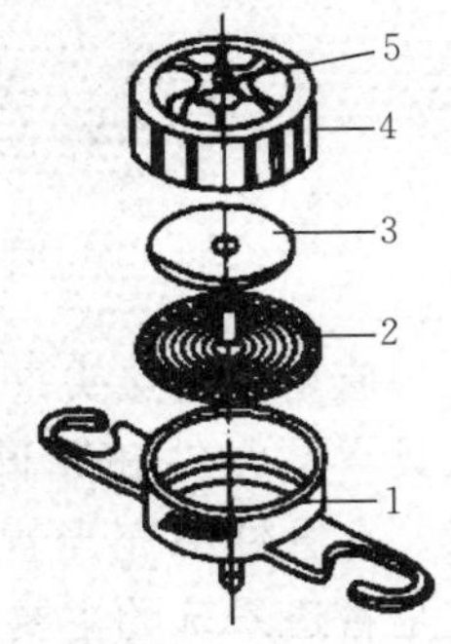

压力补偿式滴头结构
1. 底室 2. 螺旋流盘 3. 弹性橡胶垫 4. 罩盖 5. 出水口

概况 一般安装在 $\Phi2\sim\Phi20$ mm 的 PE 管（毛管）上，常用规格有 2.3 L/h、2.8 L/h、3.75 L/h 和 8.4 L/h 流量，工作压力为 0.08～0.3 MPa。其特点是可根据用户需求在生产车间由自动生产线将滴头直接安在毛管上；也可根据需要，施工时用专用工具在毛管上直接打孔，然后将滴头插在毛管上。

原理 通过立面或平面呈螺旋状的长流道来消能，利用水流压力对滴头内弹性体的作用，使流道（孔口）形状改变或过水断面面积发生变化，从而使滴头流量自动保持在一个变化幅度很小的范围内，同时具有清洗功能，将毛管中的压力水流消能后，以稳定的小流量滴入土壤。

结构 压力补偿式滴头由底室、螺旋流盘、弹性橡胶垫、罩盖、出水口五部分组成。

类型 孔口滴头、纽扣管上式滴头、滴箭等。滴头按流道压力补偿与否，分为压力补偿式和非压力补偿式两类。

主要途径 主要用于果树或盆栽作物。

参考书目

郭彦彪，邓兰生，张承林，2007. 设施灌溉技术［M］. 北京：化学工业出版社.
王立洪，管瑶主，2011. 节水灌溉技术［M］. 北京：中国水利水电出版社.

（王剑）

管式滴头

管式滴头（tubular emitter） 利用滴头内部长流道消能使得毛管内水流以稳定的小流量滴入土壤的一种灌水器。

概况 管式滴头的突出优点是结构紧凑，安装方便成本低，批量生产质量容易控制。其缺点是局部水头损失较大。为了减少滴头堵塞，这种滴头可以做成自清洗的滴头，在正常工作压力下，流道变小，正常工作，而在系统刚开始工作时，由于压力低，而流道变大，通过较大的流量冲洗孔口。这种滴头一般称为补偿式滴头。工作压力一般为 100～150 kPa，流量一般为 2～12 L/h。其流道的形状可以是螺纹也可以是迷宫式的或者是平面螺纹。

类型 按滴头连接方式可分为管上式滴头和管间式滴头（图）。按流道消能方式可分为螺旋式、迷宫式等。

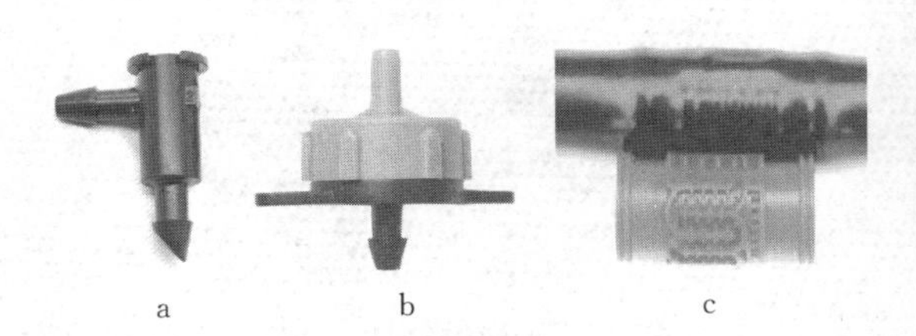

管式滴头的结构示意
a. 管上式滴头 1 b. 管上式滴头 2 c. 管间式滴头

（王剑）

贯流泵

贯流泵（tubular through－flow pump） 卧式轴流泵的一种泵型。它由电机、减速装置和泵组成整体装置，叶片可调，安装在水下的机坑内，其进出水流道位于一条直线上，近似圆柱筒形，水力损失少，水力效率高。贯流泵是一种低扬程轴流泵，除叶轮及其外围的泵壳用金属材料制成外，进出水流道均采用砖石或混凝土结构，其扬程一般在4 m以下，流量大、效率高，适用于低洼地区的排涝和灌溉。

概况 贯流泵由于效率高、土建结构简单、机组结构紧凑、流道水力损失小、密封止水要求不高、运行维护方便等特点，广泛应用低扬程泵站。国外早在20世纪70年代就已应用于大型泵站，如日本农政思觉路津泵站采用的潜水贯流泵，叶轮直径2.2 m，设计扬程5.73 m，单机流量12 m^3/s；国内由于“南水北调”战略工程的需求，也研制和开发了贯流泵，目前已有生产大中型潜水贯流泵并成功应用的先例，如南水北调东线工程邳州站采用的TJ04－ZL－06型贯流泵，叶轮直径3.3 m，设计扬程3.1 m，单机流量33.4 m^3/s，水泵效率81.85%，2013年建成投入运行，目前运行状况良好。

原理 与轴流泵类似，贯流泵输送液体是利用旋转叶轮叶片的推力使被输送的液体沿泵轴方向流动。当泵轴由电动机带动旋转后，由于叶片与泵轴轴线有一定的螺旋角，所以对液体产生推力（或称升力），将液体推出从而沿排出管排出。当液体被推出后，原来位置便形成局部真空，外部液体由泵进口被吸入叶轮中。只要叶轮不断旋转，泵便不断地吸入和排出液体。

结构 贯流泵按内部结构可分为竖井式、灯泡式、轴伸式与潜水式等。竖井贯流式机组是将电动机和齿轮箱布置在流线型的竖井中，与安装在流道中的水泵相连接，竖井的尺寸根据电动和齿轮箱的尺寸确定，电机可采用风冷或水冷。灯泡贯流泵机组，电机、齿轮箱安装在灯泡体内。在灯泡体与泵壳之间尽量少设进人孔和设备管线孔，并采用流线型断面；位于上下游两孔，在流道内宜用隔板连成一体，以减少过流水力损失。潜水贯流式机组的水泵转轮、后导叶、齿轮箱、电机连为一体直接布置在流道中，机组段采用全金属壳体，整体吊装，安装方便。电机、齿轮箱在水中，设备外壳利用流动的水流冷却。轴伸贯流式包括平面轴伸贯流式和立面轴伸贯流式两种型式，分别采用平面S形流道和立面S形流道，电动机和齿轮箱布置在流道外侧，水泵轴伸出流道外与电机、齿轮箱连接，具有结构简单、运行维护方便、密封止水要求不高等优点，机组直径不宜过大，否则会造成主轴太长，中间无任何支承，导致机组运行不稳定。

主要用途 用于平原地区的灌溉、调水、排水，市政工程的排水、供水。

类型 贯流机组包括轴伸贯流式、竖井贯流式（图1）、灯泡贯流式（图2）和全贯流式等四种结构。对于大型水泵而言，除了全贯流式未得到应用外，其他三种均已有成功应用的先例。其中轴伸贯流式还可以进一步分为水平前轴伸、水平后轴伸、平面前轴伸、平面后轴伸和斜轴伸贯流式等多种结构型式。

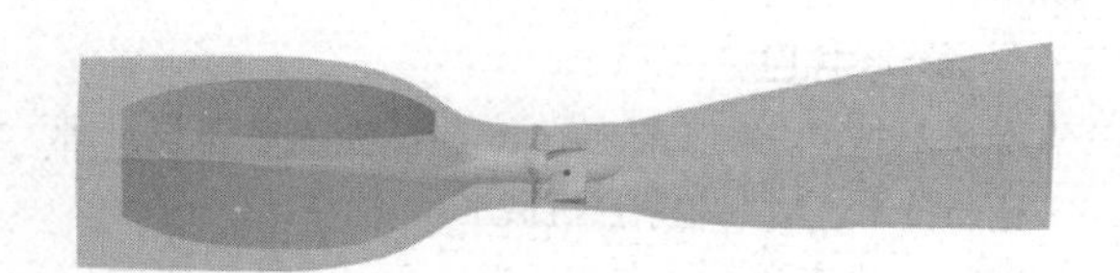

图1 竖井贯流泵

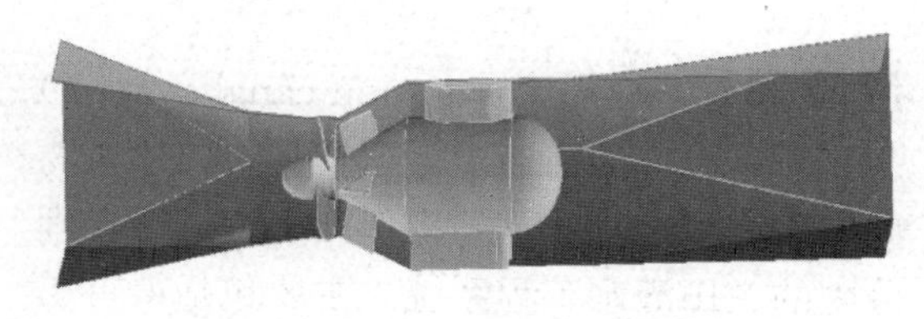

图2 灯泡贯流泵

参考书目

沙锡林，1999. 贯流式水电站［M］. 北京：中国水利水电出版社.

（张德胜 赵睿杰）

灌溉面积 (irrigated area)

有一定水源，地块比较平整，灌溉工程或设备已经配套，在一般年景下当年能够进行正常灌溉的耕地面积。

概况 灌溉面积不包括灌溉工程或设备不配套（如只有深水井，没有安装机器）、渠系不健全（如只有水库，没有修渠）、地块不平整、当年不能发挥灌溉效益的耕地面积；没有灌溉工程设备的引洪淤灌的耕地面积和完全靠天雨蓄水的水田面积；原有灌溉工程设备已经受到损坏，不起灌溉作用的面积。

类型 设计灌溉面积：按规定的保证率设计的灌区面积；有效灌溉面积：灌溉工程设施基本配套，有一定水源，土地较平整，一般年景可进行正常灌溉的耕地面积和园林草地等面积；耕地有效灌溉面积一般情况下，应等于灌溉水田和水浇地面积之和。保证灌溉面积：在灌溉工程控制范围内，可按设计保证率和灌溉制度实施灌溉的耕地面积。按使用的动力或灌溉方式不同，可分为机灌面积、电灌面积、自流灌溉面积和喷灌面积。

参考书目

袁寿其，李红，施卫东，2011. 新型喷灌装备设计理论与技术［M］. 北京：机械工业出版社.

吴普特，朱德兰，吕宏兴，等，2012. 灌溉水力学引论［M］. 北京：科学出版社.

（朱兴业）

灌溉渠道系统 (irrigation canal system)

将渠首引入的水通过渠道及其附属建筑物向农田有效地输送，经由田间工程进行合理分配的农田灌水工程系统。主要包括渠首工程、输配水工程和田间工程三大部分。在灌区建设中，灌溉渠道系统和排水沟道系统是并存的，两者相互配合协调运行。

组成 ①输水、配水渠道。为农田灌溉的各级固定渠道，其功能是将灌溉水从水源引入，并输送分配到各个灌水田块。从水源到田间流经过的各级渠道的名称一般分为：干渠、支渠、斗渠和农渠。②田间工程。农渠以下田块中的灌水沟、畦为田间灌水系统，也称田间工程，由毛渠、输水垄沟、畦田、格田及小型量水设备组成。田间灌水系统将水直接输送到田间，是调节土壤水分状况的临时灌水系统。③渠系建筑物。包括分水闸、节制闸、泄洪闸、渡槽、跌水、陡坡、倒虹吸管、农桥、涵洞及量水建筑物等，担负着输配水、控制渠道水位、量测渠道过水流量、排泄灌区多余水量以及便利交通等任务。④排水泄水系统。排水泄水系统由田间临时排水沟网、各级固定排水沟及容泄区组成。

分类 灌溉渠道按照使用时间可分为固定渠道（一般指可多年使用的永久性渠道）和临时渠道（一般指使用寿命小于一年的季节性渠道）；按照控制面积大小和水量分配层次可分为若干等级，其中大、中型灌区的固定渠道一般分为干、支、斗、农渠四级，如果地形复杂，干渠可分总干渠、分干渠，支渠可下设分支渠。面积较小的灌区固定渠道的级数较少，农渠以下的小渠道一般为季节性的临时渠道。

退（泄）水渠道包括渠首排沙渠、中途泄水渠和渠尾退水渠。

灌溉渠道系统布局原则：①各级渠道应布置在较高地形，使自流控制较大的灌溉面积；②总工程量和工程费用最小；③布置应尽量与用水单位相结合，便于管理；④斗、农渠布置间距要满足机耕要求；⑤考虑综合利用；⑥灌溉渠系和排水系统规划结合进行。

参考书目

王仰仁，2014. 灌溉排水工程学［M］. 北京：中国水利水电出版社.

李代鑫，2006. 最新农田水利工程规划设计手册［M］. 北京：中国水利水电出版社.

（向清江）

灌溉设计保证率（Guarantee rate of irrigation design） 水利工程设施在若干年内满足水利（灌溉、发电、航运、供水等）部门对水量（或水位）要求的平均保证程度，以百分数计。

（1）灌溉设计保证率可根据水文气象、水土资源、作物组成、灌区规模、灌溉方式及经济效益等因数，按下表确定。

设计灌溉保证率

灌溉方式	地区	作物种类	灌溉设计保证率（%）
地面灌溉	干旱地区或水资源紧缺地区	以旱作为主	50～75
		以水稻为主	70～80
	半干旱、半湿润地区或水资源不稳定地区	以旱作为主	70～80
		以水稻为主	75～85
	湿润地区或水资源丰富地区	以旱作为主	75～85
		以水稻为主	80～95
	各类地区	牧草和林地	50～75
喷灌、微灌	各类地区	各类作物	85～95

注：①作物经济效益较高或罐区规模较小的地区，宜选用表中较大值；作物经济效益较低或罐区规模较大的地区，宜选用表中较小值。②引洪淤灌系统的灌溉设计保证率可取 30%～50%。

（2）灌溉设计保证率可采用经验频率法按下式计算，计算系列年数不宜少于 30 年。

$$p=[m/(n+1)]\times 100\%$$

式中 p 为灌溉设计保证率（%）；m 为按设计灌溉用水量供水的年数（年）；n 为计算总年数（年）。

概况 设计灌溉工程时应该首先确定灌溉设计保证率。灌溉保证率是设计保证率的一种，是在经济分析基础上的一项重要技术指标，综合反映灌区水源供水与灌溉用水两方面的影响。我国颁布的《水利水电工程动能设计规范》和《灌溉排水渠系设计规范》中，对不同地区、不同种植情况的灌溉保证率均做了规定。灌溉设计保证率的合理性选择，需要综合考虑灌区实际的经济条件、水土资源条件、气候条件、作物组成等，通过灌区规模筛选、水文以及工程费用效益计算和方案评价，做出充分的经济论证。

主要用途 灌溉供水可靠度是评价灌溉系统规划设计与运行管理的一个重要指标。灌溉设计保证率是供水可靠度的一种表现形式，在规划设计阶段，可用于灌区水库规模、种植面积等的优选；在运行管理阶段，又可用于调度运行方案的对比评价。在干旱期作物缺水情况下，供水抗旱就要由灌溉设计保证率来保证。

（王勇 张国翔）

灌溉水利用系数（the utilization coefficient of irrigation water） 在一次灌水期间被农作物利用的净水量与水源渠首处总引进水量的比值，是衡量灌区从水源引水到田间作用吸收利用水的过程中水利用程度的一个重要指标。

计算公式：

（1）对于渠灌区可用下式计算：

$$\eta_g=\frac{W_j}{W_m}=\eta_c\eta_t$$

（2）对于井渠结合灌区可用下式计算：

$$\eta_g=\frac{(\eta_z W_z+\eta_q W_q)}{(W_z+W_q)}$$

式中 η_z 为井灌水利用系数；W_z 为灌溉时地下水用量；η_q 为渠灌水利用系数；W_q 为灌溉时渠首引进的水量。

（王勇 毛艳虹）

灌溉制度（irrigation scheduling） 根据作物需水特性和当地气候、土壤、农业技术及灌水等因素制订的灌水方案。主要内容包括灌水次数、灌水时间、灌水定额和灌溉定额。灌溉制度是规划、设计灌溉工程和进行灌区运行管理的基本资料，是编制和执行灌区用水计划的重要依据。

概况 农作物的灌溉制度是指作物播种前（或水稻栽秧前）及全生育期内的灌水次数、每次的灌水日期和灌水定额。灌水定额是指一次灌水单位灌溉面积上的灌水量，各次灌水定额之和称为灌溉定额。灌水定额和灌溉定额常以立方米每亩或 mm 表示，它是灌区规划及管理的重要依据。充分灌溉条件下的灌溉制度，是指灌溉供水能够充分满足作物各生育阶段的需水量要求而设计制定的灌溉制度。灌溉制度应依据当地节水灌溉试验资料确定，缺少资料地区可根据条件相近地区试验资料或按水量平衡原理制定；灌溉制度应根据不同节水灌溉技术类型及相应的灌溉设计保证率确定。

主要用途 灌溉制度对灌溉管理工作有一定的指导作用，但是灌溉制度的实际操作受天气和水源状况等偶然因素的影响较大，必须根据灌区当时的天气、土壤和作物状况做出修正，其灌水定额和灌水时间不能完全按事先拟定的灌溉制度决定。例如，雨期来临前可采取小定额灌水；有霜冻或干热风危害的征兆时可提前灌水；起风时可推迟灌水，以免引起作物倒伏。在作物需水关键期要及时灌水，而其他时期则可根据水源等情况灵活处理。

制定灌溉制度方法 ①总结群众丰富灌水经验。多年来进行灌水的实践经验是制定灌溉制度的重要依据。灌溉制度调查应根据设计要求的干旱年份，调查这些年份的不同生育期的作物田间耗水强度（mm/d）及灌水次数、灌水时间间距、灌水定额及灌溉定额。根据调查资料可以分析确定这些年份的灌溉制度。②根据灌溉试验资料制定灌溉制度。我国许多灌区设置了灌溉实验站，试验项目一般包括作物需水量、灌溉制度、灌水技术等。实验站积累的试验资料，是制定灌溉制度的主要依据。但是，在选用试验资料时，必须注意原试验的条件，不能一概照搬。③按水量平衡原理分析制定作物灌溉制度。根据水稻淹灌水层和旱作物计划湿润层内水量平衡的原理进行灌溉制度的制定。在实践中一定要参考群众丰富灌水经验和田间试验资料，即这三种方法结合起来所制定的灌溉制度才比较完善。

其他灌溉制度 当采用喷灌、滴灌、地下灌溉或进行某些特种灌溉（如施肥灌溉、洗盐灌溉、防冻灌溉、降温灌溉、引洪淤灌等）时，灌溉制度必须按不同要求另行制定。对于干旱缺水地区，可以制定关键时期的灌水、限额灌水或不充分灌水的灌溉制度，以求得单位水量的增产量最高或灌区总产值最高。

（王勇　张国翔）

灌水深度（water depth） 当土壤缺水量（*Smd*）等于允许缺水量（*Mmd*）时而补充该土壤缺水量所需要的水深。最大净灌水深度（*Fmn*）是按照整个种植面积而计算的深度，而不是仅按照前面所讨论的湿润面积（*Aw*）而计算的深度。

公式　对于微灌，*Fmn* 可以按以下公式计算：

$$Fmn=(Mad)(WHC)(RZD)(Pw)$$

式中　*Mad* 为管理允许缺水量（%）；*WHC* 为土壤持水量（ft①）；*RZD* 为植物根扎入土壤中的深度（ft）；*Pw* 为湿润面积百分比（%）。

参考书目

美国农业部土壤保持局，1998. 美国国家灌溉工程手册［M］. 水利部国际合作司水利部农村水利司，译. 北京：中国水利水电出版社.

（王勇　张国翔）

① ft 为非法定计量单位，1ft=30.48 cm。

灌水单元（irrigation unit） 一定地区、一定土壤或母质、一定灌溉方式条件下，某一水流量的最大合理灌溉面积。无论采用何种灌溉方式，灌水单元都是确定轮灌区面积的基本单位。

类型 ①沟畦灌的灌水单元，即单沟或单畦的最大合理落水面积。

计算公式：

$$A = QC^{-1/n}(l-k)\left[he(\theta_f-\theta_t)\right]^{(1/n)-1}$$

式中 A 为灌水单元（m^2）；l 为畦沟长度（m）；Q 为阀门流水量（m^3/min）；k 为深层损失率（%）；h 为湿润深度（m）；b 为畦沟宽度（m）；e 为土壤容重；θ_f 为最小持水量（%）；θ_t 为最佳含水量下限（%）；c 为入渗常数（m/min）；n 为渗透常数。

②滴灌的灌水单元指一个支管支配的灌溉面积。滴灌多用于平地和沙丘地。滴灌灌水单元经验公式如下：

$$A=\begin{cases}\dfrac{7500\,mij}{VNn}\ \text{沙丘起伏}\ 0\sim1\,m,\\ 3\leqslant V\leqslant 8, 10\leqslant N\leqslant 30\\ \dfrac{4000\,mij}{VNn}\ \text{沙丘起伏}\ 2\sim6\,m,\\ 2\leqslant V\leqslant 6, 10\leqslant N\leqslant 30\end{cases}$$

式中 A 为滴灌地灌溉单元（m^2）；m 为种植行数；i 为株距（m）；j 为行距（m）；V 为单口机井一次灌溉的支管数；N 为一根支管上安装的毛管数；n 为一株树周围布置的滴头数。

（王勇）

灌水定额（irrigating quota on each application） 单位灌溉面积上的一次灌水量或灌水深度。

概况 它是一个与作物、土壤持水量、灌溉面积和可利用的灌水时间有关的变量。作物不同，作物的根系活动层深度不同，灌水量可能不一样。土壤持水量决定一次灌水不能太多，太多作物不能充分吸收，造成浪费，也可使作物根部空气的空隙减少。灌溉面积不同，常常由于水源水量有限，要求灌水时间要短，这时需要调整灌水定额，使得所有的灌溉面积上的作物都能得到一次充分的灌溉。有时候直接的原因就是每天可能开机工作的时间有限，要求灌水量相对大些，以使得可在短时间内完成灌溉任务。灌水定额可按下式计算：

$$M=\sum_{i=1}^{n} m_i$$

式中 M 为作物全生育期内的灌溉定额（mm）；

m_i 为第 i 次灌水定额（mm）；

n 为全生育期灌水次数。

参考书目

袁寿其，李红，施卫东，2011. 新型喷灌装备设计理论与技术［M］. 北京：机械工业出版社.

吴普特，朱德兰，吕宏兴，等，2012. 灌溉水力学引论［M］. 北京：科学出版社.

（朱兴业 王勇）

灌水均匀度（irrigation uniformity） 衡量田间均匀洒水的度量，通常用百分比来表示。灌水均匀度通常分为两部分，即灌溉系统的灌水均匀度和土壤湿润均匀度。其中，灌水系统和设备品质的高低通常用灌水均匀度来评价，其水力设计也以灌水均匀度为标准。而土壤湿润均匀度是指灌溉范围内田间土壤湿润的均匀程度，它是评估灌溉工程或灌水技术好坏的重要指标。

（王勇 吴璞）

灌水器（irrigator） 将毛管中的压力水流消能并均匀稳定地分配到田间或每珠作物的器具。

概况 1920 年，德国首次采用穿孔管灌溉，后来逐渐发展为孔口型滴头，在出流方面取得重大突破。1934 年，利用帆布管渗水灌溉成为灌水器的另一种形式。如今，灌水器种类繁多，各有特点。灌水器性能直接影响到微灌系统的寿命及灌水质量。对灌水器的要求包括：①制造偏差小，一般要求灌水器的制造偏差系数应控制在 0.07 以下；②出水量小而稳定，受水头变化的影响较小；③抗堵塞性能强；④结构简单，便于制造、安装、清洗；⑤坚固耐用，价格低廉。灌水器的选择应根据地形、土壤、植物及其种植模式、气象和灌水器水力特性综合选择，滴灌、微喷灌的灌水器流量不应形成地表径流。

原理 将有压灌溉水由输配水管道输送至灌水器，经过灌水器流道后从灌水器出口以不同的出流状态进入大气，落到植物附近地面湿润土壤，对于地下滴灌和渗灌则水流由灌水器出流直接湿润土壤。

结构 不同类型的灌水器具有不同的结构，流道是灌水器的核心结构，灌水器的结构设计实质上就是流道设计。

主要用途 利用压力系统按照作物需水要求，通过配水管道系统将水和作物生长所需肥水养分以均匀地、准确地直接输送到植物、作物根部的土壤表面或土层中，使作物根部的土壤经常保持在最佳水、肥、气状态。

类型 主要有滴头、滴灌管（带）、微喷头、小管灌水器和渗灌管。其中，滴头可分为长流道型滴头、孔口型滴头、涡流型滴头和压力补偿型滴头，滴灌管（带）可分为内镶式滴灌管和薄壁滴灌带，微喷头可分为射流式、离心式、折射式和缝隙式四种。

（李岩）

灌水周期（irrigating period）

在设计灌水定额和设计日耗水量的条件下，能满足作物需要两次灌水之间的最长时间间隔。

概况 灌水周期和灌水次数应根据当地试验资料确定，缺少试验资料时灌水次数可根据设计代表年按水量平衡原理拟定的灌溉制度确定；设计灌水周期只是表明系统的能力，而不能完全限定灌溉管理时所采用的灌水周期。灌水周期可按下式计算：

$$T = m/ ET_d$$

式中 T 为设计灌水周期，计算值取整（d）；ET_d 为作物日蒸发蒸腾量，取设计代表年灌水高峰期平均值（mm/d）；m 为设计灌水定额（mm）。

参考书目

袁寿其，李红，施卫东，2011. 新型喷灌装备设计理论与技术［M］. 北京：机械工业出版社.

吴普特，朱德兰，吕宏兴，等，2012. 灌溉水力学引论［M］. 北京：科学出版社.

（朱兴业）

滚移式喷灌机（rolling sprinkler）

利用中间驱动机构带动整机滚移、多喷头喷洒作业、固定管线供水来完成喷灌工作的节水器具，也称滚轮式喷灌机（图）。可根据不同地块的幅宽要求，灵活组装成各种长度；可根据不同喷灌强度要求，增减配置喷头数量，广泛用于大型农田的节水灌溉工程。

正在作业的滚移式喷灌机

概况 20 世纪 70 年代末和 80 年代初，我国农业部门分 3 次从美国和南斯拉夫引进了 59 台机组，除了少数因管理原因未安装使用外，其余大部分机组至今仍在使用。1977 年我国利用移动管道系统改装成功第一台滚移式喷灌机。1983 年第一台滚移式喷灌机 GP-400×2 研制成功，已产销百余台，不过由于诸多原因，至今未投入批量生产使用。从 20 世纪 70 年代引进国外滚移式喷灌机开始，我国对滚移式喷灌机的研究主要集中在设备的性能优化和应用方面。

原理 采用间歇式喷灌作业方式，工作循环为：定点喷灌—泄水滚移—定点喷灌。具体工作过程：①在某一喷灌位置进行作业，当灌溉量达到需求后，关闭输水管道的控水阀，脱开输水支管初始端与输水主管道的连接，利用自动泄水阀排出输水支管中剩余水量；②当输水支管里剩余水量小于20%时，认为水已排泄完成，操作人员操纵驱动车将整机滚移至下一个喷灌作业处，再将输水支管初始端与输水主管道连接，开启控水阀，开始对该位置定点喷灌；③如此往复循环，完成喷灌作业。

结构 滚移式喷灌机主要由动力车、输水支管、输水支管上安装的自动泄水阀、喷头平衡机构、喷头、车轮等组成。动力车提供的动力部分用于驱动主车轮的转动，部分传递到输水支管，输水支管充当轮轴，驱动车轮滚动，实现机组的直线移动。

主要用途 特别适合地块平整、方形或长方形且通电不方便的地块。其对作物的要求是高度低于 1 m，如大豆、小麦、棉花、甜菜、油菜籽、胡萝卜、牧草、草坪、中药材、紫花苜蓿等多种矮茎作物。

参考书目

袁寿其，李红，施卫东，2011. 新型喷灌装备设计理论与技术［M］. 北京：机械工业出版社.

郑耀泉，刘婴谷，严海军，等，2015. 喷灌与微灌技术应用［M］. 北京：中国水利水电出版社.

涂琴，李红，王新坤，2018. 低能耗多功能轻小型移动式喷灌机组优化设计与试验研究［M］. 北京：科学出版社.

（朱勇）

过滤器组（filter group） 两个或两个以上的过滤器组成的序列（图）。为了满足流体机械对流体精度、流量等的要求，单一过滤器无法满足，因此，需要在机械前加装过滤器，组成过滤器组。过滤器组可以由两个或两个以上相同或者不同类型的过滤器组成。

一种叠片式过滤器组

原理 通过管道将两个或两个以上过滤器连接成组，对流体进行多次过滤，来满足组后流体机械对流体精度的要求。

主要用途 用于需要对流体进行多次过滤的场合，如泵前。精度高的流体可以减少流体机械的磨损，降低汽蚀，提升流体机械的寿命。

类型 按照组中过滤器的情况，可以分为：①由相同类型过滤器组成的过滤器组；②由不同类型过滤器组成的过滤器组。

（邱宁）

过滤装置（filter plant） 也称过滤器，是输送介质管道中不可缺少的一种装置。过滤装置的用途是过滤输送介质中的杂质，当介质流经过滤装置时，其中的杂质被阻拦并留下，过滤后的介质流出过滤器。

概况 中国有记载的过滤装置存在于蔡伦的造纸过程中，他将植物纤维纸浆荡于排布密集的细竹片上，水经过竹片沥下，留下一层薄薄的纸浆，干燥以后成为纸。其中使用的排布密集的细竹片就是一种过滤装置。现在的过滤装置起源于20世纪初期，随着对杂质要求的提高，过滤装置得到了发展。

类型 过滤器的类型很多，在排灌技术中，应该按照水质情况正确选用。从工作原理和标准规格来讲，有以下几种过滤器：①网式过滤器。网式过滤器结构简单，一般由承压外壳和网状过滤内芯组成。该种过滤器分为手动冲洗和自动冲洗两种。在实际应用中，为了提高过滤系统的容量，往往将多个网式过滤器并联使用。②叠片式过滤器。该过滤器滤料为表面压有细小纹路的很多个环形薄片叠装而成，水流通过薄片间的缝隙和细小纹路时将杂质去掉，薄片间的缝隙可通过薄片组两端施加压力的大小进行调节。③砂石过滤器。在所有过滤器中，用砂石过滤器处理水中的有机杂质和无机杂质最为有效。这种过滤器滤出和存留杂质的能力很强，并可不间断供水。只要水中有机物含量超过10 mg/L时，无论无机物的含量有多少，均应选用砂石过滤器。④离心式过滤器。又称旋转式水砂分离器，主要是利用水流环流的离心力来分离水中的杂质，其去污能力与水中所含杂质大小有关。

过滤器还可以按照过滤推动力的不同分为：重力过滤器、加压过滤器和真空过滤器三大类；按照行业不同，过滤器分为：液压油过滤器、食品用过滤器和医药用过滤器；按照过滤介质的不同分为：空气过滤器、液体过滤器、网络过滤器和光线过滤器。

发展趋势 过滤器过滤出来的杂质，如果不及时清理，很容易发生堵塞。如何处理好这些杂质，降低或避免堵塞，提高过滤器效率是过滤器未来发展的方向。

（邱宁）

H

海绵渗头（spongy permeating head）

一个普通滴头，用海绵状的物体包裹，滴头将水滴在海绵体上，再通过海绵体将水渗入土壤（图）。

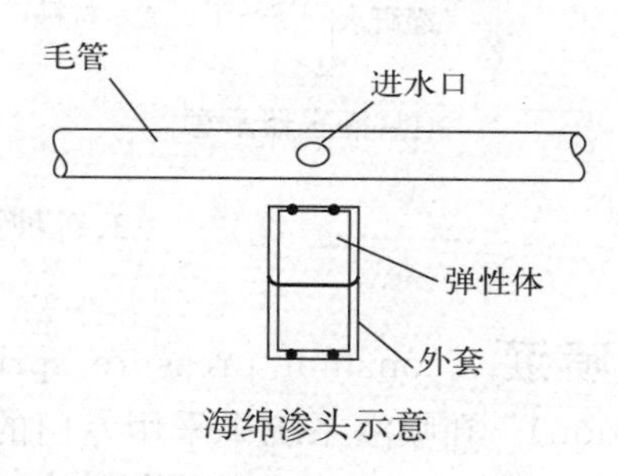

海绵渗头示意

参考书目

陈传强，2002. 草坪机械使用与维护手册［M］. 北京：中国农业出版社.

（蒋跃）

涵洞（culver）

在公路工程建设中，为了使公路顺利通过水渠不妨碍交通，设于路基下修筑于路面以下的排水孔道（过水通道），通过这种结构可以让水从公路的下面流过。

概况 随着国家在交通基础设施、重要建筑原材料等方面投入力度的加大，公路事业得到飞速发展。公路工程在公路事业中起着极其重要的作用，而涵洞在公路工程中占有较大比例，是公路工程的重要组成部分，这主要表现在工程数量和工程造价两个方面。据有关资料统计，涵洞工程数量约占桥涵总数的 60%～70%，平原地区平均每千米 1～3 座，山岭重丘区平均每千米 4～6 座；涵洞工程造价约占到桥涵总额的 40%。涵洞的施工工艺对于涵洞建设又起着决定性的作用，加大对涵洞施工工艺的研究和改进必将促进公路建设事业的发展。但国内公路建设市场还未成熟，同发达的欧美国家相比，无论市场规模、产品档次、品种规格、消费水平等方面都还有一定的差距。随着市场经济的发展，中国的公路建设将会有巨大的市场需求和发展空间。因此，在涵洞的建设方面应继续投入更多的技术关注，尤其注重涵洞的施工工艺，以利于涵洞质量保证和环境保护，适应公路建设的需要。

原理 涵洞是根据连通器的原理，常用砖、石、混凝土和钢筋混凝土等材料筑成。一般孔径较小，形状有管形、箱形及拱形等。

结构 涵洞是设于路基下的排水孔道，通常由洞身、洞口建筑两大部分组成。洞身由若干管节组成，是涵洞的主体。它埋在路基中，具有一定的纵向坡度，以便排水；端墙和翼墙位于入口和出口及两侧，起挡土和导流作用，同时还可以保护路堤边坡不受水流冲刷。涵洞一般横穿路堤下部，多数洞顶有填土，采用单孔或双孔，孔径为 0.75～6 m。排洪涵洞剖面见下图。

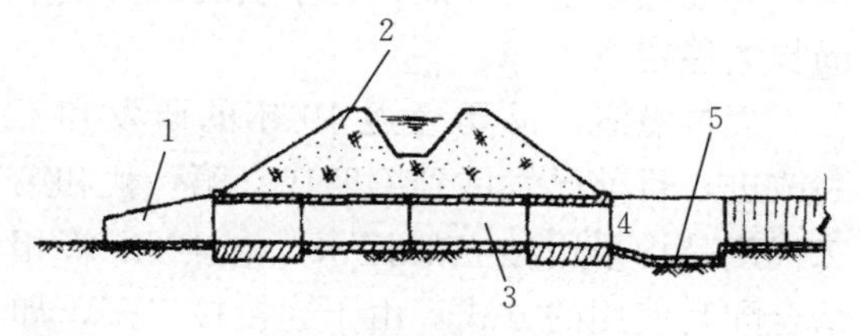

排洪涵洞剖面示意

1. 进口八字墙 2. 堤身 3. 洞身 4. 扭坡 5. 出口消力池

主要用途 涵洞的作用是迅速排除公路沿线的地表水，保证路基安全。用于跨越天然沟谷洼地排泄洪水或横跨大小道路作为人、畜和车辆的立交通道，以及农田灌溉作为水渠。

类型 根据不同的标准，涵洞可以分为很多种。按照建筑材料不同可分为砖涵、石涵、混凝土涵、钢筋混凝土涵；按照构造形式不同可分为圆管涵、拱涵、盖板涵、箱涵。按照填土情况不同可分为明涵和暗涵。明涵是指洞顶无填土，适用于低路堤及浅沟渠处。暗涵是指洞顶有填土，且最小的填土厚度应大于 50 cm，适用于高路堤及深沟渠处。按照水利性能不同可分为无压力式涵洞、半压力式涵洞、压力式涵洞。无压力式涵洞指的是入口处水流的水位低于洞口上缘，洞身全长范围内水面不接触洞顶的涵洞。半压力式涵洞指的是入口处水流的水位高于洞口上缘，部分洞顶承受水头压力的涵洞。压力式涵洞进出口被水淹没，涵洞全长范围内以全部断面泄水。

参考书目

中交公路规划设计院，2004. 公路桥涵设计通用规范［M］. 北京：人民交通出版社 .

（王勇　杨思佳）

痕量灌水器（trace emitter）

具有上层微孔滤膜与下层透水孔道结构的微灌灌水器。

概况 痕量灌水器上层滤膜孔小而量大，起过滤功能；下层透水孔道孔大而量小，有控制水量的功能；易于实现低流量下的长久稳定供水。

痕量灌溉产品历经近 10 年的研发和不断改进，目前已发展到第四代。第一代和第二代产品均采用独立的控水头和 PVC 管相结合配套使用的方式，由于连接接口多，加之 PVC 管价格较高，所以产品稳定性相对较低，容易出现漏水等问题，且使用成本较高。第三代产品使用内镶式控水头结构，第四代产品使用内镶贴片式结构，即采用痕灌连续带（上附痕灌膜和毛细管束出水口贴片）和 PE 管相结合的方式，生产速度更快，产品成本也更为合理。

原理 痕量灌水器通过上层大量微孔滤膜过滤与下层具有良好导水性能的透水孔道，实现过滤与超低流量供水，易于和植物自然需水规律相匹配，适时有效供水。

结构 由具有良好导水性能的透水孔道和具有过滤功能的滤膜组成。

主要用途 可应用于各种形式的地下微灌系统中。

类型 主要为微孔材料、PE、PVC 材质组合的孔隙灌水器。

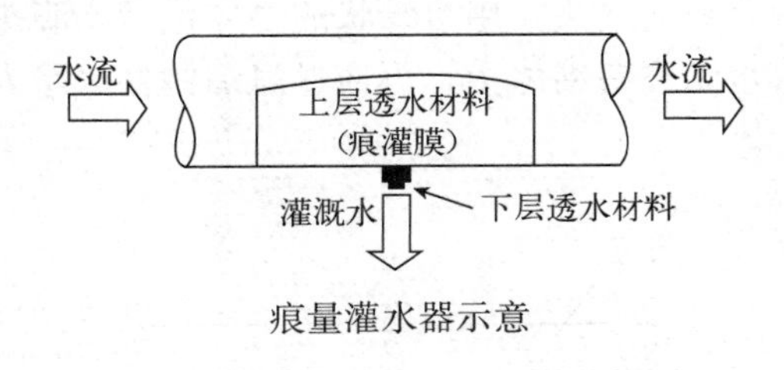

痕量灌水器示意

（王新坤）

恒压喷灌（constant pressure sprinkler irrigation）

在喷灌系统中采用专门的设备和运行技术，使系统工作压力保持在相对恒定范围的一种喷灌技术。

概况 恒压喷灌具有喷洒质量好、耗能低，能消除水锤，保障管网安全等优点。大约在 20 世纪 60 年代初期，开始出现了恒压喷灌系统，恒压设备也随着技术的进步日趋现代化。然而，恒压喷灌系统这一名词是在我国目前的条件下，为了区别大多数没有采用恒压装置的喷灌管网而提出来的一个特定概念。在国外由于喷灌管网已经普遍采用了恒压装置，因而并不存在恒压喷灌系统这一专用名称。恒压喷灌水泵的流量要满足灌溉要求，其扬程除应保证喷头工作压力外，还要考虑克服管道沿程和局部水头损失，以及水源和喷头之间的高差。

（郑珍）

桁架（truss） 大型喷灌机的基本组成单元，由输水支管、支撑件、拉筋等组成（图）。桁架跨长 30～60 m，常用 45～55 m；两端由塔架车支撑，跨间采用柔性连接；支管直径为 Φ112～Φ254mm，常用 Φ168（165）mm，壁厚 2.8～3.2 mm，其上设有喷头座孔。

桁 架

概况 桁架配套研究对象主要是针对大型中心支轴式喷灌机或平移式喷灌机。国内外学者对喷灌机桁架结构进行了一系列的受力分析和计算，利用力法对中心支轴式喷灌机进行桁架计算与设计，分析了大型喷灌机桁架的内力特点和计算方法，根据大型喷灌机机架的受力特点对桁架设计提供遵循的基本原则和设计方法，根据经验设计出轻小型移动式喷灌机，并进行结构优化，选取合理的结构型式和参数，降低桁架内力，减少材料消耗。

主要用途 桁架是钢结构部件，主要由输水支管、三角形弦架和拉筋等组成空间拱架结构，它既是过流部件，也是承重部件。

参考书目

张强，吴玉秀，2016. 喷灌与微灌系统及设备［M］. 北京：中国农业大学出版社.

郑耀泉，刘婴谷，严海军，等，2015. 喷灌与微灌技术应用［M］. 北京：中国水利水电出版社.

杜森，钟永红，吴勇，2016. 喷灌技术百问百答［M］. 北京：中国农业出版社.

（朱勇）

虹吸破坏（siphon breaking） 通过某些方法对虹吸现象进行破坏，从而阻断液体流动的一种技术手段（图）。

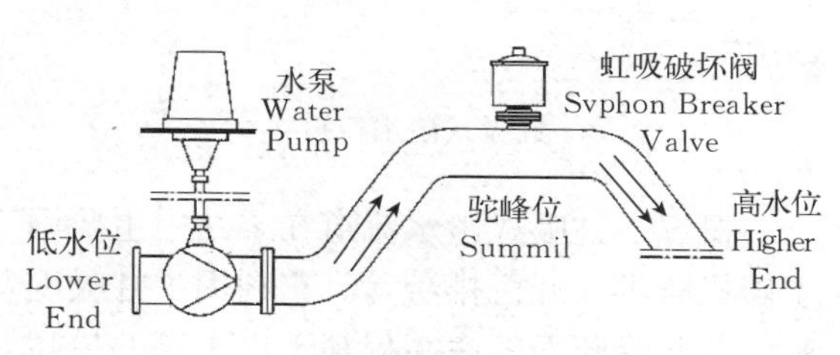

虹吸破坏示意

概况 虹吸破坏作为一项重要技术被广泛应用于控制虹吸现象的操作当中，用来避免设备受损。

类型 虹吸破坏的装置种类繁多，主要有虹吸破坏阀、虹吸破坏管、虹吸破坏斗等。

结构 主要由虹吸破坏阀、虹吸破坏管和虹吸破坏孔三部分组成。虹吸破坏阀为调节阀和减压阀结构的简单结合，通常安装于虹吸式出水管的驼峰段上方，通过切断水管内的虹吸倒流水体，避免管道和水泵受损，以保护管道及设备的安全；虹吸破坏管是在驼峰处设计的有一定长度的辅助管道，用以破坏可能出现的虹吸流动；虹吸破坏孔是在出水管最高处设置，当发生回路失流事故时，虹吸破坏孔露出，在压差的作用下，使压力趋于平衡，从而促使阻断了液体的流动。

参考书目

廖闿彧，柳畅，尹奇德，2014. 城市排水泵站运行维护［M］. 长沙：湖南大学出版社.

潘咸昂，1989. 泵站辅机与自动化［M］. 北京：中国水利水电出版社.

（袁建平 陆荣）

虹吸式出水流道（siphon outlet passage） 利用虹吸原理出水的一种弯曲形出水流道，能够很好地适应出水池水位较低的情况（图）。

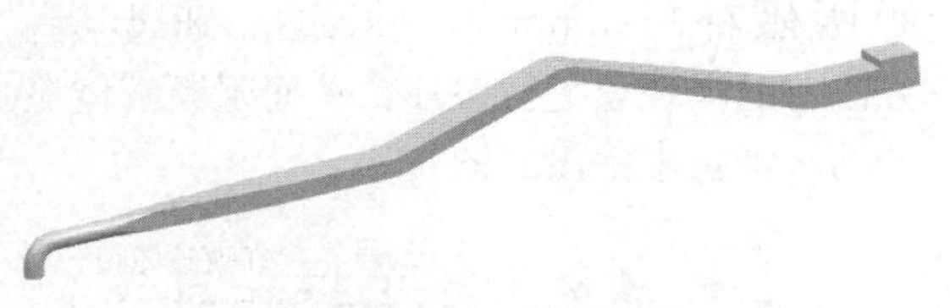

虹吸式出水流道

概况 虹吸式出水流道在泵站中主要用于停机防洪、开机排涝等。它利用了虹吸现象，其驼峰断面的底高程高于出水侧的最高运行水位，因此在水泵的正常运行过程中，驼峰断面附近的压力为负压。这一点正好被用于水泵停机时的断流。

结构 主要由扩散段、出水弯管段、上升段、驼峰段、下降段、出口段等组成。

参考书目

廖闾彧，柳畅，尹奇德，2014. 城市排水泵站运行维护［M］. 长沙：湖南大学出版社.

潘咸昂，1989. 泵站辅机与自动化［M］. 北京：中国水利水电出版社.

（袁建平　陆荣）

环刚度试验机（ring stiffness tester）

广泛应用于具有环形横截面的热塑性塑料管材和玻璃钢管环刚度的测定，满足 PE 双臂波纹管、缠绕管和各种管材标准的要求，可以完成管材环刚度、环柔度、扁平、弯曲、焊缝拉伸等试验的设备（图）。具有按键调速、试验力位移数字显示，具有峰值保持、破坏自动停机、过流、过载自动保护功能。

概况 管材在恒速变形时所测得的力值和变形确定环刚度。将管材试样水平放置，按管材的直径确定平板的压缩速度，用两个互相平行的平板垂直方向对试样施加压力。在变形时产生反作用力，用管试样截面直径方向变形为 $0.03d_i$（d_i 为管材试样内径）时的力计算环刚度。环刚度试验机广泛应用于钢铁冶金、建筑建材、航空航天、机械制造、电线电缆、橡胶塑料、纺织、家电等行业的材料检验分析，是科研院校、大专院校、工矿企业、技术监督、商检仲裁等部门的理想测试设备。

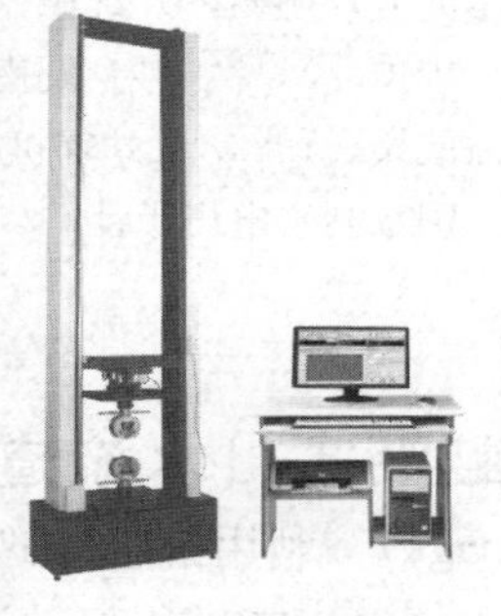

环刚度试验机

类型 环刚度试验机的实验能力与可施加试验力有关，如 20 kN、50 kN、100 kN 等。常见的有数显控制和电脑控制两种不同控制方式。主要技术参数有最大负荷、测量精度、速度范围、速度精度、位移测量精度、位移分辨率、有效压缩空间、有效跨距等。

结构 环刚度试验机主机由上横梁、移动横梁与工作台通过立柱、滚珠丝杠连接成刚性落地式框架结构，交流伺服电机及交流伺服调速系统安装在工作台下面，交流伺服电机通过同步齿型带减速机构驱动双滚珠丝杠旋转，从而带动移动横梁做上下移动以实现对试样加载（移动横梁与工作台之间安装有压缩、弯曲附具，可对金属或非金属材料试样进行压缩及弯曲试验；移动横梁与上横梁之间安装有拉伸附具，可对金属或非金属材料试样进行拉伸试验）。测力传感器安装在移动横梁的下部，用于测量试验力的大小；交流伺服电机内置位移测量系统，用于测量试样的位移量，也可近似代替试样的变形量；对部分金属材料，试验机配置试样延伸率的专用测量装置——引伸计，引伸计的双夹头夹住试样标距两点，实时测量试样标距两点的分离距离，即试样的变形量，计算机或液晶单片机控制试验过程，并实现数据处理及输出。

（魏洋洋）

环形吸水室（circular suction chamber）

形状和断面积均相同的吸水室。

概况 环形吸水室因结构简单对称，轴向尺寸较小，常用于泵轴穿过吸水室的泵，如杂质泵和多级泵。采用环形吸水室往往是根据结构的需要。

原理 在环形吸水室中不能保证叶轮进口具有轴对称均匀的速度场。液体以突然扩大的形式进入环形空间，之后又以突然收缩的形式转为轴向进入叶轮，液体在此过程中的损失很大，且流动不均匀。显然，在上半部进入叶轮的流速较下半部的流速大。另外，下半部液体从两侧向中间合拢，出现方向相反的旋转运动，因而速度是很不均匀的。

结构 环形吸水室的进口即泵的进口，吸水室进口直径采用标准直径；环形吸水室的断面即环形吸水室的 0－0 断面，认为有一半流量流过，其他断面的大小应和 0－0 断面相同。具体结构形状根据泵的总体结构确定。如图所示为环形吸水室平面投影。

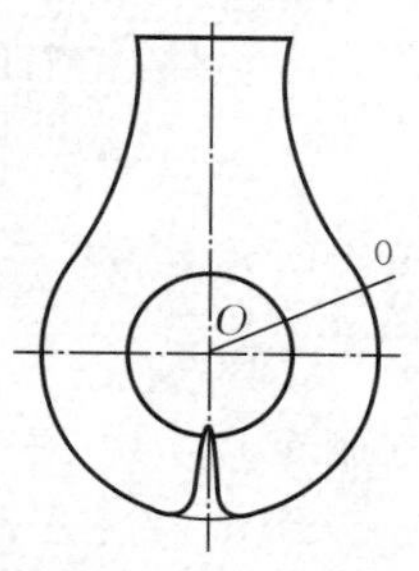

环形吸水室平面投影示意

主要用途 因结构简单对称，常用于杂质泵和多级泵。

类型 分为加隔舍的环形吸水室与不加隔舍的环形吸水室。

参考书目

关醒凡，2011. 现代泵理论与设计［M］. 北京：中国宇航出版社 .

查森，1988. 叶片泵原理设计及水利设计［M］. 北京：机械工业出版社 .

（许彬）

环状管网 (ring pipe network)

由各段管道连接成的闭合环路（图）。

主要用途 多用于油气田的油气集输管网、城市的供水或配气管网等。环状给水管网供水可靠性高，广泛用于城市给水系统，但投资一般大于树状管网，随着城市用水量的增长，大、中城市给水管网逐步发展为多水源环状管网，这类管网规模大，系统复杂，投资和运行费用往往很高。

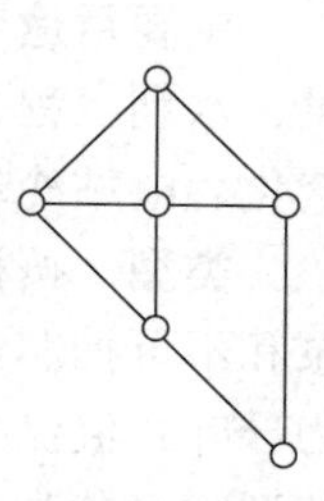
环状管网示意

（王勇　吴璞）

混流泵 (mixed－flow pump)

介于离心泵和轴流泵之间的一种叶片泵，其特征是液体流出叶轮的方向倾斜于轴线。混流泵的设计比转速一般为 300～800，其扬程高于轴流泵而小于离心泵，流量高于离心泵而小于轴流泵，流量和扬程可调节范围大，高效区宽。

概况 混流泵兼有离心泵和轴流泵的优点，结构简单，高效区宽，使用方便，适用于平原圩区农田排灌泵站，可部分代替离心泵和轴流泵工作。混流泵是国际泵行业的技术开发重点之一，在日本、俄罗斯、澳大利亚等国，混流泵的最高效率达到或超过 90%。

原理 当电机带动叶轮旋转时，叶轮叶片对液体既产生离心力作用，又具有轴向推力作用，这两种力同时对液体做功来提升液体，液体流出叶轮的方向倾斜于轴线，因此，具有离心泵和轴流泵的综合特性。

结构 主要由叶轮、泵壳、蜗壳（或导叶体）、泵轴、轴承和密封装置等组成（图）。

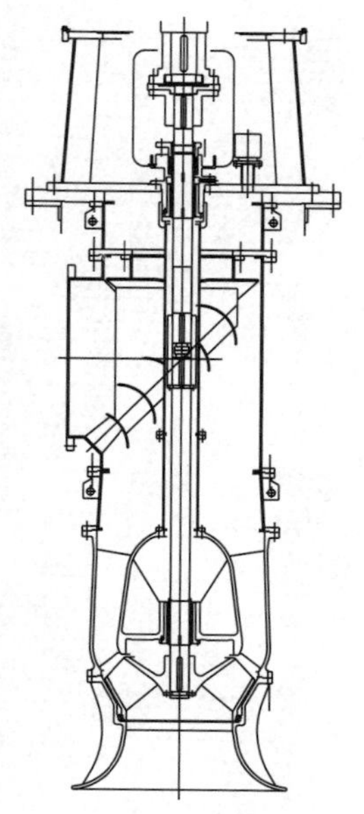
混流泵示意

主要用途　应用于农田灌溉、防涝排洪、水利工程、污水处理、船坞排水、海水淡化、电站冷却系统等各个领域。

类型　按检拆形式可分为可抽芯式混流泵和不可抽芯式混流泵；按压水室型式可分为导叶式混流泵和蜗壳式混流泵；按叶片调节型式可分为固定式混流泵、半调节式混流泵和全调节式混流泵。

参考书目

袁寿其，施卫东，刘厚林，2014. 泵理论与技术［M］. 北京：机械工业出版社.

关醒凡，2009. 轴流泵和斜流泵：水力模型设计试验及工程应用［M］. 北京：中国宇航出版社.

（张德胜　赵睿杰）

混凝土管（concrete pipe）　由混凝土材料制成的圆形断面的管。

概况　混凝土管的制造方法有捣实法、压实法和振荡法 3 种，通常在专门的工厂预制。管径一般小于 450 mm，长度多为 1 m。其原材料易得，可利用简单的设备制造。各地广泛采用排除污水和雨水。耐腐蚀性差，既不耐酸也不耐碱。

类型　根据其管口形式，通常分为承插式、企口式和平口式（图）。

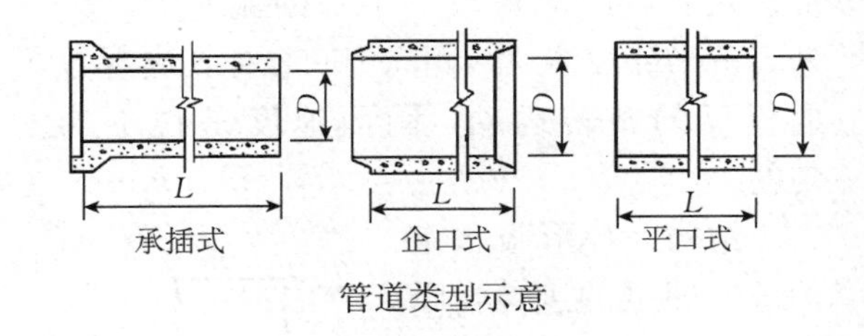

管道类型示意

（王勇　王晓林）

J

机压灌溉管道

机压灌溉管道（machine pressure irrigation pipeline） 水源的水面高程低于灌溉区的地面高度或水源略高于灌溉区一些但不足以形成需要的工作压力，利用水泵机组加压提供管道灌溉所需工作压力的管道。

特点 在其他条件相同的情况下，机压灌溉管道消耗的能量高，因此，运行费用较大。在我国井灌区和提水灌区利用此种类型管道输水。

（王勇 王晓林）

机压式低压管道输水灌溉系统

机压式低压管道输水灌溉系统（system of low pressure pipeline irrigation by pump） 必须采用水泵机组加压，给低压管道系统输水的灌溉系统形式。当水源的水面高程低于灌区的地面高程或虽略高一些但不足以提供灌区管网配水和田间灌水所需要的压力时，则需要利用水泵机组加压。

原理 利用水泵加压输水灌溉。

类型 根据首部水源的不同，可分为直送式和蓄水池式低压管道输水灌溉系统两种。

特点 水源位置低，灌区位置较高，在其他条件相同的情况下，这类系统因需要消耗能量，故管理费较高。我国井灌区和提水灌区的管灌系统均为此种类型。

参考书目

汪志农，2010. 灌溉排水工程学［M］. 2 版 . 北京：中国农业出版社 .

李晓，1996. 管道灌溉系统的管材与管件［M］. 北京：科学出版社 .

（向清江）

机翼形薄壁堰

机翼形薄壁堰（airfoil sharp - crested weir） 缓流中控制水位和流量，顶部溢流且溢流孔形状为机翼形的障壁。

原理 采用水位-流量公式的原理来计算流量。

结构 过水面呈机翼形的一种低矮溢流堰，堰面曲线方程按美国航空咨询委员会（NACA）建议设计，剖面形态易由改变 P/C 来调整，下游端便于和任何纵坡陡槽相接，如下图所示。

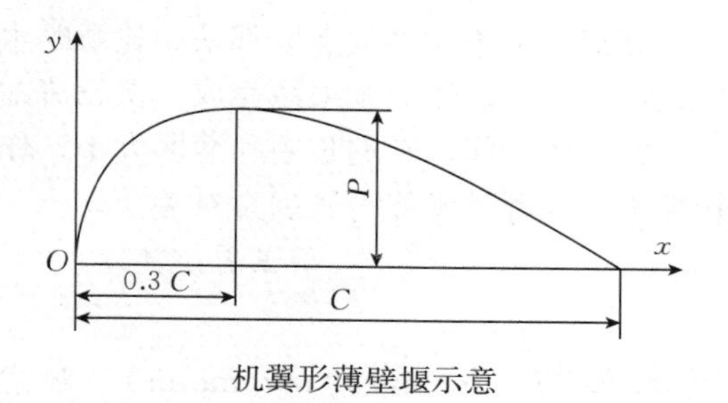

机翼形薄壁堰示意

主要用途 用于过流及测量流量。

参考书目

刘鹤年，2004. 流体力学［M］. 北京：中国建筑工业出版社 .

（王勇 杨思佳）

机组式喷灌

机组式喷灌（unit sprinkler irrigation） 以喷灌机（机组）为主体的喷灌系统，称为机组式喷灌系统。

类型 按照喷灌机运行方式可分为定喷式和行喷式两类。定喷式喷灌机组工作时，喷灌机在一个固定的位置进行喷洒。待水量达到灌水定额后，按预先制订的移动方案移动到另一个位置进行喷洒。定喷式喷灌机组包括手抬式喷灌机、手推式喷灌机、拖拉机悬挂式喷灌机和滚移式喷灌机等。行喷式喷灌机组在喷灌过程中一边喷洒一边移动，在灌水周期内灌完计划灌溉的面积。主要包括绞盘式喷灌机、中心支轴式喷灌机、平移式喷灌机等。

（郑珍）

计划灌水周期（design irrigation period） 在设计灌水定额和计划日耗水量的条件下，能满足作物需要的两次灌水之间的最长时间间隔。

计算公式 计划灌水周期可按下式进行计算：

$$T = (m_{net} / E_a) \times \eta$$

式中 T 为计划灌水周期；m_{net} 为计划净灌水定额，mm；E_a 为计划时选用的作物耗水强度，mm/d；η 为灌溉水利用率。

概况 由于大多数灌区都采用轮灌配水方式，也可理解为灌溉渠系完成一次轮流配水所经历的时间。它的长短和灌区大小、作物种类、水源供水能力等因素有关。

（王勇　吴璞）

技术参数（technical parameter） 喷灌系统运行时，为保证喷灌的质量，系统和喷头需要满足一定的技术要求。

概况 喷头的水力参数主要包括喷头的工作压力、流量和射程；喷灌质量控制参数主要包括喷灌强度、喷灌均匀度及喷灌雾化指标。

（郑珍）

加气装置（gas-adding device） 在制浆造纸的操作过程中，令空气和浆料充分均匀的混合，并且能形成理想比例的大、中、小气泡的装置。

原理 利用高速浆流形成的负压把空气吸进浆料中。

类型 实用的加气装置主要有文丘里扩散器、孔板扩散器和阶梯扩散器等（图）。

结构 ①阶梯扩散器：浆料在流过第一

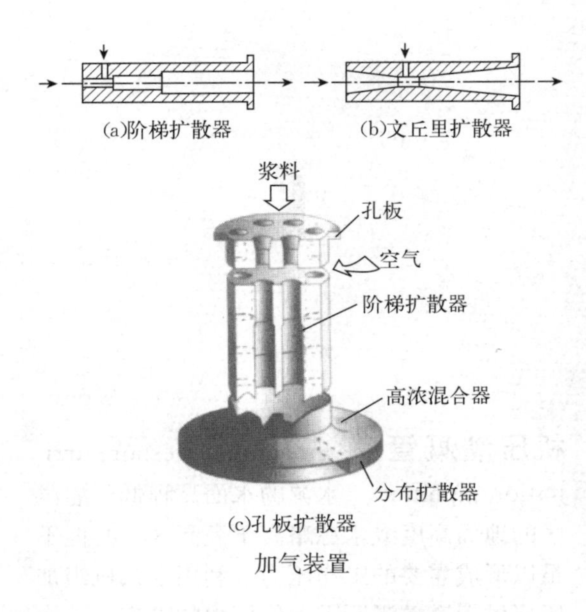

加气装置

级高速管道时吸入空气，在后续的第二级和第三级的扩散管中，浆料由于流道截面的突然扩大而产生强烈的湍流，这就令抽入的空气迅速分散成数量巨大的小气泡。大部分小气泡直径在 10～50pm。图中的空气吸入管接到浮选槽的空气总管，而空气总管则安装流量计和控制阀，以便按照工艺需要改变吸入空气对浆料流量的比例。图中的扩散器底部是一个直角的急转弯。在上部形成的大规格气泡在撞击作用下可以破碎成更有效率的小气泡。②孔板扩散器：工作原理与孔板流量计相同。当浆料以一定速度流过孔板时，在圆孔的下游即产生明显负压。利用这一负压把空气吸入浆料中。孔板的厚度和开孔直径要依据浮选槽工作能力、浆料流速、孔板前后压力差等工艺参数的设定进行精密计算。在孔板的后面还要安排一些分布元件，以便利用浆流的强烈冲击获取合适的气泡分布。如图是福伊特公司的孔板扩散器。单个扩散器的典型流量为 70～100 L/s。装在一个浮选槽里的扩散器数量是根据生产线总流量的实际需要进行安排的。最大型的生产线甚至在一个浮选槽里安装 10 个扩散器。③文丘里扩散器：广泛应用于化工过程的一种混合器，也有不少制造商把文丘里扩散器用在浮选槽的加气装置。不同公司根据各自研究成果，在吸入空气的文丘里扩散器后面也会设有具体的气泡分布元件。

参考书目

王忠厚，高清河，2006. 制浆造纸设备与操作［M］. 北京：中国轻工业出版社.

（王勇　李刚祥）

间歇式灌水系统（intermittent irrigation system）

每隔一定时间出流一次的灌水系统，又称脉冲式灌水系统。

概况　间歇式灌溉原理最初是由卡莫里和佩里提出的。他们把一个间歇定义为两个阶段：其一为运行阶段，以一定供水流量灌溉，其二为间歇阶段，此阶段不进行供水灌溉。有关研究表明，间歇流能显著地减少沙土中水分深层渗漏损失，同时增大土壤水分的横向扩展，由于灌水器孔口增大，减小了堵塞。但间歇式灌溉增大了系统的投资，对灌水器工艺要求较高，较大的毛管也需要较大的水流供应，此外，还需要自动程序阀以产生间歇式水流。然而，所增加的投资可以通过减少维修、清洗或替换滴头而得到补偿。

原理　按照设计的速度向灌溉系统充水，灌溉系统快速把水排出，以形成高速喷流。水的流经路径是：从供水管先进入脉冲发生器，然后进入集管，最后流入整个管路。充水与排水循环交替进行，一小时内重复多次，可根据需要在一定范围内选择频率，频率变化可以改变喷水器的流量。

结构　由脉冲控制器总成、喷水器总成、弹性毛管及其他辅件组成。其灌水器流量较大，比普通的大4～10倍。为了方便起见，可将每个脉冲发生器用快速拆卸接头与供水管和集管连接，以利于冬季不灌水时拆卸方便。

主要用途　有效地提供了作物所需水量，而不需对灌溉水进行过滤，并使植物根部的土壤水分保持在理想水平。

参考书目

郑耀泉，刘婴谷，严海军，等，2015. 喷灌与微灌技术应用［M］. 北京：中国水利水电出版社.

（李岩）

监测系统（monitoring system）

由硬件系统与软件系统组成的对泵站运行状况进行监测的计算机系统（图）。其中硬件系统由计算机与一套自动测验装置组成，主要负责对泵站各项工况参数的数据采集、信号转换以及数据储存，软件系统负责实现信号的处理、图形化显示、参数调整以及通信等功能，实现对泵站若干技术经济指标进行长期地自动监测。

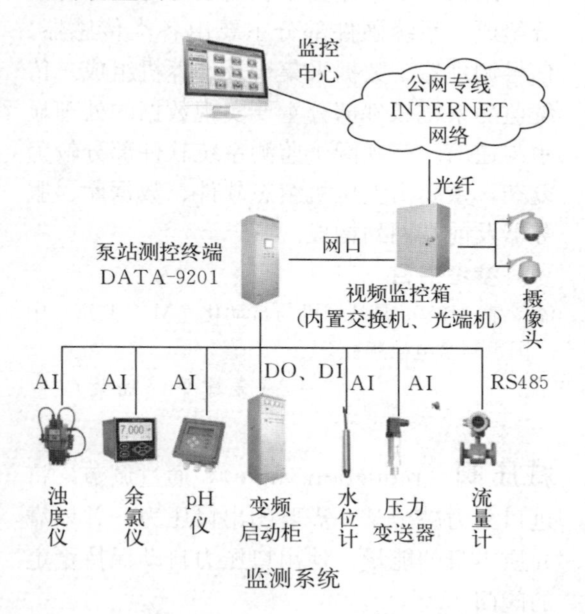

监测系统

概况　早期建设的泵站，数据采集自动化程度低，运行管理成本高。随着传感器以及计算机技术的发展，泵站监测系统不断完善，通过各类高精度传感器与测量仪表采集各项泵站运行指标数据，再经控制器处理输出至计算机，实现数据显示与控制，如图所示。传统监测系统可以实现实时监测、故障诊断以保证泵站安全稳定运行，大幅降低泵站运营成本。现阶段，泵站监测系统还存在着一些问题，如系统无法做到对多机组进行远程联合诊断。随着信息共享技术的发展，监测系统开始以互联网为基础，朝着更加智能、更加系统、更加可靠的方向发展。基于互联网技术的监测系统可将各工作系统数据信息进行集成和整合，使组织、信息和生产活动能够协调优化地运作，并可通过图像监视站内全景及重要工位，实现泵站无人值守，从而有效降低泵站运行能耗与运营成本。

类型 按照功能可分为供水泵站监测系统与排水泵站监测系统等；按照通信及数据处理技术可分为传统监测系统与互联网+监测系统。

结构 泵站监测系统由硬件与软件两部分组成。系统硬件部分主要由各类传感器、信号调理器、数据采集卡及计算机组成。传统监测系统软件部分主要实现数据的处理显示与通信。互联网+监测系统软件部分较为复杂，主要由上位机组态软件、数据库、服务器及前端网站构成。

参考书目

潘咸昂，1989. 泵站辅机与自动化［M］. 北京：中国水利水电出版社 .

（袁建平　陆荣）

减压阀

减压阀（reduction valve） 通过调节，将进口压力减至某一需要的出口压力，并依靠介质本身的能量，使出口压力自动保持稳定的阀门。

概况 中国阀门产业链众多，但中国非阀门强国。总体上看我国已经迈入了世界阀门大国的行列，但从产品质量来看我国离阀门强国仍有很长的一段差距。行业的生产集中度低、高端产品相配套的阀门研发能力低、阀门行业制造技术水平低等现象仍然存在，进出口贸易逆差不断扩大。随着阀门行业重组步伐的加快，未来行业将是阀门产品质量安全和产品品牌之间的竞争，产品向高技术、高参数、耐强腐蚀、高寿命方向发展，只有通过不断的技术创新开发新产品，进行技术改造，才能逐步提高产品技术水平，满足国内装置配套，全面实现阀门的国产化。我国阀门制造行业在庞大的需求环境下，必将呈现出更好的发展前景。

类型 按结构形式可分为薄膜式、弹簧薄膜式、活塞式、杠杆式和波纹管式；按阀座数目可分为单座式和双座式；按阀瓣的位置不同可分为正作用式和反作用式。

原理 减压阀是采用控制阀体内的启闭件的开度来调节介质的流量，将介质的压力降低，同时借助阀后压力的作用调节启闭件的开度，使阀后压力保持在一定范围内，并在阀体内或阀后喷入冷却水，将介质的温度降低，这种阀门称为减压减温阀。该阀的特点是能在进口压力不断变化的情况下，保持出口压力和温度值在一定的范围内。

参考书目

刘军营，2014. 液压与气压传动［M］. 西安：西安电子科技大学出版社 .

（张帆）

简支梁冲击试验机

简支梁冲击试验机（pendulum impact - testing machines used for charpy） 用于测试材料在冲击负荷作用下被破坏时所吸收的能量的装置（图）。

简支梁冲击试验机

原理 通过对规定形状尺寸的标准试样，使用已知冲击能量的摆锤，在忽略摩擦和阻尼等情况下，摆锤被举起后所储存的势能将在摆锤落下时转化为动能，在冲断试样后，又将剩余的动能转化为继续扬起摆锤的势能。因此，冲断试样所消耗的冲击功，即为冲断试样前后的势能差。

结构 由摆锤、试样支座、能量指示机构和机体等主要部分组成。

主要用途 用于测定硬质塑料、纤维增强复合材料、尼龙、玻璃钢、陶瓷、铸石、塑料电器绝缘材料等非金属材料的冲击韧性。

类型 根据显示形式可分为指针式和电子式。

（印刚）

交叉建筑物（crossing structure）

在渠道、河渠、洼地、溪谷及道路等交叉处修建的建筑物。

概况 交叉建筑物属于渠系建筑物的一种，包括渡槽、倒虹吸管、涵洞、隧洞。渠系建筑物型式繁多，进行型式选择时，应根据灌区规划要求、工程任务并全面考虑地形、地质、建筑材料、施工条件、运用管理、安全经济等各种因素加以比较确定。湖南省韶山灌区总干渠与北干渠总造价中，渠系建筑物占44%，为引水枢纽造价的6.3倍。渠系建筑物由于与同类建筑物工作条件相近，因此可广泛采用定型设计和装配式结构，以简化设计和施工，节约劳动力和降低造价。

原理 交叉建筑物是统称，渡槽、倒虹吸管、涵洞、隧洞都属于交叉建筑物，他们原理各不相同，具体见其对应的原理。

主要用途 输送渠道水流穿过山梁和跨越或穿越溪谷、河流、渠道、道路时修建的建筑物。

类型 交叉建筑物分两大类：渠道与另一水道相交处有共同流床的交叉建筑物称为平交建筑物；渠道与渠道、河流、溪谷、洼地、山梁或道路在不同高程上相交的建筑物称为立交建筑物。常用的平交建筑物有滚水坝、水闸等，常用的立交建筑物有渡槽、倒虹吸管、涵洞、隧洞及农桥等。当渠道与另一水道底部高程接近或相等时，可采用平交建筑物，也可采用立交建筑物；当两者高程相差较大时，应采用立交建筑物。

参考书目

贾超，2007. 结构风险分析及风险决策的概率方法［M］. 北京：中国水利水电出版社.

（王勇　杨思佳）

胶管（rubber pipe）

为中空可绕性管状橡胶制品，属于半软管，价格较高，而且比较重，因此每节不可太长。

类型 根据胶管的结构可分为夹布胶管、编织胶管、缠绕胶管、针织胶管和其他胶管等类型。灌溉系统中多采用夹布胶管、纤维编织胶管、纤维缠绕胶管等。

结构 橡胶软管主要由内胶层、骨架层和外胶层构成，不含骨架层的橡胶软管称为纯胶管。

主要用途 主要用于手工灌水中。

参考书目

高海龙，李成超，2005. 胶管胶带加工技术［M］. 北京：化学工业出版社.

王立洪，管瑶，2011. 节水灌溉技术［M］. 北京：中国水利水电出版社.

（刘俊萍）

胶囊施肥罐（capsule fertilizer tank）

利用压差将肥料挤入滴灌系统的一种施肥设施（图）。

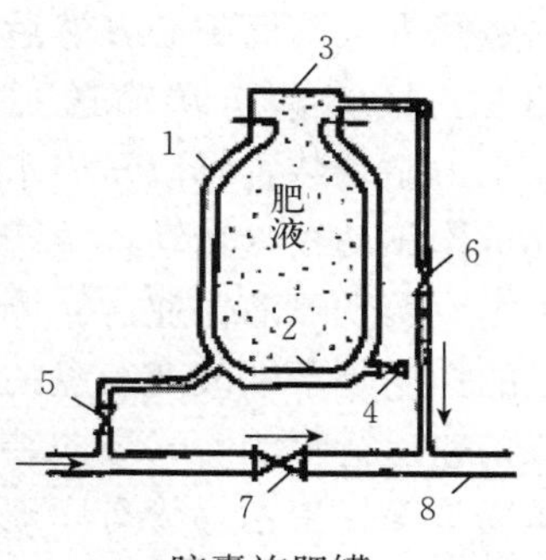

胶囊施肥罐

1. 罐壳　2. 胶囊　3. 盖板　4. 放水阀　5. 进口阀　6. 出口阀　7. 调压阀　8. 干管

概况 利用滴灌系统密布于田间的管道网向作物滴施可溶性化肥，既有利于肥料养分的利用，又可节省大量施肥劳力。过去常用的滴灌系统施肥设备各有其优缺点，有的受使用条件的限制；有的肥液浓度随时间改变；有的水头损失大或需配备专用的供肥泵，这时候胶囊式施肥罐应运而生。

原理 当施肥罐的进出口产生压差时(进口压力出口压力)，罐中胶囊受到外侧水压力的挤压，迫使胶囊体积缩小。囊中溶液从出水口挤出后汇入干管，起到了施肥的目的。

结构 主要由施肥罐与滴灌系统的干管并联组成。

主要用途 通过密布于田间的管道网向作物滴施可溶性化肥。

（杨孙圣）

绞盘车

绞盘车（winch/capstan） 绞盘式喷灌机的两个主要组成部分之一，由行走底盘及安装其上面的绞盘系统构成，如图所示。

结构 绞盘系统的主要机构如下：①绞盘。绞盘是一块用钢板做成的滚筒，以型钢当辐条焊接加固，两端各焊一块圆形挡板，以防止聚乙烯管从两端脱出。绞盘轴支撑在底盘车架上，聚乙烯管一圈一圈地缠绕在滚筒上。②聚乙烯管（PE 管）。聚乙烯管起着向喷头输送压力水和用于牵引喷头车的双重作用，喷灌机工作时，压力水通过绞盘上的竖管进入滚筒中心，然后经过与绞盘连接的聚乙烯管进口端输送到另一端的喷头。③水力驱动装置。以压力水为动力，通过传动机构驱动绞盘转动，缠绕聚乙烯管牵动喷头车，实现喷灌作业。④调速装置。调速装置的作用是不断改变绞盘的转速，使喷头保持匀速运行喷洒。⑤导向装置。导向装置的作用是确保聚乙烯管有序地缠绕在绞盘的滚筒上，避免管子发生重叠或乱缠现象。⑥安全保护装置。安全保护装置的作用是使喷灌机在田间转移地块或喷洒作业时安全运行，按其用途，主要有绞盘车行走轮制动装置、绞盘车制动装置和绞盘自动停止装置。

绞盘车

参考书目

郑耀泉，刘婴谷，严海军，等，2015. 喷灌与微灌技术应用［M］. 北京：中国水利水电出版社 .

（李娅杰）

绞盘式喷灌机

绞盘式喷灌机（reel irrigator） 又称卷盘式喷灌机，是行喷式喷灌机的一种，其在进行喷洒工作的同时也在移动位置。

概况 20 世纪 70 年代欧洲一些国家，如德国、法国、奥地利等先后制成推广一种耐高压、耐磨损、耐拉力、耐老化的聚乙烯输水管绞盘式喷灌机。绞盘式喷灌机是一种已经广泛使用的机型，采用的国家很多，如德国、澳大利亚、英国、法国、美国等。有些国家这种喷灌机喷灌的面积占喷灌总面积的比例很大，如德国已达到 20%。绞盘式喷灌机具有结构简单、制造容易、维修方便、价格低廉、自走式喷洒、操作方便、节省劳力、机动性好、适应性强、水源供水方便等优点；同时又有能耗大、运行费用偏高等缺点。

结构 绞盘式喷灌机由喷头车和绞盘车两个基本部分组成。绞盘车上安装有缠绕高强度聚乙烯管的绞盘系统；喷头车是一套装有行走轮用于安装喷枪的框架，当采用短射程喷头时，框架制成悬臂桁架式，上面安装多个喷头。

类型 绞盘式喷灌机工作时，喷头车边行走边喷洒，形成长条形湿润区。按照牵引喷头行走的方式分为钢索牵引绞盘式喷灌机和软管牵引绞盘式喷灌机两种类型。

用途 绞盘式喷灌机能够用于灌溉各种高秆作物（如玉米、大豆等）和矮秆作物（如土豆、牧草等），以及某些果树和经济作物（如甘蔗、茶叶、香蕉等）。绞盘式喷灌机能够适应各种大小形状和地形坡度起伏的地块，要求土质不要太黏重；也可以用于矿山、建筑工地防尘喷洒。

参考书目

郑耀泉，刘婴谷，严海军，等，2015. 喷灌与微灌技术应用［M］. 北京：中国水利水电出版社.
喷灌工程设计手册编写组，1989. 喷灌工程设计手册［M］. 北京：中国水利电力出版社.

（李娅杰）

节制闸（regulating lock） 建于河道或渠道中用于调节上游水位、控制下泄水流流量的水闸（图）。

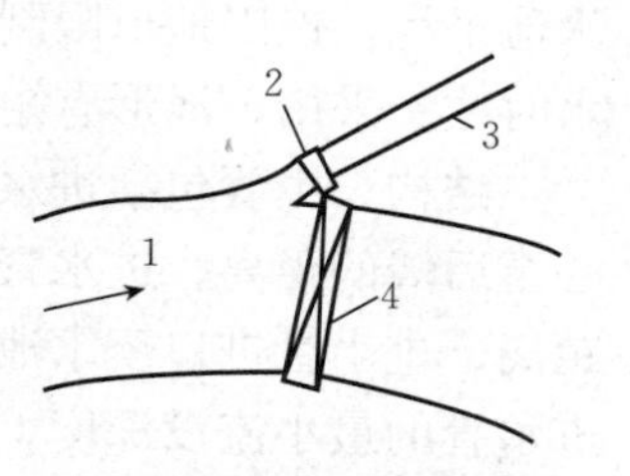

节制闸布置示意
1. 水流 2. 进水闸
3. 引水渠 4. 节制闸

概况 渠道上的节制闸利用闸门启闭调节上游水位和下泄流量，满足下一级渠道的分水或截断水流进行闸后渠道的检修，通常节制闸建于分水闸和泄水闸的稍下游，抬高水位以利分水和泄流或者建于渡槽或倒虹吸管的稍上游，以利控制水流量和事故检修；并尽量与桥梁、跌水和陡坡等结合，以节省造价。图为节制闸布置的示意。

原理 上下游翼墙力求与渠坡平顺连接，常常采用扭曲面过渡，以减小水头损失。在平原圩区的河渠上，在短距离内设置两个节制闸，俗称套闸，分级挡水，可起简易船闸的作用，既可解决圩区交通运输，又可起到防洪排涝和控制水位的作用。沿海地区的套闸，洪水时开闸泄洪，涨潮时关闸防止倒灌；低水（或落潮）时，关闸蓄水灌溉，故套闸多按双向受压设计，其功能类似分洪闸。

结构 节制闸的结构与一般水闸相同。水闸由闸室、上游连接段和下游连接段组成。

主要用途 调节上游水位、控制下泄流量的水闸。拦截河流的节制闸通称拦河闸，它可以拦截河道水流，壅高水位，满足渠道上分水要求，也可以开闸泄洪。

类型 有开敞式及封闭式两种。前者为露天的，结构简单；后者为涵洞，上有填土覆盖，主要修建在深挖方渠道上。

（王勇 杨思佳）

截止阀（stop valve） 一种强制密封式阀门（图），是使用最广泛的一种阀门之一。截止阀的启闭件是塞形的阀瓣，依靠阀杆压力，使阀瓣密封面与阀座密封面紧密贴合，阻止介质流通。截止阀只适用于全开和全关，不允许做调节和节流。

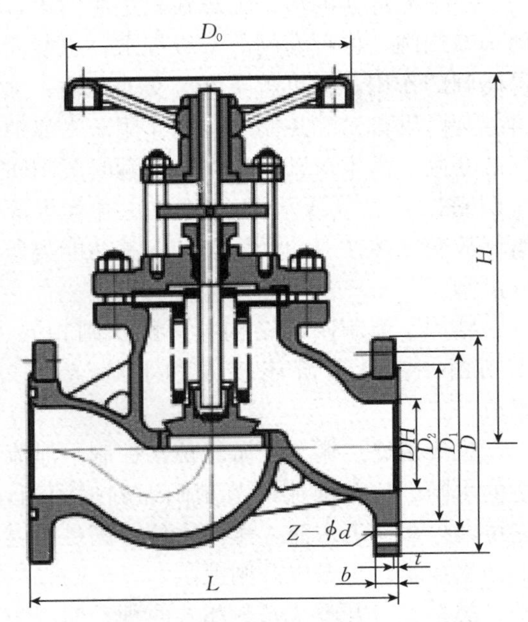

截止阀及其二维平面示意

概况 由于阀座通口的变化与阀瓣的行程成正比例关系，非常适合于对流量的调节。可用于控制空气、水、蒸汽、腐蚀性介质、泥浆、油品、液态金属和放射性介质等各种类型流体的流动。

类型 根据截止阀的通道方向分为直通式截止阀、直流式截止阀、角式截止阀和柱塞式截止阀。

结构 主要由阀体、阀瓣、阀盖和阀杆等组成。阀体和阀盖为承压件，阀瓣和阀杆为内件。

参考书目

陆培文，2016. 阀门选用手册［M］. 北京：机械工业出版社 .

（王文杰）

进水池（intake sump） 安装水表进水管或供水泵吸水的泵站建筑物，如图所示。

概况 进水池是供水泵从中吸水的建筑物，其作用是为水泵进水创造良好的条件，以改善水泵的吸水性能，确保水泵正常工作。实践证明，进水池布置的好坏，对水泵

泵站进水池

的性能影响很大，特别是对轴流泵的影响更大，必须引起高度重视，设计时，应保证水流平稳、各断面流速分布均匀，避免水流脱壁、产生漩涡。

类型 根据进水方向的不同，常用的有两种形式：一种是正面进水池，引水渠来水方向与水管轴线方向一致，因而引水顺利，供水均匀，总体布置方便。其布置形式又分为开敞式进水池、半开敞式进水池、分隔式和圆形池等；另一种是侧面进水池，进水方向与吸水管方向垂直，因而水流不如正面进水池平稳，仅因地形限制无法布置成正面进水时才予采用，池形有矩形及圆形两种。

结构 主要包括进水池宽度、进水管中心至后墙的距离、进水管中心至水池池口的距离、进水管进口至水池池底的最小距离和进水管的最小淹没深度。

参考书目

廖闾彧，柳畅，尹奇德，2014. 城市排水泵站运行维护［M］. 长沙：湖南大学出版社 .
潘咸昂，1989. 泵站辅机与自动化［M］. 北京：中国水利水电出版社 .

（袁建平　陆荣）

进水流道（inlet passage） 泵站进水前池至泵进口的一段过水通道，如图所示。

概况 进水流道的作用是使水流在从前池进入水泵叶轮室的过程中更好地转向和加速，以满足水泵转轮对转轮室进口所要求的

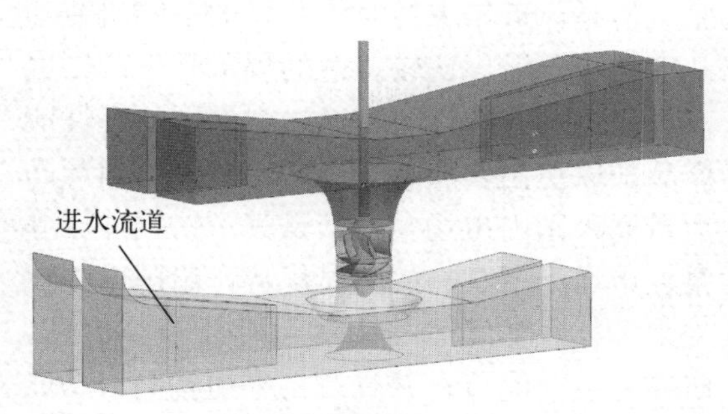

进水流道

水力条件，进水流道是水泵装置中非常关键的组成部分。进水流道一般还满足以下要求：水力损失小；过流平顺，各种工况下流道内不产生涡带，更不允许涡带进入水泵；线型简单、施工方便；尺寸合理，满足泵房土建和结构设计要求，尽可能减少流道宽度和开挖深度，以减少工程投资。

类型 按水流方向可分为单向进水流道和双向进水流道；单向进水流道有肘形、钟形及簸箕形3种基本形式，双向进水流道形式大体可分为肘形对拼式双向进水流道、箱涵式双向进水流道及平面蜗壳式双向进水流道。

结构 钟形进水流道由进口段、吸水蜗室、导水锥喇叭管组成；簸箕形进水流道在基本尺寸方面与钟形流道十分接近，一般高度较小、宽度较大；肘形进水流道由直线渐缩段、弯曲渐缩段和直锥段组成。

参考书目

廖闾彧，柳畅，尹奇德，2014. 城市排水泵站运行维护［M］. 长沙：湖南大学出版社.

潘咸昂，1989. 泵站辅机与自动化［M］. 北京：中国水利水电出版社.

（袁建平　陆荣）

浸润灌溉（infiltration irrigation）

通过人工方法控制河网水位（抬高或者降低河水位）来调节河网间地段的地下水位或者通过人工铺设的地下渗灌管道，使灌溉水借助土壤的毛管作用及土壤水的重力作用，来湿润地下水面以上的土层的灌溉方式。

概况 浸润灌溉早期起源于沟渠灌溉，随着农业用水量巨大且利用率低的浪费现象被人们重视起来后，20世纪60年代有关学者通过对比淹水区和旱地区种植水稻的产量发现两者几乎没有差别，于是开始认识到只需要满足作物的需水供水就可以了，于是人们开始利用密植作物细流浸润的方法进行灌溉，不仅不会冲刷土壤，还有利于土壤改良。20世纪末，随着学者的深入研究，发现灌溉水只需要满足植物根系的需水量就可以了，于是局部控制地下浸润灌溉的优势开始凸显，不再提倡地面细流浸润灌溉方式了。

类型 分为地面浸润灌溉和地下浸润灌溉两种。

优点 ①有利于减少水分蒸发，提高水肥利用率，节水30%以上，增产5%～10%；②减轻植物病虫危害，且有利于改良土壤。

（汤攀）

精密压力表（precision pressure gauge）

精度等级等于或者高于0.4级的压力表或真空表。如图所示，其工作原理是：当被测介质的压力作用于弹性元件后，使其产生弹性变形——位移，经拉杆带动传动机构放大，由指示装置指示被测压力。

精密压力表

概况 精密压力表主要用来检验工业用普通压力表，也可用于在线测量高精度工作介质的压力。精密压力表是压力测量测试、检测校验、检验检定等压力参数相关领域中常用的一种计量标准仪器。

类型 按弹性元件不同可分为：①C形弹簧管压力表；②螺旋弹簧管压力表；③膜片压力表；④膜盒压力表；⑤波纹管压力表。

结构 精密压力表在标度线下设置有镜面环（A型、B型），在使用中读数更清晰精确。由测量系统、指示部分和表壳部分等组成。测量系统由接头、弹簧管和齿轮转动机构等组成。由被测介质的压力作用使弹簧管的末端（自由端）相应地产生位移，借助连杆带动机构中的扇形齿轮产生一角位移，而使齿轮轴得以偏转来传给指示部分。指示部分由分度盘、镜面（YB-201型不带镜面）和指针等组成。由指针将齿轮轴的偏转值相应地在分度盘上指示出被测介质的压力值。表壳部分由表盖、表玻璃和罩壳等组成。表盖的下端设有供调整零位用的调零装置，以保持零值和读数的准确性。

（王龙滟）

井泵装置（well pump unit） 深井泵的最大特点是将电动机和泵制成一体，它是浸入地下水井中进行抽吸和输送水的一种泵，被广泛应用于农田排灌、城市给排水和污水处理等。由于电动机同时潜入水中，故对于电动机的结构要求比一般电动机特殊。其电动机的结构形式分为干式、半干式、充油式、湿式4种。图为深井泵。

深井泵

概况 我国深井泵的发展历史已经有60多年了。早在1946年就开始生产长轴深井泵，20世纪60年代又开始研制井用潜水泵，国内许多学者对深井泵进行了大量水力设计和实验研究，促使我国的深井泵技术得到了长足的发展，也积累了许多有价值的经验。但是，近年来针对深井泵的系统研究却几乎陷于停滞，比较普遍的现象是生产厂家对产品略加改造，或者通过引进国外高性能产品加以仿制，随着丹麦格兰富等公司产品大量涌入国内市场，尤其是其不锈钢冲压井泵在市场上所具有的明显优势，给国内企业带来了很大的竞争压力和生存挑战。因此，研究开发节能节材并具有自平衡轴向力功能的新型深井泵已是刻不容缓的课题。

工作原理 从井中提水的叶片泵称为深井泵，其中长轴深井泵是井泵中应用较为普遍的一种，多用于机井。长轴深井泵开泵前，吸入管和泵内必须充满液体。开泵后，叶轮高速旋转，其中的液体随着叶片一起旋转，在离心力的作用下飞离叶轮向外射出，射出的液体在泵壳扩散室内速度逐渐变慢，压力逐渐增加，然后从泵出口排出管流出。此时，在叶片中心处由于液体被甩向周围而形成既没有空气又没有液体的真空低压区，液池中的液体在池面大气压的作用下，经吸入管流入泵内，液体就是这样连续不断地从液池中被抽吸上来又连续不断地从排出管流出。

结构 深井泵由3部分组成：较上面是电动机，装在井口地面上，中间是输水管和传动轴，下端为井泵的工作部分，淹没在井水面以下。

主要用途 深井泵是电机与水泵直联潜入水中工作的提水机具，它适用于从深井提取地下水，也可用于河流、水库、水渠等提水工程。主要用于农田灌溉及高原山区的人畜用水，亦可供城市、工厂、铁路、矿山、工地排水使用。由于深井泵是电机及水泵体直接潜入水中运行的，其是否安全可靠将直接影响到深井泵的使用以及工作效率，因此，安全可靠性能高的深井泵成为首选。

类型 深井泵的种类很多，但构造却大同小异。JC型深井泵与J型、JD型等同类深井泵相比，具有效率高、性能稳定、图纸统一等优点，它已取代了J型、JD型深井泵，是我国长轴深井泵的基本系列泵。

参考书目

李世煌，袁秀文，1999. 潜水电泵的使用与维修［M］. 北京：机械工业出版社.

吕永祥，1993. 潜水电泵的使用和维修［M］. 北京：机械工业出版社.

李圣年，2008. 潜水电泵检修技术问答［M］. 北京：化学工业出版社.

（许彬）

井用潜水电泵（submersible pump for well）

电机与水泵合成一体潜入水中工作的提水机具，如图所示。

概况 井用潜水电泵吸取美国、意大利最先进的电泵之优点，结合国内先进的工艺和材料研制生产的新型产品。机组主件采用不锈钢、铜质合金制造而成，具有效率高、节能、耐磨损、防锈、无污染、外形美观，安装使用方便。特别适合农村、工厂、学校抽取地下水，是地质水文工程、工业、民用、农田灌溉等首选的提水设备。

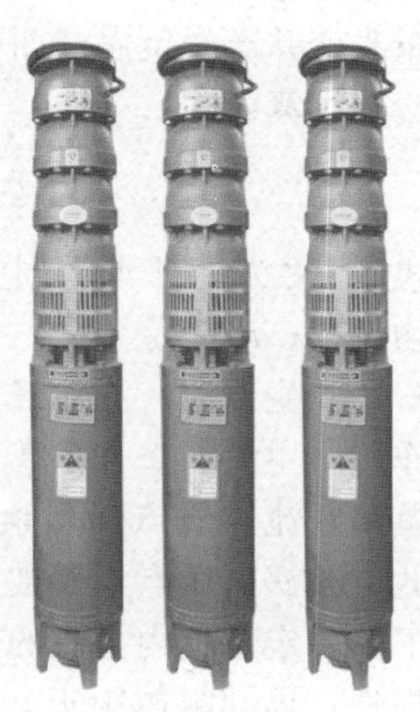

井用潜水电泵

原理 由潜水电机驱动潜水泵的叶轮旋转，使叶轮进口处形成真空，将水吸入，水在叶轮叶片的作用下产生离心力，从而获得动能和压力能。具有一定能量的水通过导流壳，进入下一级叶轮，随着泵级数的增加，压力不断递增，最后通过扬水管及泵座送入地面的管路系统中。

结构 由泵体、扬水管、泵座、潜水电机（包括电缆）和启动保护装置等组成。泵体是潜水泵的工作部件，它由进水段、导流壳、逆止阀、泵轴和叶轮等零部件组成。泵体与潜水电机之间采用法兰面用螺栓连接，两轴则用联轴器连接。扬水管间也用螺栓连接。电机为潜水电动机，配带的电缆为防水橡套电缆，启动保护装置应选用具有过载、欠压、断相等保护功能的自藕减压启动箱。

主要用途 适用于从深井提取地下水，也可用于河流、水库、水渠等提水工程。主要用于农田灌溉及高原山区的人畜用水，亦可供城市、工厂、铁路、矿山、工地排水使用。

类型 按产品类型可分为：小型潜水泵、井用潜水泵、污水污物潜水泵；按出水口位置可分为：上泵式和下泵式；按电机结构及用途分为：充油式潜水泵、充水式潜水泵、干式潜水泵、屏蔽式潜水泵和特殊场合使用的矿用、盐卤和耐腐蚀潜水泵；按电机配用的电源分为单相潜水泵和三相潜水泵。

（黄俊）

净灌水深度（net irrigation water depth）

单位灌溉面积上有效的灌水量或者灌水深度。

概述 为把某次灌水包括在土壤水量平衡计算中，必须确定其净灌水深度。净灌水深度取决于灌溉系统的类型。通常情况下，喷灌系统的运行是灌完设定的毛水深即停止。净灌水深度等于毛灌水深度与灌水效率的乘积。对于地面灌溉系统，常常已知净灌水深度，毛灌水深度则通过净灌水深度和灌水效率计算。

参考书目

美国农业部土壤保持局，1998. 美国国家灌溉工程手册［M］. 水利部国际合作司水利部农村水利司，译. 北京：中国水利水电出版社.

（王勇　张国翔）

局部灌溉（partial irrigation） 一种新型的灌溉技术，是指对农作物的根部进行灌溉，促进水分更好吸收的灌溉方式。

类型 我国的节水灌溉技术经过多年的发展，形成了种类形式多样的灌溉技术，主要有膜下滴灌、痕量灌溉和微润灌溉等。

特点 膜下滴灌是在引进以色列滴灌技术的基础上，将具有节水增产的局部浸润滴灌技术和具有保墒增温等优点的覆膜技术进行了有机融合，在生产实践中创造出来的新型节水灌溉技术。水分入渗仅发生在滴头附近的一个小区域内，滴灌后土壤含水率最大值在距离地面 10 cm 处，不在地表。膜下滴灌为内陆干旱地区发展高效节水灌溉技术开辟了新途径，在我国西北干旱地区得到大力推广和广泛使用。痕量灌溉控水头在浑浊及超低流量下，以其独特的结构保证了其抗堵塞性。痕量灌溉能够及时少量地向植物根部供水，满足植物的需水要求。微润灌溉是一种连续的微灌技术，不同于滴灌，管道上没有固定的滴头作为灌水器，而是在管道上形成纳米级微孔取代传统的流道。微润灌溉以高分子半透膜微润管为核心，埋入地下以微量、缓慢、连续不断的出水方式向农作物根系供水供肥，使灌溉过程与植物的吸收过程在时间上同步、在数量上匹配，从而达到无胁迫灌溉效果，并能防止水分渗漏、蒸发等损失，具有高效节水、节肥，降低面源污染，增加土壤透气性，较少水土流失，使作物增产增收等特征。

发展趋势 残膜回收机械设备的开发会对膜下滴灌产生积极影响，应用机械设备回收残膜能够很好解决膜下滴灌带来的潜在问题；随着数字化农业的发展，以膜下滴灌技术为控制手段，通过电子计算机和传感器的应用，实现精量施肥、精量灌水，将是未来发展的一个重要方面。痕量灌溉单位时间供水量较小，在我国北方尤其西北干旱地区，作物的蒸发量大，耗水强度高的作物需要在两侧铺设管道，工程投入较大。因此，需要在现有的基础上开发可调节供水流量的新型控水头，能够根据作物的需水强度在一定范围内调整供水量，以满足作物的需水；优化产品性能参数，生产多种型号痕灌产品，结合水肥一体化对不同种灌溉作物提供更精细的方案。如何将微润灌溉系统从依赖化石能源中解放出来，将绿色新能源和灌溉系统进行结合，积极利用风能、太阳能实现可持续绿色节水农业的发展，将是下一步研究的重点。

（郑珍）

局部水头损失（iocal head loss） 由局部边界急剧改变导致水流结构改变、流速分布改变并产生旋涡区而引起的水头损失。

计算公式

$$h_j=\zeta\frac{v^2}{2g}$$

式中 ζ 为局部水头损失系数；v 为断面平均流速，m^3/s。

产生原因 流体经局部阻碍时，因惯性作用，主流与壁面脱离，其间形成漩涡区，漩涡区流体质点强烈紊动，消耗大量能量；此时漩涡区质点不断被主流带向下游，加剧下游一定范围内主流的紊动，从而加大能量损失；局部阻碍附近，流速分布不断调整，也将造成能量损失。

参考书目

吕宏兴，裴国霞，杨玲霞，等，2002. 水力学[M]. 北京：中国农业出版社.

（王勇 吴璞）

矩形薄壁堰（rectangular sharp - crested weir） 缓流中控制水位和流量，顶部溢流，且溢流孔形状为矩形的障壁。

原理 矩形薄壁堰是采用水位-流量公式的原理来计算无侧收缩自由出流情况下的流量。计算公式为：

$$Q=m_0b\sqrt{2g}H^{\frac{3}{2}}$$

结构 薄壁堰顶过水断面为矩形，如下图所示。

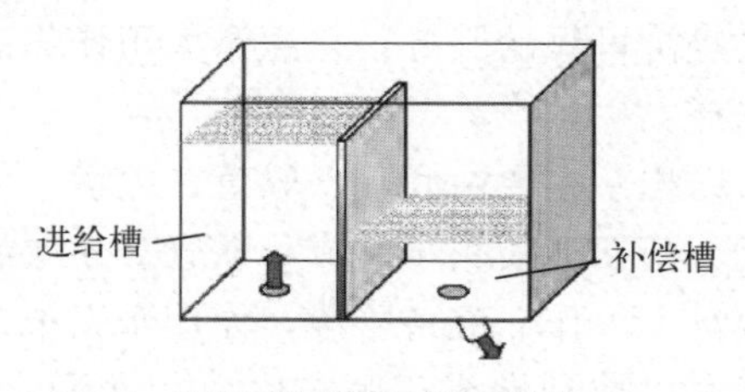

矩形薄壁堰板模型结构

主要用途 主要适宜测量较大的流量。

参考书目

齐清兰，霍倩，2012. 流体力学［M］. 北京：中国水利水电出版社.

（王勇 杨思佳）

聚氯乙烯管

聚氯乙烯管（PVC pipe） 以聚氯乙烯树脂为主要原材料，加入符合标准的、必要的添加剂混合均匀，加热熔融、塑化后，经挤出成型而成的管材。

类型 按结构形式分为实壁管、双壁波纹管、加筋管3种。普通硬聚氯乙烯实壁管横截面为实心圆环结构。硬聚氯乙烯双壁波纹管是一种内壁光滑、外壁呈波纹状的结构壁管材，双壁波纹管适用于工作压力不大于0.2MPa的输水工程。硬聚氯乙烯加筋管适用于工作压力不小于0.2MPa的输水工程。近年来出现了一些新型硬聚氯乙烯管材，如添加水泥生产的水泥硬聚氯乙烯管材，提高了管材的强度和抗老化性能；缠绕环向钢筋生产的加筋硬聚氯乙烯管材，提高了大口径管材的强度，减小了壁厚，降低了造价。

主要用途 一般常作为固定管道埋于地下。

参考书目

余玲，2002. 塑料在节水灌溉中的应用［M］. 北京：化学工业出版社.

郑耀泉，刘婴谷，严海军，等，2015. 喷灌与微灌技术应用［M］. 北京：中国水利水电出版社.

（刘俊萍）

聚乙烯管

聚乙烯管（PE pipe） 以聚乙烯树脂为主要原材料，加入稳定剂、添加剂等后挤压成型的。与聚氯乙烯管相比，聚乙烯管具有较好的热熔特性，管子接头处可以用热熔法联结；有较好的柔韧性和优良的耐刮伤痕的能力，铺设时比较容易弯曲、移动、穿插；抗低温性能较好，抗冻胀能力强。

类型 可分为高密度聚乙烯管、低密度聚乙烯管和加筋高密度聚乙烯管等。加筋聚乙烯管以聚乙烯树脂为主要原料，挤出成型过程中，在管壁内按均匀连续螺旋形设置受力线材，复合制成的一种新型管材。加筋聚乙烯管应用PE63级及以上级别树脂，受力线材为碳素弹簧钢丝。

主要用途 广泛适用于高寒地区和管沟开挖难以控制的山丘区。

参考书目

余玲，2002. 塑料在节水灌溉中的应用［M］. 北京：化学工业出版社.

夏开邦，2002. 塑料与农业节水［M］. 北京：中国石化出版社.

郑耀泉，刘婴谷，严海军，等，2015. 喷灌与微灌技术应用［M］. 北京：中国水利水电出版社.

（刘俊萍）

卷管机

卷管机（coiling machine） 通过旋转方式将管带缠绕整理的设备（图）。

卷管机

原理 由驱动装置带动绕转轮转动，绕转轮的转动带动与其相连的管带缠绕在绕转轮上。

结构 主要由绕转轮、绕转轮直杆、绕转轮轴套、机架等组成。

主要用途 主要用于园林浇灌管带的缠绕整理。

类型 根据驱动方式可分为手动式和电动式。

（印刚）

卷盘式喷灌机（capstan sprayer） 由软管供水，用卷盘绕软管，牵引远射程喷头，使喷头在喷灌过程中沿作业路线移动的喷灌机，又称绞盘式喷灌机。

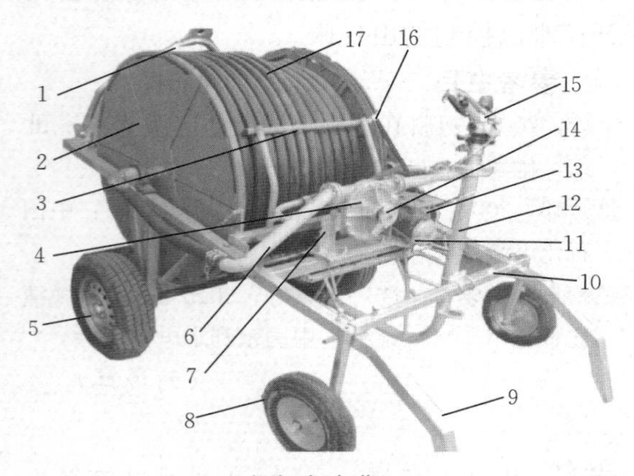

卷盘式喷灌机

1. 牵引架 2. 绞盘 3. 压辊 4. 直冲式水涡轮 5. 轮胎 6. 进水管 7. 水涡轮支架 8. 喷灌机前轮 9. 主车架 10. 喷头支架 11. 皮带 12. 出水管 13. 减速箱 14. 皮带轮 15. 喷枪 16. 链条 17. PE管

概况 在我国水资源日益紧缺的形势下，推广喷灌是实现水利化、促进农业生产的重要措施之一，因此具有广阔的发展前景。喷灌自1976年起列入中国科学院10年科技攻关计划，1978年开始推广应用，在20多年的科学研究和生产实践中，积累了不少成果和经验。喷灌系统的分类方法很多，如按喷洒特征分类，有定喷式和行喷式。定喷式又分为管道式和机组式。行喷式又分为中心支轴式、平移式和卷盘式，其中卷盘式喷灌机是灌溉机械中的佼佼者，它可提供经济可靠的服务，是灌溉大田作物的最优选择。

结构 主要由底盘、软管、绞盘、驱动电机、桁架、喷头车组成，软管分4层缠绕在绞盘上。作业准备阶段，使用牵引拖拉机将喷灌机拖到地头，固定底盘，接通水管、电线，变速箱挂空挡，将喷头车牵引到农田另一头，释放软管，安装桁架。作业时，接通水泵，观察喷头正常喷水后，接通绞盘驱动电机电源，将变速箱由空挡切换到收管挡，绞盘在电机带动下转动，回收软管，喷头车在软管牵引下移动，完成喷灌作业。图为卷盘式喷灌机。

工作原理 卷盘式喷灌机采用水涡轮式动力驱动系统。采用大断面、小压力的设计，在很小的流量下，可以达到较高的回收速度，水涡轮转速从水涡轮轴引出一个两速段的皮带驱动装置传入到减速器中，降速后链条传动产生较大的扭矩力驱动绞盘转动，从而实现PE管的自动回收。同时经水涡轮流出的高压水流经PE管直送到喷头处，喷头均匀地将高压水流喷洒到作物上空，散成细小的水滴均匀降落，并随着PE管的移动而不间歇地进行喷洒作业。主要结构包括喷枪、绞盘、管路、水涡轮、软管、减速箱、主车和喷头车。绞盘缠绕软管，一端连接进水管向绞盘式喷灌机供水，另一端由水涡轮驱动向喷枪供水，喷枪和水涡轮载于喷头车上，沿喷灌作业路线自走、自停，灵活喷洒。

作为新型轻小型喷灌机组，其管理简便，操作容易，机动性好，适应性强，同时具备省工、省时、省水、省地，广泛应用于农业灌排、种植、园林等领域。

参考书目

袁寿其，李红，施卫东，2011. 新型喷灌装备设计理论与技术［M］. 北京：机械工业出版社.

（曹璞钰）

卷扬机（winch） 用卷筒缠绕钢丝绳或链条提升或牵引重物的轻小型起重设备，又称绞车（图）。卷扬机可以垂直提升、水平或倾斜拽引重物。可单独使用，也可作为起重、筑路和矿井提升等机械中的组成部件，因操作简单、绕绳量大、移置方便而被广泛应用。主要应用于建筑、农业、水利工程、林业、矿山、码头等的物料升降或平拖。

自动卷扬机

概况 国外对卷扬机的生产和使用起步于20世纪初期，目前卷扬机品种繁多，应用广泛。我们自新中国成立后才开始生产卷扬机，以仿制为主。到70年代，我国卷扬机的生产进入了技术提高、品种繁多的新阶段。目前卷扬机的发展趋势正向大型化、电子先进技术、手提式卷扬机、无动力源卷扬机等发展。

类型 卷扬机应用范围广泛，产品类型繁多，分类方法很多。按照动力源来分类，卷扬机分为手动卷扬机、电动卷扬机、内燃机卷扬机、气动卷扬机和液压卷扬机，现在以电动卷扬机为主。

结构 电动卷扬机由电动机、联轴节、制动器、齿轮箱和卷筒组成，共同安装在机架上。对于起升高度和装卸量大且工作频繁的情况，要求调速性能好，能令空钩快速下降；对安装就位或敏感的物料，能用较小速度下降。动力通过电动机输入，再通过联轴器与减速器的输入轴相连，将动力输入到减速器中，减速器通过两级减速轴将动力传到排线器轴上，轴上的齿轮传动带动滚筒轴上的零件转动从而带动滚筒转动。排线器安装在排线轴上，使得钢丝绳均匀分布在滚筒上。

（魏洋洋）

K

开敞式管道系统（open piping system）

在管道系统内部适当位置设置具有自由水面的调压井或分水井的管道系统形式。

组成 一般由进水建筑物、管道、调压井、分水井、安全保护设施和田间灌水工程等部分组成。

原理 在调压井或分水井处常设有闸门或阀门用来调节流量和压力，当管网系统输配水时，如管道进水多于灌溉需水量，剩余水则从调压井或分水井设置的溢流口、排水管中排走。

结构 图 1 为开敞式管道系统溢流剖面，图 2 为溢流式分水井示意，图 3 为闸门调压井示意。

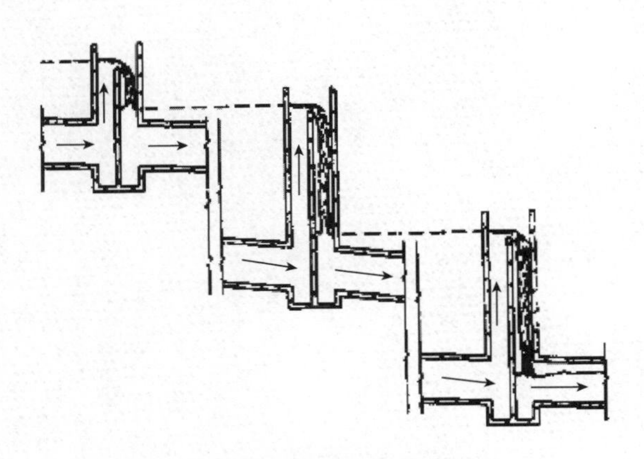

图 1 开敞式管道系统溢流剖面

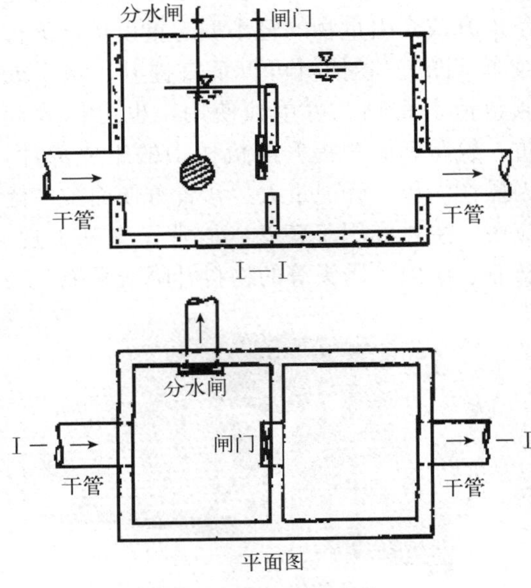

图 2 溢流式分水井

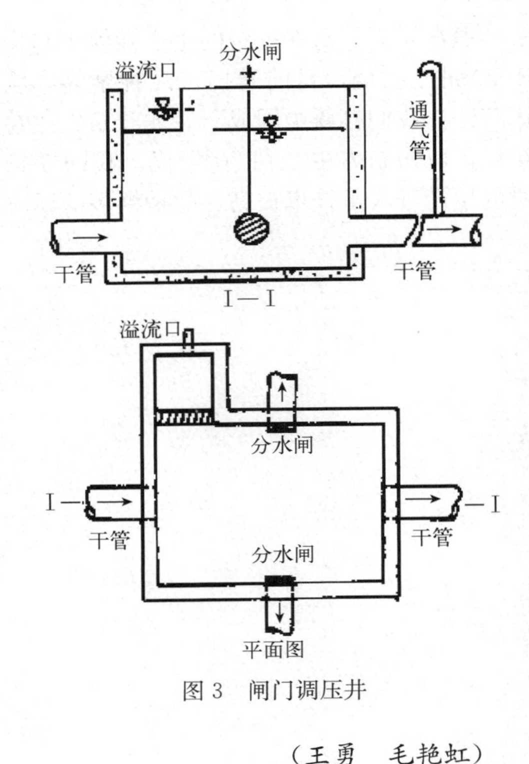

图 3 闸门调压井

（王勇 毛艳虹）

开放式安全阀（safety valve with open cover）

根据介质排放方式划分的一种弹簧

式安全阀，与全封闭安全阀和半封闭安全阀不同的是，开放式安全阀不通过排气管排出气体，其阀盖处于敞开状态，使弹簧腔室与大气相通，有利于降低弹簧的温度。

概况 主要适用于介质为蒸汽，以及对大气不产生污染的高温气体的容器。

参考书目

章裕昆，2016. 安全阀技术［M］. 北京：机械工业出版社.

（王文杰）

开沟机（trencher）

开挖沟渠一次成型的施工机械。广泛应用于土木建筑、道路建设、线缆铺设、市政工程以及军事工程等开沟作业。随着我国农业经济的发展和新农村建设步伐的加快，开沟机逐渐应用于农田水利的开沟铺管、温室以及林果园的开沟施肥等领域。

概况 20 世纪 50 年代，美国和苏联是最早研制开沟机的国家，到了 70 年代，美国成为世界上最大的不同型号链式开沟机生产国，在世界范围内获得了广泛认可。我国起步较晚，但取得了较快发展。开沟机正朝着专业化、系列化、标准化、多样化及智能化等方向发展。从目前发展状况来看，犁铧式开沟机的使用逐渐减少，旋转式开沟机的研究主要集中在结构的改进和参数的优化上，而链式开沟机蓬勃发展，将会得到更广泛的应用。

类型 按照开沟原理不同，主要分为犁铧式开沟机（固定工作部件）（图）、旋转式开沟机（旋转工作部件）和链式开沟机（非连续工作部件）；国际上按照发动机功率 73.5 kW 为界限，分为小型开沟机和大型开沟机；按照行走方式分为轮胎式和履带式；按照驱动方式分为机械式驱动和液压式驱动。

结构 链式开沟机主要由动力系统、减速系统、链条传动系统和分土系统组成。柴油机经过皮带将转动传递到离合器后，驱动行走变速箱、传动轴、后桥等来实现链条式开沟机的向前或向后的直线运动。

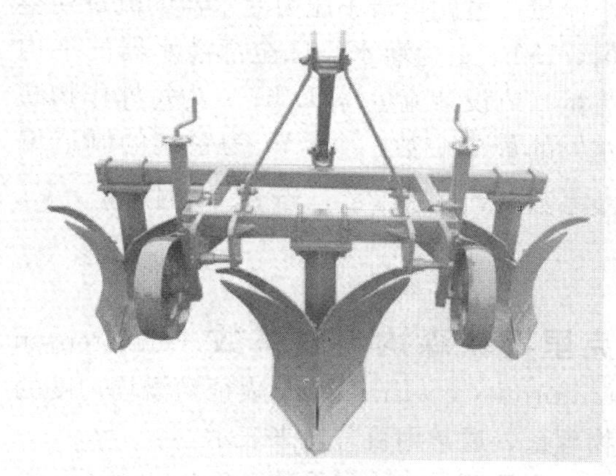

犁铧式开沟机

（魏洋洋）

凯勒均匀度（keller uniformity）

表征灌溉均匀度的物理量，通常用百分比来表示。

（1）占田间（或灌水小区）实测灌水器流量数据 25%的低流量数据的平均值与田间（或灌水小区）所有实测的灌水器流量平均值的比值，以百分数表示。

$$EU=\frac{q'_{25\%}}{q'_a}\times 100\%$$

式中 $q'_{25\%}$为占田间实测流量数据 25%的低流量数据的平均值，L/h；q'_a为田间所有实测的灌水器流量平均值，L/h。

（2）对于一个计划中的灌水小区设计，可用下式来计算凯勒均匀度：

$$EU=\frac{100\left(1.0-\frac{1.27V}{\sqrt{e'}}\right)q_n}{q_a}=100(1.0-1.27V_s)q_n/q_a$$

式中 V 为灌水器制造偏差系数，由制造厂家提供或由式 $V=s/q_a$ 计算；s 为样本流量的标准差；q_n 为根据灌水器标称流量-压力关系曲线，由系统最小压力算出的灌水器最小流量，也就是最小压力灌水器的流量期望值，L/h；q_a为灌水小区全部灌水器的平均流量（或设计流量），L/h；e'为每株作物灌水器的最少个数，个；V_s为系统的制造偏差系数，$V_s=V/\sqrt{e'}$；当$e'=1$时，$V_s=V$。

（王勇　吴璞）

克里斯钦森均匀度系数（christensen uniformity coefficient）

表征灌溉均匀度的物理量，通常用百分比来表示。

克里斯琴森均匀系数（C_u）：

$$C_u=1-\frac{\sum_{i=1}^{N}|\theta_i-\bar{\theta}|}{N\bar{\theta}}$$

式中　θ_i为每个取样点的实际含水率（%）；$\bar{\theta}$为平均土壤含水率（%）；N为取样点个数。C_u值在0～1之间。C_u值越接近于1，每个滴头的流量越接近于平均值，流量分布均匀性越好。

（王勇　吴璞）

空化（cavitation）

液体内局部压强降低到饱和蒸汽压之下时，液体内部或液固交界面上出现的蒸汽或气体空泡形成、发展、坍缩和溃灭的过程。空蚀是指空泡坍缩形成微激波与微射流，攻击壁面形成损伤的过程。空蚀过程在水轮机领域称为气蚀、在螺旋桨领域称为剥蚀、在汽轮机领域称为水蚀、在水力机械领域称为冲蚀，所描述的都是相同的物理和力学过程。图为泵叶轮空化。

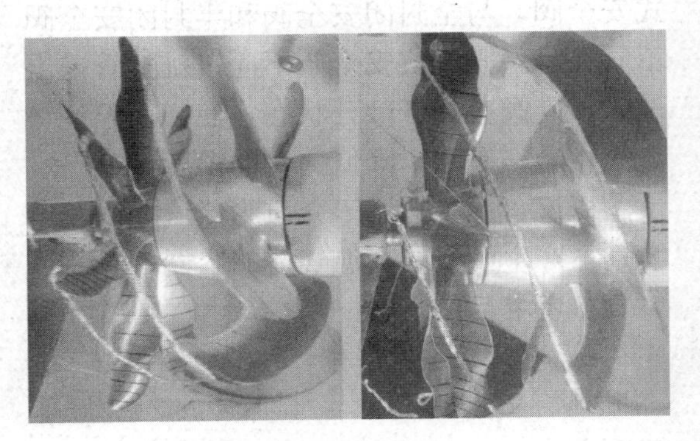

泵叶轮空化

概况　研究水中运动物体在物面上产生空化形成空泡情形下，绕流流场和水动力特性的理论。空泡流有两种类型：①超空泡流。空化充分发展，空泡从物体表面延伸到尾部后面的流动。②局部空泡流。空化区域仅覆盖物体部分表面而不超出物体尾部的流动。为用数学方法对空泡流进行计算，必须建立空泡流模型，如映象模型、回射流模型、开放尾流模型、螺旋涡模型等。在流体机械和水工设计中要尽量避免产生空化，但有时也利用超空化状态来达到高速稳定的运转状态，就需要利用超空泡流理论指导设计工作。

原理　目前，对汽蚀发生的内在机理研究最具代表性的为柯乃普提出的“气核理论”。该理论认为液体中存在着微小的气泡（称为核子），这些核子液体的抗拉强度降低；流体流经泵的过流部件过程中，在流道各处的压强是不相等的，随着流体的压力降低，在叶片附近流体的压力降低到低于汽化压力时，这些核子将迅速膨胀形成气泡，这些气泡随着液流进入高压区时，气泡中的蒸汽又会重新凝结成液态水。当蒸汽凝结时，气泡即随之消失，气泡的破灭过程非常迅速，致使周围的液体以十分高的速度射向气泡中心，由此引发局部水锤作用，对过流部件造成侵蚀破坏，这种伴有气泡产生、破灭、冲击、腐蚀的综合过程，称为泵的汽蚀过程。

公式　影响流动液体中空穴的产生、发展、消失以及与此相关的流动特性的主要因素是边界几何形状、绝对压力、流速和形成空泡或维持空穴的临界压力P_σ。所以，在水动力学中，经常采用反映上述参数之间关系的无量纲σ来描述流体中空化程度，称为空化数。

$$\sigma=\frac{P_\infty-P_{va}}{\frac{1}{2}\rho U^2}$$

主要用途　空化空蚀在生产、生活中的应用。①在清洗方面的应用。空化清洗主要是利用空化射流来实现的，即通过设计特定的喷嘴来诱发空化的产生，从而利用空泡破灭时产生的冲击力来去除固体表面的污垢。②在保护环境、净化湖泊中的应用。空化治理营养化水。③在破碎、钻井方面的应用。空化现象发生会产生很大的脉冲压力，所以空化射流可以大大提高射流对岩石的破碎和切割能力，除了很好的破碎作用外，空化射流破碎还具有安全的特点，特别适合在易燃、易爆的环境下使用。④水处理方面的应用。空化射流特别适合处理乳化含油废水。与空化空蚀相关的领域有：声化学；超声医学；常温中子聚变。

类型 空化有各种不同的分类法。按动力特性可分为游移型空化、固定型空化、旋涡型空化和振动型空化；按外貌特征可分为泡状空化、片状空化、斑状空化、条纹状空化、团状空化、雾状空化、梢涡空化和毂涡空化等；按发展阶段可分为临界空化、局部空化和超空化等。

参考书目

关醒凡，1987. 泵的理论与设计 [M]. 北京：机械工业出版社.
克里斯托弗·厄尔斯·布伦南，2012. 泵流体力学 [M]. 潘中永，译. 镇江：江苏大学出版社.

（许彬）

空气阀

空气阀 (air valve) 又称排气阀，是一种用于防止瞬变过程减压波使管内产生负压的特殊阀门（图）。当管道内压力低于大气压时吸入空气，而当管道中压力上升高于大气压时排出空气。在排气过程中，当管内液体充满管道时阀门能够自动关闭，不允许液体泄入大气。

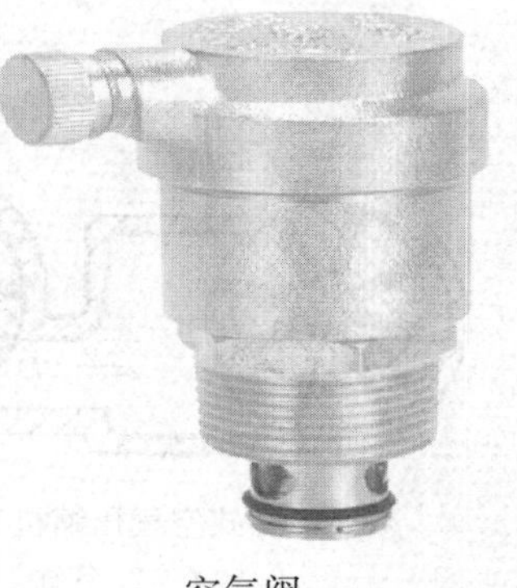

空气阀

概况 排气阀当管内开始注水时，塞头停留在开启位置，进行大量排气，当空气排完时，阀内积水，浮球被浮起，传动塞头至关闭位置，停止大量排气，当管内水正常输送时，如有少量空气聚集在阀内到相当程度，阀内水位下降，浮球随之下降，此时空气由小孔排出，当抽水机停止，管内水流空时或遇管内产生负压时，此时塞头迅速开启，吸入空气，确保管线完全。

类型 根据孔口功能分为高速排气阀、高速吸气阀和微量排气阀。按照用途分为清水用和污水用空气阀。

结构 空气阀由阀体、滤网、浮球、密封圈等零件组成。

参考书目

李志鹏，朱慈东，徐放，等，2018. 输水系统空气阀结构特性与水锤防护 [M]. 北京：中国水利水电出版社.

（王文杰）

空气压缩机

空气压缩机 (air compressor) 一种以内燃机或电动机为动力，将自然状态的空气压缩到具有一定能量的高压气体而具有气流能的动力装置。

概况 我国在压缩机方面的研究相比国外晚很多，大概最初的研究在19世纪。主要是当时各类矿山机械的工作需要高压的气体来驱动，所以国内许多企业开始引进压缩机并开始研究制造。但早期对压缩机方面的学习研究资料主要是来自日本、苏联和德国等发达国家。之后我们国家的一些企业试图生产，并相继成立了专门的压缩机生产制造企业，随后为推动压缩机的研究发展，又在国内各高校建立了压缩机研发试验室并在机械的学科中分出压缩机专业。压缩机的制造从最初由国外仿制到现在的自主创新研发，而且积极引进学习国外的先进技术。目前，我国的压缩机技术和产品已经相对比较成熟，并且可以概括其为种类齐全、样式繁多、功能强大的综合产品。

类型 按照其工作原理可分为活塞式、螺杆式和滑片式等。

(1) 活塞式空气压缩机。当活塞从上止点向下止点移动时，气缸上部容积增大，气缸内空气变稀，压力降低，在气缸内外压力差作用下，进气阀被打开，排气阀关闭，空气被吸入气缸内；当活塞行至下止点时，吸气过程结束。当活塞从下止点向上止点移动时，进气阀关闭，此时气缸容积逐渐变小，空气被压缩，压力上升；当气缸内气压升到能克服气门背压和弹簧力之和时，排气阀被打开，排出压缩空气；活塞行至上止点时，完成了压缩和排气两个过程。由此可见，活塞往复两个行程即完成吸气、压缩、排气3个过程。这3个过程构成空压机的一个工作循环。活塞式空气压缩机就是按此循环周而复始地工作（图）。

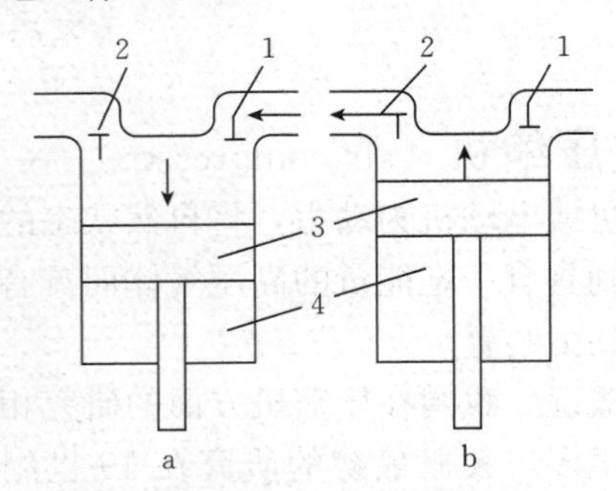

活塞式空气压缩机工作原理示意

a. 吸气过程 b. 压缩和排气过程

1. 进气阀 2. 排气阀 3. 活塞 4. 气缸

(2) 螺杆式空气压缩机。螺杆式空气压缩机主要由一个内腔为扁圆形的缸体和一对螺杆式转子组成。通过螺杆相对旋转，产生吸气、压缩、排气3个工作循环（图）。①吸气过程：当螺杆由原动机带动旋转时，主、从动螺杆吸气端的齿由相互啮合到逐渐脱离，齿间间隙逐渐增大，并和机身吸气口相通，外界空气被吸入。随着螺杆的转动，螺杆齿沟和气缸壁间形成一个闭合空间而完成吸气过程。②压缩过程：由于主、从动螺杆的啮合旋转，螺杆齿沟和气缸壁间所形成的闭合空间逐渐缩小并继续向前转动，则完成空气的压缩过程。③排气过程：主、从动螺杆继续旋转，使闭合空间进一步缩小。当气体压缩到额定压缩比时，从排气口排出，从而完成排气过程。

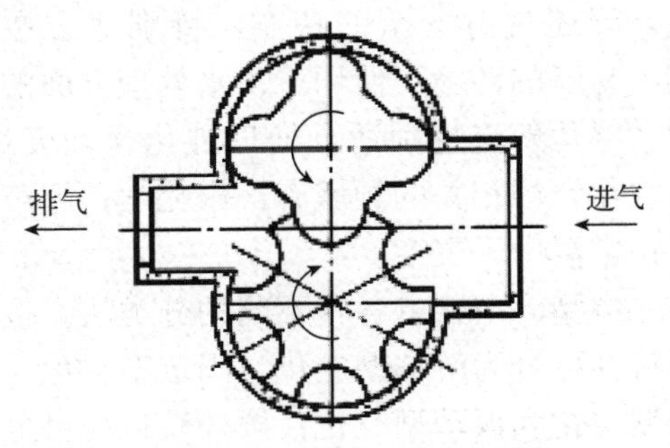

螺杆式空气压缩机工作原理示意

(3) 滑片式空气压缩机。转子偏心地安装在气缸内，两者构成一个月牙形空间。在转子上径向地装有若干滑片，它们依靠转子旋转时产生的离心力紧贴在气缸内壁，从而将月牙形空间分隔成若干扇形基本容积。在转子每旋转一周时，各个基本容积都要经过由最小值逐渐变大到最大值，然后再逐渐变小回到最小值的过程。随着转子的不停旋转，各个基本容积都如此循环变化，完成吸气、压缩和排气3个过程，构成空气压缩机的一个工作循环。如图所示，A－B为吸气

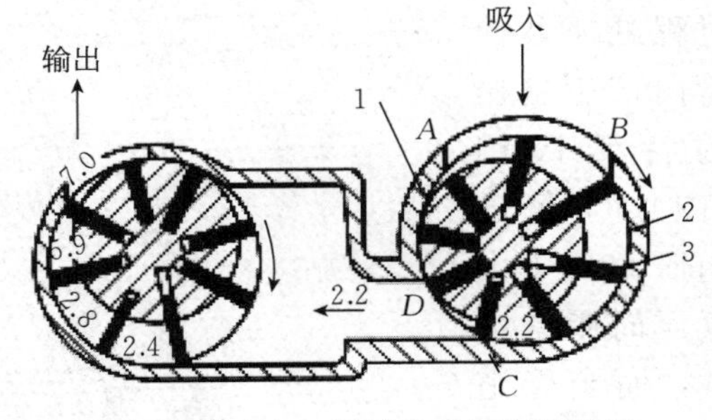

双级滑片式空气压缩机工作原理示意

1. 转子 2. 气缸 3. 滑片

口，C-D为排气口；右边转子为一级压缩，左边转子为二级压缩。

主要用途 空气压缩机主要在建筑、铁路、公路、隧道、矿山、市政、地下等工程施工时提供各种压力等级所需的压缩空气。即为所有风动机械，喷涂、喷漆输送混凝土、装修工程用的风动机具及散装水泥车等提供动力，也可为轮胎充气。由于空压机安全可靠并使用方便，因而得到广泛应用。

参考书目

钟汉华，李秋东，2016. 施工机械［M］. 重庆：重庆大学出版社 .

（王勇　李刚祥）

孔板流量计（orifice flowmeter） 孔板流量计属于传统型的流量测量仪表装置，是将标准孔板与多参量差压变送器（或差压变送器、温度变送器及压力变送器）配套组成的高量程比差压流量装置，其节流装置系统包括环室孔板、喷嘴等。节流装置与差压变送器配套使用，可以测量液体、蒸汽、气体的流量，现今已广泛应用于石油、化工、冶金、电力、轻工等部门，是工业生产中最为重要的一种流量计种类。

概况 孔板流量计的二次仪表是压力、差压和温度检测元件直至显示和记录等计量仪表的总称。孔板流量计所使用的二次仪表的发展可分为两个阶段：第一个阶段为以手工计算为主的阶段，现场应用得最多的是CWD-430双波纹管差压静压记录仪。第二个阶段为以电动变送器和计算机在线实时计算的阶段，采用电动变送器和计算机在线实时计算流量值的计量技术在20世纪90年代末才迅速发展起来。第二代产品就是利用电动仪表加电子计算机配节流装置计量天然气流量的计量技术。

随着新的测量方法的不断出现，具有新的工作原理的新型流量计不断推出，控制技术、计算机、电子、通信、网络技术的发展也推动了智能流量计向现场总线技术、软测量技术和多传感器融合技术、虚拟仪器的方向发展。随着现代工业生产的飞速发展，对流量计的要求越来越高，对流量计的智能化、低功耗、远程监控及适感性提出了更高的要求。

类型 ①标准孔板。标准孔板是一类规格最多的标准节流装置，广泛应用于各种流体特别是气体流量测量中，孔板的结构因压力、通径、取压方式的不同而不同。标准孔板按常用取压方式可分为角接取压、法兰取压、径距取压3种类型。②圆缺孔板。取压方式：法兰取压。③偏心孔板。取压方式：角接取压。④内藏孔板。这一类孔板是将孔板与测量管做成一体，一般用于小管径（DN≤50 mm），所以又称小管径孔板。结构紧凑，牢固耐用，工作可靠，可以测小流量，现场安装方便；要求配制一段直管段（前5D、后2D需精密加工）。⑤限流孔板。用于流体输送过程的降压、限流。利用节流件的压力损失的特点，来达到降压、限流的目的。特点：结构简单、耐用、工作可靠，不需要测量差压。⑥环形孔板。环形孔板适用于各种流体（气体、蒸汽、液体）介质，它除了具有标准孔板的结构简单、牢固、安装使用方便等特点以外，更适合测量饱和蒸汽、过热蒸汽以及煤气、冷却水等脏污流体，更容易适应高温、高压流体的流量测量，比圆缺孔板、偏心孔板工作更可靠，测量更精确，以较低的成本制成耐腐蚀型测量腐蚀性流体的流量，可以防止被测流体（如重油、渣油等）在测量管段内凝结或黏附；通以冷却液可防止易汽化的液体在流经测流板时形成汽液两相流，采用均压环结构，减少了测量误差来源引至差压变送器的是在测流板上、下游处取压管横截面的静压平均值，减弱了上游局部阻力形成的速度分布畸变对精度的影响，实际精度更接近基本精度，采用带远传膜盒的差压变送器，可以测量诸如煤粉、渣油等脏污液体的流量。

结构 包括标准孔板、标准喷嘴、长径喷嘴、1/4 圆孔板、双重孔板、偏心孔板、圆缺孔板、锥形入口孔板等取压装置：环室、取压法兰、夹持环、导压管等连接法兰（国家标准、各种标准及其他设计部门的法兰）、紧固件、测量管等（图）。

孔板流量计

参考书目

王池，王自和，张宝珠，等，2012. 流量测量技术全书［M］. 北京：化学工业出版社：2－5.

（骆寅）

孔口式滴头（orifice type emitter）

一种利用微小孔口造成局部水头损失消能的滴头（图）。

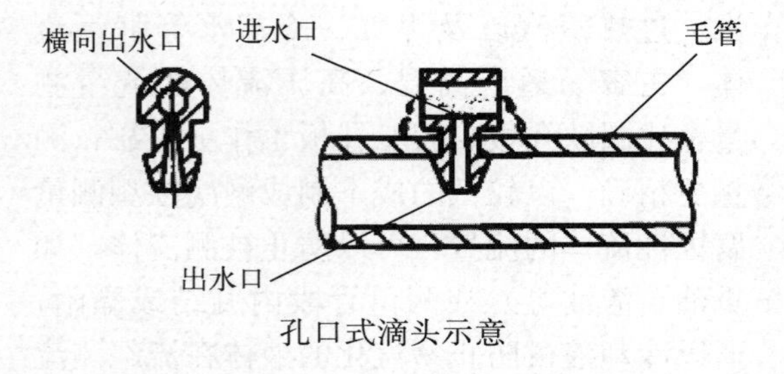

孔口式滴头示意

原理 孔口式滴头的工作原理是毛管中压力流经过孔口收缩、水流突扩和孔顶折射3次消能后使连续的压力流变成水滴或细流。缺点是流道尺寸小，一般为 0.6～1.5 mm，抗堵塞性能弱，不具备压力调节功能。

概况 水利部农田灌溉研究所、沈阳塑料七厂是最早生产孔口滴头的科研单位和厂家。近年来，水利部灌排产品协作生产厂——山东莱芜塑料制品（集团）股份有限公司承担了国家“八五”和“九五”重点科技攻关项目“新型滴灌器材”的研究和开发。采用国际标准生产微灌设备，生产了压力补偿式滴头和五位可调式滴头等新产品，并通过了 ISO 9001 认证，补充、发展了我国第一代滴灌设备产品。

结构 主要由一个孔口和一个盖子组成。

参考书目

郭彦彪，邓兰生，张承林，2007. 设施灌溉技术［M］. 北京：化学工业出版社.

王立洪，管瑶，2011. 节水灌溉技术［M］. 北京：中国水利水电出版社.

（王剑）

孔口消能式灌水器（orifice energy dissipation irrigator）

靠孔口出流造成的局部水头损失来消能调节出量大小的灌水器。

概况 因流道直径较小，一般为 0.4～0.5 mm，抗堵性能弱，灌水均匀性较低。实验研究表明，当灌水器流道直径小于1.0 mm时，很容易被堵塞，而微灌技术要求灌水器具有强抗堵能力。因此，孔口消能式灌水器目前较少应用。

原理 靠孔口出流造成的局部水头损失来消耗能量。流道长度越长，直径越小，流经灌水器水流的能量损失就越大，且直径变化对能量损失的影响远大于长度变化的影响。在孔口消能式灌水器中，流道长度很短，局部阻力能量损失占总能量损失的主要部分。

结构 流道尺寸小，孔口直径一般为0.4～0.5 mm。

主要用途 适用于低压工作条件，作用是将管道系统中集中的有压水流经孔口消能并分配到每棵作物根区的土壤中去。在低压条件下，迷宫流道转弯处存在流动滞止区，易形成沉淀、堵塞，而孔口消能式灌水器制造工艺简单，成本较低，易于被农民接受和推广。

参考书目

郑耀泉，李光永，党平，等，1998. 喷灌与微灌设备［M］. 北京：中国水利水电出版社 .

（李岩）

孔眼式滴头（orifice dropper）

利用微小孔口的局部水头损失减压的滴头（图）。一般是旁插于毛管上，进、出水口直径很小，中间有较大的空腔，压力水流经过扩散、收缩或旋转等方式消耗剩余能量。

孔眼式滴头

工作原理 主要依靠局部水头损失消能，以及地面收缩或者水流冲击滴头顶部的盖子消能。

特点 工作压力低，结构简单，价格低廉，工作可靠，水流为紊流。

参考书目

周卫平，2005. 微灌工程技术［M］. 北京：中国水利水电出版社 .

（蒋跃）

控制阀（control valve）

一种用于操纵流量的阀门，是节流装置，属于动部件。在控制过程中，控制阀需要不断改变节流件的流通面积，使操纵变量变化，以适应负荷变化或操作条件的改变。

概况 我国控制阀工业生产的起步较晚。在20世纪60年代开始研制单座阀、双座阀等产品，主要是仿制苏联的产品。70年代开始，随着工业生产规模的扩大，工业过程控制要求的提高，一些控制阀产品已不能适应生产过程控制的要求，为此，一些大型石油化工企业也引进了一些控制阀，为国内的控制阀制造厂商指明了开发方向。80年代开始，随着我国改革开放政策的贯彻和落实，一些控制阀制造厂引进了国外著名控制阀厂商的技术和产品，使我国控制阀产品的品种和质量得到明显提高。90年代开始，我国的控制阀工业也在引进和消化国外的先进技术后开始飞速发展，一些合资和外资的控制阀生产厂相继生产有特色的产品，填补了一些特殊工业控制的空白，使我国控制阀工业的水平大大提高，缩短了与国外的差距。

类型 ①直通单座阀：直通单座控制阀只有一个阀芯和一个阀座，是一种常见的控制阀，具有泄漏量小、允许压降小、流通能力小、不平衡力大（图）；②直通双座阀：直通双座控制阀有两个阀芯和两个阀座，具有受不平衡力小、允许压降大、流通能力大、泄漏量大、抗冲刷能力差；③三通阀：三通阀有两个阀芯和阀座，结构与双座阀类似，但三通阀中，一个阀芯与阀座间的流通面积增加时，另一个阀芯与阀座间的流通面积减少；④角形阀：角形阀适用于要求直角连接的应用场合，适用于高黏度、含悬浮物和颗粒的流体控制；⑤高压阀：高压阀适用于高静压和高压差的应用场合，国内高压阀通常采用角型单座结构，国外高压阀也有采用整体锻造结构；⑥隔膜阀：隔膜阀由耐腐蚀性和内衬耐腐蚀材质的阀体组成，适用于强酸、强碱、强腐

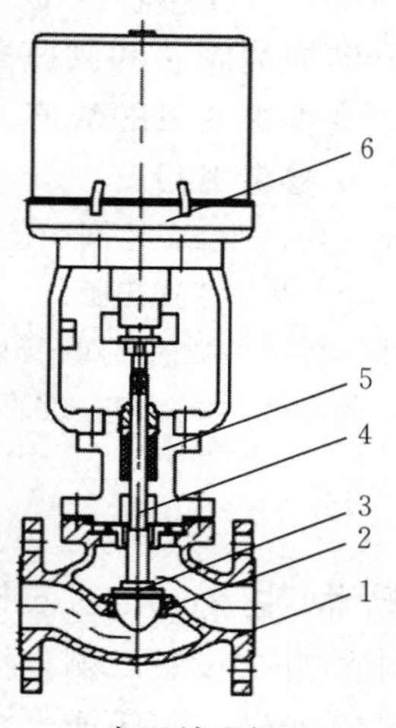

直通单座阀
1. 阀体 2. 阀座 3. 阀芯 4. 阀杆 5. 填料 6. 电机

蚀性流体的切断控制或节流控制；⑦套筒阀：套筒阀又称笼式阀，阀内件采用阀芯和阀笼的控制阀；⑧球阀：球阀是一类旋转阀，它将输入信号转换为角位移，并带动球状阀芯旋转；⑨偏心旋转阀：偏心旋转阀又称挠曲凸轮阀，它有一个偏心旋转的阀芯，当控制阀接近关闭时，阀芯的弯曲臂产生挠曲变形，使阀芯的球面球塞与阀座紧密接触，因此密封性能很好；⑩蝶阀：蝶阀由阀体、阀板、阀轴和密封填料、轴承等部分组成。

结构 控制阀由执行机构和调节机构组成。执行机构可分解为两部分：力或力矩转换部件和位移转换部件。调节机构将位移信号转换为阀芯和阀座之间流通面积的变化，改变操纵变量的数值。

参考书目

何衍庆，2005. 控制阀工程设计与应用［M］. 北京：化学工业出版社 .

中国标准出版社第四编辑室，2007. 工业过程控制阀标准汇编［M］. 北京：中国标准出版社 .

（张帆）

控制柜（control cabinet） 按电气接线要求将开关设备、测量仪表、保护电器和辅助设备组装在封闭或半封闭的金属柜。其布置应满足电力系统正常运行的要求，便于检修，不危及人身及周围设备的安全。正常运行时可借助手动或自动开关接通或分断电路。故障或不正常运行时借助保护电器切断电路或报警。借测量仪表可显示运行中的各种参数，还可对某些电气参数进行调整，对偏离正常工作状态进行提示或发出信号。常用于各发、配、变电所中。

概况 早期控制柜由于内部电气元器件（如晶闸管）体型较大，柜体一般比较高大笨重，且自动化程度不高。近年来，由于材料技术及加工工艺的发展，控制柜体更加坚固可靠。同时电缆生产工艺水平的提升，减少了导线引发的故障频率，更好地满足了电气原理设计的要求，大大延长了使用寿命，降低了维护成本。目前国内使用的控制柜大多是根据 PLC 程序设计的基本技术构架，配备继电器、断路器、显示器等器件，使得控制柜的自动化程度与精准度较高。

类型 控制柜可按照功能划分为：有电气控制柜、变频控制柜、低压控制柜、高压控制柜、水泵控制柜、电源控制柜、防爆控制柜、电梯控制柜、PLC 控制柜、消防控制柜、砖机控制柜等。

结构 可从外部壳体（图 1）及其附件与内部控制元器件（图 2）两个方面阐述控制柜机构。①控制柜壳体大多采用优质冷轧钢板一次加工成型的九折弯立柱。采用钢插件和焊接双重连接组合成型顶置吊环与钢插件直接相连，保证架体的吊装强度安装梁。四面围板一般可拆卸，方便内部电气设备的安装和多个单柜并柜连接，一般均装有风机及过滤网，保证柜内通风与洁净。②控制柜的主要器件分布在柜体内，内部元器件主要由变压器、变频器、接触器、继电器、显示器、断路器、发光二极管、接头端子及 PLC 模块组成，同时还包括连接各个元器件的电缆线。其中，各类器件按一定规律有序排布，强弱电隔离安装，既美观整洁，又便于接线与日后故障排查。

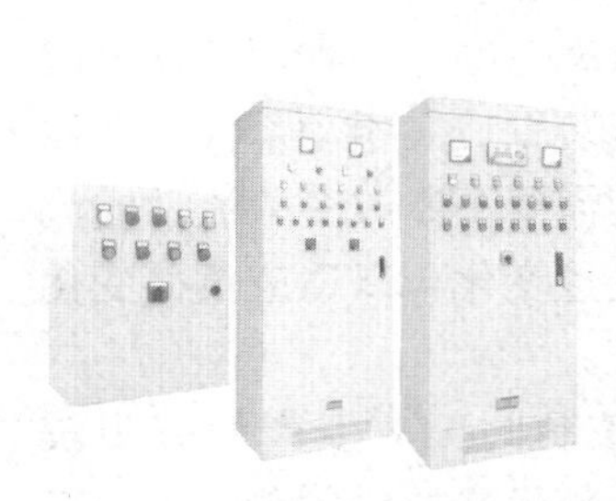

图 1 外 观

图 2 内 部

（徐恩翔）

快速接头（quick connector） 一种不需要工具就能实现管路连通或断开的接头（图）。快速接头又称快速联接器，是一种便于快速连接和拆卸的管接头，用于移动式和半固定式喷灌设备上水管和喷头，以及两管节间的快速连接和快速拆卸，是喷灌管路系统的一种附件。常用的快速接头有球形双挂钩、承幅式单挂钩、内转环式和锁扣式等4种型式。

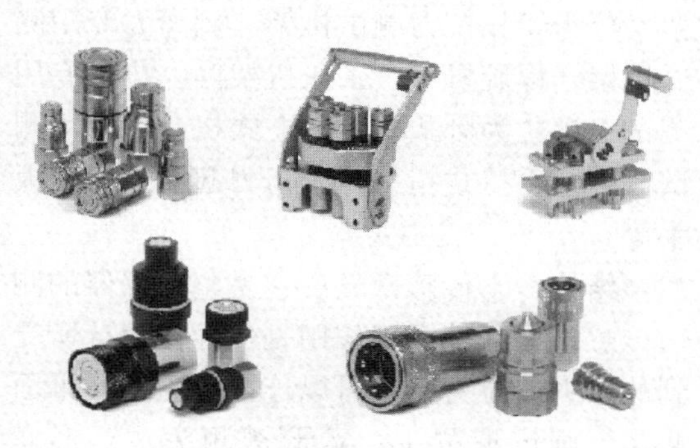

快速接头

概况 目前在其管道系统中使用的绝大部分快速接头仍沿用20世纪70年代由英国等国引进技术生产的承插式接头，这种接头具有压力下降时的自泄功能，对地形适应能力差且多为小厂生产，产品质量良莠不一，密封性不可靠。而奥地利鲍尔公司和德国佩罗特公司生产的半球形双挂钩快速接头转角达15°，但存在着拆装困难及锈蚀问题，现已基本不用。山西征宇喷灌机厂生产的QKJ球形接头与上述两种接头比较，具有适应地形能力强、密封性好的特点，但由于采用的是钢板冲压，冷镀锌工艺，使用过程中也存在着抗腐蚀能力弱以及使用费力的缺点。现已研制出集两种接头优势于一体的新型快速接头即喷灌金属管道球形铸铝快速接头，其机械力学性能、水力性能、运行可靠性和使用耐久性达到了国外先进国家90年代初的水平。

类型 常用硬管的快速接头包括：杠杆紧扣式、搭扣式、弹簧锁紧式、暗销式、偏心扣式，常用的软管接头为旋扣式接头。

常见的快速接头种类繁多，“格卡”接头专用于低压水管，针对园艺、灌溉等喷水胶管特制的快速接头。“格卡”快速接头没有公母头之分，由左右完全对称的“卡爪”结构组成，依靠橡胶垫片进行密封。尾部锯齿状设计，大大提高了与水管连接的摩擦力，设计简单、持久。

结构 包括一雌接头母体，母体上设一通孔，通孔内嵌有一钢球；一雄接头柱体，柱体表面上设有一凹槽；一卡套；所述雌接头母体和雄接头柱体密封配合，母体上的钢球卡入柱体表面的凹槽内；所述卡套套设在雌接头母体外表面，其特征在于：还包括一拉套，该拉套套设于雄接头柱体表面上，并以其内螺纹与雌接头上的卡套连接。

参考书目

杭载瑾，1980. 喷灌［M］. 郑州：河南人民出版社.

（蒋跃）

L

拉力计（tension meter） 小型简便的推力、拉力测试仪器，又称测力计。如图所示，其具有高精度、易操作及携带方便之优点，而且有一个峰值切换操作旋钮，可作荷重峰值指示及连续荷重值指示。适用于电子电器、轻工纺织、建筑五金、打火机及点火装置、消防器材、制笔、制锁、渔具、动力机械、科研机构等行业推拉负荷测试，是代替管形推拉力计的新一代产品。

概况 推拉力计是为轻工产品主要技术性能指标定量测试之用的测力计，我国推拉力计行业发展至今已有10年之余，从最初的以仿制国外产品，生产技术含量较低的机械/数显式推拉力计及其附具，到如今的像高精度推拉力计进军，从静态向动态方向发展，取得了众多成果。同时国产推拉力计的现状又让人不得不思考产业的未来发展，目前我国推拉力计技术得到迅猛发展，全数字化技术等领域取得突破性进展，这也促使我国推拉力计如指针推拉力计、无线拉力计等产品有了进一步的提升和发展。此外，多通道、多自由度协调加载的力学性能测试系统和实际工况模拟试验系统的开发也促使新产品更多的诞生，这些都为我国推拉力计产业发展起到了推动作用。

拉力计

类型 推拉力计从作用上可分为：推拉力计、张力计、拉力专用测试机架、拉力专用测试机台、拉力试验机、拉力专用测试仪等。其中，推拉力计又可分为电子推拉力计、指针推拉力计，其中指针推拉力计使用简单、操作方便、价格便宜，比较适合于那些测试要求不太高的领域，而电子推拉力计由一个桥接传感器和一个液晶显示器，再配上相应的软件和附件组成。拉力专用测试机架又分为纽扣拉力测试机架、剥离力专用测试机架、螺旋机架、手压机架等，拉力专用测试机台分为卧式机台、立式机台，专用测试仪包括手持式扭力计、扭力起子、扭力扳手等。

结构 ①传感螺丝。它是整个仪器的测力传感结构部件，其作用是传导拉力计所受到的推力或拉力。它可以连接拉力钩、平面测头、圆锥形测头、V形槽测头、V形楔测头、加长连接杆等附件。②显示器A。用来显示测量读数、测量单位、操作期间的提示信息等。③操作按键区域。分布着所有操作按键，整个仪器的按键操作在这里完成。④显示器B。用来显示测量读数、测量单位、操作期间的提示信息等。其主要作用是有利于在多个方向上读取读数。⑤固定螺丝。推拉力计的固定结构部件，可以配合其他构件固定仪器。⑥电源接口。可以连接6V直流电源，实现直流电源供电。⑦固定螺孔。推拉力计的固定结构部件，可以配合其他构件固定仪器。⑧背后电池盒。安装电池的地方，实现电池供电。

参考书目

Morris A S，Langari R，2016. Measurement and instrumentation：theory and application［M］. Salt Lake City：Academic Press.

（王龙滟）

喇叭口（flared joint） 增大吸水面积，降低局部压力的管件（图）。主要用于小区综合泵站、消防泵站等把水箱或水池的水抽到加压泵，可以自行加工安装。作用：对液体导流、连接固定篦子拦阻杂物、安装逆止阀以阻止液体回流。

类型 吸水喇叭口的制作型号有A型、B型、C型、D型等不同的型号。材质有碳钢、不锈钢、合金钢、Q235、304、316、316L、Q235B、Q235A等不同材质。

喇叭口

结构 安装在吸水管前端，入口处的直径要大于管道直径，喇叭口形状类似于大小头，直径较小的一端和管道直径相同。

参考书目

皮积瑞，解广润，1992. 机电排灌设计手册［M］. 北京：水利电力出版社.

（蒋跃）

拦污设备

拦污设备（feculence - blocking equipment） 设置在泵站入口处，用以清除粗大的漂浮物如草木、垃圾和纤维状物质等的设备（图）。

拦污设备

概况 灌溉、排涝和调水泵站从引水河道取水，一般引水河道较长，河道内水生植物繁殖迅猛，水源情况复杂，包括杂草、塑料物品、死畜、编织袋、树枝等形成的大量污物群随水流流向泵站，尤其是排涝期，泵站来流污物量大增，一旦这些污物进入水泵，有可能会打断叶片而损坏水泵；污物中的编织袋、成团的杂草很容易缠绕在叶片上，轻则流量减小、效率降低，造成机组不平衡产生振动，重则使电机过负荷或产生堵转事故。泵站拦污设备可防止水流中的污物进入水泵，对机组的正常运转起到保护作用。

类型 按照拦污方式分为立式拦污栅、斜式拦污栅和浮式拦污栅。按照布置形式分为进水口及河道格栅式拦污栅布置、引水河道浮式拦污栅布置和组合拦污布置。

结构 拦污机械设备包括格栅、滤网、水力筛网等，其中格栅是由一组或多组相平行的金属栅条与框架组成。

参考书目

廖闿彧，柳畅，尹奇德，2014. 城市排水泵站运行维护［M］. 长沙：湖南大学出版社.

潘咸昂，1989. 泵站辅机与自动化［M］. 北京：中国水利水电出版社.

（袁建平　陆荣）

拦污栅

拦污栅（trash rack） 设在进水口前，用于拦阻水流挟带的水草、漂木等杂物（一般称污物）的框栅式结构（图）。

拦污栅

概况 泵站用的栅条间距取决于水轮机型号及尺寸，以保证通过拦污栅的污物不会卡在水轮机过流部件中为准。泄水隧洞和泄水孔一般不设拦污栅，如洞径或孔径不大，而沉木较多需要设置时，栅条间距宜加大。拦污栅所受荷载，除自重外，主要是污物堵塞后，在栅前后由于水位差形成的水荷载，一般按 2～4 m 水头考虑。拦污栅的栅面尺寸决定于过栅流量和允许过栅流速。为减少水头损失和便于清污，一般要求过栅流速不大于 1.0 m/s 左右。拦污栅可以做成固定的或能够起吊的。

类型 拦污栅在平面上可以布置成直线形或呈半圆的折线形，在立面上可以是直立的或倾斜的，依水流挟带污物的性质、多少、运用要求和清污方式来决定。水头较高的坝后式水电站的进水口常用直立半圆形；进水闸、水工隧洞、输水管道多用直线形。

结构 拦污栅由边框、横隔板和栅条构成，支承在混凝土墩墙上，一般用钢材制造。栅条间距视污物大小、多少和使用要求而定。

参考书目

廖闻彧，柳畅，尹奇德，2014. 城市排水泵站运行维护［M］. 长沙：湖南大学出版社.

潘咸昂，1989. 泵站辅机与自动化［M］. 北京：中国水利水电出版社.

（袁建平　陆荣）

离心泵（centrifugal pump） 依靠叶轮旋转时产生的离心力来输送或增加液体能量的一种泵型。离心泵的设计比转速一般在10～300，根据其流量、扬程与转速的设计参数，又可分为低比转速（10～80）、中比转速（80～150）、高比转速（150～300）3 种类型。离心泵一般扬程较高，转速最高可达每分钟数万转。

概况 离心泵广泛应用于国民经济的各个领域。在农业生产中，离心泵型号、品种

典型离心泵

规格及其变型产品是所用泵型中最多的。根据水流入叶轮的方式、叶轮多少、本身能否自吸以及配套动力类型等，离心泵有单级单吸离心泵、单级双吸离心泵、多级离心泵、自吸离心泵、电动机泵和柴油机泵等。在给排水系统中，离心泵是不可缺少的一种水力机械。由于离心泵是一种重要的设备，且它的运转需消耗大量的能源，为了合理、经济地选择和使用水泵，就必须掌握离心泵的工作原理和基本性能。

原理 离心泵是利用叶轮旋转而使液体产生离心力来工作的。原动机通过泵轴带动叶轮和液体做高速旋转运动，液体在离心力作用下增加速度能，叶轮外缘的液体经蜗壳的流道把速度能转化为压力能，把流体介质输送到泵出口的压水管路。一般离心泵在启动前，需使泵壳和吸水管内充满液体，再启动电机。

结构 主要包括蜗壳形的泵壳、泵轴、叶轮、吸水管、压水管、底阀、控制阀门和底座。

主要用途 输送清水及物理化学性质类似于清水的其他液体；输送不含固体颗粒，具有腐蚀性，黏度类似于水的液体。适用于农业、市政工程、石化、冶金、能源、造纸、食品制药和合成纤维等行业。

类型 离心泵的分类方式很多，主要是依据不同的结构特点而划分的。按工作叶轮

数目分为单级泵和多级泵，按工作压力分为低压泵、中压泵、高压泵，按叶轮进水方式分为单侧进水式泵和双侧进水式泵，按泵壳结合缝形式分为水平中开式泵和垂直结合面泵，按泵轴位置分为卧式泵和立式泵，按叶轮出来的水引向压出室的方式分为蜗壳泵和导叶泵。另外，根据用途也可进行分类，如油泵、水泵、凝结水泵、排灰泵、循环水泵等。

参考书目

袁寿其，施卫东，刘厚林，2014. 泵理论与技术[M]. 北京：机械工业出版社.
刘厚林，谈明高，2013. 离心泵现代设计方法[M]. 北京：机械工业出版社.

（赵睿杰）

离心式过滤器（centrifugal filter） 即水力旋流器，是一种利用离心力将流体和杂质分离的过滤装置。相较于使用滤芯进行过滤的过滤器，离心式过滤器具有纳污量大、过滤量大等优点，缺点是耗费动力较大，分离精度较低。

概况 离心式过滤器即水力旋流器，水力旋流器最早于20世纪30年代末在荷兰出现。近年来，由于各工业领域的不断发展，对固液分离技术与装备提出了新的挑战和更高的要求。

原理 沿切向进入旋流器的混合物料进入到圆柱腔内，在高速旋转流场的作用下进行分离：混合物中密度较大的重组分在离心力场的作用下沿径向向外运动同时沿轴向向下运动，在器壁的约束下到达锥体的下部，形成底流液从底流口排出，从而形成了外旋涡流场；密度较小的轻组分沿径向向里形成内旋流，沿中心轴线向上运动，形成溢流，从溢流口排出；这样重组分从底流口排出，轻组分从溢流口排出，达到了分离过滤的目的。

结构 离心式过滤器由圆柱体、锥体、溢流口、底流口与进料口等部分组成，结构如图所示。

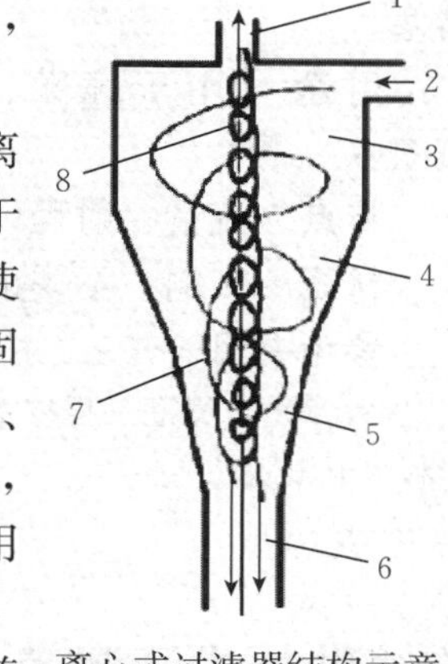

离心式过滤器结构示意
1. 溢流口 2. 进料口
3. 圆柱体 4. 大锥段
5. 小锥段 6. 底流口
7. 外漩涡 8. 内漩涡

主要用途 离心式过滤器常用于过滤系统的前段使用。多用来进行固液分离、颗粒分级、液体澄清等情况，具有广泛的应用前景。

发展趋势 随着基础理论的研究和测试技术的不断完善，离心式过滤器的研究也得到快速地发展。为了适应化工设备高效节能和多功能化的发展趋势，目前的强旋流分离设备在结构改进方面的研究主要集中在高效节能和多功能两个方面。

（邱宁）

离心式微喷头（centrifugal micro sprinkler） 利用离心力将水流射出的微喷头（图）。和折射式喷头、缝隙式喷头一样，都属于固定式喷头。

离心式可调微喷头

结构 它的主体是一个离心室，水流从切线方向进入离心室，绕垂直轴旋转，通过处于离心室中心的喷嘴射出的水膜同时具有离心速度和圆周速度，在空气阻力作用下散成水滴落在喷头四周。

优点 工作压力低、雾化程度高，不易堵塞。

用途 用于蔬菜、园林、花卉等微喷灌。

特点 流量、射程可调，雾化性能好。

材质 多铜、不锈钢、工程塑料。

参考书目

周卫平，2005. 微灌工程技术［M］. 北京：中国水利水电出版社 .

（蒋跃）

连续贴片式滴灌带（continuous patch drip－tape）

将内镶连续贴片式滴头与毛管组装成一体的带状灌水器（图）。

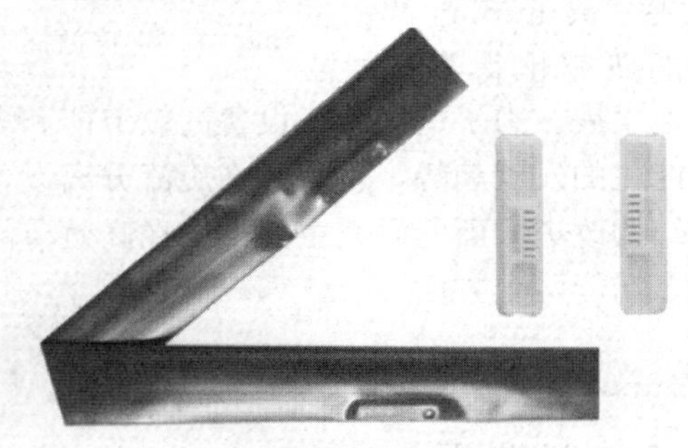

连续贴片式滴灌带

概况 内镶式滴灌带抗堵塞性能强，使用寿命长，但滴头的筛选和送入黏接系统工艺复杂，造成生产成本较高；而边缝式滴灌带成形工艺简单，制造成本较低，但水利综合性能较差。20 世纪 90 年代，一种结合了内镶平滴头和边缝式滴灌带优点的连续内镶贴条式滴灌带出现了。目前广泛应用于大田粮食作物、果树、经济作物以及蔬菜等各类节水滴灌工程，美国托罗（Toro）公司、澳大利亚 T－TAPE 公司等均有类似产品投放市场。

结构 由贴片式灌水器与滴灌带组合而成。

（王剑）

联轴器（coupling）

联接两轴或轴与回转件，在传递运动和动力过程中一同回转，在正常情况下不脱开的一种装置（图）。有时也作为一种安全装置用来防止被联接机件承受过大的载荷，起到过载保护的作用。联轴器通常由两半合成，用键或键槽的配合等联接，紧固在两轴端，再通过某种方式将两半联接起来。联轴器可兼有补偿两轴之间由于制造安装不精确、工作时的变形或热膨胀等原因所发生的偏移（包括轴向偏移、径向偏移、角偏移或综合偏移）。

联轴器

联轴器又称联轴节，用来将不同机构中的主动轴和从动轴牢固地联接起来一同旋转，并传递运动和扭矩的机械部件。有时也用以联接轴与其他零件（如齿轮、带轮等）。

类型 联轴器可分为刚性联轴器和挠性联轴器两大类。刚性联轴器不具有缓冲性和补偿两轴线相对位移的能力，要求两轴严格对中，但此类联轴器结构简单，制造成本较低，装拆、维护方便，能保证两轴有较高的对中性，传递转矩较大，应用广泛。常用的有凸缘联轴器、套筒联轴器和夹壳联轴器等。挠性联轴器又可分为无弹性元件挠性联轴器和有弹性元件挠性联轴器，前一类只具有补偿两轴线相对位移的能力，但不能缓冲减振，常见的有滑块联轴器、齿式联轴器、万向联轴器和链条联轴器等；后一类因含有弹性元件，除具有补偿两轴线相对位移的能力外，还具有缓冲和减振作用，但传递的转矩因受到弹性元件强度的限制，一般不及无弹性元件挠性联轴器，常见的有弹性套柱销联轴器、弹性柱销联轴器、梅花形联轴器、轮胎式联轴器、蛇形弹簧联轴器和簧片联轴器等。

性能要求 根据不同的工作情况，联轴器需具备以下性能：①可移性。联轴器的可移性是指补偿两回转构件相对位移的能力。被连接构件间的制造和安装误差、运转中的温度变化和受载变形等因素，都对可移性提出了要求。可移性能补偿或缓解由于回转构件间的相对位移造成的轴、轴承、联轴器及其他零部件之间的附加载荷。②缓冲性。对于经常负载启动或工作载荷变化的场合，联轴器中需具有起缓冲、减振作用的弹性元件，以保护原动机和工作机少受或不受损伤。③安全、可靠，具有足够的强度和使用寿命。④结构简单，装拆、维护方便。

参考书目

机械设计手册编委会，2004. 机械设计手册：第5卷［M］. 北京：机械工业出版社.

陶平，2012. 机械设计基础［M］. 武汉：华中科技大学出版社.

（李伟　周岭）

量水建筑物（water measuring building）

用以量测渠道水流流量的设施。

概况 当前世界灌溉发达国家较多地使用量水设施。量水堰槽的研究取得了较快进展，出现了各种新的测流设施和自动量水设备。随着节约用水的深入开展，量水建筑物将会得到更广泛的使用和发展。

原理 量测流量一般是通过测定上游水头或上下游水头差，根据进口形状、建筑物形式、尺寸及水流流态，按照水力学原理计算流量，或制成图表、曲线查用。

结构 量水堰一般均高出河床，造成水面转折。测量小流量（一般指 1.0 m^3/s 以下），常可用开口为三角形或矩形的薄壁堰。对于较大流量，有三角形剖面堰、平坦V形堰、宽顶堰等形式；量水槽由进水段、喉道、出水段组成，由于喉道束缚水流，造成水面转折。喉道越宽，能施测的流量就越大。在流量变幅较大的地方，可以将几种型式的堰槽组合使用，如薄壁堰、大小喉道的量水槽并用等。

主要用途 保证按照用水计划准确地向各级渠道和田间分配水量，为按水量合理征收水费提供依据，并为改进用水管理及水利规划设计、科学研究等提供和积累资料。有些量水建筑物还可用于小河道的水文测验及水力模型试验。

类型 量水建筑物有堰和槽两类。下图为巴歇尔量水槽。

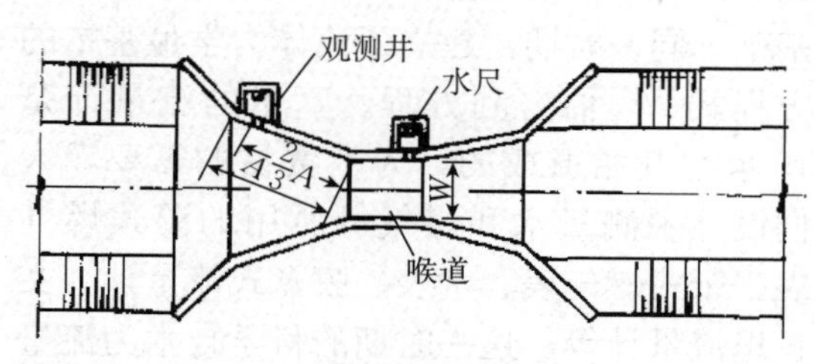

巴歇尔量水槽平面图

（王勇　杨思佳）

流量（flow）

单位时间内喷出的水体积，单位为 m^3/h 或 L/min。

概况 喷头流量大小主要取决于工作压力和喷嘴直径。在喷嘴直径一定时，工作压力越大，流量越大，反之亦然。喷头流量可用下式计算：

$$Q=3\,600\mu A\sqrt{2gh_p}$$

式中　Q 为喷头流量（m^3/h）；μ 为流量系数；A 为喷嘴过水面积（m^2）；g 为重力加速度，$g=9.81\ m/s^2$；h_p 为喷头工作压力水头（m）。

（郑珍）

流量测量（flow measurement） 流体流过一定截面的量称为流量。用测量流量的器具（流量计）对流量进行测量称为流量测量。流量是瞬时流量和累积流量的统称。在一段时间内流过一定截面的量称为累积流量，也称总量；当时间很短时，流体流过一定截面的量称为瞬时流量。在不会产生误解的情况下，瞬时流量也可简称为流量。流量的量用体积表示时称为体积流量，用质量表示时称为质量流量。

概况 公元前3000年，人们为了农业耕种，曾尝试用测量水位的方法来测量尼罗河的水流量，从此计算水的分配量成为可能。16世纪发明了风速计，17世纪发明了用于明渠的流速计，18世纪发明了毕托管，这些都为后来的流量测量技术的发展奠定了基础。同一时期，建立了流体力学最基本的方程式——伯努利方程。真正的流量计是19世纪开始形成的，为了贸易的需要，人们设计了测量水和煤气等所用的湿式燃气表、干式燃气表、水表、膜盒式流量计、文丘里流量计等。这一时期的科学技术为流量计量的快速发展奠定了基础，但同时也应看到，这个时期的流量计制作工业较为粗糙，整体测量水平较低。

从20世纪起，随着电子技术、材料和加工技术的飞速发展，流量计的开发和改进飞速前进，加之以过程产业为首的各种工业和以自来水、燃气等为主的公共事业的繁荣，流量计的使用量和使用领域急速扩大。现在主要的机械式流量计都是在这个时期开发的，如20世纪前半叶，各种形式的孔板、面积流量计、三角堰及其他形式的堰式流量计、槽式流量计等。电磁流量计的实用化是一个很突出的进步，它不仅用于圆管测量，还在从河流到血液的宽广流量范围内得到应用。

20世纪下半叶是流量测量仪表大发展的阶段。在这个时期，因为流量计计量应用广泛，也因为被测流体情况复杂，测量条件和环境差异大，对流量计的要求各不相同。因此，为了适应不同的介质条件、不同的环境条件、不同的使用要求，各种流量计量仪表应运而生。据不完全统计，常用的流量计种类达几十种。甚至可以说只要有新的技术发展起来，就会有人尝试着将它应用到流量计量当中去，比如热式流量计、现代电磁流量计、超声流量计、质量流量计、涡街流量计、射流流量计、相关流量计等。

在我国，自主生产水表和燃气表是在20世纪50年代，而产品的发展和达到质量稳定是在20世纪90年代，总体上我国流量仪表的制造水平与世界先进水平相比还有差距，特别是在涡轮流量计的轴承、质量流量计的材料及工艺、超声流量计的工艺等方面，差距是较为明显的。进入21世纪，多声道超声流量计技术取得新的发展，它以无可比拟的优势在工业测量和计量核查领域得到应用。

类型 按照流量测量的原理，将流量测量方法分成四大类：①利用伯努利方程原理来测量流量的流量计是以输出流体差压信号来反映流量。通过这种方法测量流量的流量计主要有节流流量计、面积式流量计、比托管、均速流量计和靶式流量计等。②利用测量流速来得到流量的称为速度式流量测量方法。通过这种方法测量流量的流量计主要有涡轮流量计、涡街流量计、电磁流量计、超声流量计和热式流量计等。③利用各个标准小容积连续地测量流量的测量方法称为容积式流量测量方法。④以测量流体质量流量为目的的流量测量方法。通过这种方法测量流量的流量计主要有直接测量流体质量流量的直接式质量流量计；分别测量流体流速和密度并由运算后得到质量流量值的间接式质量流量计；利用流体密度与温度、压力之间的关系，用补偿方式消除流体密度变化的影响，进而得到质量流量值的补偿式质量流量计。

发展趋势 对于流量测量技术，主要的技术提升集中在以下几个方面：①流量计制造水平的不断提升。流量计的结构改进、材料和加工工艺水平的提高，使得高准确度流量测量成为可能，流量计长期运行的可靠性也作为一个重要指标得到明显改进。②流量计校准技术受到重视。校准装置水平的提高成为流量计最重要的组成部分，近年来得到高度重视，装置技术水平有了长足提高。③安装使用条件影响的研究。实验室里标定的流量计，其计量性能在使用现场可能会有漂移。为此，针对流量计的使用条件差异的相关研究逐渐展开，包括直管段影响、安装条件位置影响、介质变化影响、漩涡流影响、环境条件影响等。此外，配套仪表的性能影响也逐渐为人们所重视。④非实流标定技术的发展。随着大口径流量测量需要的增加和超声测流技术的发展，大口径流量计需求越来越急迫，而校准装置的尺寸毕竟受到限制，在此背景下，大口径流量计非实流标定技术得到迅速发展。

参考书目

王池，王自和，张宝珠，等，2012. 流量测量技术全书 [M]. 北京：化学工业出版社.

苏彦勋，梁国伟，盛健，2007. 流量计量与测试 [M]. 北京：中国计量出版社.

（骆寅）

流量偏差率（flow deviation rate） 滴灌系统中最大流量和最小流量的偏差与滴头设计流量之比。

$$h_{hv}=\frac{h_{max}-h_{min}}{h_d}$$

式中 h_{max}、h_{min}分别为小区内灌水器最大、最小工作水头（m）。

（王勇 吴璞）

流量调节器（flow regulator） 一种流量调节控制装置（图）。常用的流量调节器一般由外壳和弹性芯体组成，利用弹性材料来改变过水断面从而达到调节流量的目的。

流量调节器

概况 流量调节器可用于微灌工程、液体火箭发动机、液氧、煤油发动机、城市集中供热系统、静脉输液等。

类型 流量调节器的技术参数主要有额定流量和允许水头上、下限。额定流量和允许水头上、下限是流量调节器选型的主要依据。标准流量调节器，工作压力在 0.1～1.0 MPa；低压流量调节器，工作压力在 0.02～0.4 MPa；全水压流量调节器，工作压力在 0.02～1.0 MPa。

结构 流量调节器具有环形的由弹性材料制成的节流体，它在自身与调节星轮之间限定在流过的流体的压力下变化的控制间隙，其中保持在丝杠上的调节星轮在其外周上带有在纵向上变化的调节轮廓部并且在纵向上可移动地被导引，使得丝杆的旋转运动能转换成调节星轮的纵向运动以便通过调节星轮与节流体的相对位置的变化来改变控制间隙。静态（无水或处于低压状态）时，调节器中密封圈处于放松状态。当有水流时，密封圈受水流压力作用，在密封区域扩展，让预设的流量通过。随着水压的增加，弹性体进一步扩展，减少水流通过的间隙。当供水压力逐渐减少，密封圈逐步回复到放松状态。

参考书目

张强，吴玉秀，2016. 喷灌与微灌系统及设备[M]. 北京：中国农业大学出版社 .

（蒋跃）

流量压力调节器（flow pressure regulator） 压力调节阀的同类产品，其作用是调节管道压力（图）。压力流量调节器主要适用于微灌工程中支、毛管的进口，消除下游管道多余压力水头。在微灌系统中当主管道或支管道比较长时，由于水头损失造成各支管或毛管进口处压力差值很大，使得灌水器获得的工作水头不平衡，影响灌水均匀度，降低了灌水质量。在工程设计中，为了调节这种不均衡压力，就要增加管径，减小水头损失或采用调节管进行调压。增加管径会提高工程造价，使得调压管无论从设计上还是施工上都非常烦琐，使用压力流量调节器则很方便，对于地形高差所引起的压力差是不能通过增加管径来改善的，这更突出了压力流量调节器的优势。因此，它具有下述优点：①简化工程设计；②降低工程造价；③增加了微灌工程对地形的适应性；④安装简单，使用方便、快捷；⑤避免了以往因调压管调压时使部分水排出机体的弊端。

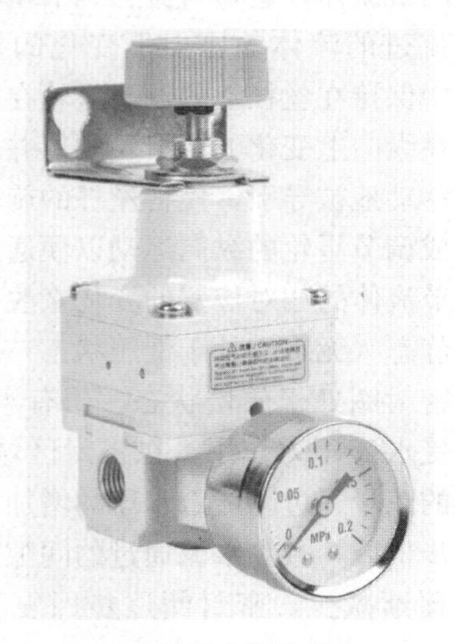

流量压力调节器

概况 随着水资源和能源日趋紧张，节水节能的农业灌溉技术得到了迅速发展并日趋完善。由于微灌系统中灌水器对压力变化十分敏感，压力不均衡将影响灌水均匀度，降低灌水质量。为了调节这种不均衡压力，需要用调压装置对管内水压进行调节。压力流量调节器是一种较为理想的调压装置，它具有结构简单、安装方便、价格低廉等优点，适合我国农业生产现状，并提高了灌水均匀度。

类型 压力流量调节器分为 1.905 cm、2.540 cm、3.810 cm 等规格，根据工程中常见的压力调节范围，每一种规格分 3 个档级，以 1.905 cm 压力流量调节器为例说明性能参数：其上游工作压力不得超过 0.5 MPa，下游调节压力见下表。

压力流量调节器性能

调节压力（MPa）	0.09～0.11	0.14～0.16	0.20～0.25
流量范围（m^3/h）	0.40～2.00	0.50～2.20	0.50～2.40
弹簧板类型	黑弹簧挡板	蓝弹簧挡板	红弹簧挡板

结构 压力流量调节器由壳体、阀芯座、O 型密封圈、弹簧、阀芯、凹型密封圈、密封圈压盖等组成，在管道压力的作用下，它通过弹簧的伸缩来调节过水流道断面，从而改变流道水头损失，调节水压。

工作原理 当微灌系统管道中水压增大时，压力水从进口进入，经阀芯座、阀芯流出，进入下游管道。此时，下游压力水反作用于阀芯端面，并压缩弹簧推动阀芯移动，使得阀芯座与阀芯处的过水断面减小，压力水头损失增大，从而降低水压达到减压的目的；水压继续增大，弹簧继续移动，阀芯座与阀芯处的过水断面进一步减小，压力水头损失将进一步增大，这样仍保持下游水压稳定；当上游水压降低时，作用于阀芯面的水压力也随之降低，此时被压缩的弹簧推动阀芯移动，使阀芯座与阀芯处过水断面增大、压力水头损失减小，补偿下游压力，使管道中的水压仍保持稳定。

参考书目

许迪，龚时宏，李益农，等，2007. 农业高效用水技术研究与创新［M］. 北京：中国农业科学技术出版社 .

（蒋跃）

流速仪（flow rate meter）

一种用以测量管路中流体速度的仪表。测定流速后，再乘以流体截面换算成流量，因而也用于间接测量流量。流速仪始创于1790年，我国自20世纪40年代中期开始批量生产流速仪。在仪器的防水、防沙性能方面，居世界前列，随着水文测验过河设备的改进，流速仪的测流速的能力大幅度提高。一些主要大河和平原区的河流，可以用流速仪测得洪水流量。

原理 流速仪最主要的形式是旋杯式（图1）和旋浆式（图2）。在水流中，杯形或浆形转子的转数（N）、历时（T）与流速（v）之间存在 $v=KN/T+C$ 的关系。K 是水力螺距，C 是仪器常数，要在室内长水槽内检定。测验时，测定历时和转数可得出流速。类型排灌机械主要由供水设备、输水

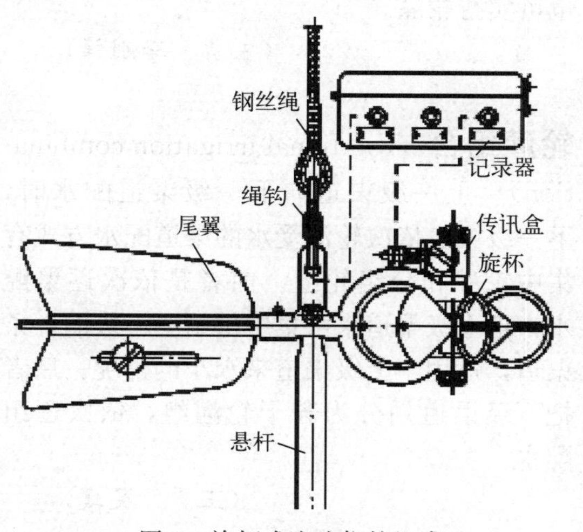

图1 旋杯式流速仪的组成

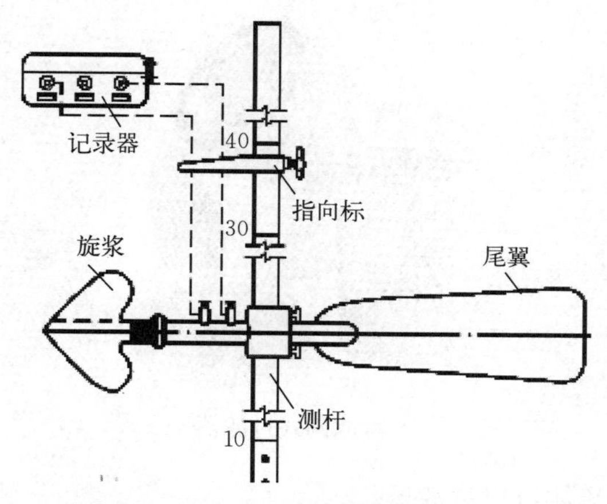

图2 旋浆式流速仪的组成

设备和田间配水设备组成。按其用途分类，主要包括农用水泵、喷灌设备、微灌设备和输配水管材、管件等。农田排灌中使用的离心泵、轴流泵、混流泵、潜水电泵、井泵等设备的品种、型号、规格较齐全；喷灌设备主要包括大、中、小、轻型喷灌机及喷灌用水泵、喷灌用地埋管道和地面移动管道、喷头、附属设备等；微灌产品系列基本配套，形成了灌水器、管材与管件、净化过滤设备、施肥设备、控制及安全装置等五大类品种规格多样化、系列化的微灌产品。

发展趋势 电波流速仪等先进仪器已经广泛在生产中使用，流速仪正在朝着智能化、远程化的方向发展。注重高效、多功能、低能耗、环保、智能化是流速仪发展的新趋势。

（骆寅）

滤网式过滤器（strainer type filter）

一种利用滤网直接拦截流体中的杂质，去除其中悬浮物、颗粒物，降低浊度，减少系统污垢、菌藻、锈蚀等产生，以净化流体及保护系统其他设备正常工作的精密设备（图）。

原理 流体从入口进入滤网式过滤器，流体中的污物、杂质被滤网留下，过滤过的

一种滤网式过滤器

流体流出过滤器。

结构 主要由外壳和滤芯组成。

主要用途 主要用来过滤水、空气中的杂质、颗粒和污物等。

发展趋势 滤网式过滤器具有工艺简单、精度均匀、效率高的优点，所以，将滤网式过滤器应用到更多的场景中，研究其他过滤器和滤网式过滤器的组合应用，是未来发展的一个方向。

（邱宁）

轮灌（rotation irrigation） 上一级渠道向下一级渠道配水时，下一级渠道依次轮流受水的渠道配水方式。

概况 在新疆塔河流域，呈现大陆干旱性气候特点，降雨稀少，蒸发强烈，农田灌溉以引地表水（河水）灌溉为主，配之以地下水、泉水来满足农业生产用水。通常所说的渠道灌溉方式或渠道的工作制度即为渠道输水方式，分为续灌和轮灌两种。

结构 图为轮灌结构示意。

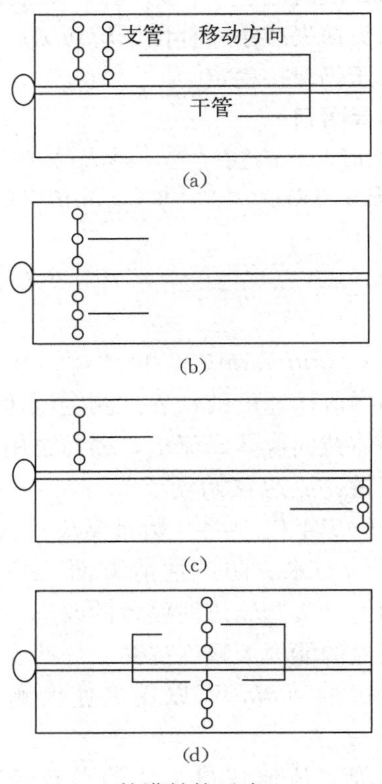

轮灌结构示意

主要用途 适用于灌溉系统面积不大，灌区内用水单位少，各用水单位作物种植比较单一的情况。优点：干管流量小，克服续灌的缺点；缺点：易造成轮灌组之间的用水矛盾。

类型 有集中轮灌和分组轮灌。前者是依次逐渠配水，把上级渠道来水集中供给下一级的一条渠道，适用于上级渠道来水小的情况；后者把下级渠道划分为若干轮灌组，依次逐组配水。实行轮灌的渠道，要加大输水断面，一般只在斗渠、农渠采用。但在管理运用中，有时因水源供水严重不足，支渠也可实行轮灌。

（王勇　李刚祥）

轮灌组合（rotational irrigation combination） 上一级渠道向下一级渠道配水时，下一级渠道依次轮流受水的渠道配水方式有集中轮灌和分组轮灌。前者是依次逐渠配水，把上级渠道来水集中供给下一级的一条渠道，适用于上级渠道来水小的情况；后者把下级渠道划分为若干轮灌组，依次逐组配水。

（王勇　吴璞）

轮胎（tyre） 汽车或拖拉机底盘的一部分，一般直接与路面接触的部分是车轮，即轮胎，如图所示。轮胎是在各种车辆或机械上装配的接地滚动的圆环形弹性橡胶制品。通常安装在金属轮辋上，能支承车身，缓冲外界冲击，实现与路面的接触并保证车辆的行驶性能。轮胎常在复杂和苛刻的条件下使用，它在行驶时承受着各种变形、负荷、力以及高低温作用，因此必须具有较高的承载性能、牵引性能、缓冲性能。同时，还要求具备高耐磨性和耐屈挠性，以及低的滚动阻力与生热性。世界耗用橡胶量的一半用于轮胎生产，可见轮胎耗用橡胶的能力。

概况 最早的轮胎是由木头或铁制造的。后来，当探险家哥伦布在探索新大陆到达西印度群岛中的海地岛时，发现了当地小孩所玩的橡胶硬块，他大吃一惊，后来他把这个奇妙的东西带回了祖国，此后橡胶得到了广泛的应用，车轮也逐渐由木制变成了硬橡胶制造。新中国成立 60 多年来，中国逐步发展成为世界轮胎工业第一生产大国，已建成各种规格系列产品齐全的完整工业体系，并获得了一系列具有原始创新特性的国际前沿技术成果。我国载重子午胎经过了高速、高载的考验，已达到世界先进水平；轿车子午胎已实现无内胎、宽断面、扁平化、高速化；紧跟国际潮流的安全、节能、环保轮胎也已稳步推向国际市场并获得认可。

类型 轮胎按其用途可分为轿车轮胎和载货汽车轮胎两种。按胎体结构可分为充气轮胎和实心轮胎。现代汽车绝大多数采用充气轮胎，而实心轮胎仅应用在沥青混凝土路面的干线道路上行驶的低速汽车或重型挂车上。就充气轮胎而言，按组成结构不同，可分为有内胎轮胎和无内胎轮胎两种；按胎内的工作压力大小，可分为高压胎、低压胎和超低压胎三种；按胎面花纹的不同，还可以分为普通花纹胎、混合花纹胎和越野花纹胎。

结构 轮胎的结构按胎体中帘线排列的方向不同可划分为斜交线轮胎、子午线轮胎。子午线轮胎与斜交线轮胎的根本区别在于胎体。斜交线轮胎的胎体是斜线交叉的帘布层；而子午线轮胎的胎体是聚合物多层交叉材质，其顶层是数层由钢丝编成的钢带帘布，可减少轮胎被异物刺破的概率。①斜交线轮胎的帘线按斜线交叉排列，故而得名。特点是胎面和胎侧的强度大，但胎侧刚度较大，舒适性差，由于高速时帘布层间移动与摩擦大，并不适合高速行驶。随着子午线轮胎的不断改进，斜交线轮胎基本被淘汰。②子午线轮胎的帘线排列方向与轮胎子午断面一致，其帘布层相当于轮胎的基本骨架。由于行驶时轮胎要承受较大的切向作用力，为保证帘线的稳固，在其外部又有若干层由高强度、不易拉伸的材料制成的带束层（又称箍紧层），其帘线方向与子午断面呈较大的交角。从设计上讲，斜交线轮胎有很多局限性，如由于交叉的帘线强烈摩擦，使胎体易生热，因此加速了胎纹的磨损，且其帘线布局也不能很好地提供优良的操控性和舒适性；而子午线轮胎中的钢丝带则具有较好的柔韧性以适应路面的不规则冲击，又经久耐用，它的帘布结构还意味着在汽车行驶中有比斜交线小得多的摩擦，从而获得了较长的胎纹使用寿命和较好的燃油经济性。

轮　胎

（徐恩翔）

螺杆泵（screw pump） 依靠相互啮合的螺杆与衬套间容积形成的工作容积变化和移动来输送液体或使之增压的机械设备（一种特殊的容积泵）。

概况 螺杆泵被发明于 1930 年，主要用于工业领域输送黏稠液体。近20年内作为一种人工举升采油手段用于开采稠油和含砂原油。它是一种特殊的容积泵，结构简单、体积小、重量轻，不会出现卡泵、气锁、被砂石蜡垢等堵塞，不会形成乳化液。在开采稠油和含砂原油时，其容积效率随原油黏度的升高而升高。

原理 仅以双螺杆泵为例，介绍螺杆泵的工作原理。双螺杆泵的主动螺杆转动时会带动从动螺杆一起转动，则吸入端的螺杆啮合空间容积增大，造成压力下降，液体被吸入啮合空间容积，当容积继续增大直至形成一个密封腔时，液体就在各个密封腔内沿轴向流动，直至排出腔端。这时排出端的螺杆啮合空间容积逐渐减小，从而将液体排出。螺杆泵（除单螺杆泵外）必须配安全阀，以防止由于某种原因使得泵出口压力超高而损坏泵或原动机。

结构 螺杆泵随螺杆数量的增加，结构变得愈加复杂，图1、图2、图3所示分别为单螺杆泵、双螺杆泵和多螺杆泵。单螺杆

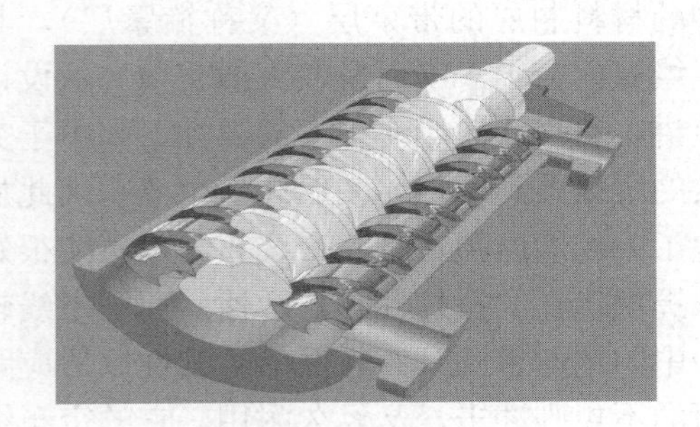

图1 单螺杆泵

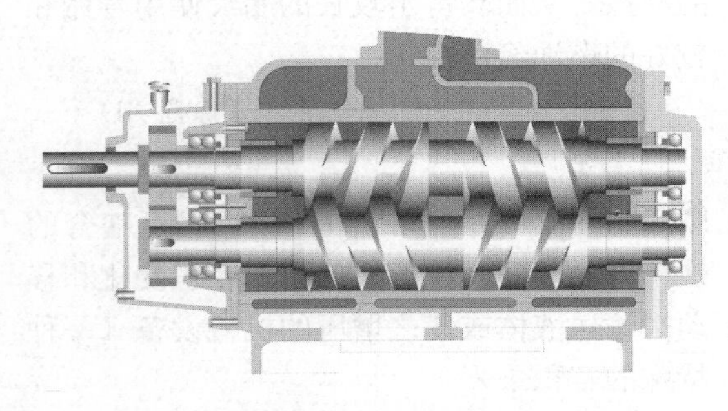

图2 双螺杆泵

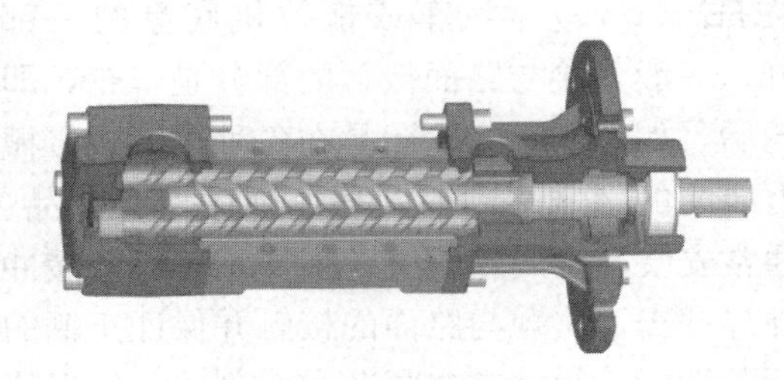

图3 多螺杆泵

泵由排出口、螺杆、吸入口、轴承、传动主轴、壳体（衬套）等组成。双螺杆泵由主动螺杆、从动螺杆、轴承、吸入腔、排出腔、壳体（衬套）等组成。多螺杆泵由主动螺杆、从动螺杆（至少两根）、止推轴承、前后盖板、壳体（衬套）等组成。

主要用途 主要作为树脂、颜料、乳胶、油墨、油漆、甘油、石蜡等的输送泵。

类型 ①螺杆泵按螺杆数量可分为单螺杆泵、双螺杆泵和多螺杆泵。②螺杆泵按螺杆螺距可分为长螺距螺杆泵、中螺距螺杆泵和短螺距螺杆泵。③螺杆泵按照结构形式可以为卧式、立式、法兰式和侧挂式螺杆泵等。

（黄俊）

螺旋泵（spiral pump） 将螺旋推进和离心力做功组合为一体，主要依靠离心力的作用来输送液体的机械设备（图）。

螺旋泵结构示意

概况 20世纪60年代，秘鲁首次研制出螺旋离心泵，当时是输送鱼类，随后用来

输送固液两相流体。为防止固态物质堵塞，使之顺利流出，叶轮中的螺旋叶片向吸入口沿轴向延长，叶片的半径逐渐增大，形成螺旋形流道。壳体由吸入管和蜗壳两部分组成。吸入管部分的叶轮像螺杆泵一样产生螺旋推进作用，蜗壳部分的叶轮像一般离心泵一样产生离心作用。叶片进口的锐角将杂物导向轴心附近，再利用螺旋作用使之沿轴线推进。

原理 流体在高速旋转的叶轮作用下被吸入泵腔，叶轮由螺旋段和离心段两部分组成，螺旋部分提供一个正向的位移推力，此力在轴向的延伸处形成一种弯转的分力，使入口处的水流沿着叶轮的切线方向而不是与叶轮成直角作用下被吸入泵腔，叶轮由螺旋段和离心段两部分组成，螺旋部分提供一个正向的位向而不是与叶轮成直角或某一角度进入泵体。螺旋部分的轴向推力使水流平稳前进直至离心部分，再由离心部分推送水流从出口排出。

结构 螺旋泵主要由悬架部件、轴、轴封部件、泵盖、叶轮及吸入盖装配而成。

主要用途 主要应用于农业、矿山、煤炭、电力、石化、食品、造纸等工业部门以及污水处理、港口河道疏浚等行业。

（黄俊）

M

漫射式喷头（diffused sprinkler）

在喷洒过程中，水流无规律地向四周分散开来的喷头。在喷灌过程中所有部件都固定不动，这种喷头是固定式的，喷灌系统的结构简单，工作可靠。

概况 其喷头的射程较短，为 5～10 m；喷灌强度大，为 15～20 mm/h 或 20 mm/h 以上；但喷灌水量不均匀，近处比远处的喷灌强度大得多。

结构 漫射式喷头的结构形式概括起来可分为折射式、缝隙式和离心式等。

主要用途 在公园苗圃或一些小块绿地有所应用。

参考书目

袁寿其，李红，施卫东，2011. 新型喷灌装备设计理论与技术［M］. 北京：机械工业出版社.
李世英，1995. 喷灌喷头理论与设计［M］. 北京：兵器工业出版社.

（朱兴业）

毛管（capillary）

微灌系统毛管指的是安装有灌水器的管道，一般为最终端滴灌带或滴灌管，与支管连接。

概况 一般采用耐老化低密度聚乙烯制造，如图所示，直径一般为 10～20 mm，有时也用到 25 mm。毛管一般选用同一直径，中间不变径。管道应能抗老化、施工方便、连接可靠。管道埋深应结合土壤冻层深度、地面荷载、机耕深度和排水条件确定，宜顺应植物种植行布置。安装时，管端应齐平，不得有裂纹，与旁通连接前应清除杂物，毛管上打孔应选用与灌水器插口端外径相匹配的打孔器。冲洗时，应关闭支管末端阀门冲洗毛管，直到毛管末端出水清洁。

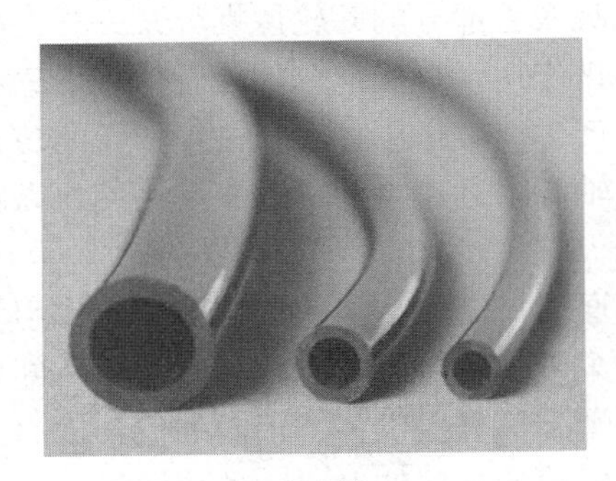

毛　管

原理 输水管的最后一级，从支管取水，并分配到灌水器。

结构 常用聚乙烯管（PE 管）和作物同行铺设，上面有间隔滴水口。

主要用途 能作用一茬作物。

类型 主要包括滴灌带和滴灌管。

参考书目

李晓，孙福文，张兰亭，1996. 管道灌溉系统的管材与管件［M］. 北京：科学出版社.

（李岩）

毛管流量调节器（capillary flow regulator）

涌流灌溉和滴灌技术应用的关键灌水器和调流器（图）。

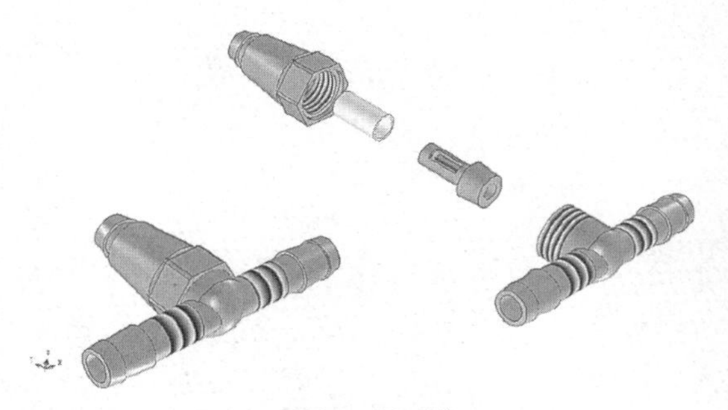

毛管级流调器

概况 据第 7 次全国微灌大会统计，目前我国已发展微灌面积近 26.67 万米^2，取得了显著的经济效益、社会效益和生态效益。为了保证微灌工程灌水的均匀性，一些微灌系统的毛管进口安装了流量调节器，而且应用规模成快速增长的趋势。国内外在微灌毛管水力解析及设计方面的研究已较为成熟，所以毛管流调器使用越来越普遍。

原理 当水流进入流调器后，由于壳体内部和调节体内部存在压力差值，弹性体在压力差的作用下发生弹性形变，也正是因为其形变的产生才达到调节体对过水断面面积的调节控制。

结构 主要由三通体、壳体、芯座、调压弹性套管（或弹性膜片）构成，其中芯座和调压弹性体是流调器的稳流结构，简称调节体。

主要用途 研制开发毛管级流量调节器，可以提高灌水均匀度和系统的抗堵塞性能，降低工程的投资和运行管理费用，提高系统的安全性和灌溉保证率。

类型 可分为低压毛管流量调节器和高压毛管流量调节器。

（杨孙圣）

毛灌水深度（rough depth of irrigation water） 一次毛灌水的水层深度。对于地面灌溉系统，毛灌水深度等于净灌水深度与灌水效率的比值。

$$F_g=\frac{F_n}{\eta}$$

式中 F_g为毛灌水深度（mm）；F_n为净灌水深度（mm）；η为灌水效率。

参考书目

美国农业部土壤保持局，1998. 美国国家灌溉工程手册［M］. 水利部国际合作司水利部农村水利司，译. 北京：中国水利水电出版社.

（王勇 李刚祥）

毛渠（field ditch） 灌溉系统中，从干渠引水送到每块田地里去的田间渠道（图）。

毛 渠

概况 田间毛渠的利用是对现有水土资源的合理开发，不需要另外增加更多的物质和技术投入。加之我国自古就有精耕细作的良好传统，易于为农民所接受，是一项技术开发型的农业技术措施。但是就我国目前利用现状来看，能够将田间毛渠利用起来的农户不多，即使已经利用起来的生产率也不高。从作物的种植上讲，种类较为单一、密度小，毛渠占用地不能全部种上作物，且作物的经济价值不高。且毛渠的多年连续使用已导致了毛渠内及毛渠附近的土壤产生了次生盐渍化，致使毛渠两边的作物不但发挥不了边行优势，反而形成了边行劣势。进一步开发利用田间毛渠的途径要注意田间毛渠不易耕作的特点，筛选利用适于田间毛渠种植的、易于管理的作物土地资源的利用，注意田间毛渠的合理修建，尽量减少占地面积，利用水分优势合理发挥，可以适当考虑在毛渠内进行扦插育苗，田间毛渠内还可发展林粮间作或果粮间作，还可做多层栽培。

原理 取从支渠配的水量直接送入田间灌溉。

结构 槽型素混凝土结构。

主要用途 从干渠引水送到每块田地里。

类型 灌溉毛渠、洗盐用水毛渠。

参考书目

史海滨，田军仓，刘庆华，2006. 灌溉排水工程学

[M]. 北京：中国水利水电出版社.

（王勇　熊伟）

煤气机（gas machine）　用可燃气体作为燃料的内燃机，又称煤气机（图）。煤气机是最早的一种内燃机，诞生于1860年，当时使用照明煤气为燃料，在英、法两国很受欢迎。煤气机的功率范围相当广，最小的不足7 kW，最高可达25 000 kW。但其中以3 500～5 000 kW的煤气机用途较广。

煤气机

结构原理　煤气机的结构与汽油机相似，按混合气点火方式分为柴油煤气机和火花点火式煤气机。柴油煤气机以煤气为主要燃料，煤气与空气通过混合室混合后进入气缸，在活塞接近压缩行程上止点时，喷入少量柴油作为引燃燃料将混合气点燃。因此，它也属双燃料发动机。引燃油量按热量计算，相当于煤气机全负荷运行时总热耗量的5%～15%。负荷改变时引燃油量一般不变。火花点火式煤气机在活塞接近压缩行程上止点时用电火花点燃混合气。这类煤气机基本上按奥托循环工作。

参考书目

康拉德．赖夫，2017. 汽油机管理系统——控制、调节和监测 [M]. 北京：机械工业出版社.
侯天理，何国炜，1993. 柴油机手册 [M]. 上海：上海交通大学出版社.

（周岭　李伟）

迷宫式滴灌带（labyrinth type drip irrigation hose）　制造过程中将迷宫式滴头与毛管组装成一体的带状灌水器，具有紊流流态压力补偿特性，迷宫流道及滴孔一次整体热压成型，制造精度高，多个进口，能有效防止堵塞，出水量一致（图）。

迷宫式滴灌带结构示意

概况　1960年，以色列生产了世界上第一批层流滴头，使农业灌溉进入了滴灌时代，滴灌技术被誉为犹太民族对世界近代文明做出的五大贡献之一。自第一代层流滴管产生以来，已经推出了五代产品。紊流滴管为第二代滴管产品。目前，紊流滴管在国际滴灌市场上的销售量持续增长，但销售增长速度比新一代和更先进的新产品已经放慢。紊流滴管品种繁多，其中欧洲滴灌公司（Eurodrip）1979年设计生产的冀-2型（GR）紊流迷宫式滴管最有代表性。现在我国河北龙达灌溉设备有限公司与以色列阿尔法环球有限公司合资经营生产成套供应这类紊流迷宫式滴管。

结构　主要由迷宫式滴头与滴灌带组成。

主要用途　可用于温室、大棚、大田，沿作物植序铺设，平地最大铺设长度为194 m。

参考书目

姚振宪，何松林，1999. 滴灌设备与滴灌系统规划设计 [M]. 北京：中国农业出版社.

（王剑）

迷宫型管式滴头（labyrinth tube dripper）　通过迷宫型流道进行消能的管式滴头（图）。

概况　在滴头工作压力一定的条件下，为了保证抗堵塞能力而保持较大的流道直径，同时为了获得较小的流量，常常需要采

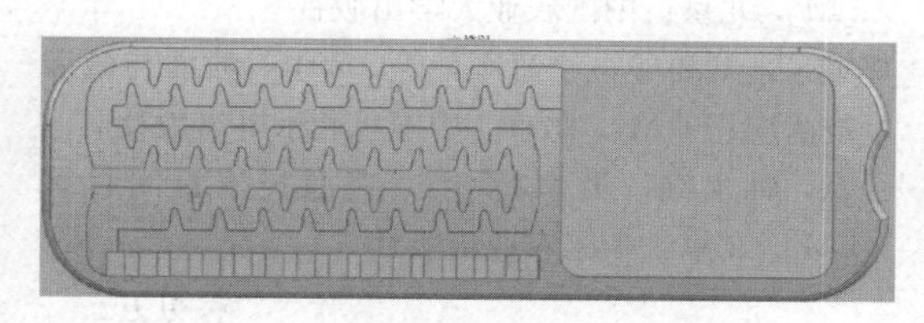

迷宫型管式滴头

用加工难度较大的迷宫型流道结构。迷宫型流道是光滑型流道的改进，它较好地克服了微灌追求“小流量与大流道”之间的矛盾，具有以下特点：①水流的摩阻能量损失主要产生于流线拐弯水流质点相互撞击的能量损失；②流道长度较小或过水断面较大或两者兼有；③流速对进口压力和温度变化的影响较不敏感，流量比较稳定。

原理 迷宫型流道是一种折线流道，水在流动过程中急转弯改变流线方向，水流质点相互碰撞形成漩涡为紊流状态，提高了滴头流量的稳定性。迷宫型管式滴头的流量更接近于随工作压力水头的平方根而非压力本身而变化，因此具有较好的抗压力扰动性能和抗堵塞性能。

结构 流道长，截面面积大，流道为迷宫型。

主要用途 在微灌系统中，通过迷宫式流道将毛管中的压力水流变成滴状或细流状。

类型 典型的迷宫型流道有锯齿形和梯形两种形式，实际结构多种多样。

参考书目

姚彬，2012. 微灌工程技术［M］. 郑州：黄河水利出版社.

郑耀泉，刘婴谷，严海军，等，2015. 喷灌与微灌技术应用［M］. 北京：中国水利水电出版社.

（李岩）

膜下滴灌（submulch drip irrigation）

在滴灌带或滴灌毛管上覆盖一层地膜的滴灌方式。

原理 将滴灌带铺设在膜下，利用水管道将灌溉水源送入滴灌带，滴灌带设有滴头。

类型 按照地膜的性能与应用范围，一般将地膜划分为以下几种类型：①无色透明地膜。膜透光性好，土壤增温效果明显。②有色地膜。其增温效果不如无色地膜，但对光的吸收、反射、透过光的成分具有较强的选择性，在控制杂草、防治病虫害、控制温度、改善地面光环境等方面具有独特的效果。③特种地膜。除草膜：在薄膜制作过程中掺入除草剂，覆盖后单面析出除草剂达70%～80%，膜内凝聚的水滴溶解了除草剂后滴入土壤或在杂草触及地膜时被除草剂杀死；有孔膜：在地膜吹塑成型后，经圆刀切割打孔而成，孔径及孔数排列是根据栽培作物的株行距要求进行的；降解膜：光降解膜在光的照射下降解，但是被埋入地下的不能够降解，生物降解膜依靠微生物的活动来分解。

（汤攀）

末端悬臂（at the end of the cantilever）

中心支轴式喷灌机组成部件之一（图）。由输水管、三角架和钢索组成；输水管直径比桁架输水管稍小，长度一般不大于25 m。

末端悬臂

结构 末端悬臂是一种水管，以法兰形式连接在末跨桁架的尾端，通过三角支架和五组钢丝绳使末端吊起。其上配置喷头，尾部用盲法兰连接，也可配置远射程喷枪，以扩大灌溉面积。

用途 末端悬臂有两个作用：①增加机组长度，扩大灌溉面积；②通过调整其长度，满足各种地块尺寸需求。

参考书目

张强，吴玉秀，2016. 喷灌与微灌系统及设备[M]. 北京：中国农业大学出版社.

郑耀泉，刘婴谷，严海军，等，2015. 喷灌与微灌技术应用[M]. 北京：中国水利水电出版社.

杜森，钟永红，吴勇，2016. 喷灌技术百问百答[M]. 北京：中国农业出版社.

（朱勇）

N

内燃水泵（internal combustion pump）

利用可燃气在气缸内高速燃烧产生的压力直接作用于水柱，将水由低处压送到高处的特种水泵。此泵结构简单，操作维修容易，能燃用多种固体燃料，灌溉成本低。

概况 1909年英国工程师洪富里（H. A. Hum-phrey）利用四冲程内燃机工作原理设计并试验成功第一台内燃水泵。以无烟煤产生煤气为燃料。中国戴桂蕊教授等于1958年试验成功内燃水泵，它的变型在西南地区和山西、贵州、江苏、湖南等省得到推广应用。国内外一般排灌机械基本上可列为两大类型：热力水泵与电力水泵。利用电动机来驱动各种水泵，由于电源缺乏，尤其在我国广大农村，全国电气化以前就很难全面地应用，于是不得不大量使用热力发动机。热力发动机包括蒸汽机、煤气机和柴油机，蒸汽机笨重、效率低、金属耗量大，无法大力推广；而煤气机、柴油机的一套活塞、曲柄、连杆机构属于高金属、高工艺性、高保养性的精密机械，使用成本很高，而且所有这些活塞式发动机又要通过一定的传动机构带动效率不高的水泵来实现抽水。

原理 内燃水泵利用由木炭、木柴或煤炭等固体经煤气发生炉产生的煤气，在“J”形管内燃烧产生的爆炸力直接施压于管内水面，将管内水由低水位压送至高水位，其工作过程按燃烧室内气体动作分4个过程，即进气过程、压缩过程、做工过程和排气过程。

主要用途 提高我国排涝抗旱减灾的能力，且可提高水利设备的综合利用率。研究开发应用内燃水泵将是解决长期困扰黄河流域泵站的泥沙磨蚀问题途径之一。

（黄俊）

内镶式滴灌带（integral drip - tape）

由带微型迷宫流道的片状注塑滴头通过挤压嵌合在薄膜管带的内壁而成形的滴灌带，具有流道长度短、截面积小的特点（图）。

内镶式滴灌带示意

原理 内镶式滴灌带使水在管道内形成涡流式水流，从而最大限度地减小了由于管内沉淀物而引起堵塞的可能性。每个滴头往往配有两个出水口，当系统关闭时，其中一个出水口就会消除土壤颗粒被吸回堵塞的危险。

概况 内镶式滴头一般安装在毛管的内壁，毛管可以是薄壁软管（壁厚在0.4 mm以下）或厚壁软管（壁厚在0.4 mm以上），前者称为滴灌带，后者称为滴灌管。在薄壁软管上直接热压成型的滴灌带和装有内镶式滴头的滴灌带对软管的壁厚有不同的要求，前者要求较薄，使用寿命较短，后者则要求较厚，相应地，使用寿命也较长。以色列耐特菲姆（Netafim）公司在1989年至1994年推出了台风（Typhoon）、蒂拉纳（Tira-n）、流线（Streamline）等一系列内镶式滴灌带产品，以色列普拉斯托（PLASTRO）和南安（Naandan）公司也生产了多种具有各自特色的产品推向国际市场。

类型 按滴头形状可分为内镶贴片式滴

灌带和内镶圆柱式滴灌带。

结构 由内镶式滴头与滴灌带组成。

主要用途 广泛应用于温室大棚、大田经济作物的灌溉。

参考书目

罗金耀，2003. 节水灌溉理论与技术［M］. 武汉：武汉大学出版社.

（王剑）

逆止阀（check valve） 依靠流体而自动开、闭阀瓣，用于阻止流体倒流的阀门，又称止回阀、单向阀、逆流阀和背压阀。

概况 主要用于给水、排水、消防、暖通系统，可安装于水泵出口处，防止介质倒流及水锤对泵的损坏。

原理 只允许介质向一个方向流动，而且阻止反方向流动。这种阀门是自动工作的，在一个方向流动的流体压力作用下，阀瓣打开；流体反方向流动时，由流体压力和阀瓣的自重合阀瓣作用于阀座，从而切断流动。

类型 包括旋启式止回阀和升降式止回阀。

结构 由阀体、阀座、导流体、阀瓣、轴瓦及弹簧等零件组成。

（王文杰）

农渠（agricultural canal） 灌溉系统中配水的固定渠道（图）。

农 渠

概况 农渠布置要满足便于配水，提高灌溉效率；适应农业生产管理和机械耕作；平整土地、修渠道、建筑物工程量最少；平原区农渠长 400～800 m，宽 200～400 m，控制 200～600 亩的要求。

原理 农渠自斗渠取水配入毛渠或直接送入田间灌水垄沟。

主要用途 从斗渠中将水引流到各个田块的渠道。

（王勇 熊伟）

农用动力机（agricultural power machine） 为农业生产、农副产品加工、农田建设、农业运输和各种农业设施提供原动力的机械。常用的有各种内燃机（柴油机、汽油机、煤气机等）、拖拉机、电动机、水轮机、风力机等。在农业中用机电动力代替人力和畜力，可提高劳动生产率，减轻劳动强度，增强抗御自然灾害能力，及时地完成各项农事作业，对产量的提高具有显著作用。

概况 中国早在 3 世纪，就有了原始的水轮机，利用水力提水或砻谷。风力机最早见于 9 世纪时阿拉伯人的著作，11 世纪在中东地区得到广泛应用，13 世纪传入欧洲。中国于 12 世纪的宋代开始使用风力机。1830 年前后，法国制成了水轮机。19 世纪 50 年代，北美开始用蒸汽机驱动固定式农业作业机械，如饲料粉碎机、轧花机等，以后演变成自走式蒸汽机，可在各农场之间流动使用，主要用以驱动固定式谷物脱粒机。20 世纪初，出现了装备内燃机的拖拉机，并于 20 年代起大量推广使用，成为主要的农用动力机械。20 世纪 20—40 年代，中国曾引进和小批量生产小型内燃机，供农田排灌和碾米、磨面、轧花等农产品加工工业使用。50 年代起逐步建立了内燃机、拖拉机和电机工业，农用动力机械得到迅速发展。还曾一度发展由小型蒸汽机和锅炉组成的锅驼机和煤气机，由于机体笨重、热效率低、使用维修不方便等原因，60 年代后已不再生产。到 1986 年底，中国农用动力机械总功率为 209 100 MW，其中包括 15 kW 及以上农用大、中型拖拉机 87.1 万台，农用小型及手扶拖拉机 45 345 万台，农用排灌动力机械总功率 57 550 MW。

类型 常见的有各种内燃机（柴油机、汽油机、煤气机等）、拖拉机、电动机、水轮机、风力机等。

发展趋势 固定作业中将优先发展电动机；风力资源丰富的地区，宜有计划地发展风力机；水力资源丰富而落差较大的地区，发展中、小型水电站；柴油机将继续有所发展；利用各种再生能源（如沼气、煤气、酒精等）和固体燃料的发动机，将得到不同程度的重新使用和发展；双燃料发动机，如煤气-柴油机、沼气-柴油机、天然气-柴油机等的研究与使用将受到重视。

参考书目

袁寿其，施卫东，刘厚林，等，2014. 泵理论与技术［M］. 北京：机械工业出版社.
袁寿其，李红，施卫东，等，2011. 新型喷灌装备设计理论与技术［M］. 北京：机械工业出版社.

（周岭　李伟）

P

排气阀（vent valve） 一种用于排除管道中多余气体的阀门，它具有提高管道路使用效率及降低能耗的作用。

概况 排气阀（图）是管道系统中必不可少的辅助元件，广泛应用于锅炉、空调、给排水管道中。往往安装在制高点或弯头等处，排除管道中多余气体、提高管道路使用效率及降低能耗。排气阀由阀体、排气帽、浮筒、弹簧/弹片、阀杆、密封圈组成，安装在系统时，当气体进入阀腔，浮筒在重力作用下下坠，排气口被打开，直接把气体排出去，气体排完后水进入阀腔，浮筒密度小于水的密度就会浮在水面并随着水面上升，关闭排气口，确保没有气体的时候不漏水。

排气阀

类型 ①暖气式：暖气排气阀是一种安装于系统最高点，用来释放供热系统和供水管道中产生的气穴的阀门。②微量式：微量排气阀用于排出水中的溶解空气（每1 L中含20 mL氧气），适合装置于高层建筑、厂区内配管、小型泵站，用来保护或改善系统的输水效率及节约能源。③快速式：快速式排气阀应用于独立采暖系统、集中供热系统、采暖锅炉、中央空调、地板采暖及太阳能采暖系统等管道排气。④复合式：复合式排气阀用于泵浦出水口处或送配水管线中，可以将管中集结的空气或管线较高处集结的微量空气排放至大气中，从而提高管线及抽水机使用效率，此外，当管内有负压产生时，它可以迅速吸入外界空气，防止管线因负压产生而出现毁损。

结构 ①排气阀的浮筒采用低密度的PPR和复合材料，此材料即使长时间在高温水的浸泡下也不会产生变形。不会造成浮筒活动困难。②浮筒杠杆采用硬质塑料，杠杆与浮筒和支座之间的连接都采用活动连接，故不会在长期运行时产生锈蚀，导致系统不能工作而发生漏水。③杠杆的密封端面部分是采用弹簧支撑，可以随杠杆的运动相应伸缩，保证在不排气情况下的密封性。

参考书目

张清双，2013. 阀门手册——选型［M］. 北京：化学工业出版社.

（张帆）

排水沟道（drainage canal） 农田排水沟道通常是指天然形成的裸露在地表或者以排水为目的而挖掘的水道，一般不包括埋设在农田地表以下的暗管排水管道（图）。

排水沟道

作用 排水沟道的布设是以排除地面水和降低地下水位，达到除涝、排渍、治碱为目的。农田排水沟道不仅作为农田水利基础设施的重要组成部分，通过及时降渍排涝有力地为农业高产稳产起到“保驾护航”的作用，而且作为农业生态系统重要组成部分，对于维持农业生态系统平衡和流域生态系统健康有着重要作用。农田排水沟道作为农田景观中的“廊道”，同样具有物质传输通道、过滤或阻隔、物质能量的源或汇、生物栖息地等方面的生态功能。

概况 排水沟道的规划通常建立在流域防洪除涝规划基础上。在进行排水沟道设计时，要重点考虑排水系统工程布局和工程标准，确定田间排水沟道深度和间距，分析计算各级排水沟道和建筑物的流量、水位、断面尺寸和工程量。田间排水沟道设计的关键是确定排水沟道的深度、间距、断面、比降边坡系数等要素。

布设原则 ①排水沟道一般布设在坡面截水沟的两端或较低一端，用以排除截水沟不能容纳的地表径流。排水沟道的终端连接蓄水池或天然排水道。②排水沟道在坡面上的比降，根据其排水去处（蓄水池或天然排水道）的位置而定，当排水出口的位置在坡脚时，排水沟道大致与坡面等高线正交布设；当排水去处的位置在坡面时，排水沟可基本沿等高线或与等高线斜交布设。各种布设都必须做好防冲措施（铺草皮或石方衬砌）。③梯田区两端的排水沟道，一般与坡面等高线正交布设，大致与梯田两端的道路同向。一般土质排水沟道应分段设置跌水。排水沟道纵断面可采取与梯田区大断面一致，以每台田面宽为一水平段，以每台田坎高为一跌水，在跌水处做好防冲措施（铺草皮或石方衬砌）。

参考书目

刘肇伟，雷声隆，1993. 灌排工程新技术［M］. 武汉：中国地质大学出版社.

杨天，2002. 节水灌溉技术手册［M］. 北京：中国大地出版社.

（向清江）

排水井（drainage wells） 尾矿库“井—管”式排水系统的进水构筑物，是确保尾矿库安全的重要设施。

概况 排水井具有水量稳定、防淤堵性能好、寿命长、结构简单、施工容易、造价低、便于管理等优点被广泛应用于尾矿库排水系统中，但目前对于排水井水力特性的研究较少。

原理 其导渗原理是通过滤水管将来自坝体上游的渗透水流导入排水减压井内，阻止渗透水流往下游流动，以达到迅速降低压力水头，保护大坝的稳定和降低下游地下水位的目的。

结构 排水井由井身和井座两部分组成，井身为进水部分，井座是排水井与排水管衔接的部分。

主要用途 排水井多用于表面弱透水层和下部强透水层均比较深厚的地基，或含水层成层性显著，夹有许多透镜体和强含水带的地基中。由于多数工程的堤基均为多层地基，地质条件复杂，因此在排渗措施的应用中以排水井的应用最为广泛。

类型 排水井主要有4种类型：窗口式排水井、框架式排水井、砌块式排水井和井圈叠装式排水井（图）。

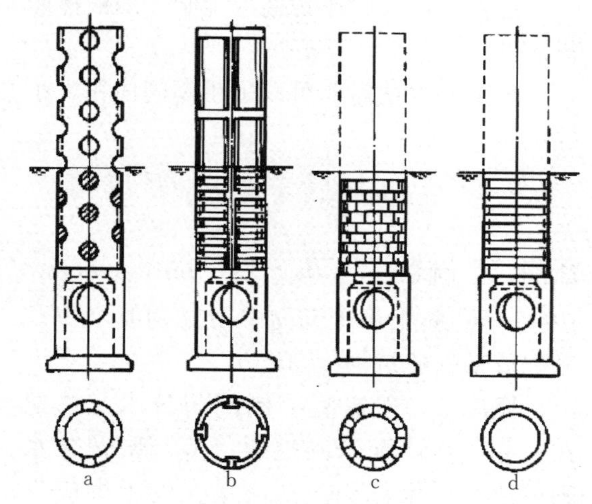

排水井四种类型

a. 窗口式 b. 框架式 c. 砌块式 d. 井圈叠装式

（杨孙圣）

旁通施肥罐 (by-pass fertilizer tank)

一种将肥料带到作物根部的装置（图）。

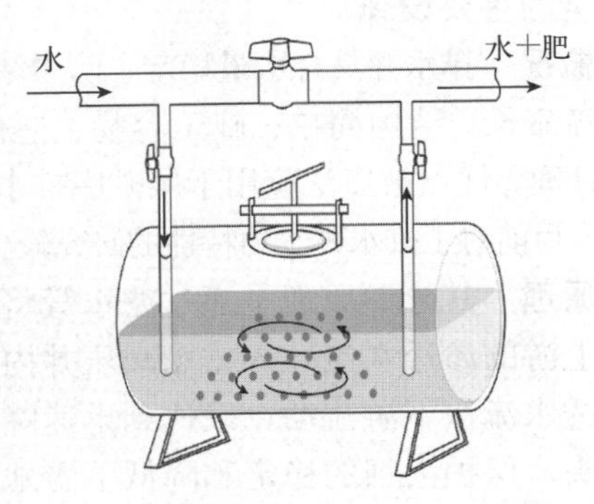

旁通施肥泵

概况 在使用时不需要外加动力，能真正做到节能，蔬菜种植中，在水压不大，小于 20 m 时，选用旁通式施肥罐。

原理 在主管道上两条细管接点之间设置一个截止阀以产生一个较小的压力差（1～2 m 水压），使一部分水流流入施肥罐，进水管直达罐底，水溶解罐中肥料后，肥料溶液由出水口进入主管道，将肥料带到作物根区。

结构 由两根细管分别与施肥罐的进、出口连接，然后再与主管道相连接。

主要用途 对作物进行施肥，固液体肥料皆可。

类型 根据需要可以采用不同体积大小的罐体。

（杨孙圣）

配水建筑物 (water distribution structure)

渠系配套建筑物中用以调节水位和分配流量的建筑物（图）。

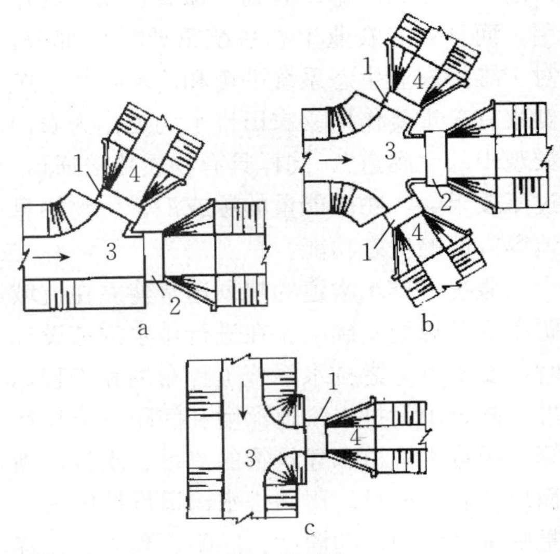

配水建筑物

a. 向一侧分水 b. 向两侧分水 c. 不设节制闸的分水

1. 分水闸 2. 节制闸 3. 干渠 4. 支渠

概况 一般需将节制闸与分水闸修建在一起，组成配水闸枢纽。节制闸及分水闸可兼起量水作用。从流量大的干渠向支渠分出较小流量时，有时可不设节制闸。当支渠与干渠成 90°分水角时，由于分水时水流急剧转弯而产生了局部环流，分水闸不但进沙多，且由于水流断面收缩而减少进闸流量。为配水而修建的闸枢纽中，有时还需设置冲沙闸或泄水闸（退水闸），用以冲走节制闸上游渠道淤沙及宣泄渠道多余水量，使渠道不因淤积而减小过水断面，并避免水流漫过渠顶，以保证渠道及闸枢纽的安全。

原理 灌溉渠道上用以控制水位、流量，保证各级渠道间合理分配水量的水工建筑物。

结构 节制闸、分水闸、斗门及量水建筑物等。

主要用途 调节水位、配水、分配流量。

参考书目

全国水利设计先进经验交流会议，1966. 渠系建筑物 [M]. 北京：中国工业出版社.

（王勇　熊伟）

配水井 (water distribution well)

也称分水井。地下渠道上的配水建筑物，是污水处理领域重要设备之一（图）。

配水井

概况 为了保证市政给水预处理系统向外供水的可靠性，净水构筑物一般采用并联运行。并联运行的净水构筑物之间应按需分配水量，若配水不能按需分配，则会导致各构筑物的负担不一，一些净水构筑物可能出现超负荷运行，而另一些净水构筑物则不能充分发挥作用。为实现净水构筑物按需配水的要求，配水井的设计尤为重要。

原理 在污水处理中，分配原水通常设置在沉砂池之后，生物处理系统之前。收集污水，减少流量变化给处理系统带来的冲击。

结构 用砖砌、混凝土预制或灰土夯筑，位于上下级渠（管）道衔接处，大小以能启闭闸门为度。

主要用途 配水井广泛应用于市政给水处理领域，主要起控制和分配水量、排气、调压、连接管道等作用，并作为检修地下渠道的出入口。

类型 所述配水井主体的内部被若干隔断墙体分隔为进水井、出水井和溢流井。

（杨孙圣）

喷滴灌两用灌溉机组

(sprinkler - drip dual - purpose irrigation machine) 一种包含喷灌机组以及滴灌系统的两用型灌溉机组，如图 1、图 2 所示。可根据不同作物或不同地形的需求自如地进行喷灌、滴灌两种灌溉方式的转换。

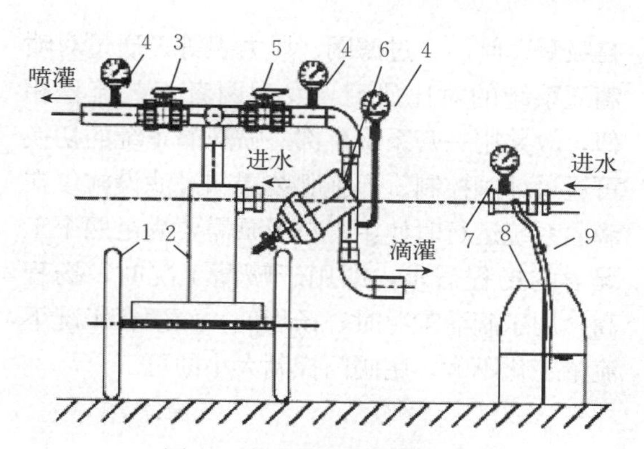

图 1 移动式喷滴灌车结构

1. 小推车 2. 喷滴灌双工况泵和柴油机 3. 喷灌阀门 4. 压力表 5. 滴灌阀门 6. 过滤器 7. 真空表 8. 施肥桶 9. 施肥阀门

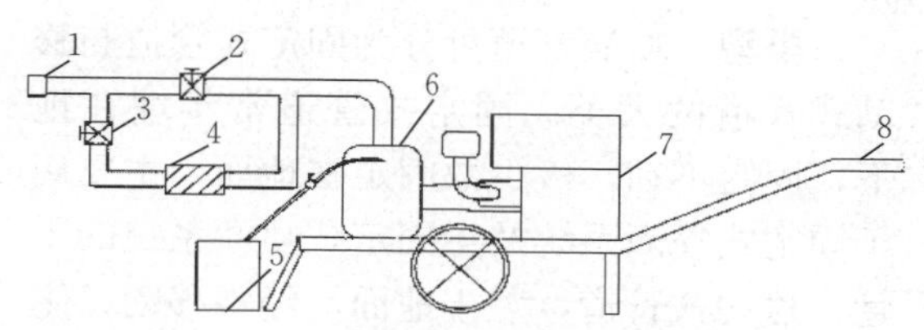

图 2 喷滴灌轻小机组结构

1. 快速接头 2. 1 号阀门 3. 2 号阀门 4. 网式过滤器 5. 施肥罐 6. 水泵 7. 柴油机 8. 推车手柄

概况 为解决现有灌溉机组功能单一、适应性不强的问题，采取喷灌和滴灌相互借鉴、同步发展，积极开展喷滴灌两用灌溉机组的研究。我国对喷滴灌系统的研究较为成熟，现有喷滴灌两用系统的单工况设计为按喷灌系统最高效率点进行设计，后经调压进行滴灌系统的双工况设计。目前喷滴灌两用系统主要存在的问题为首部设备笨重，首部施肥设备多采用传统的施肥罐，过滤设备则采用离心、砂石、网式过滤器 3 级组合的形式；能耗高，系统多以喷灌设备进行设计，管路系统、喷头、滴灌灌水器等匹配不合理；造价高等。今后，其研究方向主要在于管路的优化配置、关键零部件的选型、能耗分析等方面。

结构 喷滴灌两用灌溉机组包括喷灌系统和滴灌系统。主体包括动力装置、施肥罐、自吸泵、阀门、过滤网、压力表等。通过对喷滴灌系统的对比研究，发现两者工艺流程相似，故共用一套系统首部，喷滴灌系统的切换可通过球阀控制。但施肥装置和过滤设施仅在滴灌系统运行时使用。自吸泵需要满足两个工况下的扬程需求，即用于喷灌工况时，扬程高；用于滴灌工况时，扬程低，而两者工况下流量变化不大，用阀门控制大小即可。

（徐恩翔）

喷灌管道（pipeline of sprinkler） 在喷灌系统中连接水泵与喷头，输送喷洒用水的管道。由管子和管件组成。

类型 喷灌管道可分为固定式管道与移动式管道两大类。固定式管道常年埋在地下，固定不动，极少数固定在地面，主要用于固定式喷灌系统及半固定式喷灌系统的干管。移动式管道，装于地面，经常移动，主要用于半固定式喷灌系统的支管及移动喷灌系统。固定管道要求防腐蚀，经久耐用；移动式管道侧重于移动运输方便。根据管道材质不同，主要有：钢管、铸铁管、铝（铝合金）管、塑料管、水泥管、橡胶管等。

钢管可分为焊管和无缝钢管。喷灌中用的较多的是焊管。常用作固定管道的焊管有水管、煤气管，用作移动管道的焊管有镀锌薄壁钢管。铸铁管按其承受压力大小分为高压管（工作压力大于 1 MPa）、普压管（工作压力 1～0.45 MPa）、低压管（工作压力小于 0.45 MPa）。铸铁管经防腐处理，使用可靠、寿命长，但较笨重，运输不便，一般用作固定管道。铝（铝合金）管分为冷拔管和焊管，工作压力可达 0.8 MPa，重量轻，常用作移动管道。塑料管的种类较多，根据原料和化学成分不同分为硬聚氯乙烯管、软聚氯乙烯管、聚丙烯管、低密度聚乙烯管、高密度聚乙烯管、涂塑软管等。塑料管道的优点是重量轻，便于运输，表面光滑，水力性能良好，耐腐蚀性能好；缺点是易变形老化，耐压强度随温度变化而升降，工作压力为 0.4～0.6 MPa。硬塑料管常用作固定管道，涂塑软管广泛用作移动管道。水泥管种类众多，常用的有自应力和预应力钢筋混凝土管、钢丝网水泥管、石棉水泥管、无筋混凝土管等，工作压力为 0.4～0.8 MPa，这种管道的优点是节省金属材料，耐腐蚀，但运输不便，常用作固定管道。

主要参数 公称直径、工作压力、定尺长度等，根据工作压力、流量和使用要求选用。

为了控制水流，合理分配水量，调节压力。保证管道系统安全，在系统中一般装有滤网及拦污网罩，流量计、压力调节器、泄水阀、排气阀、降压阀及水锤消除器、压力表、伸缩节等。

参考书目

中国农业百科全书编辑部，1992. 中国农业百科全书：农业机械化卷．北京：农业出版社．

（刘俊萍）

喷灌机（sprinkling machine） 用于喷洒灌溉的机器设备，由进水管、抽水机、输水管、配水管和喷头（或喷嘴）等部分组成。喷灌机利用机械和动力设备将水流的压能转变为动能，喷射到空中形成细小的雨滴，均匀分配到指定灌溉面积上，对作物进行灌溉。喷灌机可分为固定式、半固定式和移动式。将喷头安装于固定的或移动的管路上、行喷机组桁架的输水管上以及绞盘式喷灌机的牵引架上，并与相配的主机和水泵等组成一个完整的喷灌系统。

概况 20 世纪 20 年代，俄国人首先将管子装在轮子上，制成了喷灌车。1935 年美国出现滚移式喷灌机样机，1950 年得到广泛推广。20 世纪 50 年代初美国发明水动圆形喷灌机，转动一圈可灌溉 50 hm^2 以上的作物。20 世纪 70 年代欧洲一些国家，先后制成一种耐高压、耐磨损、耐拉力、耐老化的聚乙烯输水管绞盘式喷灌机；它可以灵活地在不同地形坡度和形状耕地进行喷洒作业，也可用于矿山、建筑 T 地防尘喷洒。1977 年后，美国公司在电动圆形喷灌机的基础上，利用地埋导向跟踪装置研制出电动平移式喷灌机；美国则采用沿渠地面固定钢索导向，研制出简单可靠的电动平移式喷灌机导向装置。喷灌机在农业灌溉中优势明显，能有效提高水的利用率，节省劳动力，降低灌溉成本。喷灌机可以结合施入化肥和农药，便于实现农业机械化与自动化；喷灌机无须田间灌水沟渠和畦埂，比地面灌溉更能充分利用耕地，提高土地利用率；喷灌机可适用于任何作物、土质、地形、地区、气候条件。同时，喷灌机也具有投资费用大、受风速影响大等缺点。喷灌机主要应用于农作物、林业苗圃、牧业草场、蔬菜果园、经济作物、园林草皮和花卉等。此外，还用于环境控制、污水处理、鱼塘增氧，以及综合喷施肥液、除草剂、化学剂、农药等。

类型 根据喷灌机所应用的作物土质、地形、地区、气候等条件的不同，使用者需选择合适的喷灌机进行喷灌作业。喷灌机根据结构可分为：手提（抬）式喷灌机、人工移管式喷灌机、小型拖拉机喷灌机等。喷灌机根据其动力不同可分为：柴油机驱动喷灌机、汽油机驱动喷灌机、电力驱动喷灌机、太阳能驱动喷灌机、手动驱动喷灌机等。

结构 针对不同的喷灌条件和要求，喷灌设备的结构和适用场合也不尽相同。①提式喷灌机：又称手抬式喷灌机、手推车式喷灌机。这种喷灌机是将水泵和动力机安装在一个特制的机架上，动力机一般采用小功率电机或柴油机，水泵、管路、喷头大多采用快速接头连接，喷灌机通过工人手提或者背负在田间整体搬移，进行喷灌作业。②小型拖拉机喷灌机：具体可细分为悬挂式和牵引式两种。将喷灌泵安装在拖拉机上，利用拖拉机的动力，通过皮带传动装置带动喷灌机工作，大大节省了人力，在中国农村地区应用广泛。③卷盘式喷灌机：又称绞盘式或卷筒式喷灌机。在喷灌作业时利用喷灌压力水驱动卷盘、带动旋转底盘、牵引远射程喷头、沿途自行走的喷灌机械。该类喷灌机管理简便，操作容易，机动性好，适应性强，同时具备省工、省时、省水、省地，广泛应用于农业灌排、种植、园林等领域。

参考书目

袁寿其，李红，施卫东，2011. 新型喷灌装备设计理论与技术［M］. 北京：机械工业出版社.

刘景泉，蒋极峰，李有才，等，1998. 农机实用手册［M］. 北京：人民交通出版社.

（曹璞钰）

喷灌技术

喷灌技术（sprinkler irrigation technique） 是指将由自然落差形成或通过水泵加压形成的有压水利用压力管道送到田间，再由压力喷头使有压水喷射到空中，形成小水滴状的灌溉用水的方式。

概况 喷灌是当今先进的节水灌溉技术之一，由于其便于机械化、自动化控制实施灌溉过程，在全世界得到迅速的发展，广泛应用于世界各国农业灌溉中。根据国际灌排委员会 2016 年公布的统计数据，我国的喷灌面积为 373 万 hm^2，位列世界第三。

分类 喷灌系统有多种分类方法。根据喷灌压力获得的方式，可分为恒压喷灌系统和自压喷灌系统。根据其设备的组成，喷灌系统可分为机组式喷灌系统和管道式喷灌系统两大类。

（郑珍）

喷灌均匀度

喷灌均匀度（sprinkler irrigation uniformity） 喷灌面积上水量分布的均匀程度，它是衡量喷灌质量好坏的重要指标之一，喷灌水量分布越均匀，作物对灌溉水的吸收利用越充分。

概况 喷灌均匀度常用喷灌均匀系数表

示，它与喷头结构、工作压力、喷头布置形式、喷头间距、喷头转速的均匀性、竖管的倾斜程度、地面坡度、风速及风向等因素有关。不均匀系数需根据实测数据计算：

$$C_u=1-\frac{\Delta h}{h}$$

式中　C_u 为喷灌均匀系数；h 为各测点喷洒水深平均值（mm）；Δh 为各测点喷洒水深平均离差（mm）。

（郑珍）

喷灌强度（sprinkler intensity）　包括设计喷灌强度和允许喷灌强度。设计喷灌强度是指单位时间内喷洒在单位面积上的水量或单位时间内喷洒在田面上的水深，一般用mm/h表示。允许喷灌强度是在土壤含水量为田间持水量60%～70%时，等于或略小于在一定喷水量（灌溉定额）所需喷洒历时末的土壤入渗速度的喷灌强度，是喷灌时允许地表在短历时内有少量的洼积水但不致产生径流的最大喷灌强度。

概况　设计喷灌强度可按下式计算：

$$\rho=K_w\frac{1\,000q\eta_p}{A_{有效}}$$

式中　ρ 为喷灌强度（mm/h）；K_w 为风系数；q 为喷头流量（m^3/h）；η_p 为田间喷洒水利用系数，风速低于3.4 m/s时，取0.8～0.9，风速低于3.4～5.4 m/s时，取0.7～0.8；$A_{有效}$ 为喷头有效控制面积。

不同类别土壤的允许喷灌强度可按下表确定。

各类土壤的允许喷灌强度

土壤类别	允许喷灌强度（mm/h）
沙土	20
沙壤土	15
壤土	12
壤黏土	10
黏土	8

（郑珍）

喷灌设备（sprinkler irrigation equipment）　将有压水流通过喷头喷射到空中，呈雨滴状散落在田间及农作物上的农田灌溉设备，又称喷灌机具。它是用于喷灌的动力机、水泵、管材、喷头等机械和电气设备的总称，简称“机、泵、管、头”。其灌溉用水可经水泵增压，也可利用高水位水源的自然落差。用水泵增压的喷灌设备包括动力机、水泵、输水管道和喷头等部分，利用自然落差的喷灌设备可不用动力机和水泵。

概况　第一代喷灌机出现在1917年，但在1920年以前喷灌机应用仅限于灌溉蔬菜、苗圃、果园。中国于1954年引进喷灌技术，并对所引进的喷灌设备进行了推广和进一步研发，逐渐形成了适用于中国的新产品，如各类喷灌机、多个系列的喷头产品和喷灌机组等。21世纪初中国喷灌机组产品主要有时针式喷灌机、平移式喷灌机、卷盘式喷灌机等，这些产品和国外同类产品的水平基本相当。

结构　主要由水源动力机、水泵、管道系统和喷头等部分组成。水源动力机、水泵辅助上调压和安全设备构成喷灌泵站；与泵站连接的各级管道和闸阀、安全阀、排气阀等构成输水系统；喷洒设备包括末级管道上的喷头或行走装置等。喷灌系统按照喷灌作业过程中可移动的程度分为固定式喷灌系统、半固定式喷灌系统和移动式喷灌系统3类。

发展趋势　喷灌设备与喷灌系统多样化发展，不同的国家和地区适用不同的喷灌设备和喷灌系统。因此，各国都根据本国的特点因地制宜地发展多种多样的喷灌设备和喷灌系统。扩大单机和系统控制面积，提高机组适应能力；尽力节省能源；广泛使用轻质管道和塑料管道；采用自动化技术等成为将来的发展趋势。

参考书目

袁寿其，李红，王新坤，等，2015. 喷微灌技术及设备［M］. 北京：中国水利水电出版社.
袁寿其，李红，施卫东，2011. 新型喷灌装备设计理论与技术［M］. 北京：机械工业出版社.
郑耀泉，李光永，党平，等，1998. 喷灌与微灌设备［M］. 北京：中国水利水电出版社.

（朱兴业）

喷灌专用阀（special valve with sprinkler irrigation） 用于喷灌系统中阀的总称。喷灌专用阀用于农田喷灌管网系统，控制系统压力和流量。

类型 喷灌管网系统中常用的阀门是闸阀、球阀、蝶阀和电磁阀。自动化灌溉控制系统主要采用的是电磁阀，根据给定的电信号增大或减小管路中水的流量。喷灌系统中还配置安全阀、进排气阀、逆止阀等，起到保护系统的作用。

参考书目

袁寿其，李红，王新坤，等，2015. 喷微灌技术及设备［M］. 北京：中国水利水电出版社.

（王文杰）

喷洒孔管（spraying pore tube） 水流在管道中沿许多等距小孔呈细小水舌状喷射出来的孔管，又称孔管式喷头（图）。

喷洒孔管

原理 管道常可利用自身水压使摆动机构绕管轴做 90°旋转。

结构 喷洒孔管一般由一根或几根较小直径的管子组成，在管子的顶部分布有一列或多列小的喷水孔，喷水孔直径一般仅为 1～2 mm。根据喷水孔分布形式，又可分为单列和多列喷洒孔管两种。

主要用途 喷洒孔管结构简单，工作压力比较低，操作方便，但其喷灌强度高，水舌细小，受风力影响大，对地形适应性差，管孔容易被堵塞，对耕作等有影响，支管内实际压力受地形起伏的影响大，并且投资也较大，不适宜大田喷灌。在国内一般用于温室、大棚、菜地、苗圃和矮秆作物的喷灌。

参考书目

袁寿其，李红，王新坤，等，2015. 喷微灌技术及设备［M］. 北京：中国水利水电出版社.
郑耀泉，李光永，党平，等，1998. 喷灌与微灌设备［M］. 北京：中国水利水电出版社.

（朱兴业）

喷洒支管（spraying pipe） 一种工作管道，它是前端与分干管连接，后端与喷头连接的管道（图）。每根喷洒支管上各装有若干个喷头，喷洒支管通过三通管接头接到一起，每根支管前安装一个开关球阀，支管外端通过堵头封闭。

喷洒支管

类型 喷灌设备按照喷洒支管主要可以分为两类：一是喷洒支管静止喷水式机组，

又包括管道式喷灌系统、滚移式喷灌机、端拖式喷灌机、悬挂式远射程喷灌机、轻小型喷灌机组；二是喷洒支管连续移动喷水式机组，又包括圆形喷灌机、平移式喷灌机、双臂式喷灌机、绞盘式喷灌机。

结构 一般一条喷洒支管上根据喷头流量的大小安装6～12个喷头，在支管上装有缝隙式喷头，各喷头相距500 mm。带喷头支管通过连接架与小车上的“IT”形支架相连接，随移动小车行走。为防止支管在重力作用下发生下移，在支管上用钢索悬拉于移动小车的“IT”形支架上，保证了喷灌均匀性。

喷洒支管管径的大小是由管网的布置来决定的，当喷洒支管的长度一定时，根据喷洒支管上的喷头数、喷洒面积和喷头流量来选择喷洒支管管径的大小。喷洒支管直径选择76 mm或102 mm，可以满足规范中关于在同一喷洒支管上任意2个喷头之间的工作压力差应在喷头设计工作压力的20%以内的要求，喷洒支管水头损失一般在2～6 m。喷洒支管上的竖管在大田中露出地面的高度一般为1.5 m左右，加上喷头所需工作压力水头为30～35 m，则喷洒支管的入口压力一般控制在35～45 m为宜。

实践证明，喷洒支管越长，管路效率就越低，因此要尽量减少喷洒支管的长度。当喷洒支管的长度一定时，要注意喷洒支管上喷头数量和喷头位置的布置。喷洒支管的长度、出水口数目和位置要与喷头的基本性能结合起来。另外，喷洒支管为了适应地形的变化会增加管路附件，这时支管的局部阻力参数会增大，降低了管路效率。因此，应尽量使喷洒支管顺直，减少不必要的管路附件。

参考书目

张强，吴玉秀，2016. 喷灌与微灌系统及设备[M]. 北京：中国农业大学出版社.
郑耀泉，刘婴谷，严海军，等，2015. 喷灌与微灌技术应用[M]. 北京：中国水利水电出版社.
杜森，钟永红，吴勇，2016. 喷灌技术百问百答[M]. 北京：中国农业出版社.

（朱勇）

喷头（sprinkler head） 将有压水喷射到空中的部件，也称喷洒器。它的作用和任务是将水流的压力能量转变为动能喷射到空中形成雨滴，均匀分配到灌溉面积上对作物进行灌溉。喷头可以安装在固定的或移动的管路上、行喷机组桁架的输水管上以及绞盘式喷灌机的牵引架上，并与其相配的机、泵等组成一个完整的喷灌机或喷灌系统。

概况 1954年中国引进了苏联的涡轮蜗杆喷头等节水灌溉设备，并在上海、南京、武汉等城市郊区开始应用喷灌技术灌溉蔬菜，许多科研单位、高等院校与工厂密切配合，对喷头进行了大量研制工作，研制出的喷头在农业生产上起到了重要的作用。1977年，中国多家单位组建了“全国摇臂式喷头系列联合设计组”，由全国14个省、直辖市共21家单位组成。经过一年的努力，联合设计组研制成功了$PY_1$20、$PY_1$30、$PY_1$40、$PY_1$50、$PY_1$60和$PY_1$80等6种喷头。2000年之后，受到了国家的重视，喷头设备又得到了新的发展。

类型 喷头的射程大小同水的压力高低直接相关。低压喷头工作压力为0.1～0.2 MPa，射程为5～14 m，又称近射程喷头；中压喷头工作压力为0.2～0.5 MPa，射程为14～40 m，又称中射程喷头；高压喷头工作压力为0.5～0.8 MPa，射程在40 m以上，又称远射程喷头。常用的结构型式有单列和多列孔管式喷洒器，折射式、缝隙式和离心式固定喷头，以及摇臂式、叶轮式、垂直摇臂式、反作用式和全射流式旋转喷头等。

发展趋势 喷头是影响喷灌技术灌水质

量的关键设备，世界主要发达国家一直致力于喷头的改进及研究开发，其发展趋势是向多功能、节能、低压等综合方向发展。开发出多功能、多用途、配套水平高、性能优良的系列化、标准化产品，是喷头产品亟待解决的关键问题。

参考书目

袁寿其，李红，王新坤，等，2015. 喷微灌技术及设备［M］. 北京：中国水利水电出版社.

郑耀泉，李光永，党平，等，1998. 喷灌与微灌设备［M］. 北京：中国水利水电出版社.

刘俊萍，朱兴业，李红，2013. 全射流喷头变量喷洒关键技术［M］. 北京：机械工业出版社.

（朱兴业）

喷头矫正器（sprinkler straightener）

实际上是一种装有配重的管道铰接接头（图）。滚移式喷灌机的喷头安装在支管上，支管很长，在转移过程中必然产生一定的扭曲和弯曲。因此，很难保证所有喷头处于竖直向上的状态，故喷头矫正器的作用是保证所有喷头始终处于竖直向上的状态，从而保证喷灌质量。

喷头矫正器

参考书目

张强，吴玉秀，2016. 喷灌与微灌系统及设备［M］. 北京：中国农业大学出版社.

郑耀泉，刘婴谷，严海军，等，2015. 喷灌与微灌技术应用［M］. 北京：中国水利水电出版社.

（朱勇）

皮带传动（belt drive）

通过一根或几根皮带，连接分别装在主动轴和从动轴的两个转轮，利用皮带与转轮间的摩擦，实现动力的传递（图）。由于皮带有弹性，可以缓和冲击、减少振动，使传动平稳，但不能保持严格的传动比（主动轮每分钟的转数与从动轮每分钟转数的比值）。传动件遇到障碍或超载时，皮带会在皮带轮上打滑，因此可防止机件损坏。皮带传动简单易行，成本低，保养维护也简单，还便于拆换。但由于皮带在皮带轮上打滑，所以皮带传动的机械效率低，而且皮带本身耐久性也较差，使用久了会逐渐伸长，因此应随时调整。

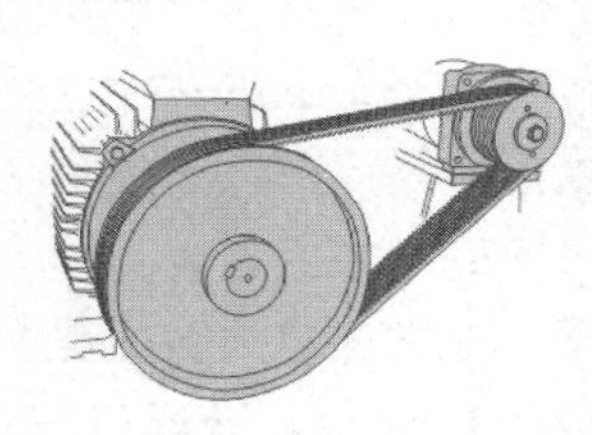

皮带传动

类型　皮带的剖面形状可分为平皮带传动、三角皮带（三角胶带）传动和圆皮带传动等。

原理　皮带传动是由主动轮1、从动轮2和张紧在两个带轮上的环形皮带组成的；由于张紧原因，便在皮带与带轮的接触部分产生了压紧力。当主动轮运转时，依靠摩擦力作用带动皮带，而皮带带动从动轮进行运转，这就把主动轴的动力传给了从动轴。

特点　皮带传动在机械中应用得非常广泛，与啮合传动（齿轮、蜗轮传动）比较，皮带传动具有下列一些特点：①结构简单，制造成本低，安装维护方便。②皮带富于弹性，可以缓和冲击和振动，因此运转平稳，工作时噪声较低。③适用于较大中心距的传动，但从另一方面看，传动外廓尺寸大，紧凑性差。④皮带在皮带轮上的弹性滑动随负载的变化而变化，故传动比不准确。但是过载时，可以发生打滑。因此能防止其他传动件的损坏。但通常不用它来作为过载保护装置。⑤皮带必须张紧，使轴和轴承受到较大的作用力。⑥皮带和皮带轮会摩擦生热、起电，因此不宜用在有爆炸危险的地方。⑦皮带传动的效率和耐久性低。三角皮带与平皮带传动相比，具有传动比较大，中心距较小，传动外廓尺寸较紧凑，皮带的滑动和张紧力较小等优点。

皮带传动故障处理 皮带传动的主要故障就是打滑，造成打滑的原因有：皮带过松，皮带或皮带轮上有油污，皮带磨损严重或伸长等。皮带过松时，应按说明书上的松紧要求度重新进行调整。若因皮带或皮带轮上有油污而打滑，则应及时清除油污，如皮带严重磨损或伸长，则应更换新皮带。

参考书目

范元勋，梁医，张龙，2014. 机械原理与机械设计[M]. 北京：清华大学出版社.
侯天理，何国炜，1993. 柴油机手册[M]. 上海：上海交通大学出版社.

（李伟 周岭）

偏心扣式快速接头

（eccentric quick connector） 一种偏心凸轮拉杆式快速接头（图）。插套两侧分别装有一偏心凸轮拉杆，将插轴插入插套内，压下两侧拉杆，利用凸轮原理迫使插轴下沉接触密封垫而实现制动工作。

偏心扣式快速接头

参考书目

周世峰，2004. 喷灌工程学[M]. 北京：北京工业大学出版社.

（蒋跃）

平带传动

（flat belt drive） 由平带和平带轮组成的摩擦传动，带的工作面与带轮的轮缘表面接触（图）。

平带传动

类型 平带传动中的平带一般由数层挂胶帆布粘和而成，有包边式和开边式两种。平带的抗拉强度较大，预紧力保持性能较好，耐湿性较好，但过载能力较小，耐热、耐油性较差等。平带的接头应保证平带两侧边的周长相等，以免受力不均，加速损坏。

特点 平带传动带速大于 30 m/s、高速轴转速在 10 000～50 000 r/min 的都属于高速带，带速大于 100 m/s 的称为超高速带。高速带传动通常都是开口的增速传动。由于要求可靠、运转平稳，并有一定寿命，所以都采用质地轻、厚度薄而均匀、曲挠性能好、强度较高的特制环形平带，如薄型尼龙片复合平带、高速环形胶带、特制编织带（麻、丝、尼龙）等，以减小其工作时的离心力。若采用硫化接头，必须使接头与带的曲挠性能尽量接近。

参考书目

常德功，樊智敏，孟兆明，2009. 带传动与链传动设计手册［M］. 北京：化学工业出版社.

（李伟　周岭）

平移-回转式喷灌机（lateral move and circular move sprinkler machine）　在地块中做平行移动，而到田头则做回转移动以改换地块的多支点大型喷灌机具（图）。

平移-回转式喷灌机

概况　我国从20世纪70年代中期开始大规模引进喷灌技术。一开始就着眼于农田灌溉。1980年前后，黑龙江研制出DPYP 400型平移——回转喷灌机。具有以下特点：①为减少能量消耗，输水管上配置扇形喷洒的折射式低压喷头，同时为了增加控制面积，输水管悬臂部分采用中压喷头。②为了使平移运转与圆形运转的喷洒均匀度都满足要求，需要配置至少两套喷头。通过合理的喷头分布配置，可经济有效地实现平移-回转喷灌。

结构　平移-回转喷灌机的桁架、塔架等结构与一般的圆形喷灌机相同。其特殊点在于主车。主车在系统的一端，平移时相当于系统的首塔；而回转时，又是系统的中心轴。发动机、水泵、吸水管及控制箱都固定在主车上，平移时随主车一起移动。且主车设有转轴，以保证喷灌机圆形回转。

（徐恩翔）

平移式喷灌机（lateral move sprinkler machine）　一种喷灌机，外形和中心支轴式喷灌机很相似，也是由十几个塔架支承一根很长的喷洒支管，一边行走一边喷洒（图）。但它的运动方式和中心支轴式喷灌机不同，中心支轴式的支管是转动，而平移式的支管是横向平移。它适用于牧草、谷类、蔬菜、棉花、甘蔗等经济作物的灌溉。

平移式喷灌机

概况　我国从20世纪70年代中期开始大规模引进喷灌技术。经历技术引进、自主研发阶段，到20世纪90年代桁架等部件的技术指标已接近美国同类产品水平，为我国大型喷灌机具更新换代奠定了技术基础，标志着我国已具备自主研发大型喷灌设备的能力。经历30年的发展，平移式喷灌机与中心支轴式喷灌机是迄今为止自动化程度最高、应用最为广泛的喷灌机型。目前国内外专家主要围绕主输水管道水利设计、喷头选型与流量系统确定、驱动方式与行走特性等方面进行研究。

结构　平移式喷灌机由以下主要部件组成：①枢轴点的稳健结构。枢轴点的稳健结构由牢固的镀锌角架和高耐用横梁组成，二者一起构成了一个能够吸收长途输送系统所产生的负重的坚固基体。②桥架接头。灵活性最大铰链式的接头允许每个桥架独立的运动，能消除影响系统的扭力。没有流量限制所有部件都很容易从外部接入。③桁架道路和角架。独特的桁架道路设计将负重平均地分布出去，提供了主要的承重作用以及耐久性。桁架道路接头是按照特殊的磁感应生产方式锻造的而非是焊接的，产生有抗性的小窝形状，并且降低了塔的有缺陷处的数目。交叉固定角架最优化设计，增加了结构稳定性，吸收了由不平整土壤产生的扭力。④重型涡轮齿轮箱。内室防止压缩；轴尺具有高抵抗力；超大轴承延长了机器寿命；密闭的涡轮齿轮箱可产生巨大的扭力，可以在最困难和崎岖的土壤上仍具有抵抗力和耐久性。⑤压力调节器。压力调节器实现了从中心到最后一个塔的水均匀分布。压力调节器采用精密制造，具有获专利的回潮系统、改善的插塞电阻、简单的支杆设计和扩展的水流范围。末端喷枪/增压末端喷枪的使用增加了灌溉面积。如果需要的能量更多，可安装一个增压泵。

（徐恩翔）

屏蔽泵（canned motor pump） 屏蔽电动机与泵叶轮用同一轴直接连为一体且机泵整体密封的离心泵，屏蔽泵是一种无泄漏泵。

概况 屏蔽泵在电动机定子内侧和转子外侧分别用薄壁的屏蔽套保护，在机泵整体密封结构的内部实现电机定子和电机转子的独立密封，以防液体浸入，达到线圈绝缘和冲片防腐的目的。两层屏蔽套之间留有间隙，使液体介质流通，机泵一体的转子浸没在液体介质中，液体与外界采用O型圈或垫片等形式进行静密封，转子无须轴密封装置，输送液体绝对无泄漏，安全可靠。屏蔽泵适用于输送易燃、易爆、有毒、具有放射性以及贵重等液体。在工作压力高，机械密封难以应用和要求无泄漏工作环境时也采用屏蔽泵。屏蔽泵在民用、军工等领域均有应用。例如：在潜艇制氧、核动力等装置中屏蔽泵是不可缺少的配套设备。由于屏蔽泵定子和转子用屏蔽套保护，定子和转子之间间隙加大；屏蔽套带来了涡流损失；定子线圈发热需要液体流过屏蔽套之间的间隙以带走热量，使转子的摩擦阻力增大，因此，屏蔽电机效率较低。屏蔽泵比相同参数的机械密封泵效率低3%～7%，高转速情况下效率更低。屏蔽泵内部必须形成液体循环回路，以冷却屏蔽电机定子，同时润滑导轴承和推力盘。循环液中不允许有颗粒杂质进入，以防止损坏屏蔽套、导轴承和推力盘。

原理 泵和驱动电机合为一体，都被密封在一个充满输送介质的罐体内，屏蔽泵电机的转子和泵的叶轮固定在同一根轴上，其动力通过电机定子磁场传递给电机转子，带动整个转子在被输送的介质中运转，实现泵送液体。这种屏蔽泵结构只有静密封，无传统离心泵的旋转轴密封装置，故能做到完全无泄漏，极大提高泵的安全可靠性。

被输送的液体由泵体的吸入口进入泵腔，通过叶轮施加能量，由泵体排出口排出，实现对液体连续不断的输送。前轴承座的侧面开有通孔与泵腔高压区连通。一部分输送液体作为冷却循环液由此孔流出，一小部分经过前推力盘的轴向间隙和前导轴承的径向间隙经过叶轮的平衡孔，回到泵的入口；另一大部分冷却循环液流入定子和转子屏蔽套之间的间隙，其中一部分直接经过冷却排液管进入外部冷却循环管，另外一部分先经过后推力盘的轴向间隙，再经过后导轴承的径向间隙汇入外部冷却循环管。这样保证了屏蔽电机的冷却和导轴承、推力盘的润滑，从而使屏蔽电机正常工作。

结构 屏蔽电机定子的内表面和屏蔽电机转子的外表面装有非磁性耐腐蚀金属薄板做成的定子屏蔽套和转子屏蔽套，分别与各自的侧面端板焊接在一起，使定子绕组和转子冲片等与被输送的液体完全隔开，实现定子绕组和转子冲片独立密封，以保护定子线圈和转子铁心不受侵蚀。叶轮与转子装在一个转轴上，由前后两个导轴承支撑，整个转子体浸没在输送液中，不存在普通机械密封泵的轴封问题。因此，屏蔽泵是一种电机与泵为一体的绝对无泄漏泵（图）。

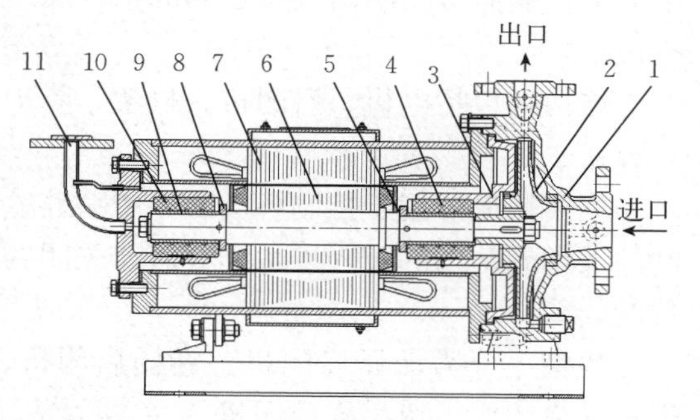

屏蔽泵结构

1. 泵体　2. 叶轮　3. 前轴承座　4. 前导轴承　5. 推力盘　6. 屏蔽电机转子　7. 屏蔽电机定子　8. 转轴　9. 轴套　10. 后导轴承　11. 冷却循环管

主要用途　①地源热泵空调；②空调机组、变压器油泵、机车泵等；③供热采暖循环水系统；④消防水增压系统；⑤自来水增压系统；⑥化工及医药行业用有毒有害液体输送；⑦航天用火箭发射前燃料加注；⑧核电站用核级屏蔽电泵。

类型　分为正循环结构、逆循环结构、独立循环结构、高熔点型、自吸型、泥浆分离型等。

参考书目

袁寿其，施卫东，刘厚林，等，2014. 泵理论与技术［M］. 北京：机械工业出版社.

（汪家琼）

Q

启闭机（hoist） 通过对闸门开启与关闭状态的调整，可使水力资源的分布及应用情况得到控制的起重机械设备（图）。

启闭机

概况 水利水电工程应用的水工闸门有弧形门与平板门之分，其开闭都由启闭机进行控制，由此可见，启闭机在水利水电工程安全稳定运行过程中发挥着极其重要的作用，传统的卷扬启闭机应用范围比较广泛，它具备造价便宜、易加工制造、安全可靠、出现事故能够及时发现并处理以及方便维修等优点，由于液压启闭机具有管理方便、运行可靠及节约资金等优点，所以必然会替代传统的卷扬式启闭机与螺杆式启闭机。

原理 卷扬启闭机：首先用电动机来启动减速机，然后用减速机来驱动缠绕钢丝绳的绳鼓，以此来借助绳鼓的滚动达到收放钢丝绳的目的，最后钢丝绳拉动滑轮组增大启闭力，然后再进行闸门的提升，这就形成了电能与机械能的转换过程。

螺杆式启闭机：用提升的方法来实现开启和关闭水闸，最后实现对水位控制和调节流量的功能。

液压启闭机：利用液体压力来驱动液压缸运动，从而带动闸门进行运动的一种启闭机械。

结构 包括电机、启闭机、机架、防护罩等。

主要用途 用于控制各类大、中型铸铁闸门及钢制闸门的升降以达到开启与关闭的目的。

类型 分为液压启闭机、卷扬启闭机、螺杆式启闭机、双吊式启闭机等。

参考书目

胡友安，2011. 水工启闭机设计及工程实践［M］. 北京：中国水利水电出版社.

（王勇 熊伟）

起重机（crane） 在一定范围内垂直提升和水平搬运重物的多动作起重机械，又称天车、航吊、吊车（图）。

起重机

概况 起重机的使用可以追溯到公元前10年古罗马建筑师维特鲁维斯在其建筑手册里描述的起重机械。直到18世纪，人类所使用的各种起重机械还都是以人畜为动力，在起重量、使用范围和工作效率上很有限。直到18世纪中后期英国瓦特改进蒸汽机后，为起重机提供了动力条件。20世纪初期，欧洲开始使用塔式起重机。

类型 根据其构造和性能的不同，一般可分为轻小型起重设备、桥架类型起重机械和臂架类型起重机、缆索式起重机4大类。轻小型起重设备，如千斤顶、气动葫芦、电动葫芦、平衡葫芦（又名平衡吊）、卷扬机等。桥架类型起重机械，如梁式起重机等。臂架类型起重机，如固定式回转起重机、塔式起重机、汽车起重机、轮胎起重机、履带起重机等。缆索式起重机，如升降机等。

按起重性质可分为：流动式起重机、塔式起重机、桅杆式起重机。

按驱动方式可分为：一类为集中驱动，即用一台电动机带动长传动轴驱动两边的主动车轮；另一类为分别驱动，即两边的主动车轮各用一台电动机驱动。

结构 起重机运行机构一般只用4个主动车轮和从动车轮，如果起重量很大，常用增加车轮的办法来降低轮压。当车轮超过4个时，必须采用铰接均衡车架装置，使起重机的载荷均匀地分布在各车轮上。

桥架的金属结构由主梁和端梁组成，分为单主梁桥架和双梁桥架两类。单主梁桥架由单根主梁和位于跨度两边的端梁组成，双梁桥架由两根主梁和端梁组成。

主梁与端梁刚性连接，端梁两端装有车轮，用以支承桥架在高架上运行。主梁上焊有轨道，供起重小车运行。桥架主梁的结构类型较多，比较典型的有箱形结构、四桁架结构和空腹桁架结构。

（魏洋洋）

气动阀

气动阀 (pneumatic valve) 一种作用于调节流体（气体、蒸汽、水或化学混合物等）以补偿负载扰动的终端控制元件。气动阀（图）以压缩空气作为能源，具有结构简单、操作方便、工作可靠、便于维护等优点，被广泛应用于石油、化工、电力等诸多行业。

气动阀

概况 20世纪70年代末，气动高速开关阀问世以来，国内外一直有相关研究人员致力于阀这方面的研究，并取得了不少成果。多年来对高速开关阀的研究与设计主要有两个方面：一是对机械转换器与驱动电路的设计研究；二是对阀本身的阀体特征、阀芯结构的优化设计。

类型 气动阀按其动作方式可分为气开型和气关型。气开型是当膜头上空气压力增加时，阀门向增加开度方向动作，当达到输入气压上限时，阀门处于全开状态。反过来，当空气压力减小时，阀门向关闭方向动作，在没有输入空气时，阀门全闭，故有时气开型阀门又称故障关闭型。气关型动作方向正好与气开型相反。当空气压力增加时，阀门向关闭方向动作；当空气压力减小或没有时，阀门向开启方向动作或全开为止，故有时又称为故障开启型。气动调节阀的气开或气关，通常是通过执行机构的正反作用和阀态结构的不同组装方式实现。按隔膜多少可分为单隔膜（包括无手轮、有直接手轮）及双隔膜（包括无手轮、有直接手轮、有间接手轮）两种，一般来说，双隔膜要求的关闭力大。

结构 气动阀由气动头和阀体两部分组成，气动头部分由隔膜盘、轴套、轴杆、碟形弹簧、齿轮机构、外壳等部分组成，阀体部分由阀座、阀瓣、阀杆、盘根等组成，气动头部分与阀体部分由连接块连接，通过4个支柱支撑气动头。

参考书目

杨帮文，2009. 液压阀和气动阀选型手册［M］. 北京：化学工业出版社.

（张帆）

气系统

气系统（gas system） 用于向调节水泵叶片用的油压装置充气、机组制动及虹吸式出水流道真空破坏的压气设备（图）。

气系统

概况 在大型电动机停机时，由于转子惯性还会旋转一段时间才会停止，这种低速运转时间如果较长，将使推力轴承润滑严重恶化而磨损轴承，因此需要用压缩空气来制动。为了避免制动过程发热和消耗过多的压缩空气，电动机一般是在转速下降到额定转速的30%～35%时加闸制动，在1～3 min内完全停机。为防止机组长时间停机后，轴承油膜的破坏导致烧毁轴瓦，机组投入运行后，第1次停机超过24 h，第2次停机超过36 h，第3次停机超过48 h及以后停机超过72 h，均需在开机前将转子顶起，使油进入轴承形成油膜。顶转子与机组制动共用制动闸。

类型 高压气系统和低压气系统。

结构 空压机、气罐和压力信号器。

参考书目

潘咸昂，1989. 泵站辅机与自动化［M］. 北京：中国水利水电出版社.
严登丰，2000. 泵站过流设施与截流闭锁装置［M］. 北京：中国水利水电出版社.
严登丰，2005. 泵站工程［M］. 北京：中国水利水电出版社.

（袁建平　陆荣）

汽蚀比转速

汽蚀比转速（specific speed of cavitation） 在最大直径叶轮和给定转速下，在最佳效率点流量时计算的，涉及泵吸性能的重要参数。汽蚀比转速是衡量一台泵对内部回流的敏感程度的评估尺度。与泵的比转速 n_s 相似，可以推导出泵汽蚀相似准则——汽蚀比转速 C。

概况 汽蚀比转速与泵必需汽蚀余量的关系：根据计算公式，同样设计流量的离心泵，汽蚀余量越高，其汽蚀比转速越低。汽蚀比转速与泵效率的关系：理论上，汽蚀比转速高的离心泵，其效率可能要下降一些。标准上对汽蚀比转速设定上限的本意应该是要通过这一限制来尽量提高泵的效率，但现实情况是，我们首先必须保证泵在运转时不发生汽蚀，即汽蚀余量必须低一些，这样一来，很多泵的汽蚀比转速就超限了。况且，有些泵汽蚀余量设计得很低并不是通过牺牲效率来实现的，而是以牺牲空间尺寸来实现的，其效率并不低，因此，汽蚀比转速只能作为一个参考，不应该作为泵的主要参数来对待。

原理 当泵是几何相似和运动相似时，C 值等于常数，所以 C 值可以作为汽蚀相似准数，并标志抗汽蚀性能的好坏，C 值越大，泵的抗汽蚀性能越好，对应不同的 C 值，所以 C 通常是指最高效率工况下的值。C 值的大致范围：对抗汽蚀性能高的泵 $C=1\,000\sim1\,600$；对兼顾效率和抗汽蚀性能的泵 $C=800\sim1\,000$；抗汽蚀性能不做要求，主要考虑提高效率泵 $C=600\sim800$。

公式

$$C=\frac{5.62n\sqrt{Q}}{NPSH_r^{3/4}}$$

式中 n 为转速（r/min）；Q 为泵流量（m^3/s）；$NPSHr$ 为泵必需汽蚀余量（m）。

主要用途 由于汽蚀比转速和吸入比转速的实质和意义相同，只差一常数值，所以其主要用途参见比转数的主要用途。

类型 与比转速类似，汽蚀比转速可以分为常规的汽蚀比转速和无因次汽蚀比转速。

参考书目

关醒凡，1987. 泵的理论与设计［M］. 北京：机械工业出版社.

克里斯托弗·厄尔斯·布伦南，2012. 泵流体力学［M］. 潘中永，译. 镇江：江苏大学出版社.

Knapp R T, Daily J W, Hammit F G, 1970. Cavitation［M］. New York: McGraw-Hill.

（许彬）

汽蚀余量（cavitation margin）

泵入口处液体所具有的总水头与液体汽化时的压力头之差，单位用 m（水柱）标注，用 NPSH 表示。

概况 泵汽蚀余量和泵内流动情况有关，是由泵本身决定的。它表征泵进口部分的压力降，也就是为了保证泵不发生汽蚀，要求在泵进口处单位重量液体具有超过汽化压力水头的富余能量，也就是要求装置提供的最小装置汽蚀余量。泵汽蚀余量的物理意义即表示液体在泵进口部分压力下降的程度。所谓必需的净正吸头，是指要求吸入装置必须提供这么大的净正吸头方能补偿压力降，保证泵不发生汽蚀。

原理 泵汽蚀余量与装置无关，与泵进口部分的运动参数有关。运动参数在一定转速和流量下是由几何参数决定的，这就是说泵汽蚀余量是由泵本身（吸水室和叶轮进口部分的几何参数）决定的。对既定的泵，不论何种液体（除黏性很大、影响速度分布外），在一定转速和流量下流过泵进口，因速度大小相同故均有相同的压力降，泵汽蚀余量相同。所以泵汽蚀余量和液体的性质无关（不考虑热力学因素），泵汽蚀余量越小，表示压力降小，要求装置必须提供的装置汽蚀余量越小，因而泵的抗汽蚀性能越好。

公式

$$NPSH=\frac{P_S}{\rho g}+\frac{v_s^2}{2g}-\frac{p_v}{\rho g}$$

$$NPSHr=\frac{v_0^2}{2g}+\lambda\frac{w_0^2}{2g}$$

$$NPSHa=\frac{P_S}{\rho g}+\frac{v_s^2}{2g}-\frac{p_v}{\rho g}$$

$$=\frac{p_c}{\rho g}-h_g-h_c-\frac{p_v}{\rho g}$$

主要用途 泵汽蚀余量是表征水泵汽蚀性能的重要参数之一，并据此计算水泵装置几何吸上高度和确定水泵安装高程，在实践中具有重要意义。

类型 $NPSHa$：装置汽蚀余量又称有效汽蚀余量，越大越不易汽蚀；$NPSHr$：泵汽蚀余量，又称必需的汽蚀余量或泵进口动压降，越小抗汽蚀性能越好；$NPSHc$：临界汽蚀余量，是指对应泵性能下降一定值的汽蚀余量；［$NPSH$］：许用汽蚀余量，是确定泵使用条件用的汽蚀余量，通常取［$NPSH$］=（1.1～1.5）$NPSHc$。

汽蚀余量的关系：$NPSHc\leqslant NPSHr\leqslant$［$NPSH$］$\leqslant NPSHa$

各种泵汽蚀余量的表达式如下：

混流泵汽蚀余量计算的具体表达式为：

$$NPSHc=9.92\left(\frac{n_s}{100}\right)^{1.31}\left(\frac{n_s}{100}\right)^{0.98}$$

双吸泵汽蚀余量的具体表达式为：

$$NPSHc=10.54\left(\frac{n_s}{100}\right)^{1.25}\left(\frac{n_s}{100}\right)^{0.95}$$

单吸离心泵汽蚀余量的具体表达式为：

$$NPSHc = 6.66\left(\frac{n_s}{100}\right)^{1.5}\left(\frac{n_s}{100}\right)^{0.8}$$

参考书目

关醒凡，2011. 现代泵理论与设计［M］. 北京：中国宇航出版社.

施卫东，1996. 流体机械［M］. 成都：西南交通大学出版社.

关醒凡，施卫东，高天华，1998. 选泵指南［M］. 成都：成都科技大学出版社.

（许彬）

汽油机（gasoline engine） 以汽油作为燃料，将内能转化成动能的发动机（图）。由于汽油黏性小，蒸发快，可以用汽油喷射系统将汽油喷入气缸，经过压缩达到一定的温度和压力后，用火花塞点燃，使气体膨胀做功。汽油机的特点是转速高、结构简单、质量轻、造价低廉、运转平稳、使用维修方便。汽油机在汽车上，特别是小型汽车上被大量使用。

汽油机

工作原理 发动机是将化学能转化为机械能的机器，它的转化过程实际上就是工作循环的过程，简单来说就是通过燃烧气缸内的燃料产生动能，驱动发动机气缸内的活塞往复的运动，由此带动连在活塞上的连杆和与连杆相连的曲柄，围绕曲轴中心做往复的圆周运动，而输出动力。

结构 汽油发动机机体：发动机各部机件的装配基体。它包括气缸盖、气缸体、下曲轴箱（油底壳）。气缸盖和气缸体的内壁共同组成燃烧室的一部分，机体的许多部分又分别是其他系统的组成部分。

汽油发动机曲柄连杆机构：发动机借以产生并传递动力的机构，通过它把活塞的直线往复运动转变为曲轴的旋转运动而输出动力。它包括活塞、活塞销、连杆、带有飞轮的曲轴和气缸体等。

汽油发动机配气机构包括进气门、排气门、气门挺杆和凸轮轴及凸轮轴正时齿轮（由曲轴正时齿轮驱动）等。它的作用是使可燃混合气及时充入气缸并及时从气缸排出废气。

汽油发动机燃料供给系统包括汽油箱、汽油泵、汽油滤清器、空气滤清器、化油器、进气管、排气管、排气消音器等。其作用是把汽油和空气混合成合适的可燃混合气供入气缸以备燃烧，并将燃烧生成的废气排出发动机。

汽油发动机冷却系统主要包括水泵、散热器、风扇、分水管和气缸体以及气缸盖里的水套。其功能是把高热机件的热量散发到大气中去，以保证发动机正常工作。

汽油发动机润滑系统包括机油泵、限压阀、润滑油道、集滤器、机油滤清器和机油散热器等。其功能是将润滑油供给摩擦件，以减少它们之间的摩擦阻力，减轻机件的磨损，并部分地冷却摩擦零件，清洗摩擦表面。

汽油发动机启动系统包括发动机的启动机构及其附属装置。

参考书目

康拉德·赖夫，2017. 汽油机管理系统——控制、调节和监测［M］. 北京：机械工业出版社.

侯天理，何国炜，1993. 柴油机手册［M］. 上海：上海交通大学出版社.

（周岭 李伟）

汽油机驱动喷灌机（gasoline - engine - driven sprinkling machine） 在喷灌系统中

采用汽油机驱动水泵。

概况 常见的汽油机水泵是一种离心泵。由水泵和支架组成，成本低、重量轻、维护方便，也具有制造成本低、噪声较小的优点。汽油机驱动的喷灌机轻巧，转速高，适应性好，工作平稳，同时制造成本低，噪声较小，低温启动性较好。但汽油的热效率较低且燃料消耗率大，经济性较差。由于农用机对于噪声和平稳性的要求并不高，面对较高的使用成本，汽油机喷灌机应用并不广泛。

结构 汽油机驱动喷灌机是指在喷灌系统中采用汽油机驱动水泵。汽油机一般采用往复活塞式结构，由本体、曲柄连杆机构、配气系统、供油系统、润滑系统和点火系统等部分组成。

工作原理 离心泵的工作原理就是在泵内充满水的情况下，发动机带动叶轮旋转，从而产生离心力，叶轮槽道中的水在离心力的作用下甩向外围流进泵壳，于是叶轮中心压力降低，这个压力低于进水管内压力，水就在这个压力差的作用下由吸水池流入叶轮，这样水泵就可以不断地吸水和供水了。

参考书目

刘景泉，蒋极峰，李有才，1998. 农机实用手册［M］. 北京：人民交通出版社.

袁寿其，李红，施卫东，2011. 新型喷灌装备设计理论与技术［M］. 北京：机械工业出版社.

（曹璞钰）

牵引机（hauling machine）

牵引机（hauling machine） 通过拖曳、牵引方式引导其余不能自行移动设备按特定方式运动的设备（图）。

原理 由动力机提供动力，通过连接装置将被牵引装置进行拖动，改变牵引机运动方向以完成被牵引装置按特定方式运动的需求。

结构 由底盘、绞盘、液压马达、动力机、液压泵等组成。

牵引机

类型 根据驱动方式可分为汽油机式、柴油机式、电机式等。

（印刚）

潜水电泵（submersible pumps）

潜水电泵（submersible pumps） 泵体叶轮和驱动叶轮的电机都潜入水中工作的一种水泵，有深井用和作业面用两种。

概况 潜水电泵的发展已经有 100 多年了，1904 年，美国的布隆·杰克逊公司第一个成功地设计、制造了卧式连接的潜水电泵和潜水电机，这就是现代潜水电泵的雏形。1928 年，该公司发明了直接连接的立式潜水电泵，这是现代深井潜水电泵的最初形式。1948 年，瑞典的飞力公司研制成功了世界上第一台给排水用的浅水（或作业面）潜水电泵，从根本上简化了泵的型式。1958 年，我国上海人民电机厂开始生产 7 kW 的作业面潜水电泵，揭开了我国潜水电泵生产的序幕，经过 60 多年的发展，目前潜水泵的技术已经较为成熟。江苏大学与泰州市亚太特种水泵厂等企业合作，系统地研究了污水潜水电泵，通过试验研究了泵内的流动状态、叶的结构型式、几何参数对泵特性的影响等，从而掌握了各种无堵塞污水潜水电泵的设计理论和方法。

原理 潜水电泵一般为单吸多级立式离心泵，原理和一般多级离心泵相同。

结构 潜水电泵一般为单吸多级立式离心泵，结构简单而紧凑（图）。潜水电机采用充水湿式结构，内腔充满清水，用于电机冷却及轴承润滑。为防止泥沙进入电机内腔，在电机上端装有甩沙器和骨架密封。电机上端设有注水及排气孔，下端设有放水孔。电机下部装有止推轴承及推力盘。

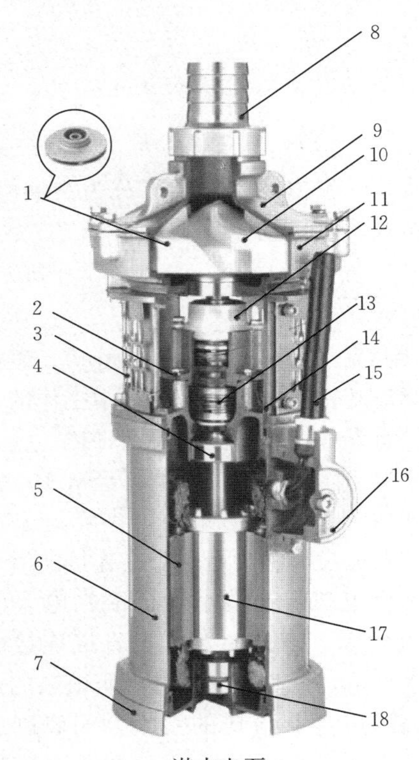

潜水电泵

1. 叶轮（导叶内） 2. 油缸盖 3. 网罩 4. 深沟球轴承 5. 带绕组定子 6. 机筒 7. 底座 8. 出水节 9. 泵盖 10. 导叶 11. 泵体 12. 轴承座 13. 机封 14. 油缸 15. 电缆组件 16. 出线盒盖 17. 转子 18. 深沟球轴承

主要用途 主要用于农业、城市给排水及工业上抽送冷却水等，并可用于控制内河水道系统。可满足低扬程大流量的特殊需要，适合于抽送清水或轻度污染的水。

类型 按电机类型分为干式潜水电泵（电机全部密封）、半干式潜水电泵（电机的定子密封，而转子在水中运转）、充油式潜水电泵（电机内部充油以防水分侵入绕组）和湿式潜水电泵（电机内部充水，定子和转子都在水中运转）。按泵端位置分为上泵式潜水电泵、下泵式潜水电泵。

参考书目

袁寿其，施卫东，刘厚林，等，2014. 泵理论与技术［M］. 北京：机械工业出版社.

周岭，施卫东，陆伟刚，2015. 新型井用潜水泵设计方法与试验研究［M］. 北京：机械工业出版社.

（周岭　李伟）

桥梁（bridge） 为道路跨越天然或人工障碍物而修建的建筑物。

概况 从历史和现状看，绝大多数桥梁均架设在水面上，只有阁道桥和现代城市的行人天桥和行车天桥是架设于高楼崇阁之间或通衢大道之上。从对天生桥的利用到人工造桥，这是一个历史的飞跃过程。从简单的独木桥到今天的钢铁大桥；从单一的梁桥到浮桥、索桥、拱桥、园林桥、栈道桥、纤道桥等；建桥的材料从以木料为主，到以石料为主，再到以钢铁和钢筋混凝土为主，这是一个非常漫长的发展过程。然而，中国桥梁建筑都取得了惊人的成就。

著名的科学技术史学家、英国剑桥大学李约瑟博士（J. Needham）在《中国科学技术史》中曾说，中国桥梁在宋代有一个惊人的发展，造了一系列巨大的板梁桥。到了当代中国，所建造的武汉、南京长江大桥等，更受到世人称赞。可见，中国的桥梁，经过了一个从童年、少年、青年到壮年的发展过程，愈趋成熟。中国在发展桥梁方面于14世纪以前处于领先地位，今天她依然是世界上举足轻重的桥梁大国。

原理 利用各种锥形、三角形、圆柱以及一些承重力好的图形来分散或间接抵消外来压力。

结构 桥梁一般由五大部件和五小部件组成。五大部件指桥梁承受汽车或其他车辆运输荷载的桥跨上部结构与下部结构，是桥梁结构安全的保证。包括桥跨结构（或称桥孔结构）、桥梁支座系统、桥墩和桥台、承台、挖井或桩基。五小部件是指直接与桥梁服务功能有关的部件，过去称为桥面构造，包括：桥面铺装、防排水系统、栏杆、伸缩缝、灯光照明。大型桥梁附属结构还有桥头堡、引桥等设置。

主要用途 供铁路、道路、渠道、管线等跨越河流、山谷或其他交通线使用，且具有承载能力。

类型 ①按结构分类：桥梁按照受力特点可分为梁式桥、拱式桥、刚架桥、悬索桥、组合体系桥（斜拉桥）5 种基本类型。②按多孔跨径总长度可分为特大桥（$L>1\,000$ m），大桥（100 m$\leqslant L\leqslant 1\,000$ m），中桥（30 m$<L<$100 m），小桥（8 m$\leqslant L\leqslant$30 m）。③按单孔跨径分为特大桥（$Lk>$150 m），大桥（40 m$<Lk\leqslant$150 m），中桥（20 m$\leqslant Lk\leqslant$40 m），小桥（5 m$\leqslant Lk<$20 m）。④按用途分为公路桥、公铁两用桥、人行桥、舟桥、机耕桥、过水桥。⑤按跨径大小和多跨总长分为小桥、中桥、大桥、特大桥。⑥按行车道位置分为上承式桥、中承式桥、下承式桥。⑦按承重构件受力情况可分为梁桥、板桥、拱桥、钢结构桥、吊桥、组合体系桥（斜拉桥、悬索桥）。⑧按使用年限可分为永久性桥、半永久性桥、临时桥。⑨按材料类型分为木桥、圬工桥、钢筋砼桥、预应力桥、钢桥。

参考书目

中交公路规划设计院，2004. 公路桥涵设计通用规范［M］. 北京：人民交通出版社.

（王勇　杨思佳）

切管机（pipe - cutting machine） 将管材切断的机械设备，也是管材预制生产中常用的设备之一，主要是把长的管材切割分开，以便后续的坡口和焊接的一种机械设备。

概况 管材在石油、机械、汽车、水利、农业等行业被大量使用，随着国民经济的发展，各行业对管材的切割加工的效率和加工质量的要求也随之提高。

类型 切管机主要分为手动切管机、气动切管机、自动切管机（图）。

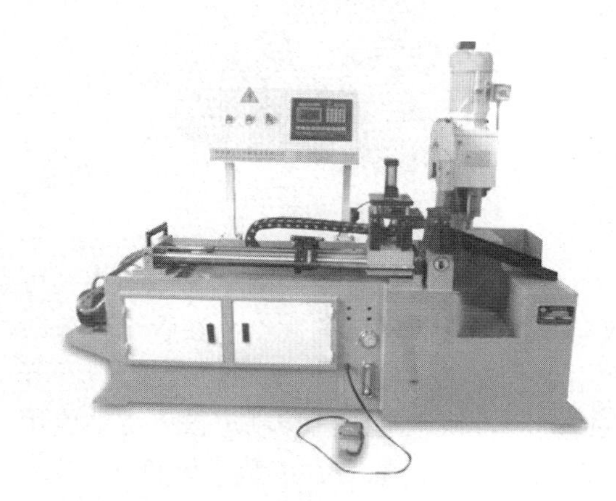

自动切管机

结构 手动切管机进刀采用手动方式，采用欧式高强度机头，配置高效率蜗轮蜗杆传动，机头可以左右回转 45°，角度刻画清晰，并绘制 45°- 90°- 45°参档柱，使调整更容易，配有手动双向夹钳、自动冷却系统及手动试挡尺。气动切管机的机头可左右调整倾斜切或铣槽，角度准确，双边双向夹钳使工件平稳，切面平滑无毛边。自动切管机可自动夹料、进刀、送料、尺寸设置、定数停机和工作计量等功能。机械主要电路采用 PLC 可编程逻辑控制器工作。自动送料、夹料、切料系统，送料精确、快速，每分钟可切 10～50 次料。计数器可设置切料的次数，切料完毕后自动停机。

（魏洋洋）

球阀（ball valve） 阀门中的一大分支，球阀的启闭件是球体，由阀杆带动，并绕球阀轴线做旋转运动。球阀在管路中主要用来做切断、分配和改变介质的流动方向，只需旋转90°的操作和很小的转动力矩就能关闭（图）。

球　阀

概况　球阀具有结构简单、体积小、可双向流动、双向密封的优点，在管道中一般采用水平安装。转动90°即可完成阀门的开启或关闭，便于远距离控制，被广泛地应用于水利、石油、电力、市政、钢铁等行业，在国民经济中占有举足轻重的地位。

类型　按球阀通道位置可分为直通式、三通式、四通式。按阀体装配方式可分为一体式、二体式、三体式和上装式。

结构　球阀由阀杆、球体、阀座和阀体组成，根据球体的不同可分为浮动球球阀、固定球球阀和弹性球球阀。

（王文杰）

参考书目

张汉林，2013. 阀门手册——使用与维修［M］. 北京：化学工业出版社.

渠床糙率系数（coefficient of bed roughness）

也称为曼宁粗糙系数，它是一个能够反映壁面粗糙程度、渠槽形状及水力条件等多种因素影响的综合水力摩阻系数。

概况　在明渠水流的水力计算中，糙率系数是一个非常重要且敏感的参数。糙率的取值会影响到断面的过流能力以及水流能量的损失，若选取不合理，将使计算的结果产生很大误差，会对工程造价及日后的运行管理造成重大影响。然而目前还没有一个能够精确确定糙率值的方法，准确地选取糙率系数依然很困难。

计算公式

（1）美国垦务局（US Bureau of Reclamation）提出的计算公式：

①当$R \leqslant 1.2$ m时，$n=0.014$。

②当$R>1.2$ m时，

$$n=\frac{0.0565R^{1/6}}{lg(9711R)}$$

式中　R为水力半径，此式适用于水深较大的粗糙区明渠流。

（2）美国陆军工程师团公式：

$$n=\frac{R^{1/6}}{19.56+18lg(12R/K_s)}$$

式中　K_s为壁面等效粗糙高度，此式只适用于粗糙区的明渠流。

（3）谢才-曼宁公式：

$$n=\frac{1}{v}R^{2/3}J^{1/2}$$

式中　n为粗率系数；v为断面平均流速（m/s）；R为断面水力半径（m）；J为水力坡度，当明渠流为均匀流时$J=i$，i为渠底坡度。

（4）查询糙率系数表。

（王勇　毛艳虹）

渠道（channel）

在河、湖或水库周围开挖的排灌水道（图）。

渠　道

概况 我国作为一个农业大国，灌区水资源的主要供给为农业用水，农业灌溉用水量在全国总用水量中所占比例高达73%。目前绝大多数灌区干、支输水系统都采用明渠输水，明渠输水灌溉的面积占总灌溉面积的75%以上。灌溉渠系是灌区也是灌溉工程的主题。在我国灌溉渠系一般是由控制设施闸、堰量水设施等连接的干、支、斗、农、毛渠构成的枝状渠网，其主要功能是按照农作物需水要求向农田输水、配水。

原理 利用人工设施，将从水源引取分水量输送和分配到田间为作物利用。

结构 包括调节及配水建筑物、交叉建筑物、落差建筑物、泄水及退水建筑物、冲沙和沉沙建筑物、量水建筑物、专门建筑物。

主要用途 把从水源引取的水量输送和分配到灌区的各个部分。

类型 分为明渠和暗渠。

参考书目

王仰仁，段喜明，刘佩茹，等，2014. 灌溉排水工程学 [M]. 北京：中国水利水电出版社.

何润兵，李传友，王名武，等，2014. 农业排灌技术与机械 [M]. 北京：中国农业科学技术出版社.

（王勇　熊伟）

渠道边坡系数

渠道边坡系数（the slope coefficient of canal） 渠道边坡的倾斜度，以 m 表示。其值等于边坡在水平方向的投影长度和在垂直方向投影长度的比值。通常渠道边坡上注成 $B:H$，其中 H 表示斜坡的垂直距离，B 表示斜坡的水平距离（图）。计算如下：

$$m=\frac{B}{H}$$

渠道边坡系数定义参考图

概况 边坡系数是渠道边坡倾斜程度的指标，直接关系渠坡的稳定，一般认为，土质松散的坡度应大，土质黏重的应小，渠内水深的坡度应大，渠内水浅的坡度应小；渠水流量大的坡度应大，渠水流量小的坡度应小，填方的沟渠坡度应大，挖方的沟渠坡度应小。梯形明渠最佳的理论边坡系数 $m=\tan 30°$。

（王勇　毛艳虹）

渠道断面宽深比

渠道断面宽深比（the width - depth ratio of canal section） 渠道底宽和水深的比值。

计算公式：

$$U_0=\frac{b}{h}=2\left[\sqrt{(1+m^2)}-m\right]$$

式中 U_0 为水力最优断面宽深比；b 为梯形断面底宽（m）；h 为水深（m）；m 为边坡系数。

（王勇　毛艳虹）

渠道防渗

渠道防渗（canal seepage control） 减少渠道输水渗漏损失。

类型 ①土料防渗：压实素土、黏沙混合土、灰土、三合土、四合土等土料进行防渗。②水泥土防渗：压实干硬性水泥土防渗和浇筑塑性水泥土防渗。③砌石防渗：用浆砌料石、块石、卵石、石板，以及干砌卵石挂淤进行防渗。④膜料防渗：用塑膜、沥青玻璃纤维布油毡等作防渗层，其上再设保护层的防渗方法。⑤混凝土防渗：图1为混凝土防渗层的结构形式，图2为防渗渠道的断面形式。

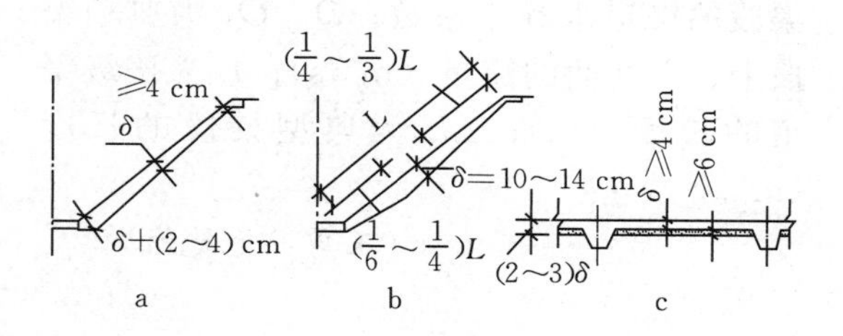

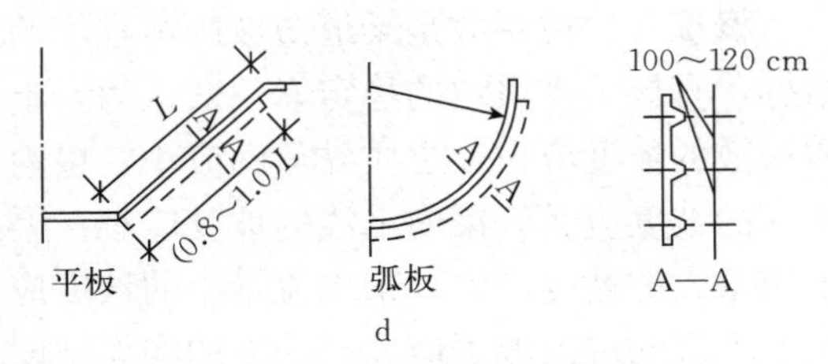

图 1　混凝土防渗层的结构形式

a. 楔形板　b. 中部加厚板　c. 11 形板　d. 肋梁板

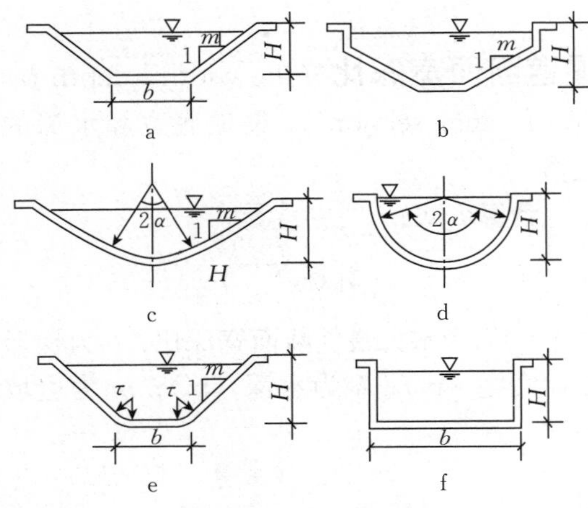

图 2　防渗渠道的断面形式

a. 梯形　b. 复合形　c. 弧形底梯形

d. U 形　e. 弧形坡脚梯形　f. 矩形

（王勇　毛艳虹）

渠道水利用系数（the utilization coefficient of channel water）　某一渠道在中间无分水的情况下，渠道末端的净流量与进入渠道毛流量的比值。

计算公式：

$$\eta_{渠道}=\eta_{渠段}{}^{\frac{L}{\Delta L}}=\left(\frac{Q_{下}}{Q_{上}}\right)^{\frac{L}{\Delta L}}$$

式中　$\eta_{渠道}$为渠道水利用系数；$\eta_{渠段}$为典型渠段的渠道水利用系数；$Q_{下}/Q_{上}$为典型渠段上、下断面的流量（m^3/s）；L 为该级渠道的长度（m）；ΔL 为典型渠段的长度（m）。

（王勇　毛艳虹）

渠底比降（channel bottom gradient）　渠道上、下游两断面渠底高度差与该渠段水平长度的比值，用 i 来表示。当明渠流为均匀流时，$j=i$，j 为水力坡度。

计算公式：

$$i=\frac{\Delta h}{\Delta l}$$

式中　Δh 为渠道上下游两个断面渠底的高度差；Δl 为该渠段的水平长度。

选用要求：①比降应尽量接近地面坡度，避免挖、填方过大；②当水流中含有泥沙时，应选用适宜比降，使水流挟带泥沙，避免积於渠道；③流量大时，比降应较缓。

（王勇　毛艳虹）

渠系水利用系数（the utilization coefficient of canal system）　灌溉渠系的净流量和毛流量之比值。反映了各级输配水渠道的输水损失，表示整个渠系水的利用率，为从取水渠首到田间末级渠道中干、支、斗、农、毛等各级渠道水利用系数的乘积。它是反应灌区各级渠道的运行状况和管理水平的综合性指标。

计算公式：

一种是用灌溉渠系的净流量与毛流量的比值求得：

$$Z_s=\frac{Q_{sn}}{Q_{sg}}$$

另一种是用各级渠道水利用系数相乘的积来表示：

$$Z_s=Z_{干}\times Z_{支}\times Z_{斗}\times Z_{农}$$

式中　Z_s为灌溉渠系水利用系数；Q_{sn}为灌溉渠系的净流量（m^3/s），它等于农渠向田间供水的流量；Q_{sg}为灌溉渠系的毛流量（m^3/s），它等于干渠或总干渠从水源引水的流量；$Z_{干}$、$Z_{支}$、$Z_{斗}$、$Z_{农}$分别表示干、支、斗、农渠的渠道水利用系数。

（王勇　毛艳虹）

全射流喷头（complete fluidic sprinkler）

基于科恩达效应的节水喷头，通过水流的反作用力获得驱动力矩，利用水流的附壁效应改变射流方向的旋转式喷头。喷灌的压力水通过安装在喷管出口处的射流元件时，射流元件不但要完成均匀的喷洒任务，而且还要完成驱动喷头的正、反转动任务。图 1 为全射流喷头。

图 1　全射流喷头

概况　1981 年，由镇江农业机械学院和江苏省启东县吕四机修厂合作，应用两相附壁射流基本理论研制成功 PSF－50 型反馈式全射流喷头。1984 年，浙江嵊县研究开发了 PSH 互控步进式全射流喷头，1990 年，浙江嵊县抽水机站韩小杨等人研制了一种双击同步全射流喷头，2005 年，江苏大学开发出 PXH 型隙控式全射流喷头。

原理　射流元件体有效方便地控制信号水接嘴中信号水间断性地截取，限位环有效方便地控制反向补气嘴的开启或关闭，可实现喷头自控完成间断性的步进、反向工作，实现扇形喷洒功能。工作过程包括直射状态（图 2）、步进状态（图 3）和反向状态（图 4）。

发展趋势　全射流喷头是我国独创、拥有自主知识产权的节水节能新产品，具有结构简单、水力性能好的优点，在不改变其他结构的情况下，可通过调整射流元件的安放角、导管长度等途径实现喷头射程、雾化等性能的改变，成为一种多功能喷头，正好适

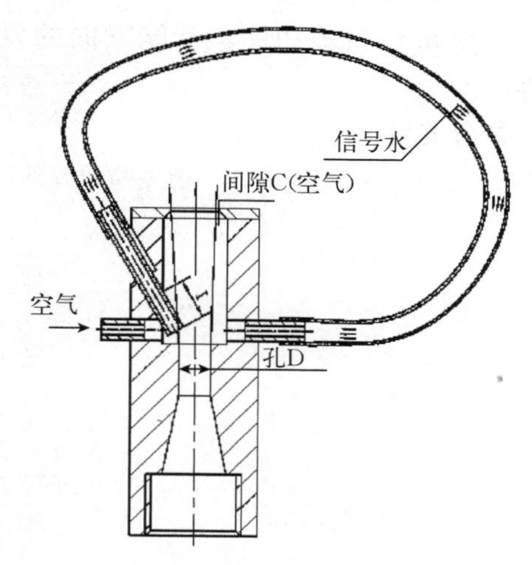

图 2　直射状态

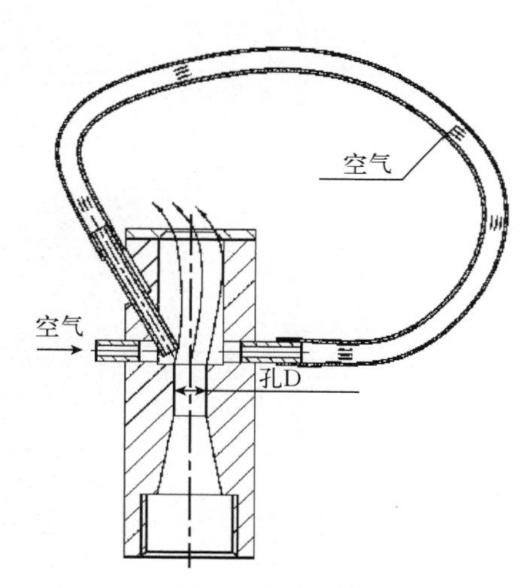

图 3　步进状态

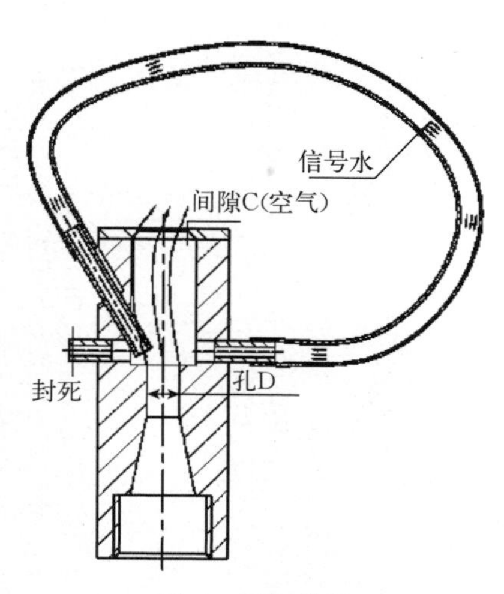

图 4　反向状态

应了目前喷头向多功能、节能方向的发展趋势。

参考书目

袁寿其，李红，施卫东，2011. 新型喷灌装备设计理论与技术 [M]. 北京：机械工业出版社.
刘俊萍，朱兴业，李红，2013. 全射流喷头变量喷洒关键技术 [M]. 北京：机械工业出版社.

（朱兴业）

R

热变形、维卡软化点温度测定仪

(thermal deformation vicat softening point temperature tester) 用于测定热塑性材料热变形温度及维卡软化点温度的装置(图)。

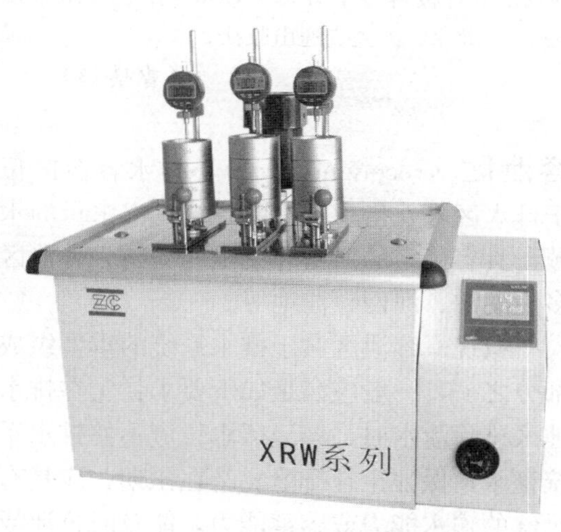

热变形、维卡软化点温度测定仪

原理 温度传感器将温度信号输入给放大器,通过模拟开关,再进入模数转换器转换成数字信号输入计算机,计算机再通过运行 PID 程序给出相应的加热参数,控制加热器的加热时间,从而达到控温的目的。当某一个试样达到设定的变形量时,计算机发出控制信号,停止加热器的工作。

结构 主要由油槽及温控系统、搅拌装置、加载砝码、变形量指示装置(位移指示装置)、试样架、压针(头)以及测试软件等组成。

主要用途 主要用于塑料、硬橡胶、尼龙、电绝缘材料、长纤维增强复合材料、高强度热固性层压材料等非金属材料的热变形温度及维卡软化点温度的测定。

(印刚)

热熔焊机

(fusion welding machine) 用于将两根塑料管道的配合面紧贴在加热工具上来加热其平整的端面直至熔融,移走加热工具后,将两个熔融的端面紧靠在一起,在压力的作用下保持到接头冷却,使之成为一个整体的机械设备(图)。

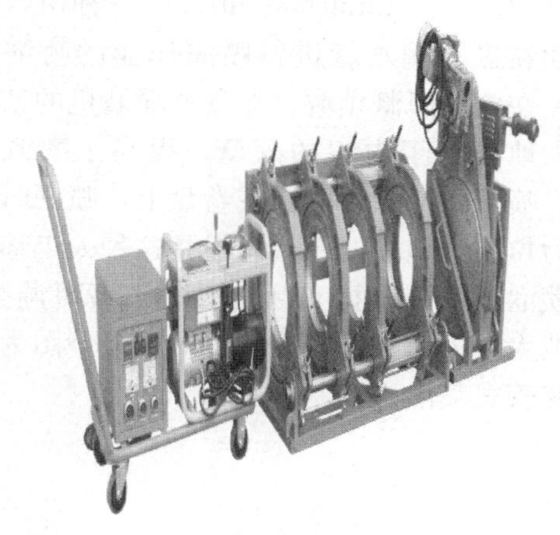

热熔焊机

概况 管材在石油、机械、汽车、水利、农业等行业被大量使用,随着国民经济的发展,各行业对管材的切割加工的效率和加工质量的要求也随之提高。

类型 热熔焊机根据控制方式分为手动和自动两种类型。手动为单件动作,主要用于机构和模具的调试,手动调试好以后,生产时调整到自动。自动控制系统采用可编程控制器(PLC)和触摸屏人机界面来控制,各气缸运动为气压推动,操作简便、性能可靠、尺寸紧凑,提高了生产效率和质量。

结构 热熔焊机一般采用抽板式结构,由电加热方法将加热板热量传递给上下塑料加热件的熔接面。使其表面熔融，然后将加热板迅速退出，上下两片加热件加热后熔融面熔合、固化、合为一体。整机为框架形式，由上模板、下模板、热模板三大块板组成，并配有热模、上下塑料冷模，动作方式为气动控制。主要适用于家用电器、车灯、汽车容器等塑件焊接。可根据不同塑件大小设定加热功率和模具尺寸实现多种塑胶工件焊接，操作简单，使用方便。

（魏洋洋）

人工移管式喷灌机（manual pipe - shifting sprinkling machine） 一种由人力移动卷盘和输水管进行喷灌作业的喷灌设备。在农业灌溉领域，卷盘式喷灌机的产生极大地方便了农田的灌溉，提高了灌溉效率。喷灌机输水管缠绕在卷盘上，喷洒时由人力拉拽到地段的一端。但是这种人工移管式喷灌机不易根据实际情况做出喷灌调整，耗费大量人力，且喷灌的针对性差。图为人工移管式喷灌机。

人工移管式喷灌机

结构 人工移管式喷灌机包括卷盘总成、人工喷水行车、水涡轮机、喷水管辅助行走轮。卷盘总成的侧端面安装有手轮；人工喷水行车包括底盘、安装在底盘上的车架、安装在车架上的喷水分头，喷水分头上安装有若干喷水支管；喷水管后端与所述水涡轮机的出水口对接，喷水管的前端与所述喷水分头对接，喷水管辅助行走轮安装在所述喷水管上。人工移管式喷灌机的卷盘总成安装在机架上，供水管盘卷在卷盘总成上；流量计安装在机架上，供水管前端与流量计连接，流量计外部与供水水泵连接；卷盘总成两个端面各安装有一个出水口，出水口在外部与水涡轮机连接，通过水泵向供水管供水，通过流量计监控流量，水涡轮机将水加压后送入喷水管。

工作原理 可根据实际灌溉情况，人工拖动喷水行车，多人通过喷水支管分别对需要灌溉区域进行喷灌，针对性强，节约水源。喷洒时由于使用人力拉拽，耗费大量人力，因而逐渐被取代。

参考书目

刘景泉，蒋极峰，李有才，1998. 农机实用手册［M］. 北京：人民交通出版社.

（曹璞钰）

容泄区（receiving area） 排水容泄区位于排水区外，指承纳排水系统排出水量的水域，具有稳定的河槽和安全的堤防。容泄区多为湖泊、河网、洼地等。

概况 容泄区属于排水系统的重要组成部分之一，一般应满足如下要求：①在排水地区排除渍水时，容泄区水位应不使排水系统壅水，保证正常排泄。②在汛期，应具有足够的输水能力或容蓄能力，能及时排泄或容纳由排水区排出的全部水量。此时不能因容泄区水位高而淹没农田，或者虽然局部产生淹没，但淹水深度和淹水历时不得超过作物耐淹标准。③具有稳定的河槽和安全的堤防。

排水通畅主要措施 如果容泄区水位高于排水区排水干沟的水位，形成顶托时，为使排水通畅，需要根据实际情况分别采取相应措施：①当外河洪水历时较短或设计排涝流量与洪水不相遇时，可在排水出口建闸，防止洪水倒灌，洪水过后再开闸排水。在滨海地区，则可修建挡潮排水闸，高潮时关闸挡水，低潮时开闸排水。②洪水顶托时间较长，影响排水的面积较大时，除在排水出口建闸控制洪水倒灌外，还需建泵站抽排，洪水过后再开闸排水。③如地形条件许可，将干沟排水口沿河流下游移动，争取自流排水。④当洪水顶托，干沟回水影响不远时，可在出口修建回水堤，使上游大部分排水区仍可自流排水，沟口附近低地则建泵站抽排。

参考书目

史海宾，田军仓，刘庆华，2006. 灌溉排水工程学[M]. 北京：中国水利水电出版社 .

（向清江）

熔体流动速率测定仪（melt flow rate tester）

在规定的温度和负荷条件下测定熔体流动速率的设备（图）。

熔体流动速率测定仪

原理 在规定的温度和负荷下，由通过规定长度和直径的口模挤出的熔融物质，计算熔体质量流动速率（MFR）和熔体体积流动速率（MVR）。测定 MFR，称量规定时间内挤出物的质量，计算挤出速率，以每 10 min 的千克数（kg，每 10 min）表示。测定 MVR，记录活塞在规定时间内的位移或活塞移动规定的距离所需的时间，计算挤出速率，以每 10 min 的立方厘米数（cm^3，每 10 min）表示。

结构 主要由料筒、钢制活塞、标准口模、负荷、温度控制和温度监测装置及附属器件等组成。

主要用途 可用于聚乙烯、聚丙烯、聚苯乙烯、ABS、聚酰胺、纤维树脂、丙烯酸酯、聚甲醛、氟塑料、聚碳酸酯等多种塑料材料的熔体质量流动速率或熔体体积流动速率来进行测定。

（印刚）

软管牵引绞盘式喷灌机（hose reel irrigator）

用聚乙烯软管牵引喷头车行走的喷灌机。它一般将绞盘固定在矩形地块中部的行机道上，再用拖拉机把喷头车拖到条地的一端。开启水源，打开喷灌机进水阀，压力水通过水力驱动装置和机械传动机构驱动绞盘转动，缠绕聚乙烯软管牵动喷头车朝绞盘车方向移动。

工作原理 喷灌机喷头车上的大喷枪作 240°～300°扇形喷洒形成一条长方形湿润带。喷洒均匀度是靠绞盘上的调速装置改变绞盘转速，保证喷头车均匀运行来实现的。在喷洒作业过程中，缠绕在绞盘上的一圈圈聚乙烯管是靠绞盘上的导向装置有序排列的。当喷洒作业结束时，喷头车上的顶杆就会碰撞到切断驱动绞盘转动的装置，绞盘停止转动并切断水源之后，将绞盘调转 180°用拖拉机将喷头车拉到条地的另一端，开始又一次喷洒作业。

结构 ①绞盘车包括绞盘、聚乙烯管、水力驱动装置、调速装置、导向装置、安全保护装置；②喷头车由喷头架和行走机构组成。

主要技术性能参数 几种常用软管牵引绞盘式喷灌机的主要技术性能参数有软管长×管径（m×mm）、有效喷洒长度（m）、有效喷洒宽度（m）、人机压力（MPa）、喷头工作压力（MPa）、喷嘴直径（mm）、喷水量（m^3/h）、喷头射程（m）、降雨深度（mm）、每个作业点控制面积（hm^2）、配套动力（kW）等。

参考书目

郑耀泉，刘婴谷，严海军，等，2015. 喷灌与微灌技术应用［M］. 北京：中国水利水电出版社.

（李娅杰）

S

三角皮带传动（v-belt drive） 又称V带传动，通过V带的两侧面与轮槽侧面压紧产生的摩擦力进行动力传递。与平带传动比较，三角皮带传动的摩擦力更大，可以传递功率更高。V带较平带结构紧凑，而且属于无接头的传动带，所以传动过程更为平稳，是应用最广的一种传动方式（图）。

三角皮带传动

传动特点 普通V带是一种横断面为梯形的环形传动带，它适用于小中心距与大传动比的动力传递，广泛应用于纺织机械、机床以及一般的动力传动。

V带的速度：普通V带速度≤30（m/s），窄带速度≤40（m/s）；功率<400 kW，一般小于40 kW；传动比≤6。

复合V带速度：速度≤40（m/s）；功率<150 kW；传动比≤8。

传动的优点：①带是弹性体，能缓和载荷冲击，运行平稳无噪声；②过载时将引起带在带轮上打滑，因而可起到保护整机的作用；③制造和安装精度不像啮合传动那样严格，维护方便，无须润滑；④可通过增加带的长度以适应中心距较大的工作条件。

传动的缺点：①带与带轮的弹性滑动使传动比不准确，效率较低，寿命较短；②传递同样大的圆周力时，外廓尺寸和轴上的压力都比啮合传动大；③不宜用于高温和易燃等场合。

V带制式 V带和带轮有两种宽度制，即基准宽度制和有效宽度制。

基准宽度制是以基准线的位置和基准宽度来定义带轮的槽型和尺寸，当V带的节面与带轮的基准直径重合时，带轮的基准宽度即为V带节面轮槽内相应位置的宽度，用以表示轮槽轮截面特征值。它不受公差影响，是带轮与带标准化的基本尺寸。

有效宽度制规定轮槽两侧的边的最外端宽度为有效宽度。该尺寸不受公差影响，在轮槽有效宽度处的直径是有效直径。

由于尺寸制的不同，带的长度分别以基准长度和有效长度来表示。基准长度是在规定的张紧力下，V带位于测量带轮基准直径处的周长；有效长度则是在规定张紧力下，位于测量带轮有效直径处的周长。

普通V带是用基准宽度制，窄V带则由于尺寸制的不同，有两种尺寸系列。在设计计算时，基本原理和计算公式是相同的，尺寸则有差别。

V带类型 ①普通V带。结构：承载层为绳芯或胶帘布，楔角为40°，相对高度近似为0.7的梯形截面环形带，主要有包布式和切边式两种。特点：当量摩擦系数大，工作面与轮槽黏附性好，允许包角小、传动比大、预紧力小、绳芯结构带体较柔软，曲挠疲劳性好。应用：速度<25～30 m/s、功率<700 kW、传动比≤10，轴间距小的传动。②窄V带。结构：承载层为绳芯，楔角为40°，相对高度近似为0.9的梯形截面环形带，主要有包布式和切边式两种。特点：除具有普通V带的特点外，能承受较大的预紧力，允许速度的曲挠次数高，传动功率大，耐热性好。应用：大功率结构紧凑的传动。③联组V带。结构：将几根型号相同的普通V带或窄V带的顶面用胶帘布

等粘接而成，有 2、3、4 或 5 根连成一组。特点：传动中各根 V 带载荷均匀，可减少运转中振动和横转，增加传动的稳定性，耐冲击性能好。应用：适用于结构紧凑、载荷变动大、要求高的传动。④齿形 V 带。结构：其结构与普通 V 带相同，承载层为绳芯，内周制成齿形。特点：散热性好，与轮槽黏附性好，是曲挠性最好的 V 带。应用：同普通 V 带和窄 V 带。⑤大楔角 V 带。结构：承载层为绳芯或胶帘布，楔角为 60°的梯形截面环形带，用聚氨酯浇铸而成。特点：质量均匀，摩擦系数大，传递功率大，外廓尺寸小、耐磨性和耐油性好。应用：适于速度较高、结构特别紧凑的传动。⑥宽 V 带。结构：承载层为绳芯，相对高度近似为 0.3 的梯形截面环形带。特点：曲挠性好、耐热性和耐侧压性能好。应用：无级变速传动。⑦接头 V 带。结构：多由胶帘布卷绕而成，与普通 V 带相近，有活络型、多孔型和穿孔型接头三种。特点：带长可根据需要截取。局部受接头影响而削弱，传动功率约为相同带型 V 带的 0.7 倍，且平稳性差。活络型 V 带结构复杂、质量大、易松弛。应用：中、小功率低速传动中临时应用。⑧双面 V 带。结构：截面为六角形，四个面均为工作面。承载层为绳芯，位于截面中心。特点：可以两面工作。带体较厚、曲挠性差，寿命和效率较低。应用：需要 V 带两面工作的场合。如农业机械中的多从动轮传动。

参考书目

田培棠，石晓辉，米林，2011. 机械零部件结构设计手册［M］. 北京：国防工业出版社.

机械设计手册编委会，2007. 带传动和链传动［M］. 北京：机械工业出版社.

（李伟　周岭）

三角形薄壁堰（triangular sharp-crested weir）

缓流中控制水位和流量，顶部溢流，且溢流孔形状为三角形的障壁。

原理　薄壁堰由于具有稳定的水头和流量关系，因此，常作为水力模型实验或野外测量中一种有效的量水工具。根据下式可以计算出流量：

$$Q=\frac{8}{15}\mu\sqrt{2g}\tan\frac{\theta}{2}\cdot H^{\frac{5}{2}}$$

式中　μ 为流量系数，由实验确定；θ 为堰口夹角；H 为堰顶水头，由实验测读。

结构　薄壁堰顶过水断面为三角形，如下图。

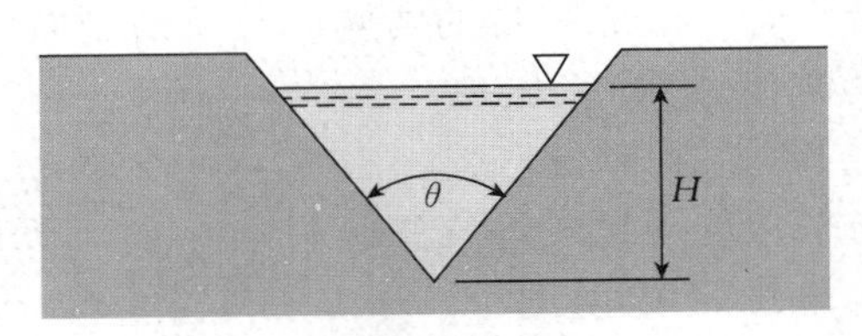

三角形薄壁堰

主要用途　当稳定的水头流量关系不能保证时，用矩形薄壁堰测量精度大受影响。因此在流量小于 100 L/s 时，宜采用三角形薄壁堰作为测量水堰。

参考书目

刘鹤年，2004. 流体力学［M］. 北京：中国建筑工业出版社.

（王勇　杨思佳）

三通（tee-junction）

设置在主管道需要设置分支处，用来分流改变流体方向的部件（图 1）。三通又被称为管件三通或三通管件、三通接头等。

图 1　一种金属三通

概况　三通广泛存在于动力、化工、核能、制冷和石油等工程实际中。三通是具有 3 个开口的部件，即一个进口和两个出口，或者一个出口和两个进口。一般选用碳钢、铸钢、合金钢、不锈钢、铜、铝合金、塑料和 PVC 等材料制成。

原理 流体从三通的一个进口进入，从两个出口流出；或者从两个进口进入，从一个出口流出。通过三通的结构改变流体的方向。

主要用途 主要用于改变流体流动的方向，安装在需要设置支管处。

类型 根据流体的进出口方向和分支的数量，三通主要分为分支型和冲击型两种。典型的分支型三通结构如图 2 所示，典型的冲击型三通结构如图 3 所示。分支型三通的分支角定义为侧支管与直通支管的夹角，分支角为 0°～180°。90°分支型三通又称分支型 T 型三通。冲击型三通的出口两个分支在同一条轴线上，冲击角定义为出口分支与进口之间的夹角，冲击角在 0°～180°变化，两个分支与进口之间的夹角互补。90°/90°冲击型三通又称冲击型 T 型三通。

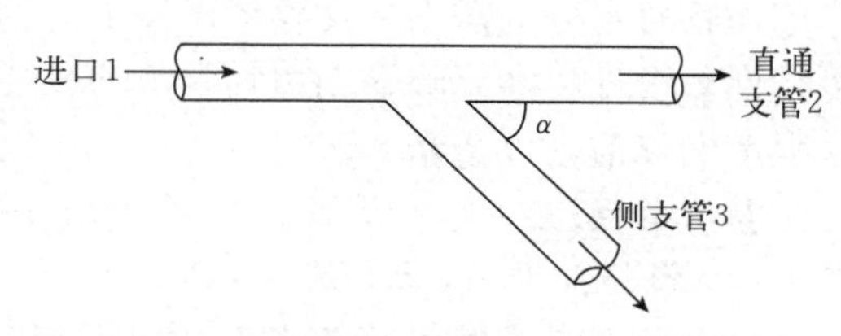

图 2　典型的分支型三通结构

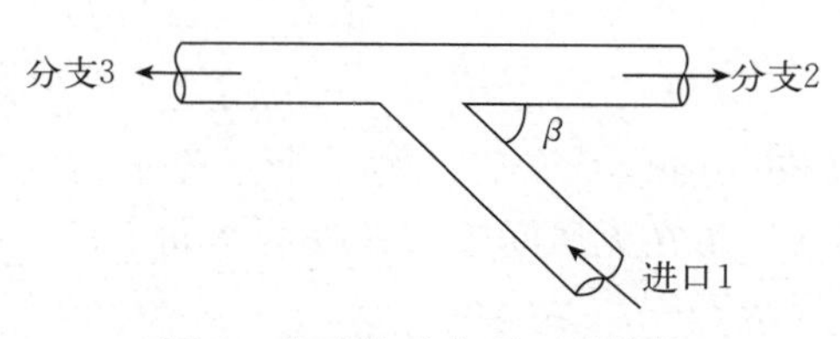

图 3　典型的冲击型三通结构

发展趋势 目前针对于三通的研究主要有三通的流场模拟分析、使用不同的材料设计三通和在微小三通内的流动分析等方面。

（邱宁）

砂石过滤器 (sand filter)

一种使用砂石作为过滤介质的过滤器，又称砂介质过滤器（图）。一般选用玄武岩砂床或者石英砂床，砂砾的粒径大小根据水质状态、过滤要求和系统流量等确定。

一种离心式
砂石过滤器

概况 砂石过滤器过滤能力强，适用范围很广，一般用于地表水源的过滤，对水中的有机杂质和无机杂质的滤出和存留能力很强，并可不间断供水。

原理 污水通过进水口进入滤筒，经过砂石之间的孔隙，杂质被截流和俘获，过滤后的水流出滤筒。当水源含杂质多的情况下，可以将多个过滤器连接使用以保证持续供水。砂石过滤器具有反冲洗功能，能根据需要定期清洗砂石间被俘获的污物。水流反向流过砂床时，使砂床膨胀向上，砂粒之间间距增大，被截流在孔隙之间的各种污物被水冲动，并带出砂床，经反冲洗管排出。每次冲洗时要冲到排出口的污水变清为止。

结构 砂石过滤器一般由两个以上充满过滤介质砂砾的钢罐组成，钢罐包括：进水口、出水口、过滤器壳体、过滤介质砂砾和排污孔等部分。

主要用途 砂石过滤器具有过滤能力强、适用范围广等特点，可有效滤除各种有机物、无机物等。常用于农业灌溉、工业用水处理和城市用水处理等行业。

发展趋势 砂石过滤器的滤料材质、配比、结构参数与过滤效率及水力性能的关系研究还不够深入，反冲洗技术还有待提高，这些将是未来发展的重心。

（邱宁）

筛网过滤器 (granular membrane)

一种以尼龙筛网或者不锈钢筛网作为过滤介质的过滤器（图）。筛网不同于一般的网状产品，它有严格的网孔尺寸标准，称为“目”。各国标准筛的规格不尽相同，常用的泰勒制是以每英寸长的孔数为筛号，例如100目的筛子表示每英寸筛网上有100个筛孔。

一种120目筛网过滤器

概况 筛网过滤器主要用来过滤灌溉水中的颗粒、沙石和水垢等污物。一般用于二级或者三级过滤。它是一种简单而有效的过滤设备，造价也比较便宜，在灌溉领域使用广泛。

原理 携带污物的水进入筛网过滤器，粉尘、沙和水垢等被筛网拦截下来，过滤后的水流出过滤器。但当压力、流量较大时，水中的污物集中在筛网上，可能会造成过滤器的阻塞。同时，一部分的污物会挤过筛网进入管道，可能造成整个系统和水泵的堵塞。

结构 筛网过滤器主要由壳体、顶盖和筛网等部件组成。

主要用途 主要用于过滤灌溉水中的颗粒、沙石和水垢等污物。灌溉水中的粉尘、沙和污物在经过筛网过滤器时被阻拦，过滤后的水流出过滤器。

类型 按照安装方式分类，可以分为立式和卧式；按照制造材料分类，可以分为塑料和金属；按照清洗方式分类，可以分为人工清洗和自动清洗。

（邱宁）

设计灌溉补充强度 (designed water application rate)

为了保证作物生长必须由灌溉提供的水量。

概况 微灌的灌溉补充强度取决于作物耗水量、降水量和土壤含水量条件，通常有以下两种情况：①在干旱地区降水量很少，地下水很深，作物生长所消耗的水量全部由微灌提供。此种情况灌溉补充强度至少要等于作物的耗水强度，即 $Ia=Ea$，式中 Ia 为微灌的灌溉补充强度（mm/d）。②当有其他来源补充作物耗水量时，微灌只是补充作物耗水不足部分，此时微灌补充强度为 $Ia=Ea-Po-S$，式中 P_o 为有效降水量（mm/d）；S 为根层土壤或地下水补给的水量（mm/d）。

参考书目

李光永，龚时宏，仵峰，等，2009. GB/T 50485—2009 微灌工程技术规范［S］. 北京：中国计划出版社.

（王勇　张国翔）

设计耗水强度 (designed daily water requirement of crop)

在设计条件下微灌作物的耗水强度，它是确定微灌系统最大输水能力的依据，设计耗水强度越大，系统输水能力越高，但系统的投资也越高，反之亦然。因此，在确定设计耗水强度的时候既要考虑作物对水分的需求，又要考虑经济上的可行性。设计年灌溉临界期植物月平均日耗水强度的峰值，以毫米/天计。

参考书目

李光永，龚时宏，仵峰，等，2009. GB/T 50485—2009 微灌工程技术规范［S］. 北京：中国计划出版社.

（王勇　张国翔）

射程 (range)

喷头的一个重要水力性能参数，指在无风时喷头的喷洒湿润半径，单位为米。

概况 在测试时，以喷洒湿润边缘上喷灌强度等于平均喷灌强度5%的点至圆心的水平距即为射程。它主要受喷头工作压力、旋转速度和风速的影响，在一定压力范围内，射程随压力增大而增大，随旋转速度和风速增大而减小。但超出一定压力范围后，压力增加则再不会增加射程而只会提高雾化程度。

（郑珍）

射流泵（jet pump）　一种以单相流体或多相流体作为工作介质，通过射流中微元团的湍动能扩散作用，把工作流体的动能和压能传递给被吸流体（可包含气固液三相）的流体机械和反应设备。

概况　1852年，英国的D. 汤普森首先使用射流泵作为实验仪器来抽除水和空气。20世纪30年代起，射流泵开始迅速发展。射流泵通过流体压能与动能之间的能量直接转换来传递能量，对于低液面深井有较强的适应能力。射流泵在消防上一般作为地下室或地窖等低洼地区的抽排水泵、常规泡沫水罐消防车配套的管线式泡沫比例混合器和环泵式泡沫比例混合器、消防车吸深受限时的引水泵等使用。

原理　工作液体从动力源沿压力管路引入喷嘴，在喷嘴出口处由于射流和空气之间的黏滞作用，喷嘴附近空气被带走，喷嘴附近形成真空，在外界大气压力作用下，液体从吸入管路被吸出来，并随同高速工作液体一同进入喉管内，在喉管内两股液体发生动量交换，工作液体将一部分能量传递给被抽送液体。这样，工作液体速度减慢，被抽送液体速度逐渐加快，到达喉管末端两股液体的速度渐趋一致，进入扩散管后，在扩散管内流速逐渐降低，压力上升，最后从扩散管排出。工作液体的动力源可以是压力水池、水泵或压力管路。

结构　射流泵像一个管件，没有传动部件，如图所示，主要由喷嘴、吸入室、喉部和扩散管组成。

主要用途　射流泵可与离心泵组成供水用的深井射流泵装置，由设置在地面上的离心泵供给沉在井下的射流泵以工作流体来抽吸井水。射流泥浆泵用于农村河道疏浚、水下开挖和井下排泥，适合在水下和危险的特殊场合使用。射流泵还能利用农业中带压的废水、废汽（气）作为工作流体，从而节约能源。此外，在石油开发方面，射流泵也得到了广泛的应用。

类型　按工作流体与被吸流体的介质情况分为液体（含液固）射流泵和液气射流泵。其中以水射流泵和蒸汽射流泵最为常用。

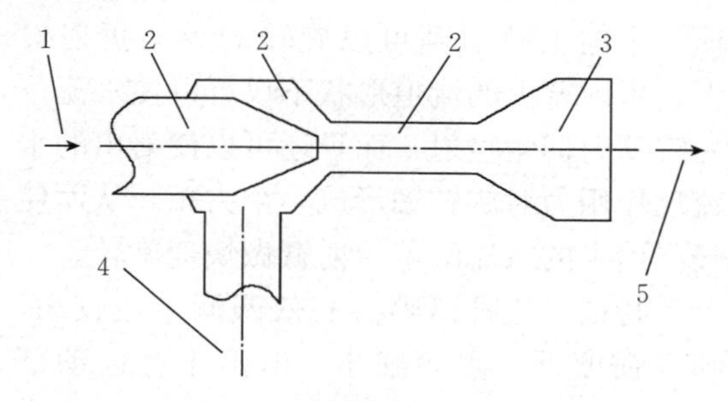

射流泵

1. 工作流体　2. 喉管　3. 扩散管
4. 被吸流体　5. 混合流体

参考书目

陆宏圻，1989. 喷射技术理论及应用［M］. 武汉：武汉大学出版社.

（黄俊　杨孙圣）

射流式微喷头（jet micro sprinkler）又称为旋转式微喷头，是利用水的反作用力工作的微喷头（图）。射流式微喷头通过曲线型的导流槽使水流以一定的仰角向外喷水，利用水流的反作用，使摇臂带着水做快速旋转，水分均匀地洒在地面上。其工作压力一般为1 000～1 500 kPa，喷洒半径为1.5～7 m，流量为45～250 L/h。

射流式微喷头

应用　果树、温室、苗圃和城市园林绿化的灌溉与密植作物、透水性较强的沙土和透水性弱的黏土等。

结构 射流式微喷头由旋转折射臂、支架、喷嘴三个零件构成。

工作原理 水流从喷水嘴喷出后，集中成一束向上喷射到可以旋转的单向折射臂上、折射臂上的流道形状不仅可以使水流按一定喷射仰角喷射，而且还可以使射出的水流反作用力对旋转轴形成一个力矩，从而使喷射出来的水流随着折射臂做快速旋转。

特征 这种微喷头有效湿润半径较大，喷水强度低，水滴细小，但由于有运动部件，加工精度要求较高，旋转部件容易磨损，寿命较短。

参考书目

周卫平，2005. 微灌工程技术［M］. 北京：中国水利水电出版社 .

（蒋跃）

深井泵（deep well pump） 属于多级泵的一种，电机和多级泵段通过泵轴连接在一起，深入井下、水中工作，主要用于地下水的抽取或矿井积水的输送。

概况 深井泵是抽取地下水的主要设备，主要有长轴深井泵和井用潜水泵两种类型。深井泵在地下水供应、地质勘探、地热开发和油田等领域都有广泛的应用。我国早在 1946 年就开始生产长轴深井泵，20 世纪 60 年代又开始研制井用潜水泵。在国内许多学者对深井泵进行大量水力设计和实验研究的基础上，我国的深井泵技术得到了长足的发展，也积累了许多有价值的经验。但是，近年来针对深井泵的系统研究却几乎陷于停滞，比较普遍的现象是生产厂家对产品略加改造或者通过引进国外高性能产品加以仿制。随着美国 ITT 和丹麦格兰富等公司产品大量涌入国内市场，尤其是其不锈钢冲压井泵在市场上所具有的明显优势，给国内企业带来了很大的竞争压力和生存挑战。随着国内科研院所和企业的持续性的研发和技术创新，近些年来国内的深井泵技术已经有了长足的技术进步（图）。

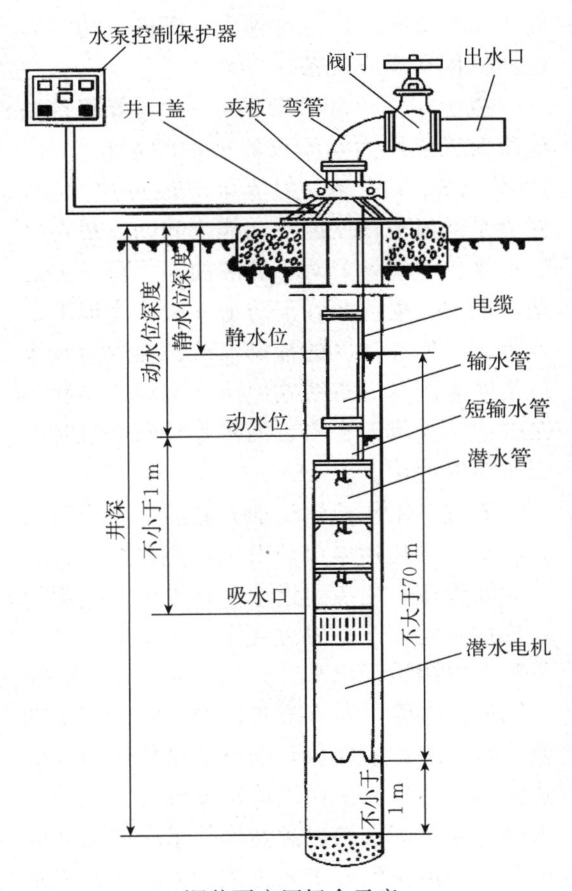

深井泵应用场合示意

原理 由于井径的限制，深井泵体的外径和叶轮直径受到限制，制约了叶轮的单级扬程。目前我国常用的传统型深井泵的泵体之间多数是用螺栓固定连接，为了给连接部位留有螺栓的位置，泵体装叶轮的入口口径要比泵体外径小很多，这就进一步约束了叶轮的最大直径，也限制了叶轮的单级扬程。为了将深井中的水抽取至地面，达到总扬程的要求，必然要增加级数，从而导致轴向尺寸大，叶片的制造难度大，生产成本高，综合经济效益低。同时，泵体过长造成泵可靠性的降低和泵的使用寿命的缩短。因此，如何提高深井泵的单级扬程是设计过程中必须重视的因素。

结构 深井泵由控制柜、潜水电缆、扬水管、潜水电泵和电机组成。长轴深井泵的电机位于地面上，井用潜水泵是采用潜水电机，与泵一体式侵入水下工作。

主要用途 广泛应用于农田排灌、地热开发、城市给排水和污水处理等。

类型 按深井泵在井内安装方式的不同，可分为管式泵和杆式泵两种。按其用途又将深井泵分为常规深井泵和专用深井泵。常规深井泵又称标准深井泵，它具有深井泵的一般功能，是按照深井泵标准设计和制造的。而专用深井泵是指具有专门用途或特殊功能的深井泵，其结构或尺寸与标准深井泵不同，又称为特种深井泵，如抽稠泵、防砂泵。按照有无衬套，还将深井泵分为整筒泵和组合泵（衬套泵）。组合泵的外筒内装有许多节衬套组成泵筒与活塞配合，而整筒泵没有衬套。

参考书目

周岭，施卫东，陆伟刚，2015. 新型井用潜水泵设计方法与试验研究［M］. 北京：机械工业出版社.

（周岭　陆伟刚）

深井活塞泵（deep－well plunger pump）

也称拉杆泵（或称拉杆式活塞泵），它是依靠长拉杆传动的活塞往复运动而抽送液体的泵，即活塞和泵缸等工作部件浸没在井下水中，地面上的动力装置通过长拉杆带动井水中的活塞往复运动来提水。可由人、畜力或动力机驱动。

概况 1967年，印度推出了马克型深井活塞泵，因而成为世界上最早使用该技术的国家。联合国儿童基金会、世界银行、联合国发展计划署等国际组织从20世纪70年代开始积极研究开发深井活塞泵技术，并在亚洲和非洲的一些不发达国家中推广使用。我国于1988年由中外专家共同研制出适合我国使用的一种手动泵。深井活塞泵具有投资少、运行费用低（不需要任何动力设备）、供水保证率高、操作方便、维修简单、密封性好、水不易污染、坚固可靠及使用寿命长等优点，为在边缘分布的缺水地区、能源短缺的贫困地区带来了明显的经济效益和社会效益。

原理 工作时人操作手柄经拉杆拉动活塞，使活塞在泵缸内做上下往复运动。当活塞向上运动时，进水阀开启，进水管中的水进入泵缸，同时出水阀关闭，活塞上面的水被带动向上提升；当活塞向下运动时，进水阀关闭，出水阀开启，泵缸内的水由出水阀升到活塞上面，如此反复进水和提升，使水不断地从排水管排出。

结构 深井活塞泵主要由泵缸、活塞、进水管和拉杆等组成（图）。

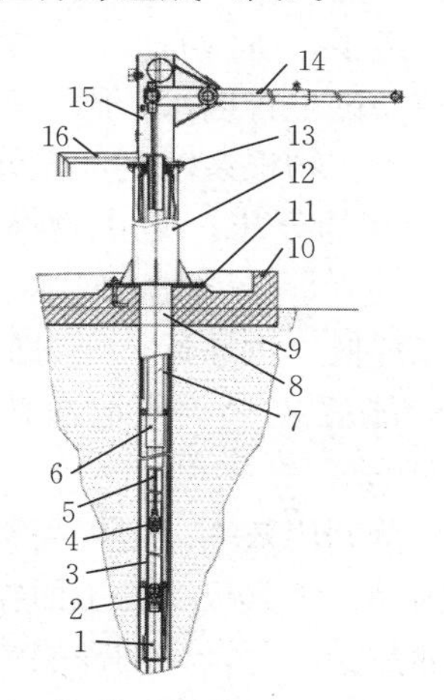

深井活塞泵结构示意

1. 吸入管　2. 底阀　3. 泵缸　4. 柱塞　5. 泵杆　6. 联接套　7. 上行水管　8. 套管　9. 地面　10. 安装平台　11. 底部法兰　12. 泵座　13. 顶部法兰　14. 手柄　15. 泵头　16. 出水口

主要用途 常用于山区牧场供人、畜饮水和生活用水。

类型 深井手动泵、双筒手动压水泵、手动上压水泵。

（赵睿杰）

渗灌（infiltrating irrigation）

将灌溉水引入地面以下一定深度，通过土壤毛细管作用，从而湿润根区土壤的一种灌溉方式。渗灌是一种地下微灌形式，在低压条件下，通过埋于作物根系活动层的灌水器（微孔渗灌管），根据作物的生长需水量定时定量地向土壤中渗水供给作物。

特点 渗灌的特点是需要的工作水头低，一般为 0.6～2.0 m，渗水流量小，一次灌水的连续时间长，灌水周期短，能较精确地控制灌水量。从渗灌的作业过程和湿润土壤的形式看，与地面灌溉及喷灌相比较有以下优点：

（1）有利于作物生长与增产。渗灌条件下土壤通气性能良好，灌水与施肥同步且灌水时间和灌水量能很好地控制，有利于作物根系生长。渗灌条件下因土壤表面与植物叶面湿度减至最少，所以病虫、菌类等的发生也减少。在关键生育期水、肥、药可以科学合理地输入到作物根系附近，充分保证了作物需肥、需水的要求，为作物高产奠定了基础。

（2）能耗低。渗灌运行压力低，一般要比喷灌节约能耗 80%，比地面畦灌节约能耗 70%～80%。

（3）水分利用效率一般均高于其他灌溉方式，原因是：①其极少的土面物理蒸发与较多的地面热量；②极少的深层渗漏；③拥有较深的根系，且可减少根层硝态氮的损失；④不产生地面径流。

（汤攀）

渗灌管（percolation irrigation pipe） 能够呈发汗状渗水的微孔渗流管（图）。

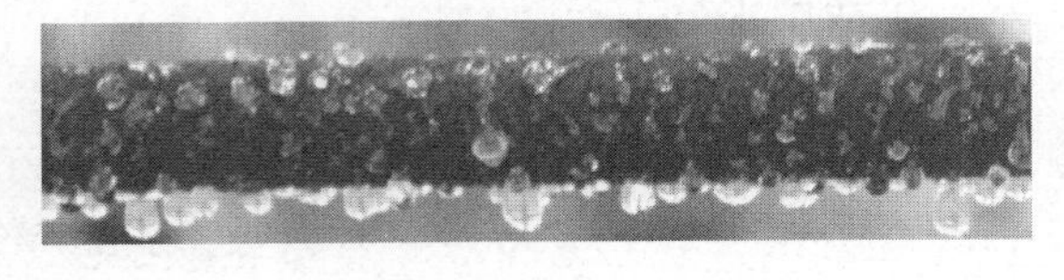

渗灌管

概况 一种在制造过程中通过挤出成型工艺，使管壁内呈不规则的弯曲微细流道和管内表面呈微孔结构的灌溉用圆形管，灌溉水在通过圆形管输水的同时，通过管壁微孔及弯曲微细管道向壁外呈发汗状渗水，湿润其周围土壤并渗透扩散至作物根层，以实现对作物灌溉的目的。美国从 20 世纪 70 年代初期开始进行地下渗灌研究，1984 年利用废旧轮胎回收的橡胶和聚乙烯及一些特殊的添加剂，制成了新型的多孔渗灌管，分别进行过用地下渗灌种植棉花、小麦、西瓜、黄瓜、玉米、西红柿等作物的可行性研究。法国、日本、以色列、意大利、澳大利亚、中东等国也对渗灌做了大量研究和广泛应用。我国 70 年代在山西省运城开始研究瓦管微孔渗灌，80 年代进行了聚乙烯渗灌管的研究和仿制，开始研制微孔渗灌管，用于灌溉绿菜花、番茄、黄瓜、草莓、甜瓜、芹菜等。

原理 水流经过微孔渗流管时，在压力作用下，透过管壁的弯曲细微通道，呈发汗状凝结在管壁，湿润渗灌管周围土壤。

结构 由过水管道和具有弯曲通道的微孔组成。

主要用途 在渗灌系统中属于末级毛管，具有毛管和灌水器的作用，可应用于各种形式的渗灌系统中。

类型 包括塑料、陶瓷、混凝土等多种材质类型的渗灌管。

参考书目

袁寿其，李红，王新坤，等，2015. 喷微灌技术及设备 [M]. 北京：中国水利水电出版社.

（王新坤）

渗头（seep head） 在渗灌（地下灌溉）中，代替滴头全部埋在地下的装在支管上的部分。包括多孔渗管及海绵渗头。渗头的水不像滴头那样一滴一滴流出，而是慢慢地渗流出来，将水引入田间，由毛细管作用，自下而上湿润土壤。

概况 渗灌的实施方式分为点式和线式

两种。点式（又称孔口式）就是用不透水的塑料管将水送到作物根部，然后通过一种埋在地下可以慢慢渗出水的渗头进行灌溉。线式（又称全壁型）是采用埋在地下可慢慢向外渗水的管道直接进行灌溉。而这种渗水管又分为多孔管和微孔管两种。多孔管是在管壁上打很多小孔（孔径为 1～2 mm）或 5～10 mm长的纵缝，微孔管是用特殊的材料（废旧轮胎回收的橡胶、塑料等）拉成的管道，管壁上有无数泡沫状的微孔。当管内充水时就会逐渐像出汗一样渗出，进行灌溉（图）。

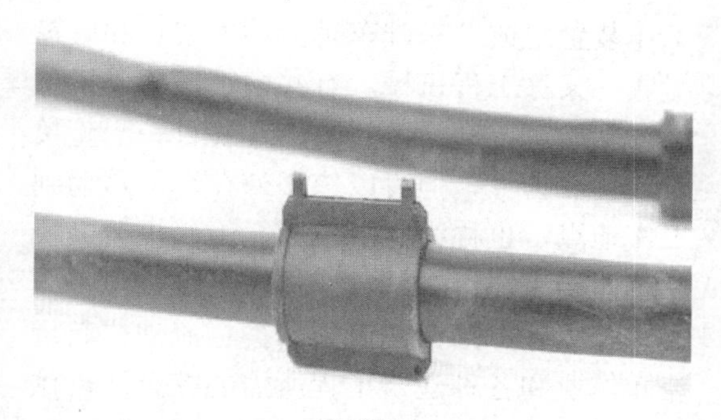

渗灌管

应用　适用于温室大棚等农作物的给水灌溉。

渗头的优点　①使用渗头时，土壤表面几乎没有蒸发、没有径流，也没有深层渗漏等现象，避免土壤发生板结和盐化所造成的树木死亡现象；②适用于各种复杂地形；③渗头自身的多微孔性能，除能为树木生长提供必要的水分外，还可用来向其提供肥、气、药等要素。减少其用量，提高其使用效率；④铺设后无须日常维护。

参考书目

周卫平，2005. 微灌工程技术［M］. 北京：中国水利水电出版社.

（蒋跃）

生产检测设备（testing equipment in manufacture）　生产过程中用于检测产品质量以保证符合产品质量要求的装置。

主要用途　主要应用于产品的质量检测，保证流入市场的产品符合要求。

类型　根据接触方式可分为接触式和非接触式；根据检测项目可分为气密性检测设备、力学性能检测设备、产品性能检测设备等；根据结构型式可分为机械式检测设备和电子式检测设备。

（印刚）

施肥泵（fertilization pump）　一种输送液体或水溶液肥料的施肥器（图）。

施肥泵

概况　依靠管道系统自身水动力将肥液注入灌溉管道，具有施肥精度高、运行稳定、易于控制、安装简单等优点。

原理　产生的负压将肥液吸进并输送。

结构　由改革后的离心泵、塑料出肥管和浇注器组成。

主要用途　在设施农业、园林、园艺等方面大量使用。

类型　有水压驱动施肥泵、比例施肥泵等。

（杨孙圣）

施肥器（fertilizer applicator）　能够应用于灌溉系统的水肥一体化施肥装置（图）。

概况　施肥器是灌溉水肥一体化的核心设备，水肥一体化是节水灌溉技术的主要内

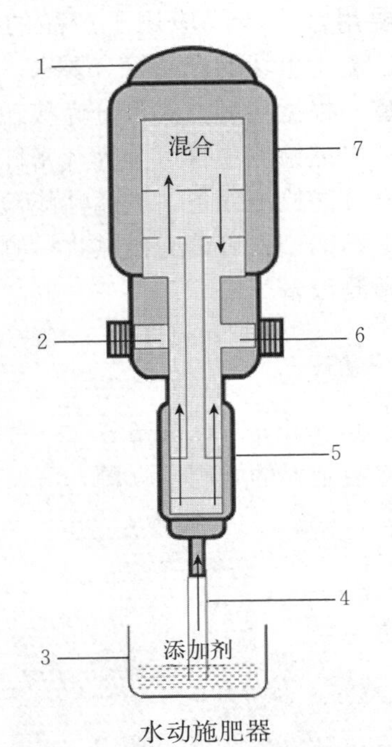

水动施肥器
1. 排气阀　2. 进水口　3. 肥液罐　4. 吸肥口
5. 提肥活塞　6. 注肥口　7. 混合室

容之一。水肥一体化技术起源于欧美发达国家，技术较为成熟，配套设备完善。已成功应用数十年，成为欧美发达国家专业种植的标准配置，也是现代精准农业的象征。20世纪90年代末，水肥一体化被引入中国，并在过去十年中被大量种植者接受并广泛使用。常用的灌溉施肥器主要有压差式施肥罐、文丘里施肥器、水力驱动施肥泵和电动注肥泵等，性能各有优劣，制造成本也有很大差异。历经多年改进具有体积小、重量轻、操作简便的特点，使用施肥器施肥可以减轻农民的劳动强度、提高化肥利用率、减少环境污染，具有省肥、省力、省时、省钱的效果。

原理　利用施肥器将肥料注入灌溉系统，在灌溉系统水流作用下，将肥料与水混匀溶解，并随水输送至作物生长区域。

结构　由吸肥、注肥、溶解、混匀等4部分装置组成。

主要用途　应用于灌溉系统的水肥一体化技术。

类型　包括压差式施肥罐、文丘里施肥器、水力驱动施肥泵和电动注肥泵4种。

参考书目

袁寿其，李红，王新坤，等，2015. 喷微灌技术及设备［M］. 北京：中国水利水电出版社.

李久生，王迪，栗岩峰，2008. 现代灌溉水肥管理原理与应用［M］. 郑州：黄河水利出版社.

（王新坤）

施工机械（construction machinery）　用于工程施工的机械装备（图）。由基础车和工作装置组成，基础车是由动力装置和底盘组成，又称工程机械。有些中小型施工机械没有基础车，动力装置与工作装置一起直接安装在底盘上，但可以依靠外在牵引移动到工作地点，也称为施工机械。工程机械是装备工业的重要组成部分。概括地说，凡土石方施工工程、路面建设与养护、流动式起重装卸作业和各种建筑工程所需的综合性机械化施工工程所必需的机械装备称为工程机械。

几种施工机械

概况　人类采用起重工具代替体力劳动已有悠久历史。史载公元前1600年左右，中国已使用桔槔和辘轳。前者为起重杠杆，后者是手摇绞车的雏形。古代埃及和罗马，起重工具也有较多应用。近代工程机械的发展，始于蒸汽机发明之后，19世纪初，欧洲出现了蒸汽机驱动的挖掘机、压路机、起重机等。此后由于内燃机和电机的发明，工程机械得到较快的发展。第二次世界大战后发展更为迅速。其品种、数量和质量直接影响一个国家生产建设的发展，故各国都给予很大重视。

类型 我国工程机械行业产品范围主要从通用设备制造专业和专用设备制造业大类中分列出来。1979 年由国家计划委员会（现国家发展改革委员会）和第一机械工业部对中国工程机械行业发展编制了“七五”发展规划，产品范围涵盖了工程机械大行业十八大类产品，并在“七五”发展规划后的历次国家机械工业行业规划都确认了工程机械这十八大类产品，其产品范围一直延续至今。这十八大类产品，包括挖掘机械、铲土运输机械、工程起重机械、工业车辆、压实机械、桩工机械、混凝土机械、钢筋及预应力机械、装修机械、凿岩机械、气动工具、铁路路线机械、军用工程机械、电梯与扶梯、工程机械专用零部件等。

结构 施工机械种类繁多，结构各不相同。一般主要由离合器、液力变矩器、变速箱、万向传动装置、底盘驱动桥、底盘行驶系、底盘转向系、底盘制动系、起重机等机构组成。

（魏洋洋）

湿式水表（wet type water meter）

一种计数器浸入水中的水表，如图所示，其表玻璃承受水压，传感器与计数器的传动为齿轮联动，使用一段时间后水质的好坏会影响水表读数的清晰程度，室内设计中应优先采用

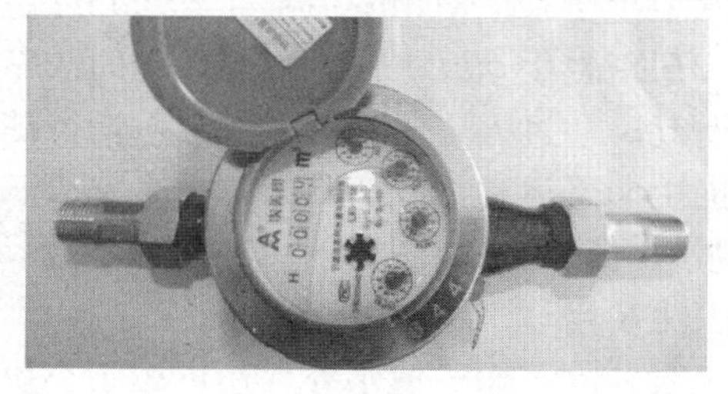

湿式水表

湿式水表。湿式水表测量更为精确，不存在脱磁等现象。国内应用及研究时间长，产品成熟，计量性能可靠，同计量等级下，始动流量、最小流量稍优于干式水表。结构简单、制造、维修方便，成本相对较低。

结构 湿式液封旋转活塞式水表主要由表壳、机芯、表玻璃、密封圈、表罩、表盖等组成。这与传统的旋翼式（叶轮）水表组成没有明显区别，但机芯的结构、强度及精度有着质的提升。该水表的机芯由计数机构（计数器）及计量机构（计量器）组成。计数机构由齿轮盒、齿轮级、上下夹板、字轮仓组件、标度盘及拨杆组成。计量机构由计量室、活塞、隔板、衬套、盖板、滤水网及拨叉组成。这与传统的旋翼式（叶轮）水表计量机构存在明显差异。

原理 传统的旋翼式（叶轮）水表由流经水表的水流经叶轮盒驱动叶轮转动（叶轮盒顶尖与叶轮衬套配合使叶轮保持轴向稳定），通过叶轮轴定位于上夹板衬套，叶轮齿带动计数器齿轮转动，再以累积叶轮转动次数来计量流经水表的总水量，其中水的流速与叶轮转速成正比，叶轮的转速与显示的流量成正比。而旋转活塞式水表是一种定排量水表，其计量原理为流经水表的水流驱动计量室内活塞旋转，而计量室体积恒定，通过拨叉、拨杆连接计数器内齿轮级传动累计活塞旋转次数来计量流经水表的总水量。

（骆寅）

石棉水泥管（asbestos cement pipe）

以75%～85%的水泥与15%～25%的石棉纤维（以重量计）混合后经制管机卷制而成的非金属管。

概况 石棉水泥管可采用抄取法和半干法等工艺制造。一般为平口式，也有承插口式。按其能否承受内压可分为压力管与无压管。压力管按工作压力分为 3、5、7.5、9、12、15（MPa）六个级别，除大量用于城乡

输水外，还用于输送具有一定压力的盐卤、轻油、煤气和热水等介质。无压管可广泛用作落水管、排污管、电缆管、通风管、烟囱管以及打机井用的深井管和花管等。生产口径主要有Φ100、Φ150、Φ200、Φ250和Φ300等5种，最大可达1 000 mm。管子长度一般为3～5 m。特点：优点是耐腐蚀、比重小、便于搬运和铺设、输水能力较稳定、内壁能保持光滑，切削钻孔等加工手续简便和易于施工等。缺点是性脆，抗冲击能力差，运输中易损坏；质量不均匀，需取较大的安全系数；横向拉伸强度低，在温度作用下易产生环向断裂等。常用石棉水泥浇缝刚性接头、环氧树脂和玻璃布缠结的刚性接头以及橡皮套柔性接头等。

主要用途 多用作地埋暗管。

参考书目

郑耀泉，李永光，党平，等，1998. 喷灌与微灌设备［M］. 北京：中国水利水电出版社.

李宗尧，2010. 节水灌溉技术［M］. 2版. 北京：中国水利水电出版社.

王立洪，管瑶，2011. 节水灌溉技术［M］. 北京：中国水利水电出版社.

（刘俊萍 王勇）

试压泵

试压泵（pressure test pump） 专供各类压力容器、管道、阀门、锅炉、钢瓶、消防器材等做水压试验和实验室中获得高压液体的检测设备。它的功能是把动力机（如电动机和内燃机等）的机械能转换成液体的压力能。

概况 试压泵产品及配套试压、试验工程，已应用在航空领域的试压试验，并且在国防科研重点开发项目中应用。为我国重大的科研项目如：高压爆破试验、深海试验、空间技术、高温高压试验、异形管试验等做出了重大贡献。

类型 试压泵一般分为手动试压泵（图1）和电动试压泵（图2）。

图1 手动试压泵 图2 电动试压泵

结构 手动试压泵一般都属于单作用柱塞式往复泵。它主要由泵体、柱塞、手摇柄和放水阀等组成。电动试压泵属于往复式柱塞泵，电机驱动柱塞，带动滑块运动进而将水注入被试压物体，使压力逐渐上升。该机由泵体、开关、压力表、水箱、电机等组成。

（魏洋洋）

手动泵

手动泵（manual pump） 一种将手动机械能转换为液体动能和势能的机械设备。

概况 美国、英国、德国、荷兰、中国、印度、马拉维等国家生产有多种形式的手动泵，常用的手动泵主要有手压单缸活塞泵、手压双缸活塞泵和手摇离心泵等。手动泵的流量和扬程受人体力的限制，人持续劳动功率一般为0.06～0.09 kW。手动泵结构简单，制造容易，价格低廉，操作维修方便。目前许多国家采用新材料、新工艺，减轻泵的重量，安装方便；泵的密封防锈符合饮水卫生要求；使用寿命都在4 000 h以上。

原理 手动泵工作原理简单，即依靠人力驱动。通过人力驱动手柄，由手柄带动活塞向上向下运动，改变腔内压力来完成液体的吸入和排出，如图所示。

主要用途 手动泵多用于饮水的一种提水工具，除了用于饮水外，还可用于小块菜地苗圃灌溉。

手动泵

（黄俊）

手提式喷灌机（portable sprinkling machine） 一种便携式可移动的小型喷灌机，又称手抬式、背负式喷灌机。手提式喷灌机结构简单、使用方便、体积小、重量轻，在小面积的农田打药和家庭花卉的喷洒方面具有突出的优势。图为手提式喷灌机。

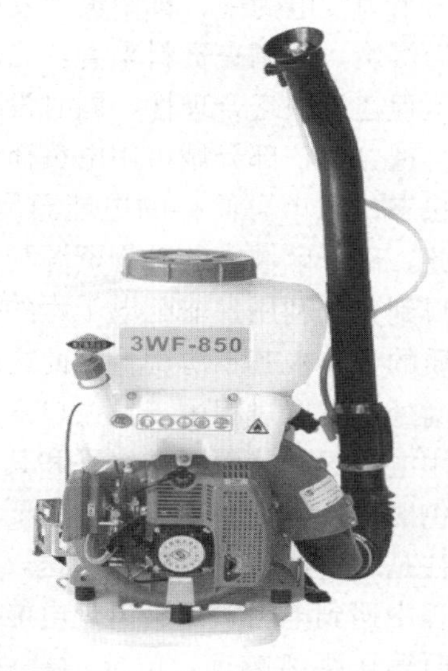

手提式喷灌机

结构 主要由小型驱动装置、蓄液装置、输液装置和撑杆连接装置组成。驱动装置的前端连接有旋转发散片，输液管上端接有喷嘴，配合蓄液罐上部支架，将蓄液桶内的溶液引流至喷嘴。工人则手提或背负喷灌箱，手持喷头进行喷灌。

参考书目

刘景泉，蒋极峰，李有才，等，1998. 农机实用手册［M］. 北京：人民交通出版社．

（曹璞钰）

手推车式喷灌机（trolley sprinkling machine） 一种将喷灌设备与手推车相结合的喷灌设备，是在我国使用比较早、技术比较成熟的一种机型。

概况 将手推车与喷灌设备结合，用于田间灌溉。手推车是一切车辆的始祖。虽然物料搬运技术不断发展，但手推车仍作为不可缺少的搬运工具而沿用至今。手推车在生产和生活中获得广泛应用是因为它造价低廉、维护简单、操作方便、自重轻，能在机动车辆不便使用的地方工作，在短距离搬运较轻的物品时十分方便。手推车式喷灌机早期在我国得到广泛应用，但由于该喷灌机的自动化程度低，所需的劳动力成本较高，因而逐渐被取代。图为手推车式喷灌机。

手推车式喷灌机

结构 手推车式喷灌机是将水泵、动力机和卷盘总成均安装在一个特制的机架上，轻型的机架上装有手柄，可由两人抬着移动；小型机组多被安装在小推车上，便于工作人员在田间整体推移。

工作原理 手推车式喷灌的动力机一般

采用小功率电机或柴油机；供水管盘卷在卷盘总成上，卷盘总成的侧端面安装有手轮；供水管前端与流量计连接，流量计外部与供水水泵连接，其中水泵、管路、喷头大多采用快速接头连接。

参考书目

刘景泉，蒋极峰，李有才，1998. 农机实用手册［M］. 北京：人民交通出版社.

（曹璞钰）

首部控制（head control）

安装在首部枢纽的控制设备。为了控制微灌系统或确保系统正常运行，系统中必须安装必要的控制装置。

概况 在灌溉设备中，灌溉首部的作用非常重要，是全系统的控制调度中心。使用灌溉首部不但可以节约农业用水，还能够帮助农户的作物提高产值。通常将首部控制设备布置在水源附近，以便于管理。但是，下列情况可以布置在与水源有一定距离处：①水源附近地质条件不适合修建泵站时；②水源为河道及蓄水设施，若水位变化大，灌溉季节水位较低，需要将灌溉水引至适当位置修建泵站时；③灌区距水源较远，为便于管理，需要将灌溉水引至灌区附近修建泵站时。安装时，柴油机排气管应通向室外，电动机外壳接地应符合要求，电器设备安装后应通电检查和试运行。

原理 从水源抽水加压，施入肥料液，经过滤后按时按量输送到管网系统。

结构 通常由水泵及动力机、控制设备、施肥装置、测量和保护设备等组成，在水质含沙量和其他污染物较多时还需安装过滤设备。

主要用途 承担整个系统的驱动、检测和调控的任务，同时对灌溉用水进行过滤，并加入肥料使肥料随水流一起进入到田间。

类型 经济条件许可时，微灌系统可采用自动控制。但在灌区土地开阔且位于雷电多发地区时，控制系统应具有防雷电措施，年降水量较大的地区，自动控制系统宜具有遇雨延时灌水功能。

参考书目

吴普特，牛文全，2002. 节水灌溉与自动控制技术［M］. 北京：化学工业出版社.

（李岩）

输配电工程（transmission and distribution project）

电能从电源输送到用电区域再到用户的工程（图）。

输配电工程

概况 我国电力企业发电方式往往以火力发电与水力发电为主，其中火力发电的原材料多为煤炭。据调查资料来看，当前我国输配电工程建设缺乏合理性，同时没有实现资源的合理分配，部分城市用电负荷仍旧处于紧张状态，城市可储存的电能急剧缺乏。不仅如此，部分区域内的矿物资源与水力资源没有得到充分利用，输配电工程的分布与能源物质的分布极其不协调。除此之外，由于我国尚处于发展过程中，且人口众多，因此属于用电大国，然而用电水平和其余国家相比，仍旧有待提高。交流电的主要弊端在于其往往是通过线路进行电能输送，一旦在输送过程中遇到电阻，则会出现电能消耗状况，同时输送距离越远，电能消耗就越大，并且极易引发故障问题，不利于供电的稳定性与安全性。

原理 供电企业与电力用户之间对电能实施的输送与分配工作，输电是把电能从电源输送到用电区域，配电是在用电区域向用户供电，从而产生的分配电能与输送电能。

结构 发电机、变压器、断路器、隔离开关、母线、电抗器、自动空气开关、电力电缆、架空线路、避雷器、电流互感器、电压互感器等。

主要用途 实现能源的合理分配以及高效运输。

类型 枢纽变电所、中间变电所、地区变电所、终端变电所。

参考书目

贝利斯，哈迪，2012. 输配电工程 [M]. 陈力，译. 北京：机械工业出版社.

（王勇 熊伟）

输配水管网（water distribution network）

供水系统的重要组成部分，在满足用户对水质、水量及水压三方面要求的前提下，保障水厂出水的高效运输与合理供给，它是给水系统中的重要组成部分之一，由水管与其他构筑物（如水泵站、水塔等）组成。

概况 管网设计的研究起源于20世纪60年代，一直以来都是输配水管网研究领域的研究热点之一。最早的给水管网设计模型是为树状网设计的。另外，最早应用于环状管网的管网优化模型为苏联学者罗巴乔夫和莫希宁建立的，该模型以水力平衡关系为约束条件，管网建造费与运行费之和为目标函数对管网进行了优化，降低了投入成本，取得了较为满意的优化结果。最初研究阶段，管网优化的研究主要集中在单目标的优化，由最初的建造与运行总费用优化，到管网的稳定性优化，再到管网的脆弱性优化以及管网的恢复性优化。近些年，随着城市的不断发展，人们对输配水管网的设计与运行的要求更高，研究的方向已经从单目标优化逐渐转移到多目标优化方面。其中，管网稳定性与投资总费用的双目标优化研究最为广泛而深入。当前主要的研究前沿集中在管网可持续性方面，其内容包括三个方面：管网的可靠性、管网的恢复性、管网的脆弱性。

原理 随着管网优化模型的深入研究，优化算法也得到了不断的发展，如线性规划法、非线性规划法、动态规划法、枚举法、广义简约梯度法、界限流量法、遗传算法等。目前，最新的应用方法有改进的遗传算法、人工神经网络法等。

结构 按照在管网中所起作用不同，可将配水管道分为干管、连接管、分配管、接户管。

主要用途 输配水管网是给水系统的重要组成部分。其作用是把原水送到配水厂或净水厂，再把水厂生产出来的水安全可靠地送至千家万户，并保证用户所需的水质和服务水压。

类型 管网有树状、环状、树状和环状结合三种布置形式。树状网管道从供水点向用户呈树枝状延伸，各管道间只有唯一的通道相连。树状网供水直接，构造简单，管道总长度短，投资少，但当管线发生故障时，故障点以后的管线均要停水，供水安全性差。当管网末端用户用水量小或停止用水时，水流在管道中停留的时间太长，会引起水质恶化。树状网一般适用于小城镇和小型企业。环状网的各干管间设置了连接管，形成了闭合环，管道间的连接有多条通路，某一点的用水可以从多条途径获得，因而供水的安全可靠性高。但管线总长度长，投资大。

（杨孙圣）

输水管（water main pipe）

一般指输送原水的有一定长度的管道。给水系统中从水源到水厂或水厂（水塔或高位水池）到管网的管（渠）。其输水形式可分为压力流式和重力自流式。为了保证事故情况下输水的安全性，一般设计两条或两条以上输水管，并在输水管之间设连通管及相应的转化阀门。

概况 世界各国积极研究推广喷灌、微灌和低压管道输水灌溉等管道化灌溉技术。灌溉管道系统在国外自20世纪20年代开始应用于农业灌溉，50年代以后得到广泛应用。灌溉管道系统既可减少输水损失，又可严格控制灌溉用水，其发展趋势是低能耗、低投入、低灌溉成本、高标准节水和高效益。我国管道输水灌溉应用时间较早，但集中连片是在50年代以后。到了80年代以后，我国北方地区连年干旱，水资源日益紧缺，适应节水灌溉的管道输水灌溉技术得到迅速发展。

主要用途 农业灌溉管道系统中的输配水管网。

参考书目

胡忆沩，杨梅，李鑫，2017. 实用管工手册 [M]. 北京：化学工业出版社.

汪志农，2009. 灌溉排水工程学 [M]. 2版. 北京：中国农业出版社：160-164.

（刘俊萍）

树状管网（dendritic pipeline network）

管网的一种布置形式，干管和支管分明，形成树枝状（图）。

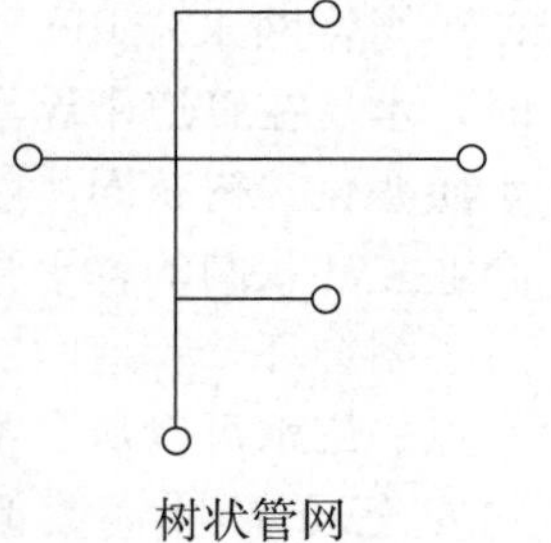

树状管网

主要用途 树状给水管网一般投资较小，广泛用于村镇供水，在工矿企业给水系统建设初期，一般也采用树状管网，以后随着用水规模的不断扩大，由树状管网逐步发展成为环状管网。

（王勇 吴璞）

竖管（riser pipe）

喷头与支管连接的垂直连接管。竖管一般采用与喷头进口同径的钢管或合金管，高度以植物不妨碍喷头正常喷射水流为原则，一般为0.5～2.0 m。当竖管高度超过2 m或使用大喷头时，应增设竖管支架或搭架竖管支架，以保持竖管稳定。图为出地竖管。

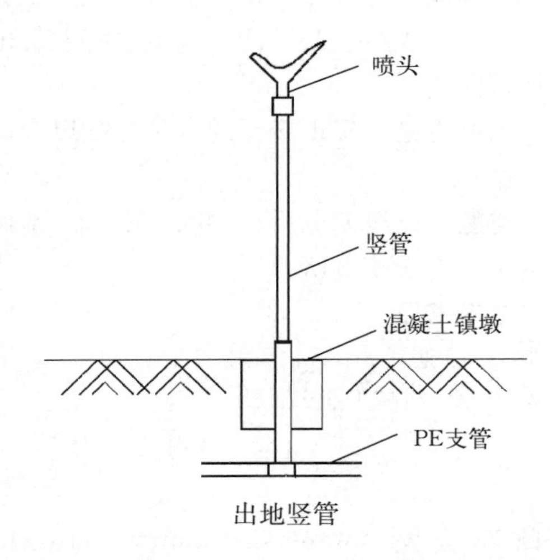

出地竖管

布置原则 竖管的高度取决于作物的高矮，一般应安装成铅垂状，如果地面倾斜，可允许竖管在一定程度内倾斜。国家标准《旋转式喷头试验方法》（GB 5670.3—1985）中规定，允许旋转式喷头的竖管与铅垂线夹角不超过10°。对于固定式喷灌系统，竖管对机耕和农业操作有一定影响，设备利用率低；对于半固定管道式喷灌系统，竖管和喷头等可以拆卸移动，设备利用率较高，运行管理也比较方便。

参考书目

郑耀泉，刘婴谷，严海军，等，2015. 喷灌与微灌技术应用 [M]. 北京：中国水利水电出版社：340.

周世峰，2011. 喷灌工程技术 [M]. 郑州：黄河水利出版社：85.

李雪转，2017. 农村节水灌溉技术 [M]. 北京：中国水利水电出版社：82.

（刘俊萍）

竖管快接控制阀（controlling valve with vertical pipe for quick connection）

喷灌专用阀的一种（图），是支管和喷头竖管的连接控制部件。工作时将装好喷头的竖管插上，打开支管出水口，停止时，取下喷头竖管自动封闭出水口。

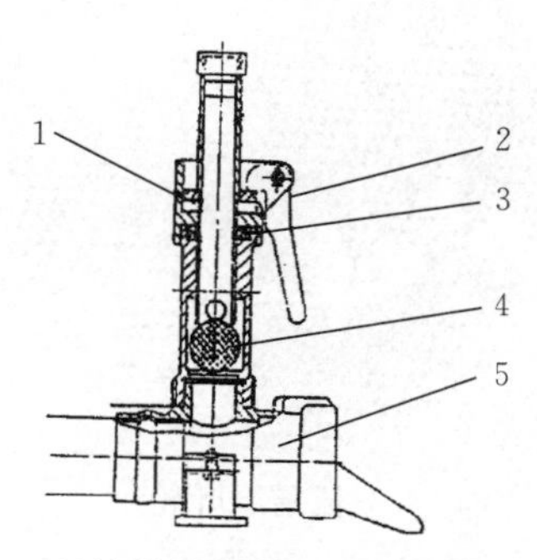

竖管快接控制阀结构示意
1. 快接插口 2. 保险勾 3. V 型密封圈
4. 胶球 5. 输水横管

概况 属于农田、园林草坪的灌溉系统中的附属设备。

结构 由竖管、球形活塞、支架和竖管压帽等零件组成。

（王文杰）

数显压力表（digital pressure gauge）

能在集成数字显示器中显示作用压力数值的压力表。其内置压力传感器，是集压力测量、显示于一体的高精度压力表，具有抗震动、显示精度高、稳定性高、可清零、自动待机等特点。如图所示，智能数显压力表正面有一电子显示屏，既可显示压力值，也可通过计算机根据传送来的压力值和时间数值画出压力-时间特性曲线，有自校准和自标定等功能。该系列数字压力表采用电池供电，由于采用了低功耗的处理器芯片，续航时间长，具有自动待机与一键清零功能，使用方便，可替代机械式压力表用于便携式压力测量、设备配套、标准压力校验设备等多种领域。

概况 数显压力表是采用单片机控制的在线测量仪表。它采用电池长期供电方式，无须外接电源，安装使用方便。该系列数字压力表可用压力表、绝压、差压的检测，其形式品种多样，分为普通型和防爆型，能满足各种测量需要。它从根本上克服了指针式压力表精度低、可靠性差、损坏率高等诸多缺点。尤其在腐蚀、震动等场所使用，更显其超凡性能。该产品经国家级计量部门、防爆部门检定合格，已在石油、化工、电力等领域得到广泛应用。

数显压力表

类型 通用型数显压力表：适用于一般压力场合使用；防腐耐震型数显压力表：适用于测量剧烈震动场所及有介质波动情况下的场合使用；耐高温型数显压力表：适用于高温场合使用；隔膜型数显压力表：适用于测量腐蚀性、高黏度、易结晶、含有固体状颗粒、湿度较高的液体介质的压力；膜盒型数显压力表：适用于测量微小压力和负压；记忆型数显压力表：适用于测量各种压力并保持最高峰值；带调零装置型数显压力表：适用于测量校验场合使用；带背光灯型数显压力表：适用夜晚场合使用；禁油（氧用）型数显压力表：氧气数显压力表用于测量氧气的压力，严禁测量一切含油成分的气体；嵌入式（轴向带边）数显压力表：适用于安装固定在面板（操作台）上使用。数显防爆压力表：适用于有爆炸性混合物的危险场合使用。

结构 它的核心部件为微机械技术硅压力传感器，没有任何移动部件。

参考书目

梁威，1998. 智能传感器与信息技术［M］. 北京：北京航空航天大学出版社.

历玉鸣，2006. 化工仪表及自动化［M］. 北京：化学工业出版社：49－65.

（王龙滟）

双壁毛管（double wall lateral） 水流经由主管壁上的出水孔眼进入辅管腔，再经辅管壁上的孔眼出流的一种滴灌管（图）。

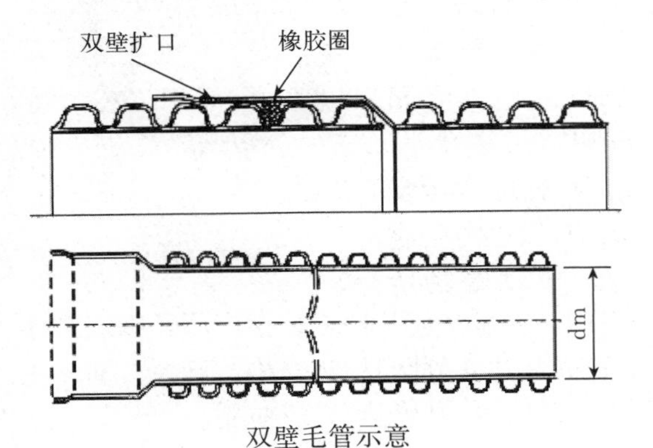

双壁毛管示意

概况 内层管通过毛管的主要流量，工作压力为30～150 kPa，并有部分水流通过内层管壁上的小孔流到外层管，然后再从外层管外壁上稍大的孔口以低压流出进行灌溉，每个孔口出流量与管径、内压和内外孔口数目之比有关。流量一般为1～5 L/h。出口的间隔根据灌水量来确定。这种方法和其他滴头相比，比较经济，有时一套双壁毛管可以用1～2个生长季。可以设计出很低的流量，容易安装，极不易堵塞。其缺点是在坡地上出流量不均匀。

结构 由内外两层管壁组成，内层通过流量，部分流量通过小孔进入外腔，消耗部分能量，然后从外腔的微孔中流出。

主要用途 广泛应用于温室大棚、大田经济作物的灌溉。

（王剑）

双流道泵（double channel pump） 一种叶轮形式特殊的流道式离心泵，亦称双流道离心泵，图为双流道泵叶轮。

原理 叶轮旋转使流道内的液体获得能量，流道较宽可输送含有固体颗粒悬浮物和纤维状悬浮物的液体。

结构 双流道叶轮从进口到出口是两个

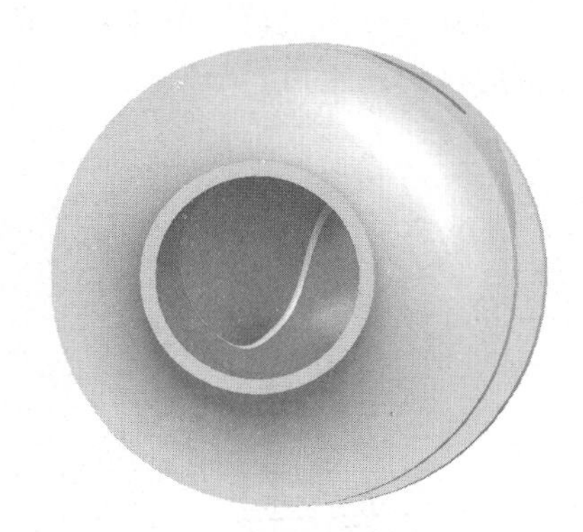
双流道泵叶轮

对称的空间扭曲流道。

主要用途 抽送生活污水和工业废水，广泛应用于市政、轻工、化工、建筑、矿山、冶金等部门。

类型 分为潜水和干式，立式和卧式。

参考书目

刘厚林，谈明高，2012. 双流道泵［M］. 镇江：江苏大学出版社.

（谈明高）

双吸泵（double suction pump） 一种特殊的离心泵（图），其叶轮由两个背靠背的单级叶轮组合而成，流体从两侧流入叶轮，在同等叶轮外径下流量可增大一倍。

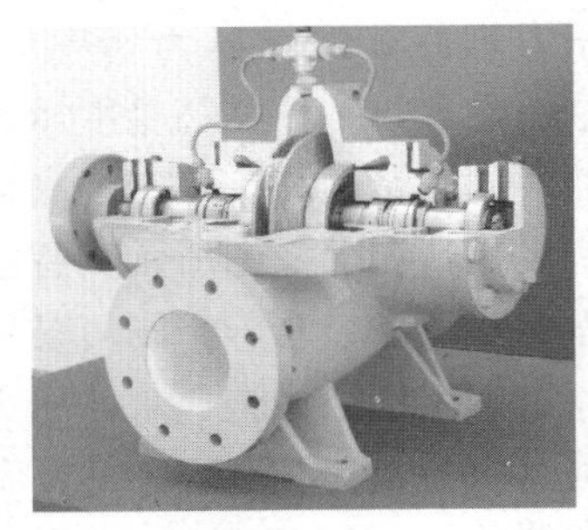
双吸泵

概况 双吸泵具有如下一些特点：性能上，双吸泵具有扬程高、流量大的特点。结构上，双吸泵泵体为水平剖分结构，打开泵盖就可以取出内部零件，检修维护十分方便。同时，双吸泵进出口在同一方向上且垂直于泵轴，有利于泵和进出水管的布置与安装。两个背靠背布置的叶轮轴向力相互抵消，其轴向力低于一般的单吸离心泵，通常不需要额外的轴向力平衡装置；压水室多采用双蜗壳结构，可有效减小径向力，提高了泵运行的稳定性。

原理 双吸泵螺旋吸入室带有隔板，将流体分成两部分进入叶轮两侧，叶轮中叶片对液体做功，液体的压能增高，流速增大，双侧叶轮流道中的液体流入同一个压水室，最后流入排出管路。

结构 双吸泵的基本结构包括半螺旋吸水室、双吸叶轮和压水室。较为复杂的是双进口多级离心泵，由多个单级叶轮、一个双吸叶轮和多个级间流道共同组成。

主要用途 主要用于农业灌溉、水利工程和工业水循环系统等，我国黄河沿线地区提灌泵站大多采用双吸离心泵，例如南水北调中线惠南庄泵站采用了双吸泵进行供水。

类型 单级卧式双吸泵和两级双进口中开泵。

参考书目

关醒凡，2011. 现代泵理论与设计［M］. 北京：中国宇航出版社.

袁寿其，施卫东，刘厚林，等，2014. 泵理论与技术［M］. 北京：机械工业出版社.

（裴吉　王文杰）

双向泵站（two - way pumping station）

一种同时具有引水和排水功能，可实现双向进出水的一种大型固定式泵站。

概况 双向泵站是满足引排水需要，最大程度减少土地资源使用的泵站形式。我国是世界上采用双向泵站较早、应用最广泛的国家，在20世纪60年代初期兴建亚洲最大的泵站群——江都排灌站，为实现其双向排灌功能，是通过2条引河和4座涵闸的调度来完成的。70年代，随着南京武定门第一座双向流道泵站的建成，谏壁、凤凰颈等泵站相继采用“X”型双向流道形式实现灌溉排涝功能。早期，中国水利科学院参考荷兰、美国设计的出水形式，采用长直锥管出水结构，使得泵装置最高效率达65%，但流量系数小，转速低，且出水锥管过长，水泵轴过长，影响泵站机组的运行稳定性，大型泵站难以采用。90年代中后期，我国学者结合国家南水北调东线源头泰州引江河高港泵站工程建设，研究采用涵洞式双向流道轴流泵装置形式，将双向泵装置的水力性能效率提高到70%左右。2016年以来，枞阳和凤凰颈双向泵站经过改造升级，运行效率达78%，处于国际领先水平。

类型 按照水泵布置形式分为：轴伸式、平面S型、竖井贯流式（图2）和灯泡贯流式；按照流道形式分为：X型、伞型道、涵洞型、开敞式（图1）、钟型等。

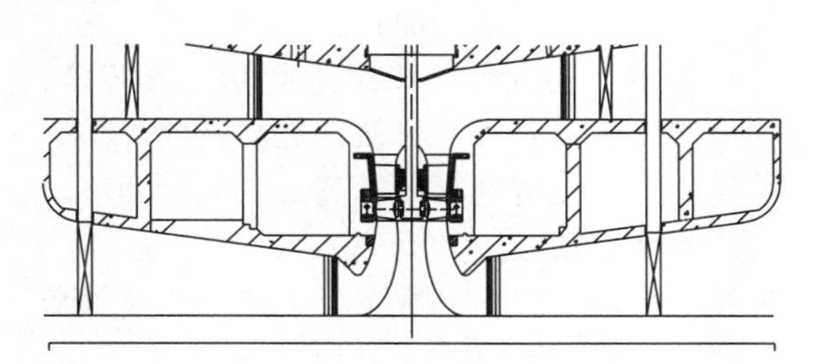

图1　开敞式双向泵站

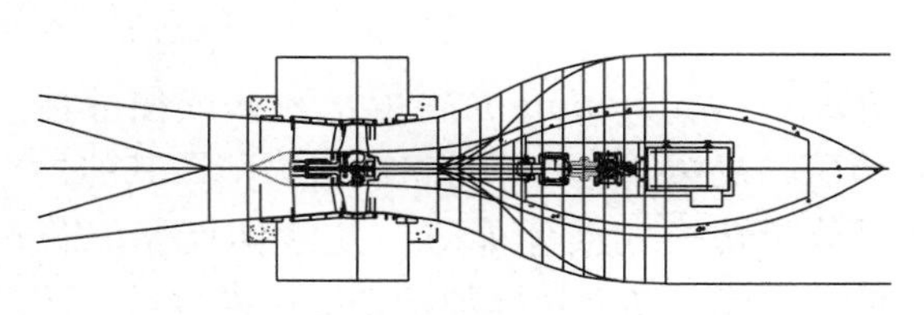

图2　竖井贯流式双向泵站

结构 双向泵站主要由电机、水泵和双向进出水流道组成。

参考书目

严登丰，2000. 泵站过流设施与截流闭锁装置［M］. 北京：中国水利水电出版社.

严登丰，2005. 泵站工程［M］. 北京：中国水利水电出版社.

（袁建平　陆荣）

双翼式滴灌带（double wing drip irrigation belt）

具有双翼双压边流道的滴灌带

(图)。广泛应用于日光温室和大棚等保护地中，以及西瓜、草莓、蔬菜等露地栽培经济作物中。

双翼式滴灌带

优势 ①抗堵塞性能好；②流量较大；③运输、收藏、管理方便；④适应多种水源；⑤适应各种栽培面积。

效果 ①节水；②保持良好土壤环境；③增产增收；④施肥方便、提高肥效；⑤省工省力；⑥投资低、效益高；⑦减轻病害。

参考书目

张强，吴玉秀，2016. 喷灌与微灌系统及设备[M]. 北京：中国农业大学出版社.

（蒋跃）

水泵（water pump） 输送液体或使液体增压的机械。它将原动机的机械能或其他外部能量转换成液体能量，使液体能量（位能、压能、动能）增加，主要用来输送的液体包括水、油、酸碱液、悬乳液和液态金属等，也可输送气液混合物以及含悬浮固体物的液体。

概况 水的提升对于人类生活和生产都十分重要。古代就已有各种提水器具，例如埃及的链泵（公元前17世纪），中国的桔槔（公元前17世纪）、辘轳（公元前11世纪）和水车（公元1世纪）。比较著名的还有公元前3世纪，阿基米德发明的螺旋杆，可以平稳连续地将水提至几米高处，其原理仍为现代螺杆泵所利用。公元前200年左右，古希腊工匠克特西比乌斯发明的灭火泵是一种最原始的活塞泵，已具备典型活塞泵的主要元件，但活塞泵只是在出现了蒸汽机之后才得到迅速发展。1840—1850年，美国沃辛顿发明泵缸和蒸汽缸对置的、蒸汽直接作用的活塞泵，标志着现代活塞泵的形成。19世纪是活塞泵发展的高潮时期，当时已用于水压机等多种机械中。然而随着需水量的剧增，从20世纪20年代起，低速的、流量受到很大限制的活塞泵逐渐被高速的离心泵和回转泵所代替。但是在高压小流量领域往复泵仍占有主要地位，尤其是隔膜泵、柱塞泵独具优点，应用日益增多。

原理 原动机通过泵轴带动叶轮旋转，对液体做功，使其能量增加，从而使需要数量的液体由吸水池经泵的过流部件输送到要求的高处或要求压力的地方。

结构 包括吸入部件、叶轮、导叶（蜗壳）、支撑部件、轴封、平衡装置等。

主要用途 水泵作为所有液体动力系统中的动力部件，具有极其广泛的应用，是这些系统的“心脏”。根据动力系统应用场合，大致可以分为：农业水利系统、城市供水系统、污水系统、土木和建筑系统、电站系统、化工系统、石油工业系统、矿山冶金系统、轻工业系统、船舶系统等。

类型 按用途可分为：喷灌泵、输送泵、循环泵、消防泵、试压泵、排污泵、计量泵、卫生泵、加药泵、糊化泵、输液泵、消泡泵、流程泵、输油泵、给水泵、排水泵、疏水泵、挖泥泵、增压泵、高压泵、保温泵、高温泵、低温泵、冷凝泵、热网泵、冷却泵、暖通泵、深井泵、止痛泵、化疗泵、抽气泵、血液泵、抽料泵、除硫泵、剪切泵、研磨泵、燃油泵、吸鱼泵、浴缸泵、源热泵、过滤泵、增氧泵、洗发泵、注射泵、充气泵、燃气泵、美工泵、加臭泵、切碎泵等。

按行业可分为：农用泵、水利泵、石油泵、冶金泵、化工泵、渔业泵、矿业泵、电力泵、水处理泵、食品泵、酿造泵、制药泵、饮料泵、炼油泵、调料泵、造纸泵、纺织泵、印染泵、制陶泵、油漆泵、农药泵、化肥泵、制糖泵、酒精泵、环保泵、制盐泵、啤酒泵、淀粉泵、供水泵、供暖泵、园林泵、水族泵、锅炉泵、医用泵、船舶泵、航空泵、汽车泵、消防泵、水泥泵、空调泵、核电泵、机械泵、燃气泵、油气混输泵等。

按原理可分为：叶片泵、离心泵、轴流泵、混流泵、往复泵、柱塞泵、活塞泵、隔膜泵、转子泵、螺杆泵、液环泵、齿轮泵、滑片泵、罗茨泵、滚柱泵、凸轮泵、蠕动泵、漩涡泵、射流泵、喷射泵、水锤泵、真空泵、旋壳泵、软管泵、蜗杆泵等。

按介质可分为：清水泵、污水泵、海水泵、热水泵、热油泵、稠油泵、机油泵、重油泵、渣油泵、沥青泵、杂质泵、渣浆泵、灰浆泵、灰渣泵、泥浆泵、水泥泵、混凝土泵、粉末泵、酸碱泵、空气泵、蒸汽泵、氧气泵、氨气泵、煤气泵、血液泵、泡沫泵、乳液泵、涂料泵、硫酸泵、盐酸泵、胶体泵、酒精泵、啤酒泵、葡萄酒泵、巧克力泵、奶泵、淀粉泵、麦汁泵、牙膏泵、盐卤泵、卤水泵、碱液泵、熔盐泵、油脂泵、农药泵、化肥泵、药剂泵、气液泵、油剂泵、化纤泵、纺丝泵、剂量泵、油漆泵、果浆泵、纸浆泵、胰岛素泵、浓浆泵、气泵、水泵、油泵等。

参考书目

关醒凡，1987. 泵的理论与设计［M］. 北京：机械工业出版社 .

（赵睿杰）

水泵试验(pump test)

分为外特性试验和内特性试验两大类。外特性试验通常是指泵的性能试验和汽蚀试验等，能够在泵的外部通过测量某些参数而获得某种特性的试验；内特性试验包括速度场测定、叶片表面压力测定、混合流动显示等。此外，泵试验还有振动与噪声试验、密封试验、运行试验和可靠性试验等。图为水泵现场试验。

水泵试验

概况　水泵行业是一个较为成熟的行业，许多科技人员从理论上对水泵的性能做了大量定性地分析。但由于液体在泵及泵装置内的流动十分复杂，是一种非定常的三维湍流，至今还不能完全用解析的方法确定泵在不同工况下的特性。因此，泵及泵装置的工作特性曲线通常是由试验得到的。

原理　水泵试验是指将泵安装在一定的试验装置（或称试验台）上，选取适当的测量方法，对泵的外特性或内特性参数进行静态或动态取样，并依据有关理论和标准正确地进行数据分析、处理，找出相关参数之间的关系。其目的一方面在于确定水泵工作特性曲线，从而确定它的工作范围，以便向用户提供水泵选型和合理使用的可靠依据；另一方面，用试验所得到的特性曲线来校核设计参数，检验其是否达到了设计要求的技术指标，以便修改设计或改进制造工艺，进一步提高水泵的制造质量和设计水平。

结构　一个完整的水泵试验装置应包括以下几个主要部分：①试验回路、系统（包括试验水池或闭式管道）；②动力源；③传动系统；④测量与控制系统；⑤计算机辅助测量系统；⑥辅助装置。

主要用途　由于泵这种产品从设计到制造很大程度上都依靠实物检测来验证是否达

到预期目的，所以泵产品从科研设计到成品都离不开试验。

类型 按照试验回路的连接状况分为闭式试验回路、开式试验回路、半开式试验回路。不管哪种型式的回路，为了能使测量截面处的液流满足要求，在试验回路设计建造时应充分注意水平直管段。水泵试验的种类有：①外特性试验；②内特性试验；③强度试验；④其他项目试验。

参考书目

汤跃，金立江，1995. 泵试验理论与方法［M］. 北京：兵器工业出版社.

郑梦海，2006. 泵测试使用技术［M］. 北京：机械工业出版社.

（许彬）

水锤（water hammer）

又称水击。水（或其他液体）输送过程中，由于阀门突然开启或关闭、水泵突然停车、骤然启闭导叶等原因，使流速发生突然变化，同时压强产生大幅度波动的现象。

预防措施：

（1）开关阀门过快引起的水锤：①延长开阀和关阀时间；②离心泵和混凝泵应在阀门半闭15%～30%时而不是全关时停泵。

（2）泵引起的水锤：①排除管道内的空气，使管道内充满水后再开启水泵，凡是长距离输水管道的高起部位都应设自动排气阀。②停泵水锤主要因出水管止回阀关闭过快引起，因此，取消止回阀可以消除停水泵水锤的危害，并且可以减少水头损失，节约电耗；目前经过一些大城市的实验，认为一级泵房可以取消，二级泵房不宜取消；取消止回阀时应进行停水锤压力计算，为减少和消除水锤，目前常在大口径管道上安装微阻缓闭止回阀。采用缓冲止回阀、微闭蝶阀安装在大口径的水泵出水管上，可有效地消除停泵水锤，但因阀门动作时有一定的水量倒流，吸水井需有溢流管。紧靠止回阀并在其下游安装水锤消除器。

（王勇 吴璞）

水锤泵（hydraulic ram pump）

一种以流水为动力，通过机械作用产生水锤效应，将低水头能转换为高水头能的高级提水装置，可以将动能转换为压力能的一种简单机械。

概况 1772年，英国钟表师赫尔斯特发明了水锤泵。法国、俄罗斯、日本以及中国的部分地区生产和使用较多。水锤泵是用来解决水资源较为丰富，但缺电的山区等农田的灌溉问题。如采用“提蓄结合”还可解决山区抗旱用水等，具有节省能源和无环境污染两大优点。

原理 利用流动中的水被突然制动时所产生的能量，使其中一部分水压升到一定高度的一种泵。图为水锤泵的工作示意。沿进水向下流动的水流至单向阀A（静重负载阀）附近时，水流冲力（只要流动速度足够大，就有足够的冲力）使阀迅速关闭。水流突然停止流动，水流的动能即转换成压力能，于是管内水的压力升高，将单向阀B冲开，一部分水即进入空气室中并沿出水管上升到一定的高度。随后，由于进水管中压力降低，阀A在静重作用下自动落下，回复到开启状态。同时空气室中的压缩空气促使阀B关闭，整个过程又重复进行。

结构 水锤泵（图）主要由进水管、泵体、泄水阀、中心阀、压力罐、出水管等6大部分组成。

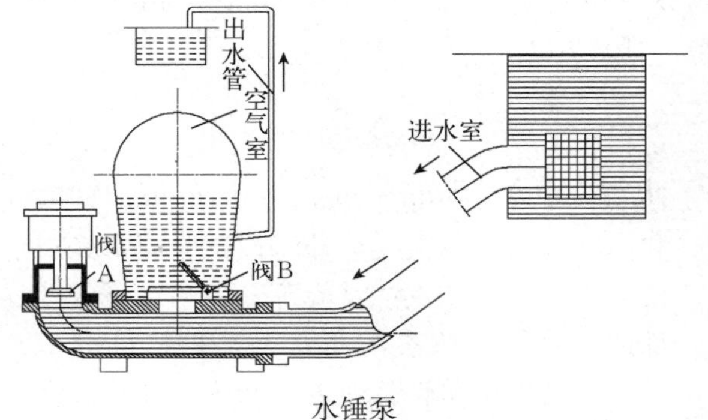

水锤泵

主要用途 水锤泵的应用领域是超低水头能源的高效开发利用，包括溪流自然跌水、溢流堰、橡胶坝、合页坝、再生水入河口、引渠人造落差、水库大坝外侧、海洋波浪能等形成的超低水头能源。

（黄俊）

水肥一体化系统 (integrated system of water and fertilizer)

以滴灌、微喷与施肥的结合，利用管道灌溉系统将肥料溶解在灌溉水中，根据作物需水、需肥特点，同步进行灌溉、施肥，适时、适量满足作物对水分和养分的需求，实现水肥同步管理和高效水肥耦合的现代节水农业系统。

概况 我国水肥一体化已经从当年的“高端农业”“形象工程”开始向普及应用发展，当前已经具备了大力发展水肥一体化的有利条件。目前我国水肥一体化推广面积大概在 7 000 多万亩，根据农业农村部的部署，2020 年，新增水肥一体化推广面积达 8 000 万亩。农业农村部全国农技推广服务中心节水处处长杜森介绍，水肥一体化目前在设施农业和果园上推进最快，尤其是果园，因为不需要频繁铺设管道，最适宜普及水肥一体化。“十三五”期间，水肥一体化和水溶肥推广最大的发力点将是从设施农业走向大田。

结构 以滴灌水肥一体化系统为例。

滴灌水肥一体化技术中的滴灌系统一般由水源工程、首部枢纽工程、输配水管网、滴水器、施肥施药装置组成（图）。

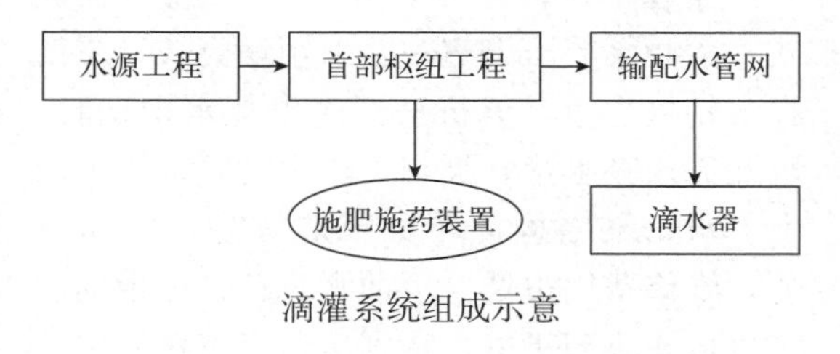

滴灌系统组成示意

① 水源工程：滴灌系统的水源可以是如河流、湖泊、水库等，但是必须符合灌溉水质的要求；②首部枢纽工程：首部枢纽包括动力机、水泵、施肥（药）装置、过滤设施和安全保护及量测控制设备；③输配水网管：输配水管网的作用是将首部枢纽处理过的水流按照要求输送分配到每个灌水单元和滴头，包括干管、支管、毛管及所需的连接管件和控制、调节设备；④滴水器：滴水器（即滴头或喷头）有多种，根据水力效能方式，滴头可分为 4 类，即收缩式滴头、长流道管式滴头、涡流式滴头、压力补偿式滴头；⑤施肥施药装置：向系统的压力管道内注入可溶性肥料或农药溶液的设备称为施肥施药装置。

主要用途 水肥一体化技术主要适于果树、蔬菜、花卉、温室大棚等经济作物和水源极缺的地区、高扬程抽水灌区、地形起伏较大地区以及透水性强、保水性差的沙质土壤和咸水地区的灌溉。

参考书目

崔增团，庄俊康，2014. 祁连山的呼唤——甘肃灌区高效节水纪实［M］. 兰州：甘肃科学技术出版社 .

（王勇　李刚祥）

水力驱动中心支轴式喷灌机 (hydraulic drive center pivot sprinkler)

实质就是以水力驱动为主的中心支轴式喷灌机，属于喷灌机的一种。

概况 早期的中心支轴式喷灌机以液压驱动和水力驱动为主。逐渐地，水力驱动中心支轴式喷灌机被其他动力驱动喷灌机所取代。20 世纪 70—80 年代，为了降低能耗、提高灌水质量和机组运行可靠性，中心支轴式喷灌机的行走驱动方式逐渐由水动改为电动。我国最早于 1977 年 6 月从美国维蒙特公司引进了 7 台电动、1 台水动中心支轴式喷灌机，安装在河北省大曹庄农场。此后中国农业机械化科学研究院、吉林省农业机械研究所、广西水轮泵研究所、黑龙江省农业机械研究所等单位对样机进行研制，于1982年试制成功我国第一台水力驱动中心支轴式喷灌机，并通过了国家机电部的鉴定。此后又相继研制出电动中心支轴式喷灌机、电动平移式喷灌机和滚移式喷灌机。

结构 由中央驱动车（动力机、动力传动装置与车轮车架组合）、输水支管（轮轴）、从动轮、引水软管、喷头、喷头矫正器、自动泄水阀、制动支杆等部件组成。

参考书目

袁寿其，李红，施卫东，2011. 新型喷灌装备设计理论与技术［M］. 北京：机械工业出版社.

郑耀泉，刘婴谷，严海军，等，2015. 喷灌与微灌技术应用［M］. 北京：中国水利水电出版社.

张强，吴玉秀，2016. 喷灌与微灌系统及设备［M］. 北京：中国农业大学出版社.

（朱勇）

水力驱动装置（hydraulic drive equipment）

绞盘式喷灌机绞盘车的重要组成部分，以压力水为动力，通过传动机构驱动绞盘转动，缠绕聚乙烯管牵动喷头车，实现喷灌作业。

类型 水力驱动装置有水压缸式、水涡轮式和橡皮囊式三种主要形式。①水压缸式水力驱动装置主要由柱塞马达、控制阀、分配阀、换向机构、推杆、棘轮式绞盘等部件组成。打开控制阀，管中的压力水进入柱塞缸推动柱塞往复运动，带动推杆棘爪式绞盘转动。柱塞往复一次做功的废水由一个小喷头洒在地里或由排水管排在地里。②水涡轮式水力驱动是卷盘式喷灌机最常用的驱动方式。它主要由喷嘴、偏流板、多业偏转轮、蜗壳等组成。当压力水从涡轮喷嘴喷出时，冲击涡轮叶片，使涡轮旋转，再经装在涡轮轴端的旋转机构，带动绞盘转动。它工作平稳、无振动、对水质要求较宽，无废水泄漏，但能耗偏高。③橡皮囊式水力驱动装置主要由换向机构、橡皮囊、泄水阀、臂杆和带内齿圈的绞盘组成。压力水通过换向机构进入橡皮囊，使囊沿轴向延伸，推动臂杆旋转，再由臂杆上的棘爪推动绞盘上的内齿圈，实现绞盘转动。橡皮囊每伸缩一次，均有废水排出。可以通过改变橡皮囊泄水阀的开度控制皮囊泄水量，达到控制皮囊每次排水、充水的时间，进而改变皮囊伸缩周期，达到调节绞盘转速，实现喷头车的运行线速度近似一致，保证喷洒质量。

参考书目

郑耀泉，刘婴谷，严海军，等，2015. 喷灌与微灌技术应用［M］. 北京：中国水利水电出版社.

（李娅杰）

水轮泵（turbine pump）

一种由水力驱动用来提水的机械设备，如图所示。主要由水轮机和水泵组成，水轮机的转轮由水流驱动旋转，再由转轮驱动水泵叶轮进行提水作业。

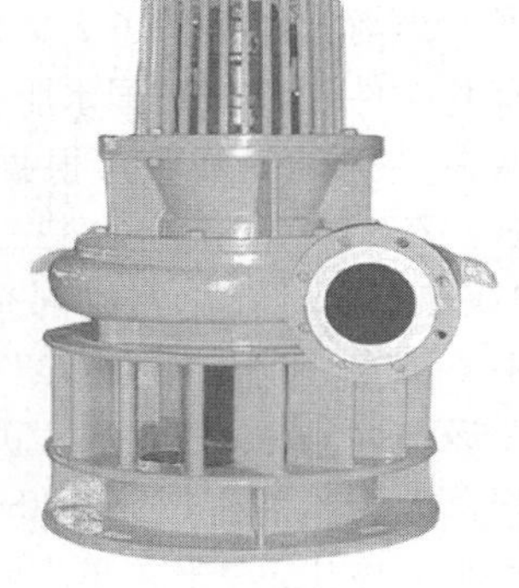

水轮泵

概况 自近代的水轮机和水泵出现后，国内外就开始研究以水轮机作为动力，直接带动水泵的水力提水机械。我国四川省于20世纪初就研制了这种新型的水力提水工具——水力汲水机，即现称的水轮泵。

原理 水轮泵中的水轮机一般为轴流式，离心泵的压出室一般采用蜗壳式。泵设在水轮机之上，整机全部淹没在水中运转，因此无须吸水管。泵和水轮机之间采用水润滑。水轮泵结构简单，制造容易，操作方便，维修费用很低，不抽水时动力可带动加工机械或小型机械，特别适合于农村使用。

结构 主要有贯流、轴流、混流和离心型式，分别适用于低、中和高扬程等不同运行工况。

主要用途 采用以水力驱动直接作为动力，带动水泵提水。

类型 因工作水头的不同，主要类型有贯流、轴流和混流等多种型式。

（黄俊）

水轮机（hydroturbine） 把水流的能量转换为旋转机械能的动力机械，它属于流体机械中的透平机械（图）。早在公元前100年前，中国就出现了水轮机的雏形——水轮，用于提灌和驱动粮食加工器械。现代水轮机则大多数安装在水电站内，用来驱动发电机发电。在水电站中，上游水库中的水经引水管引向水轮机，推动水轮机转轮旋转，带动发电机发电。做完功的水则通过尾水管道排向下游，水头越高、流量越大，水轮机的输出功率也就越大。

水轮机

概况 水轮机是一种将水能转换为机械能的动力机械。在大多数情况下，将这种机械能通过发电机转换为电能，因此水轮机是为水能利用和发电服务的。

水是人类在生活和生产中能依赖的最重要的自然资源之一，我们的祖先很早以前就和洪水开展了斗争，并学会了利用水能。公元前2000多年的大禹治水，至今还为人们所称颂。公元37年中国人发明了用水轮带动的鼓风设备——水排，公元260—270年中国人创造了水碓，公元220—300年发明了用水轮带动的水磨，这些水力机械结构简单，制造容易。缺点是笨重、出力小、效率低。真正大规模地对水力资源的合理开发和利用是在近代工业发展和有关发电、航运等技术发展以后。

发展历程 水轮机及辅机是重要的水电设备，是水力发电行业必不可少的组成部分，是充分利用清洁可再生能源实现节能减排、减少环境污染的重要设备，其技术发展与我国水电行业的发展规模相适应。在我国电力需求的强力拉动下，我国水轮机及辅机制造行业进入快速发展期，其经济规模及技术水平都有显著提高，我国水轮机制造技术已达世界先进水平。

我国水轮机及辅机制造行业综合实力明显增加，全行业呈现出蓬勃发展、充满活力的可喜局面，行业趋好的标志表现为经济运行质量的提高和经济效益的显著增长。2010年，我国水轮机及辅机制造行业规模（全年销售收入在500万元以上）企业68家，实现销售收入44.70亿元，同比增长2.35%；实现利润总额3.23亿元，同比增长4.16%。2010年，我国水电装机规模达到2.11亿kW，新增核准水电规模1 322万kW，在建规模7 700万kW。根据我国对国际社会做出的“2020年非石化能源将达到能源总量15%”的承诺，我国水电行业2020年装机容量需达到3.8亿kW。而即使按照我国公布的《可再生能源中长期发展规划》，确定到2020年水电装机容量要达到3亿kW，国内11年内将新增单机容量50 kW以上的大型水电机组近300台，每年平均新装25台50万kW及以上大型水电机组。若按2020年达到3.8亿kW的装机容量，我国所需的水轮机及辅机设备将进一步增加，我国水轮机及辅机行业发展前景广阔。

分类 水轮机按工作原理可分为冲击式水轮机和反击式水轮机两大类。冲击式水轮机的转轮受到水流的冲击而旋转，工作过程中水流的压力不变，主要是动能的转换；反击式水轮机的转轮在水中受到水流的反作用力而旋转，工作过程中水流的压力能和动能均有改变，但主要是压力能的转换。

冲击式水轮机 冲击式水轮机按水流的流向可分为切击式（又称水斗式）和斜击式两类。斜击式水轮机的结构与水斗式水轮机基本相同，只是射流方向有一个倾角，只用于小型机组。理论分析证明，当水斗节圆处的圆周速度约为射流速度的一半时，效率最高。这种水轮机在负荷发生变化时，转轮的进水速度方向不变，加之这类水轮机都用于高水头电站，水头变化相对较小，速度变化不大，因而效率受负荷变化的影响较小，效率曲线比较平缓，最高效率超过 91%。

反击式水轮机 反击式水轮机可分为混流式、轴流式、斜流式和贯流式。在混流式水轮机中，水流径向进入导水机构，轴向流出转轮；在轴流式水轮机中，水流径向进入导叶，轴向进入和流出转轮；在斜流式水轮机中，水流径向进入导叶而以倾斜于主轴某一角度的方向流进转轮，或以倾斜于主轴的方向流进导叶和转轮；在贯流式水轮机中，水流沿轴向流进导叶和转轮。轴流式、贯流式和斜流式水轮机按其结构还可分为定桨式和转桨式。定桨式的转轮叶片是固定的；转桨式的转轮叶片可以在运行中绕叶片轴转动，以适应水头和负荷的变化。

主要工作参数

水头 H（m） 连续水流两断面间单位能量的差值称为水头。水头是水轮机的一个重要参数，它的大小直接影响着水轮机出力的大小和水轮机型式的选择。

流量 单位时间内流经水轮机的水量（体积）称为水轮机的流量，用 Q 表示。通常用 m^3/s 作为单位。

出力 单位时间内流经水轮机的水流所具有的能量，称为通过水轮机的“水流的出力”，用 Np_0 表示。$Np_0=9.81QH$（kW）。

效率 水轮机的出力 N 与水轮机水流的出力 Np_0 之比，称为水轮机的效率，用 η 表示。显然效率是表面水轮机对水流能量的有效利用程度，是一个无量纲的物理量，用百分数（%）表示。

转速 水轮机主轴在单位时间内的旋转次数，称为水轮机的转速，用 n 表示，通常采用 r/min 作为单位。

参考书目

沈祖诒，1998. 水轮机调节［M］. 北京：中国水利水电出版社.

常近时，2019. 水轮机与水泵的空化与空蚀［M］. 北京：科学出版社.

（李伟　周岭）

水泥土管（cement soil pipe）

将土料、水泥和水按一定比例均匀搅拌，通过一定工艺要求在制管设备上成型，经过适当养护制成的具有一定承载能力的管材。

概况 地面排灌工程向地下发展，特别是密度很大的田间明沟、明渠用暗管代替，已成为国内一些平原地区排灌工程发展的趋向。70 年代初，北京近郊区一些社队已在逐步推广，但发展不快，也不平衡，一个重要原因是暗管排灌工程管材投资大、用量多。研究者认为，在平原郊区能利用当地土料为原料，就近制造管材，就近铺设使用，是加快推广步伐的一条重要途径。新型的水泥土管就是这种比较理想的管材。

特点 就地取材，可利用当地土料为原料。成本低廉，水泥土管的造价一般为同径混凝土管的 30%～60%，而用于田间地下排灌的效果却相同。实用耐久，用作农田地下输水时，水泥土管均能承受 1.2 kg/cm^2 的内水压力，采用增强措施后能增压到 1.5 kg/cm^2 的内水压力，其工作水头可达 7.5 m；水泥土管埋深 0.8～2.0 m，每米能承受 185.7～776.8 kg 的载荷，可通过 8.5 t 重的轮式拖拉机；同时，处于这种地下环境中，不受干湿循环影响，不受冻融变化破坏，不受腐蚀，强度不减，能够在地下长期运行。

（王勇　王晓林）

水涡轮（water turbine） 卷盘式喷灌机水力驱动装置的关键部件。

概况 现有国内外卷盘式喷灌机专用水涡轮是一种结构比较简单的超低比转速微型水力透平，常用 75 机型的水涡轮比转速约在 20 m·kW 以下。卷盘式喷灌机专用水涡轮多以冲击式为主，并要求在满足一定负载条件下过流水力损失（水头）最小。水涡轮驱动喷灌机在进行喷灌作业时，压力水输入喷灌机后分流成两路，其中一路分流水冲击水涡轮转动，将水的动能转化为机械能，再通过变速箱减速来驱动卷盘慢慢转动，并不断回收 PE 管整齐缠绕在卷盘上，PE 管牵引喷头在田间平移进行喷灌作业；另一路分流水由旁路通道与流经水涡轮的水汇合后一道进入 PE 管，并通过 PE 管将灌溉水输送到喷头车上使灌溉喷头工作。水涡轮的性能参数是指流量、扬程、轴功率以及效率等表示流体机械性能的一些参数。

结构 主要由喷嘴、偏流板、多业偏转轮、蜗壳等部件组成，如图所示。

水涡轮

类型 进出口型式有切向进-切向出结构，也有切向进-轴向出结构，特别是转轮出现有多种叶型，其进口结构类似于冲击式水轮机，但转轮不是水斗型，而是类似于水泵的叶片形状。水涡轮驱动采用大断面、小压力的设计，在很小的流量下，可以达到较高的回收速度，水涡轮转速从水涡轮轴引出一个两速段的皮带驱动装置传入到减速器中，降速后链条传动产生较大的扭矩力驱动绞盘转动，从而实现 PE 管的自动回收。同时水涡轮流出的高压水流经 PE 管直送到喷头处，喷头均匀地将高压水流喷洒到作物上空，散成细小的水滴均匀降落，并随着 PE 管的移动而不间歇地进行喷洒作业。

（李娅杰）

水涡轮驱动卷盘机（water turbine drive reel irrigator） 卷盘式喷灌机的一种，采用市场上最常用的传统的水涡轮驱动方式。作为小型喷灌机组，其机动性好，适应性强，广泛应用于农业灌排、种植、园林等领域。

概况 传统卷盘式喷灌机多采用水涡轮驱动系统。我国自 20 世纪 70 年代末开始从国外引进卷盘式喷灌机，然后在引进国外喷灌机的基础上开始消化吸收和试制。1979 年在江苏省沛县以德国“佩罗玛特”卷盘式喷灌机为样机，成功试制了我国第一台 JP90/300 卷盘式喷灌机，并于 1982 年 11 月通过原机械工业部的成果鉴定和试产。1984 年又研制成功 JP75/200 卷盘式喷灌机，90 年代又引进奥地利 BAuER 的卷盘式喷灌机并进行仿制，形成了以 JP50、JP75 和 JP90 为主要机型的国产卷盘式喷灌机系列（图）。江苏省徐州市成为我国卷盘式喷灌机的发源地，至今也是我国卷盘式喷灌机制造的集聚地。经过 20 余年的历程，我国卷盘式喷灌机在研究、制造、应用和标准化

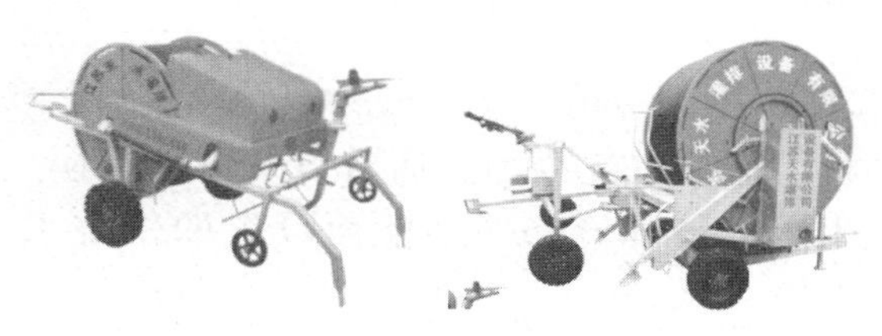

a. JP40-JP50型　　b. JP65-JP100型

JP 系列单喷头水涡轮驱动卷盘式喷灌机

方面也取得了很大进展。但是，我国卷盘式喷灌机品种规格偏少，还没有真正形成产品系列，特别是在产品质量和性能上与国外还存在不小的差距。

工作原理 把主机摆放到灌溉地块的一端，利用牵引力把缠绕在主机上的输水管以及连接在输水管上的喷水行车拖出至地块的另一端。接上水源，水流由自吸泵从水源抽起，首先进入水涡轮，然后进入卷盘上的聚乙烯（PE）管，再通过田间 PE 管最终到达喷头实现喷洒。流经水涡轮的水流冲刷水涡轮叶片使水涡轮旋转，经传动机构带动卷盘的旋转实现 PE 管和喷洒车的回收。这样就形成了卷盘在转动，而喷水行车在设定的速度下匀速往回行走，边行走边喷水，直至完成整个地块的灌溉，当小车行走至主机位置，主机可以将小车提升并固定在主机上，此时整个灌溉过程完毕，切断水源，设备可以进入下一个地块进行另一次的灌溉。

结构 卷盘式喷灌机主要由底架、卷盘、PE 管、水涡轮、变速箱、速度补偿装置和喷水行车组成。整机的生产技术含量非常高，其关键部件水涡轮、变速箱、PE 管质量的好坏及结构件的加工工艺水平直接影响到整机的使用效果和运行寿命。

参考书目

周世峰，2011. 喷灌工程技术［M］. 郑州：黄河水利出版社.

郑耀泉，刘婴谷，严海军，等，2015. 喷灌与微灌技术应用［M］. 北京：中国水利水电出版社.

（李娅杰）

水系统（water system） 为满足泵站主机组运行时的冷却、润滑以及泵站消防、生活用水及检修等功能而设置的供排水系统。

概况 水系统是泵站辅助系统的重要组成部分，它直接关系到泵机组能否正常启动、安全可靠运行。国内大中型电站供水系统主要根据设备用水要求及电站水头来确定供水方式，广泛采用的供水方式有自流供水，自流减压供水，水泵供水，水源取自水库、压力管道、电站尾水及外水源等；针对一些电站河水泥沙含量大或杂质多不能满足设备水质条件时，采用水泵密闭循环供水方式可以解决技术水质问题。排水系统主要用来对机组检修、生产用水和厂房渗漏排水等。

类型 供水系统和排水系统。

结构 水泵、电机、阀门、压力表和管道，如图所示。

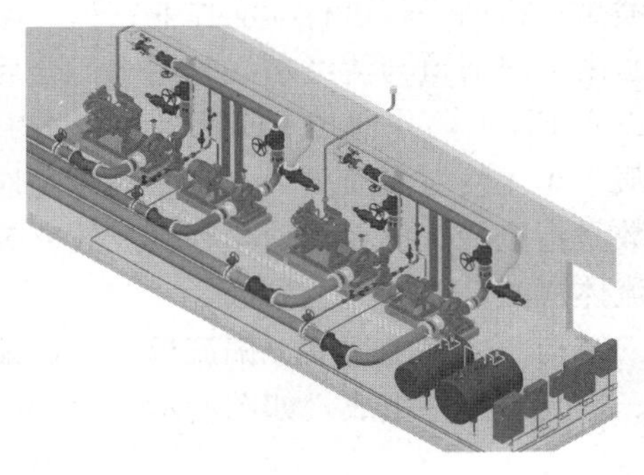

水系统

参考书目

潘咸昂，1989. 泵站辅机与自动化［M］. 北京：中国水利水电出版社.

严登丰，2000. 泵站过流设施与截流闭锁装置［M］. 北京：中国水利水电出版社.

严登丰，2005. 泵站工程［M］. 北京：中国水利水电出版社.

（袁建平 陆荣）

水压测量（water pressure measurement） 对流体施加在表面上的力的分析，通常以每单位表面积的力为单位进行测量。许多测量压力和真空的技术现在都已经发展起来，用于测量和显示整体压力的仪表称为压力表或真空压力表。压力计就是一个很好的例子，因为它利用液柱的表面积和重量来测量和指示压力。同样，广泛使用的波登压力表是一种既可以测量又可以显示的机械装置，可能是最著名的压力表。

真空压力表也是一种压力表，用于以负值（例如：－15psig 或－760 mmHg* 等于总真空）测量低于设置为零点的环境大气压力的压力。大多数压力表将相对于大气压的压力测量为零点，因此这种读数形式简称为“表压”。然而，任何超过完全真空的东西在理论上都有压力。为了获得非常准确的读数，尤其是在非常低的压力下，可以使用以真空为零点的压力表，以绝对比例给出压力读数。

其他压力测量方法涉及传感器，这些传感器可以将压力读数传输到远程指示器或控制系统。

（王龙滟）

水压缸（water hydraulic cylinder） 柱塞式（或称水压缸式）水力驱动装置的重要组成部分，由注流入口、堵头、复位弹簧、内套、外套、大小密封环组成。当阀门打开后，在水压头的驱动下，水通过注流入口进入水压缸，入缸流量从零逐渐增加。当水压缸内外压差增加到一定值时，水压缸内套开始步升运动，大小密封环有流量溢出。当水压缸内套运动至终点时，缸内压力上升到稳定值。由于此时大密封环顶住堵头，故无流量溢出。

（李娅杰）

水源工程（water source project） 从河流、湖泊、水库、池塘和机井等取水作为喷灌的水源，进行滴灌而修建的拦水、引水、蓄水、提水和沉淀的工程，以及相应的输配电工程（图）。

水源工程

概况 我国灌区的水源工程都有一个形成过程，在大型引水枢纽或水库建立以前，都依赖于一些小型引、蓄水工程维持部分灌溉面积或低保证率的农业供水。早在 20 世纪 60 年代中国提倡的引、蓄、提结合大、中、小联合调度的“长藤结瓜”水资源开发方式，曾经在节约投资、扩大灌溉面积方面，起到了很好的作用。近年，多元化是我国水源工程的主要趋势，一般来说，引水较建库便宜，用地表水比用地下水便宜，水源工程进入高成本阶段后，一些原来认为开发成本高的资源或取水方式会变得经济合理，出现水资源开发方式与资源种类的多元化，如大、中、小水源工程的联合调度以及地面水和地下水联合运用。如今，利用现代先进的信息技术优化我国农业大型水源工程管理，提高我国农业水源管理信息化水平是我国发展现代农业的关键。

原理 通过管网、渠系、集中供水工程等配套措施解决灌区缺水问题，缓解土地石漠化程度，同时兼顾解决渠道的居民饮用水和应急抗旱问题。

结构 隧洞、箱涵、管线、道路、泵站、大坝等。

主要用途 缓解城市供水水源不足的矛盾，实现优水优用分质供水以及农业灌溉、抗旱应急。

* mmHg 为非法定计量单位，1 mmHg≈0.133 kPa.

类型 蓄水工程、自流引水工程、扬水工程、地下水开发工程、调水工程、其他水源工程（包括集雨工程、污水处理再利用和海水利用等供水工程）。

（王勇 熊伟）

塑料管（plastic pipe） 由不同种类的树脂掺入稳定剂、添加剂和润滑剂等合配后挤压成形的管材。

概况 采用不同的树脂就产生出不同的塑料管。塑料管的承压力按壁厚和管径不同而异，一般为 0.25～1.25 MPa。按原材料品种分为硬聚氯乙烯管、软聚氯乙烯管、聚乙烯管、聚丙烯管、工程塑料管、玻璃钢管等。其连接方式有：机械连接、热熔焊连接（对接、套管接及鞍形接）与电熔焊接等方法。其中电熔焊连接施工容易，不受施工环境的影响，可靠性较好。为防止紫外线照射使管道老化，主要用于地下管道，地上部分必须有机械保护、防火及防止紫外线照射的措施。

特点 耐化学腐蚀性能好，重量轻，表面光滑，流体阻力小，不易结垢、结露，容易加工，安装维修方便，外观好；但强度较低，不宜在阳光下暴晒，承压能力较低，耐热和传热性能差。适宜输送腐蚀性介质或用于给水、排水、农业排灌和电缆套管等。国外已广泛用作燃气管道。

主要用途 一般常作为固定管道埋于地下。

参考书目

郑耀泉，李永光，党平，等，1998. 喷灌与微灌设备[M]. 北京：中国水利水电出版社.

迟道才，2009. 节水灌溉理论与技术[M]. 北京：中国水利水电出版社.

（刘俊萍 王勇）

随机取水（random water intake） 与取水口连接的管网中任何时候都充满水，使各取水口按本用水单位的需要随时可以打开闸门取水灌溉的方式称为随机取水。

概况 当灌溉系统面积较大，区内用水单位多，而且各种作物种植面积比较分散，各个用水单位在各个时期用水要求各不相同，带有较大的任意性，这时如仍用轮灌方式，不仅增加了用水组织管理的困难，而且还可能影响到各用水单位的用水要求。因此要采用随机取水的方式，每个取水口任何时候都可以取水，也可以不取水，并以取水口作为一个用水计算单位，在此基础上用概率论和数理统计方法来推算各级管道的设计流量。在运行方法上是使取水口以上的管网中任何时候都充满水，各取水口按本用水单位的需要随时打开闸门取水灌溉。因此有时这种方式也称为“按需分配”方式。

主要用途 适用于灌溉系统面积较大，区内用水单位多，而且各种作物种植面积比较分散，各个用水单位在各个时期用水要求各不相同的情况。

（王勇 李刚祥）

隧洞（tunnel） 挖筑在山体内或地面以下的长条形的通道。

概况 潍坊市白浪河水系联网隧洞工程从昌乐、安丘、坊子三市区交界处的群山底下穿过，全长 12 394 m，为我国水利史上罕见的地下调水工程。该工程由中铁十六局集团二公司、山东水利工程局、山东浩博水利工程公司共同承建，于 2007 年 12 月 25 日通过了市政府验收，被评为优质工程。

在工程建设过程中，注册岩土工程师、地质专家、项目总监理工程师刘惠雨针对开挖中断遇到的地下暗河、溶洞突泥突水、断层塌方、古河道流沙冒顶等一系列地质难题，提出了不同的有效解决方案，保障了施工安全。尽管工程地质和水文地质条件非常复杂、施工难度令人难以想象，但是开挖 12.4 km 长的隧洞，没有发生一起死亡事故，创造了我国隧洞历史上的奇迹。

原理 过水断面形式似较小断面的隧道，施工方法与隧道相同，在进水面的衬砌上留有泄水孔，衬砌外铺有反滤层。

结构 图为隧洞组成示意，主要由泄水孔、反滤层、混凝土拱砖、水泥砂浆灰缝、浆砌片石边墙、浆砌片石底板组成。

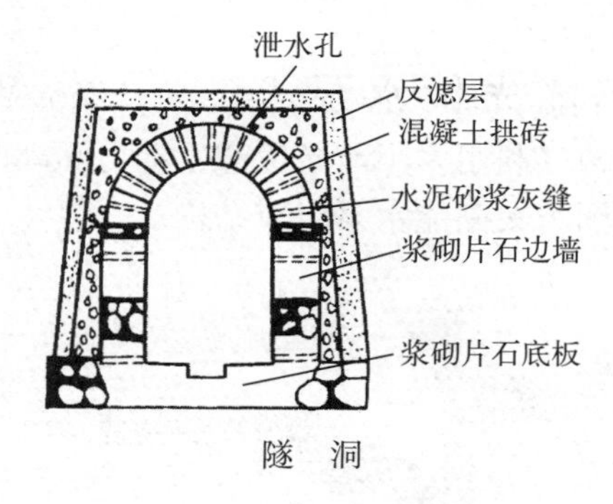

隧 洞

主要用途 拦截和疏导水源丰富、埋藏较深的地下水的结构物。

类型 按其担负任务的不同，可分为放水隧洞和泄水隧洞。放水隧洞用来从水库中放出用于灌溉、发电和给水等所需的水量；泄水隧洞用于配合溢洪道泄放部分洪水、泄放水电站尾水、为检修枢纽建筑物或因战备等需要而放空水库以及排沙等。

（王勇　杨思佳）

T

塔架

塔架（gantry） 中心支轴式喷灌机组成部件之一。属于钢结构，不定型产品，可根据不同工程情况要求，由设计人员设计塔架架构（图）。

塔　架

结构　特点是各种塔型均属空间桁架结构，杆件主要由单根等边角钢或组合角钢组成，材料一般使用 Q235（A3F）和 Q345（16Mn），杆件间连接采用粗制螺栓，靠螺栓受剪力连接，整个塔由角钢、连接钢板和螺栓组成，个别部件如塔脚等由几块钢板焊接成一个组合件，热镀锌防腐、运输和施工架设极为方便。

用途　由钢管、角钢组合而成的三角架，上部安装同步控制装置和塔盒，下部安装行走驱动装置。几跨装有喷头的桁架支承在若干个塔架车上，它们彼此用柔性接头连接，以适应坡地作业，用于支撑桁架。

参考书目

张强，吴玉秀，2016. 喷灌与微灌系统及设备［M］. 北京：中国农业大学出版社.
郑耀泉，刘婴谷，严海军，等，2015. 喷灌与微灌技术应用［M］. 北京：中国水利水电出版社.
杜森，钟永红，吴勇，2016. 喷灌技术百问百答［M］. 北京：中国农业出版社.

（朱勇）

太阳能光伏水泵

太阳能光伏水泵（solar photovoltaic pump） 利用太阳能光伏产生动力驱动的水泵，图为太阳能水泵组成结构。

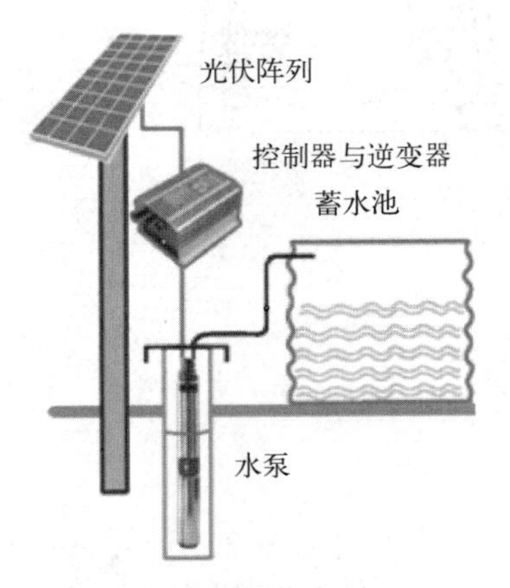

太阳能光伏水泵

概况　光伏水泵主要形式为离心泵和螺杆泵。由于离心泵负载特性与光伏电池全天输出功率的匹配性较好，是光伏水泵系统中应用最为广泛的一种。近年来，随着太阳能电池生产技术高速发展以及快速降价，使得光伏水泵系统的成本显著降低，光伏水泵系统得到了进一步的推广应用。

原理　光伏水泵原理是利用光伏电池的光生伏打效应，在光照入射情况下把光能转化为电能，并由控制器将电压调整至电机的运行范围之内来驱动水泵抽水。

结构　包括光伏阵列、控制器（交流系统含逆变器）、电机和水泵（可配蓄电池）。

主要用途　主要用于沙漠绿化、荒漠治理、农业灌溉、海水淡化、草原畜牧、城市水景。

类型 ①直接耦合：直流电机-泵＋控制器＋光伏电池板；②直流电机带最大功率跟踪器：直流电机-泵＋控制器（带MPPT）＋光伏电池板；③交流电机带最大功率跟踪器和变频逆变器：交流电机-泵＋控制器（带MPPT和变频逆变器）＋光伏电池板。

（谈明高）

太阳能驱动卷盘机

太阳能驱动卷盘机（solar drive reel irrigator） 以独立光伏发电系统替代传统水涡轮驱动的卷盘式喷灌机。机组在去除水涡轮的基础上增加了一套独立光伏发电系统，主要包括太阳能电池板、蓄电池、太阳能控制器、直流无刷电机以及电机驱动器等装置。驱动系统由太阳能电池板和蓄电池联合供电，并通过太阳能充电控制器进行电源管理，当太阳光照充足时，太阳能板供给系统电源并给蓄电池充电，当太阳光照不足时，转由蓄电池给系统供电。

概况 传统卷盘驱动装置较多的采用水涡轮，但是水涡轮驱动时存在诸如水力损失大从而增大喷灌机能耗、流量小时水涡轮不能驱动卷盘转动等问题。近年来，随着农业灌溉设备智能化和自动化的发展，采用水涡轮驱动的绞盘式喷灌机已难以适应自动灌溉和变量灌溉的现代化要求，太阳能驱动的卷盘喷灌机应运而生。太阳能驱动是采用太阳能为无刷直流电机供电来驱动卷盘，并设计以单片机为核心的驱动控制系统，实现PE管和喷洒车回收速度的控制，满足不同灌溉强度下的均匀灌溉。由于大田中缺少稳定的电力供应，目前电机驱动一般采用蓄电池供电，应用范围仅限于小管长和管径的机组，整体续航时间也比较有限。采用太阳能供电的电机驱动方案，可以扩大电机驱动的应用范围。太阳能驱动技术依赖于光伏发电系统，其能为机组的驱动提供稳定可靠的电力供应，当气象条件、机组运行速度发生改变时能够维持足够的供电保证率。

结构 太阳能电池板和蓄电池均由4×12 VDC的组件串联而成。蓄电池容量为120 A·h。太阳能充电控制器容量为48 V、20 A，具有防过充、防短路、蓄电池过载和低压保护的功能。太阳能充电控制器的输出串联了系统总开关和行程开关，当总开关闭合且行程开关闭合时，电动机及其驱动控制和监测系统得电开始工作。当喷头车回收到卷盘支架上时触碰行程开关，行程开关断开，系统断电，停止工作。

用途 光伏发电具有清洁无污染、运行费用低和使用寿命长的优点，但与电网供电或传统型柴油或汽油作为能源相比，光伏供电仍存在初始一次性投入大、发电量受气象因素影响显著等特点。

参考书目

张国祥，2012. 微灌技术探索与创新［M］. 郑州：黄河水利出版社.

（李娅杰）

太阳能驱动喷灌机

太阳能驱动喷灌机（solar - driven sprinkling machine） 利用太阳能驱动喷灌机，又称光伏喷灌系统。具有节约能源、成本低等优点，而且灌溉效果良好。

概况 我国是农业大国，农业灌溉用水量与其他行业相比占较大比例，作为第二主粮小麦的生产水成本是惊人的“斤*粮吨水”，就是每产出0.5 kg（即1斤）小麦从播种到收获需要消耗大约1 t水，而每年仅小麦主产区黄淮流域产量大约1.2亿t，其消耗的水资源可能就是个天文数字了。因此传统的大水漫灌和近些年流行的微喷灌方式，由于水资源浪费严重及成本过高已落后

* 斤为非法定计量单位，1斤＝0.5 kg。

时代发展步伐。太阳能作为一种新能源，具有普遍性、无害性、丰富性和长久性等优势。太阳能驱动喷灌机这种新型灌溉方式，不仅节约水资源，成本低，而且灌溉效果良好。

结构 太阳能电池板是太阳能驱动喷灌机的特有部件。图为光伏喷灌系统。

光伏喷灌系统

工作原理 太阳能喷灌机是在机架上增添太阳能电池进行蓄能，用以驱动喷灌机。当光线照射到太阳能电池表面时，光子的能量传递给硅原子，使电子发生了跃迁，自由电子在PN结两侧集聚形成电位差。当外部接通电路时，在该电压的作用下，将会有电流流过外部电路产生一定的输出功率。

参考书目

袁寿其，李红，施卫东，2011. 新型喷灌装备设计理论与技术［M］. 北京：机械工业出版社.

（曹璞钰）

弹簧薄膜式减压阀（reducing valve with spring and diaphragm）

减压阀的一种形式，属于直接作用式减压阀（图）。利用膜片直接传感下游压力驱动阀瓣，控制阀瓣开度完成减压稳压功能。

概况 弹簧薄膜式减压阀适用于水和非腐蚀性液体介质的管路。可取代常规分区水管，应用在城市建筑、高层建筑的冷热供水系统中。也可用在冷热水管网中，起减压、稳压作用。

结构 主要零件包括调节弹簧、膜片、活塞、阀座、阀瓣等。

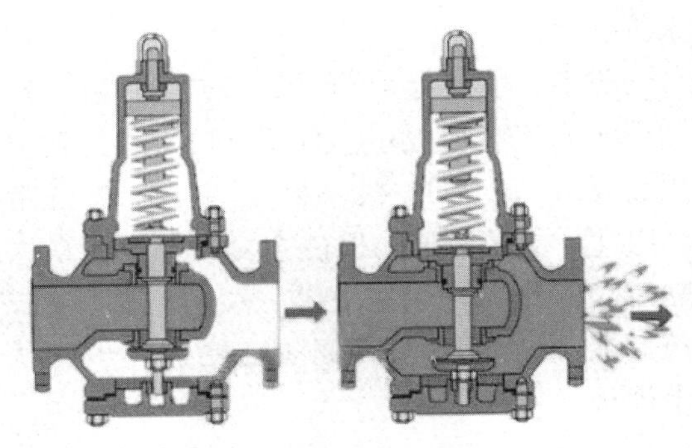

弹簧薄膜式减压阀工作原理

参考书目

陆培文，2016. 阀门选用手册［M］. 北京：机械工业出版社.

（王文杰）

弹簧式安全阀（safety valve with spring）

一种依靠弹簧的弹力使得安全阀处于关闭状态的阀门（图）。正常运行时，弹簧向下的压紧力大于蒸汽向上的推力，阀门处于关闭状态。当蒸汽压力达到安全阀起座压力时，蒸汽对阀芯的作用力大于弹簧的作用力，使阀芯顶起，安全阀排汽。

弹簧式安全阀

概况 应用在管道系统、石油化工和温差比较大的环境。有效稳定管道系统内的内压，平衡系统。即使遇到高温高热也不会产生过大的变形，仍然能够很好地维持系统的稳定。

类型 根据阀瓣开启高度不同分为全起式和微起式。全起式泄放量大，回弹力好，适用于液体和气体介质，微起式只宜用于液体介质。

结构 弹簧式安全阀由阀盖、阀杆、阀体、阀芯、上环和下环等零件组成。阀杆的总位移量必须满足阀门从全开到关闭的要求。通过调节上环和下环提高安全阀运行的可靠性、灵敏度和正确性。

参考书目

章裕昆，2016. 安全阀技术［M］. 北京：机械工业出版社.

张汉林，2013. 阀门手册——使用与维修［M］. 北京：化学工业出版社.

（王文杰）

弹簧锁紧式快速接头

弹簧锁紧式快速接头（spring lock type quick connector） 一种自动锁紧自封式快速接头，依靠水压力和内部弹簧进行连接（图）。

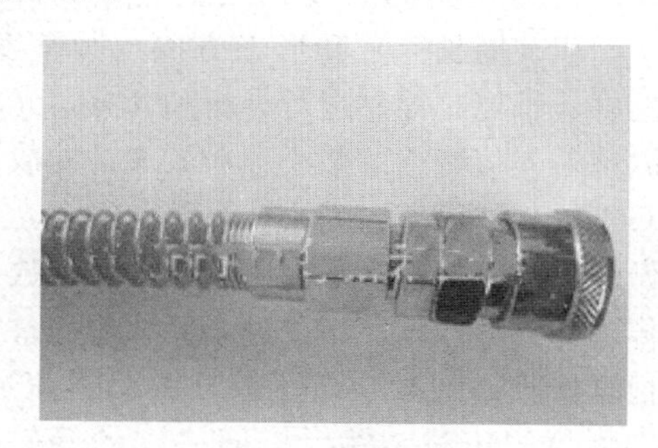

弹簧锁紧式快速接头

概况 快速接头的形式主要分为自封式快速接头和机封式半快速接头。其中自封式快速接头是将阳接头插入阴接头，一般插入后需转动一下即可连接完成，它又分为自动锁紧式和手动锁紧式。自动锁紧式依靠水压力和内部弹簧进行连接，比如弹簧锁紧式快速接头。

结构 弹簧压紧式接头用钢管成型，热浸电镀后焊于管子两端，承口和插口做成直径不同的内外球形。承口内的弹簧圈卡紧插口并承受轴向力，弹簧圈的环外径略大于承口的最大内径，故无水压时，弹簧圈由于本身张力，推动止水胶圈退至承口最宽处，插口可自由插入。当有水压时，U 形胶圈在水压作用下，紧贴承插口的壁面并沿承口球面向前移动，把弹簧圈挤紧在承口入口处并卡死插口，拆卸时解除了水压，弹簧圈又后移，插口即可拔出。这种接头的优点是抗震动，允许转角较大（22°），但缺点是承受轴向力不大。

参考书目

周世峰，2004. 喷灌工程学［M］. 北京：北京工业大学出版社.

（蒋跃）

弹性联轴器

弹性联轴器（elastic coupling） 一体成型的金属弹性体，通常由金属圆棒线切割而成，常用的材质有铝合金、不锈钢、工程塑料，适合于各种偏差和精确传递扭矩（图）。弹性联轴器含有预压橡胶的弹性化合物，可提供额外强度，延长使用寿命，可容纳所有类型偏差。由于橡胶部分为分割式嵌件，它可以在轴对齐后进行插入式安装，较为简单便捷。弹性联轴器运用平行或螺旋切槽系统来适应各种偏差和精确传递扭矩。弹性联轴器通常具备良好的性能而且具有价格上的优势，在很多步进、伺服系统实际应用中是首选产品。

弹性联轴器

特点 ①一体成型的金属弹性体；②零回转间隙、可同步运转；③弹性作用补偿径向、角向和轴向偏差；④高扭矩刚性和卓越的灵敏度；⑤顺时针和逆时针回转特性完全相同；⑥免维护、抗油和耐腐蚀性；⑦有铝合金和不锈钢材料供选择；⑧固定方式主要有顶丝和夹紧两种。

螺旋槽型　螺旋槽型弹性联轴器有一条连续的多圈的长切槽，这种联轴器具有非常优良的弹性和很小的轴承负载。它可以承受各种偏差，最适合用于纠正偏角和轴向偏差，但处理偏心的能力比较差，因为要同时将螺旋槽在两个不同的方向弯曲，会产生很大的内部压力，从而导致联轴器过早损坏。尽管长的螺旋槽型联轴器能在承受各种偏差情况下很容易弯曲，但在扭力负载的情况下对联轴器的刚性也有同样的影响。扭力负载下过大的回转间隙会影响联轴器的精度并削弱其整体的性能。

螺旋槽型弹性联轴器是一种比较经济的选择，最适合用于低扭矩应用中，尤其在连接编码器和其他较轻的仪器中。

平行槽型　平行槽型弹性联轴器通常有3～5个切槽，以此来应付低扭矩刚性问题。平行槽型考虑到了不减弱承受纠正偏差能力的情况下使切槽变短，短的切槽可以使联轴器的扭矩刚性增强并交叠在一起，使它能够承受相当大的扭矩，这种性能使它适用于轻负荷的应用情况。例如，伺服电机与滚珠丝杆的连接。不过这种性能随着切槽尺寸的增加，其轴承负荷也会加大，但大多数情况下，都能足够有效地保护轴承。增加尺寸意味着增加承受偏心的能力。

应用　大多数的弹性联轴器都是用铝合金材质制作的，有的厂家还提供不锈钢材质生产的弹性联轴器。不锈钢弹性联轴器除了耐腐蚀外，同时也增加了扭矩承受能力和刚性，甚至能达到两倍于铝合金制同类产品。然而这种增加的扭矩和刚性在一定程度上会被增加的质量和惯性抵消。有时候负面影响也会超过其优点，这样使用户不得不去寻找其他形式的联轴器。

参考书目

机械设计手册编委会，2004. 机械设计手册：第5卷［M］. 北京：机械工业出版社.
陶平，2012. 机械设计基础［M］. 武汉：华中科技大学出版社.

（李伟　周岭）

炭黑分散度检测仪（carbon black dispersion meter）

用于检测炭黑分散度的设备（图）。

炭黑分散度检测仪

原理　炭黑分散度测定仪将现代电子技术与显微镜方法相结合，用摄像机拍摄经显微镜放大的颗粒图像，图像信号进入计算机内存后，计算机自动对炭黑粒团的尺度（当量直径、长短径、面积、周长等）和形态方面（圆整度、矩形度、长宽比等）进行分析和计算。光学显微镜首先将待测的微小颗粒放大，并成像在CCD摄像机的光敏面上；摄像机将光学图像转换成视频信号，然后经过USB数据线传输并存储在计算机的处理系统里。计算机根据接收到的数字化了的显微图像信号，识别颗粒的边缘，然后按照一定的等效模式，计算各个颗粒的相关参数。一般而言，一幅图像（即图像仪的一个视场）包含几个到上百个不等的颗粒。图像仪能自动计算视场内所有颗粒的尺寸参数和形态参数，并统计，形成测试报告。

结构　主要由光学系统、镜筒、物镜转换器、聚光镜、载物台、调教系统、照明系统、摄像机、计算机系统等组成。

主要用途　检测聚烯烃管材、管件及混配料中颜色和炭黑的分散度。

类型　可分为电子式和机械式。

（印刚）

炭黑含量测定仪

炭黑含量测定仪（carbon black content tester） 炭黑含量测定仪是用于检测塑料样品中炭黑含量的设备（图）。

炭黑含量测定仪

原理 将一定量的样品在氮气流中于规定温度下热解特定时间，并在特定温度下煅烧，根据热解和煅烧前后的质量差计算得出炭黑含量。

结构 主要由样品舟、加热炉、温度控制和温度监测装置、储气罐、干燥器、分析天平等部件组成。

主要用途 适用于聚乙烯、聚丙烯、聚丁烯塑料中炭黑含量的测定。

（印刚）

梯形薄壁堰

梯形薄壁堰（trapezoidal sharp - crested weir） 缓流中控制水位和流量，顶部溢流，且溢流孔形状像梯形的障壁。

原理 梯形薄壁堰是采用水位-流量公式的原理来计算流量。计算公式如下：

$$Q = m_0 b \sqrt{2g} H^{\frac{3}{2}} + \frac{4}{5} m\, tg\, \frac{\theta}{2} \sqrt{2g} H^{\frac{5}{2}}$$

结构 薄壁堰顶过水断面为梯形，如下图。

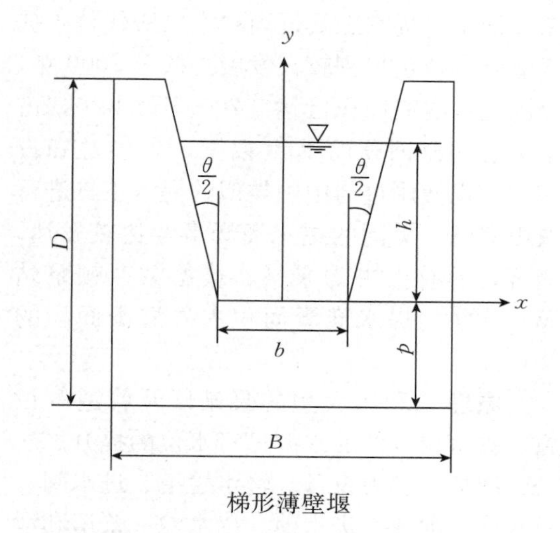

梯形薄壁堰

主要用途 用于测量较大流量。

参考书目

刘鹤年，2004. 流体力学［M］. 北京：中国建筑工业出版社.

齐清兰，霍倩，2012. 流体力学［M］. 北京：中国水利水电出版社.

（王勇 杨思佳）

提水工程

提水工程（water pumping project） 利用水泵等抽水装置把水提升到一定高度，然后自流输送到用户的措施（图）。

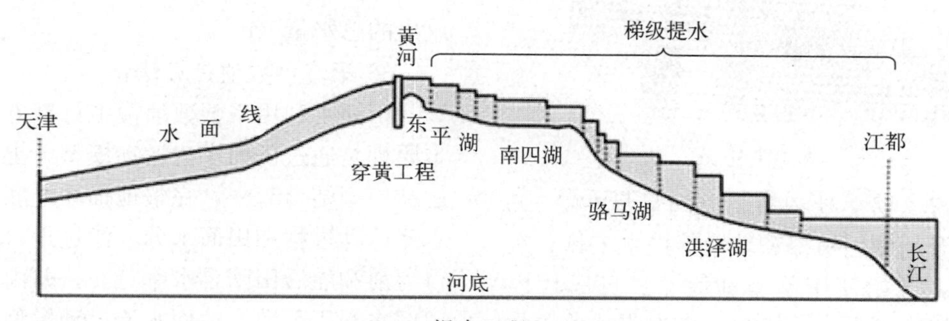

提水工程

概况 中国提水工程的历史可以追溯到几千年以前。早期的提水工程是利用人力、畜力、风力和水力等动力驱动简单的提水工具，如龙骨水车、筒车等。这些提水工具在中国农村沿用了数千年。20 世纪 60 年代以来，简单的提水工具逐渐被水泵所代替，提水灌溉事业也得到较大发展。截至 2000 年，全国提水灌溉面积已达 3 200 多万 hm^2，占全国总灌溉面积的 50%以上。古埃及和古印度，也使用过与中国类似的提水工具进行农田灌溉。美国的提水灌溉事业比较发达，最著名的有大古力泵站、埃德蒙斯顿泵站等。苏联的提水灌溉面积占总灌溉面积的 30%以上。

原理 利用大型的泵站以及管道等设施，对水位较低的水源进行水位的提升。

结构 动力设备、输水管道、进水闸、引水渠、前池、进水池、出水池、泵房和泄水渠。

主要用途 增加水资源的利用，开发荒芜的土地，推动水利工程建设。

（王勇 熊伟）

提水工具

提水工具（water - lifting device） 利用人力、畜力或自然能源提水的简易设施（图）。

提水工具

概况 据文献记载，中国最早在 2 500 年前就开始使用桔槔和轱辘等提水工具。东汉以后，开始使用翻车和筒车。自唐代以后，开始出现畜力、风力、水力驱动的龙骨水车。古埃及和古希腊几乎与中国在同一时期使用吊杆提水。在古希腊还出现了唧筒（即简易的往复式泵）、阿基米德螺旋管和波斯轮等提水工程。

类型 从提水形式上分类，提水工具分为两类：盛水式，用一个或若干个盛水器潜没在水中，盛满水后再提升，如戽斗、筒车等均属此类；刮水式，利用不同的刮水器在水槽或水管中移动将水提升，如龙骨水车等。

从提水工具的拖带动力上分类，提水工具一般有水力、风力、畜力、人力和机电动力等。在水流湍急的地方，常使用水力来拖动。在沿海滨湖平原和草原等风力资源丰富的地方，可用风力来拖动。畜力多为牛、马。人力水车有手转和脚踏两种。20 世纪初期，中国开始使用动力机来拖动水车。

（李伟 周岭）

田间水利用系数

田间水利用系数（the utilization coefficient of field water） 田间有效利用的水量（指计划湿润层内实际灌入的水量，即净灌溉水量）与进入毛渠的水量的比值。

计算公式：

① 第一种计算法：

$$\eta = \frac{mA}{W}$$

式中 η 为田间水利用系数；m 为设计灌水定额（m^3/hm^2）；A 为末级固定渠道控制的实际灌溉面积（hm^2）；W 为末级固定渠道放出的总水量（m^3）。

② 第二种数值计算法：

田间水利用系数数值模拟计算方法的基本原理是通过田面水流运动模型与土壤水分运动模型结合起来，完整地描述畦灌的地面水流运动过程和田面水分入渗过程，最终求得灌前和灌后田间含水率分布，并由此计算田间水利用系数。地面水流运动模型可采用零惯量模型：

$$\frac{\partial Q}{\partial x}+\frac{\partial Z}{\partial t}=0$$

$$\frac{\partial y}{\partial x}=S_0-S_f$$

$$Z=Kt^{\alpha}$$

式中　x 为沿畦长方向距畦首的距离（m）；t 为灌水时间（s）；y 为田面水流的水深（m）；A、Q 为田面水流的断面面积与流量（m^2，m^3/s）；Z 为累积入渗水深（m）；K 为土壤入渗系数（m/s）；α 为入渗指数；S_0 为田面坡度；S_f 为阻力坡度；$S_f=Q^2n^2/\rho_1A^{\rho_2}$ 为经验形状系数，n 为田面糙率。

土壤水分运动模型采用非均质土壤水分运动基本方程：

$$C(h)\frac{\partial h}{\partial t}=\frac{\partial}{\partial z}\left(K(h)\frac{\partial h}{\partial z}\right)-\frac{\partial K(h)}{\partial z}$$

式中 h 为负压水头（cm）；C（h）为比水容量（1/cm）；K（h）为导水率（cm/min）；z 为距地面的距离（m）。

零惯量模型的计算结果为土壤水分运动模型提供了运动的地表边界条件，两者结合起来可求得灌后的土壤含水率分布。

根据水量平衡原理，可得田间水利用系数的计算模型如下：

$$\eta=\frac{\Delta w}{W}$$

$$\Delta w=\int_0^H\int_0^L(\beta_2-\beta_1)\,d_x d_y$$

$$W=q\times t_1$$

式中　Δw 为计划湿润层内增加的水量（m^3）；L 为畦（沟）长（m）；q 为入畦（沟）流量（m^3/s）；t_1 为畦（沟）口断水时间（s）。

（王勇　毛艳虹）

调节阀（regulating valve）　主要用于调节介质的流量、压力等，是流体机械中控制通流能力的关键部件。它是按照控制信号的方向和大小，通过改变阀芯的行程来改变阀的阻力系数，从而达到调节流量的目的。

概况　调节阀的发展自 20 世纪初始已有 80 年的历史。20 年代，原始的稳定压力用的调节阀问世。30 年代，以 V 型缺口的双座阀和单座阀为代表产品 V 型调节球阀问世。40 年代出现定位器，调节阀新品种进一步产生，出现蝶阀、球阀等。50 年代，球阀得到较大的推广使用，三通阀代替两台单座阀投入系统。70 年代，又一种新结构的产品——偏心旋转阀问世（第九大类结构的调节阀品种）。70 年代末，国内联合设计了套筒阀，使中国有了自己的套筒阀产品系列。80 年代，改革开放期间，中国成功引进了石化装置和调节阀技术，使套筒阀、偏心旋转阀得到了推广使用。90 年代的调节阀重点是在可靠性及特殊疑难产品的攻关、改进、提高上。由华林公司推出的第十种结构的产品——全功能超轻型阀。它突出的特点是在可靠性、功能和重量上的突破。使中国的调节阀技术和应用水平达到了 90 年代末先进水平，它是对调节阀的重大突破。

类型　按照能源标准将调节阀分为四类：手动调节阀、气动调节阀、液动调节阀、电动调节阀。这四类调节阀都有各自的优缺点，可以应用在不同的场合。在目前国内外所应用的实际情况来看，气动调节阀的应用最为广泛，比例能够达到 80%左右，其次是电动调节阀，比例大约占 15%，而液动调节阀的应用最少，只有 5%左右。但是随着工业领域的自动化程度越来越高，电动调节阀的优势已经慢慢体现出来，正被越来越多地应用在各种工业生产领域中。

结构　调节阀是由执行机构和阀体两部分组成，执行机构是阀的推定装置，它按所给信号压力的大小来产生相应的推力，从而推动阀杆来移动相应的位移；阀体是调节阀的调节部分，直接与所控流体接触，通过阀杆的移动来改变调节阀的节流面积，从而达到调节的目的（图）。

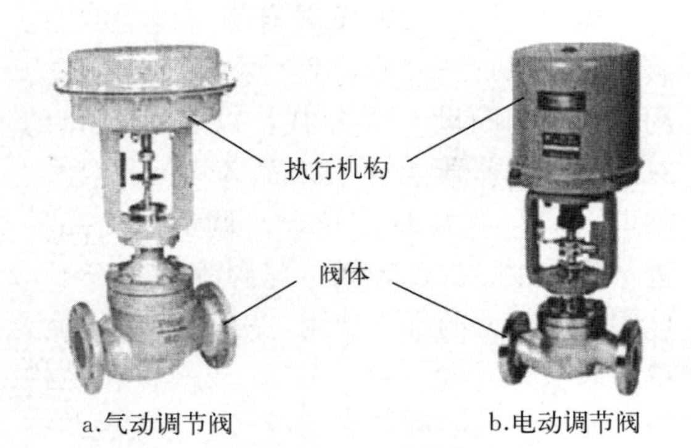

调节阀组成结构示意

参考书目

吴国熙，1999. 调节阀使用与维修［M］. 北京：化学工业出版社.

明赐东，1989. 调节阀应用［M］. 成都：四川科学技术出版社.

陆培文，2006. 调节阀实用技术［M］. 北京：机械工业出版社.

张清双，尹玉杰，明赐东，2013. 阀门手册——选型［M］. 北京：化学工业出版社.

（张帆）

调速导向机构（speed control and steering system） 由调速和导向两个部分构成，用于软管牵引绞盘式喷灌机的调速和导向。调速装置的作用是可以改变绞盘的转速，使喷头保持匀速进行喷洒。因为很长的聚乙烯管逐层缠绕在绞盘滚筒上，缠绕直径逐层增大。如果绞盘转速一定，拖拽的喷头车线速度也会逐圈增大，致使喷头车在不均匀行速条件下进行喷洒作业，严重影响喷洒均匀度，所以要增加一个调速机构不断改变绞盘的转速，以便实现喷头车的匀速运行。导向装置的作用是确保聚乙烯管有序地缠绕在绞盘的滚筒上，避免管子发生重叠或乱缠现象。在铺放聚乙烯管时使管子直线铺入，不使管子左右摆损伤作物。此外，导向装置还能清除管道上的泥土，常见的导向装置有链条式和螺杆式两种。

（李娅杰）

停泵水锤（pump - stopping water hammer） 水泵组因突然停电或其他原因，造成开阀停车时，在水泵及管路中水流速度发生变化而引起的压力递变现象。

概况 突然停电（泵）后，水泵工作特性开始进入水利过渡过程，其第一阶段为水泵工况阶段。在此阶段，由于停电主驱动力矩消失，机组失去正常运行时的力矩平衡状态，由于惯性作用仍然继续正转，但转速降低（机组惯性大时降得慢，反之则降得快）。机组转速的突然减小导致流量减少和压力降低，所以先在泵站处产生压力降低。这点和关闭水锤显然不同。此压力降将以波（直接波或初生波）的方式由泵站及管路首端向末端的高位水池传播，并在高水池处引起升压波（反射波），此反射波由水池向管道首端及泵站传播。一般泵站的水锤事故多数是由于停泵水锤引起的。图为水锤作用过程。

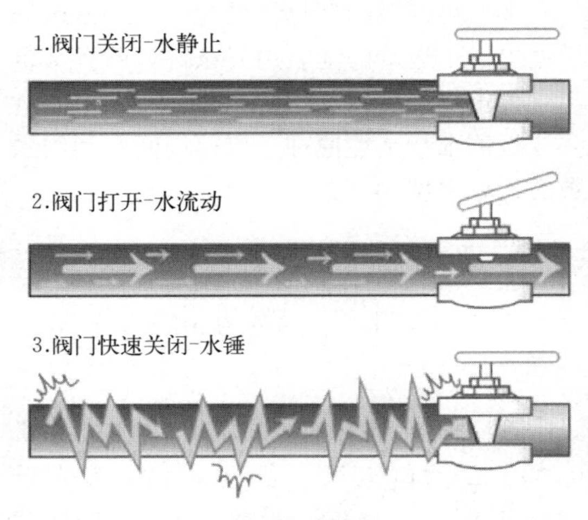

水锤作用过程

类型 停泵水锤分为泵出口不装止回阀的停泵水锤、泵出口装有止回阀的停泵水锤、管路系统中的断流水锤。

参考书目

窦晓霞，2004. 建筑电气控制技术［M］. 北京：高等教育出版社.

（袁建平　陆荣）

涂塑软管（plastic - coated hose） 用锦纶纱、维纶纱或其他强度较高的材料织成管坯，内、外壁或内壁涂覆聚氯乙烯或其他塑料而成。涂塑软管的优点是重量轻、价格低、质地强、耐酸碱、抗腐蚀、管身柔软、便于移动。缺点是易老化、不耐磨、怕扎、怕压折。由于经常暴露在外面，要求提高抗老化性能，故常在其中掺炭黑做成黑色管子。涂塑软管连接一般使用内扣式消防接头，靠橡胶密封圈止水，密封性较好。使用时只要将插口牙口插入承口的缺口中，旋转一个角度即可扣紧。

类型 用于喷灌的涂塑软管主要有锦纶塑料管和维塑软管两种。锦纶塑料管是用锦纶丝织成网状管坯后在内壁涂一层塑料而成；维塑软管是用维纶丝织成管坯，并在内、外壁涂注聚氯乙烯而成。

主要用途 广泛用作移动管道，多用作机组式喷管系统的进水管和输水管。

参考书目

迟道才，2009. 节水灌溉理论与技术［M］. 北京：中国水利水电出版社：96.

郑耀泉，刘婴谷，严海军，等，2015. 喷灌与微灌技术应用［M］. 北京：中国水利水电出版社：206.

（刘俊萍）

土壤湿润比（percentage wetted area） 在计划湿润层内，湿润土体与总土体的体积比。通常用地表下 20～30 cm 深度的湿润面积与总面积的比值表示。

概况 它是微灌工程设计参数之一。

参考书目

李光永，龚时宏，仵峰，等，2009. GB/T 50485—2009 微灌工程技术规范［S］. 北京：中国计划出版社.

（王勇 张国翔）

拖拉机（tractor） 用于牵引和驱动作业机械完成各项移动式作业的自走式动力机，也可作为固定作业动力（图）。由发动机、传动、行走、转向、液压悬挂、动力输出、电器仪表、驾驶操纵及牵引等系统或装置组成。发动机动力由传动系统传给驱动轮，使拖拉机行驶，现实生活中，常见的都是以橡胶皮带作为动力传送的媒介。按功能和用途分为农业、工业和特殊用途等拖拉机；按结构类型分为轮式、履带式、船形拖拉机和自走底盘等。

拖拉机

基本组成 拖拉机虽是一种比较复杂的机器，其型式和大小也各不相同，但它们都是由发动机、底盘和电器设备三大部分组成的，每一项都是不可或缺的。

拖拉机发动机 它是拖拉机产生动力的装置，其作用是将燃料的热能转变为机械能向外输出动力。我国生产的农用拖拉机大多采用柴油机。

拖拉机底盘 它是拖拉机传递动力的装置。其作用是将发动机的动力传递给驱动轮和工作装置使拖拉机行驶，并完成移动作业或固定作用。这个作用是通过传动系统、行走系统、转向系统、制动系统和工作装置的相互配合、协调工作来实现的，同时它们又构成了拖拉机的骨架和身躯。因此，我们把上述的四大系统和一大装置统称为底盘。也就是说，在拖拉机的整体中，除发动机和电器设备以外的所有其他系统和装置，统称为拖拉机底盘。

拖拉机电器设备 它是保证拖拉机用电的装置。其作用是解决照明、安全信号和发动机的启动。

分类 主要分为手扶拖拉机、轮式拖拉机、履带式拖拉机、机耕船、耕整机、农用运输车、拖拉机配套农具、工程拖拉机、前后驱动拖拉机。

发展前景 从国家农机化发展战略要求来看，目前我国农业机械化发展正处于中级阶段，耕种收综合机械化水平刚刚超过50%左右，根据《国务院关于加快农业机械化和农机工业又好又快发展的意见》要求，到2020年，我国农作物耕种收综合农机化率要达到65%以上。也就是说，目前我国的农机工业发展与国家农机化发展战略要求相比，仍然存在一定的差距。拖拉机作为农机产品的动力源，其市场需求空间仍然很大。

参考书目

程悦荪，1992. 拖拉机设计［M］. 北京：机械工业出版社.

侯天理，何国炜，1993. 柴油机手册［M］. 上海：上海交通大学出版社.

（周岭　李伟）

W

瓦管 (tile pipe)

瓦管（tile pipe） 用黏土或混凝土制成用于排水沟或下水道的短管道，它是排污管的一种（图）。

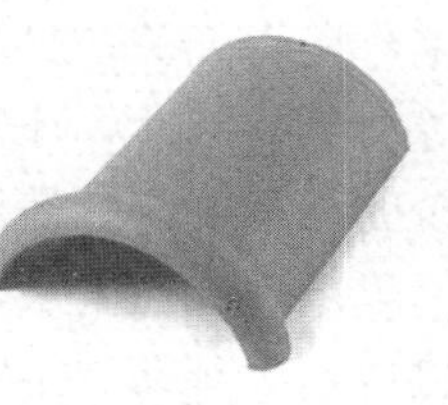
瓦 管

概况 暗管指利用地下管道排放污水的方式。常用的管材有不同形状和规格的瓦管、陶土管（管壁上釉）、水泥土管、水泥砂浆管、粗砂混凝土滤水管、塑料管，以及竹、木、砖、石管等。

参考书目

四川省水利电力厅，1983. 水利管理常用词汇[M]. 成都：四川科学技术出版社.

（蒋跃）

弯头 (elbow)

弯头（elbow） 改变管路方向的部件。弯曲半径小于等于管径的1.5倍属于弯头，大于管径的1.5倍属于弯管。除了改变管路方向的作用，弯头还有提高管路柔性、缓解管道震动和约束力、补偿热膨胀和减小管道推力等作用。

概况 弯头是管道系统中常用的一种连接管件。弯头的材料和制造方法多样。用途也很广泛，尤其是在管道的铺设安装中极为常用。

原理 流体进入弯头，在弯头形状的影响下，流体的方向发生改变。

结构 弯头由一个入口、一个出口和弯折一定角度的中间部分组成。进口截面和出口截面之间形成的角度即弯头的角度。

主要用途 弯头设置于管道需要拐弯处，用来改变流体流动的方向。

类型 弯头按照材质划分，可以分为碳钢弯头、合金弯头、不锈钢弯头（图）和塑料弯头等；按照制作方法划分，可以分为推制、压制、锻制和铸造等。除了以上两种分类方法，还可以按照制造标准、曲率半径等方式进行划分。

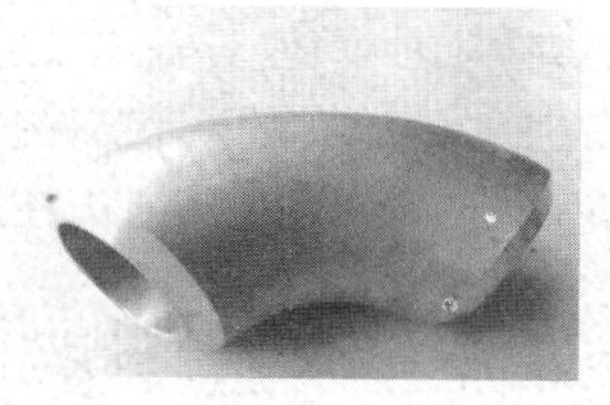
一种不锈钢弯头

发展趋势 中国的基础设施建设发展迅速，水暖安装技术和灌溉技术等得到了广泛的应用。弯头作为管道安装中常用的连接管件在其中起重要的应用。

（邱宁）

弯头阀 (valve with elbow)

弯头阀（valve with elbow） 一种安装在90°弯头中的阀体。主要作用是提高管道系统的密封性，将端口严密封堵。

概况 弯头阀适用于密封性较高的工作环境，譬如喷灌系统、输油系统等。

结构 弯头阀由阀体、阀杆、转轴和胶垫等组成（图）。

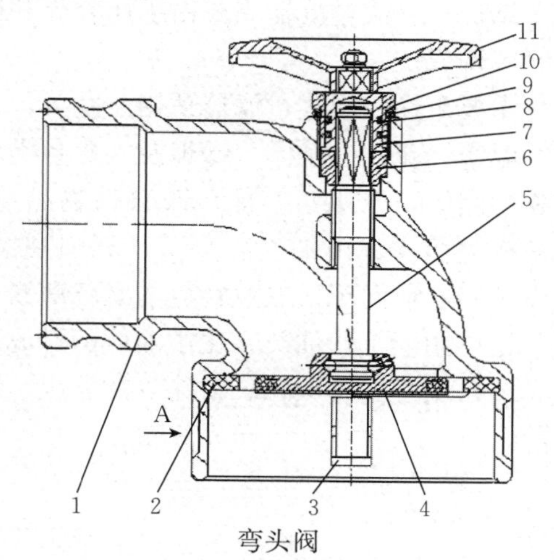

弯头阀

1. 弯头阀体 2. 胶垫 3. 把手总成 4. 阀门 5. 阀杆 6. 转套 7. 转轴 8. O型密封圈A 9. O型密封圈B 10. 压盖 11. 手轮

（王文杰）

网式过滤器（screen filter） 一种利用网状结构的滤芯对流体进行过滤的过滤器(图)。该滤芯的网状结构主要由金属网或尼龙网制成。此网状结构在过滤器领域主要有“滤”和“筛”两种用法。“滤”是指滤去流体中的杂质、泥沙和悬浮物等，较为精细。而“筛”是对固体颗粒物、粉沫进行过滤和筛分，筛网有固定的标准，即“目数”；而滤网式过滤器没有。

一种网式过滤器

概况 网式过滤器是生活中较为常见的过滤设备，具有结构简单，价格便宜等优点，用途广泛。

原理 水由进水口进入网式过滤器，按照网状滤芯的不同，进行不同程度的过滤，最后经出水口排出过滤器。

结构 网式过滤器主要由承压外壳和网状滤芯构成。

主要用途 网式过滤器适用于蔬菜、果树、温室、花卉、茶园、绿地及大田各类农作物的灌溉，节水、节能、改善植物品质、提高产品档次、维护生态平衡、利国利民，是由传统农业向现代农业转变的必备灌溉产品。也可用于工业油类、化学液体的过滤净化。还可用于固体颗粒、粉沫等的分级、净化等。

（邱宁）

往复泵（reciprocating pump） 容积式泵的一种，是依靠泵缸内的活塞做往复运动来改变工作容积，将能量以静压力形式传给液体，以增加液体的动能，将机械能转变为压力能从而达到输送液体的目的。

概况 往复泵是泵类产品中出现最早的一种，至今已有2 100多年的历史。在旋转式泵出现以前，往复泵几乎是唯一的泵型。在旋转式泵出现之后，才逐步产生了叶片泵和转子泵等其他类型的泵。虽然当前往复泵的产量只占整个泵类产品很小的部分，但是往复泵所具有的特点并不能被其他类型的泵所代替。往复泵自吸能力强，其工作流量与工作压力无关，只取决于转速、缸数、尺寸等参数。因此，往复泵仍将作为一种不可缺少的泵类被广泛使用。

原理 往复泵是通过活塞的往复运动直接以压力能形式向液体提供能量的输送机械。当泵缸内活塞自左向右移动时，泵缸内形成负压，储槽内液体经吸入阀进入泵缸。当活塞自右向左移动时，缸内液体受挤压，压力增大，由排出阀排出。活塞往复一次，各吸入和排出一次液体，称为一个工作循环，这种泵称为单动泵。若活塞往返一次，各吸入和排出两次液体，称为双动泵。活塞由一端移至另一端，称为一个冲程。

结构 在往复泵中，从十字头脱开一直到泵的进、出口法兰处的部件称为液力端。液力端是介质的过流部分，通常由液缸体、活塞和缸套或柱塞及其密封（填料箱）、吸入阀和排出阀等部件组成；传递动力的部件称为传动端，主要由曲柄、连杆、十字头等部件组成（图）。

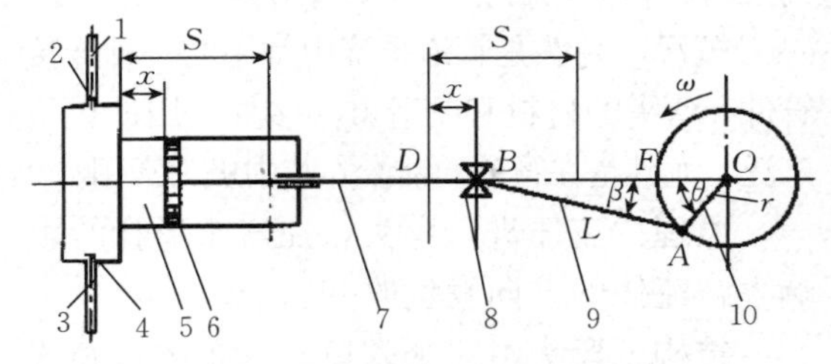

往复泵结构与工作原理简图

1. 排出管 2. 排出阀 3. 吸入管 4. 吸入阀 5. 工作腔 6. 活塞 7. 活塞杆 8. 十字头 9. 连杆 10. 曲柄

主要用途 往复泵适用于输送流量较小、扬程较高的各种介质，尤其是特殊性介质，如高黏度、高腐蚀性、易燃、易爆、有毒介质。在养殖场污水排放及农村农田灌溉、采煤采矿工业中输送煤浆、金属矿浆，建筑业中输送混凝土，火电站输送灰浆等领域得到广泛应用。

类型 往复泵的分类方式很多，分别按以下几种分类方法可将往复泵分类如下：①按输送介质的接触机构分为活塞泵、柱塞泵、隔膜泵；②按作用特点分为单作用泵、双作用泵、差动泵；③按液缸数分为单缸往复泵、双缸往复泵、多缸往复泵；④按动力分为机动泵、直接作用泵、手动泵；⑤根据传动端的结构特点分为曲柄连杆机构往复泵、凸轮轴机构往复泵、无曲柄机构往复泵；⑥根据排出压力大小分为低压泵（＜2.5 MPa）、中压泵（2.5～10 MPa）、高压泵（10～100 MPa）、超高压泵（＞100 MPa）；⑦根据活塞（柱塞）每分钟往复次数分为低速泵（＜100次/min）、中速泵（100～550次/min）、高速泵（≥550次/min）；⑧根据主要用途分为计量泵、试压泵、船用泵、清洗机用泵、注水泵、增压泵、化肥泵、注浆泵、调剖泵、压裂泵、固井泵等。

此外，往复泵还可以根据输送液体的种类、流量调节的方式等进行分类。

参考书目

袁寿其，施卫东，刘厚林，2014. 泵理论与技术［M］. 北京：机械工业出版社 .

（赵睿杰）

微地形（micro－topography） 在园林景观的施工过程中，设计师人工模拟出大自然景象的缩影。其用地规模相对较小，在一定范围内承载树木、花草、水体和园林构筑物等物体及地面起伏状态，采用人工模拟大地形态及其起伏错落的韵律而设计出的面积较小的地形。不仅指模仿大地机理的一块块绿地，也指高低起伏但起伏幅度不太大。包含凸面地形、凹面地形、坡地、土台、土丘、小型峡谷，还包含适宜人们活动利用的台地、嵌草台阶、下沉广场、层层叠叠的假山石等。

概况 在我国，明代造园家计成在所著《园冶》一书中就提及“相地合宜，构园得体”“高方欲就亭台，低凹可开池沼”，人们已经开始为了造景而适当地创造地形。彭一刚的《中国古典园林分析》一书中提到，除了依靠疏密对比来表现韵律与节奏感外，起伏错落的外轮廓更加强景致。陈值在所著的《园冶注释》一书中，详细介绍了计成在《园冶》其相地篇中对于地形的选址以及地形的设计原则。卢济威在《山地建筑设计》中分析了山地景观的环境原生体、视景独特性、生态脆弱性和情感认同性，并在景观生态、景观视觉、景观空间及景观感情方面对山地建筑的景观设计进行了探讨。王晓俊在《风景园林设计》中，也设计了地形以及地形坡度的控制。孟兆祯在《园林工程》一书中，主要从施工及微观角度对地形设计进行探讨与总结。

在国外，从14世纪起，人文主义者在意大利风景秀丽的丘陵上建造庄园，并采用连续积层台地的布局，从而形成了独特的意大利台地园。西方文艺复兴开始，意大利台地园、法国勒诺特花园，以及18世纪英国自然风景园林景观设计，通过改造现有地形，创造了丰富的景致。1984年意大利佩柏设计了巴塞罗那北站广场，利用地形设计了一个能被公众利用的环境雕塑，成功地将景观小品与地形结合起来创造景观。80年代希腊园林设计师阿瑟娜·塔哈设计了红褐色花岗岩台地雕塑。美国著名风景园林师劳伦斯·哈普林为波特兰设计了一组广场和绿地。其中最受欢迎的中心喷泉是不规则的折线的台地。约翰·西蒙兹的《景观设计学》

对场地的规划要点和开放方式进行了宏观的概述，并且对于地形微气候及地形的处理手法做了简要论述。凯尔·D. 布朗在《景观设计师便携手册》中从景观施工的细部角度出发，对于场地的平整、施工组织以及地形的设计有着详细的研究。摩特洛克在其编著的《景观设计理论与技法》一书中对于地形的形成以及影响地形设计的因素方面做了详细的分析。

主要用途 ①按照居住区的环境绿化结合丰富的地形进行设计，不仅可营造出幽静的空间环境，而且有助于居住区构建自然生态系统，使居民获得更加亲近自然的机会。②根据公园内部地形的特点，微地形还可以大概分成自然式、平板式、台阶式、混合式等几种微地形模式。根据其功能对不同微地形模式提出以下处理原则："依附自然，体现特征，以小见大，形成精华"。在城市公园的建设中，自然是最好的景观，结合景点的自然地形、地势、地貌，体现乡土风貌和地表特征。③道路绿化是道路景观的要素，在相对狭长、单调、封闭的道路上创造出景观效果，重视立面空间处理。应配置高矮不同的植物，且针对不同的微地形，应采取不同的处理方式。

类型 ①按表现形式分类：自然式微地形景观和规则式微地形景观。②按形状分类：平坦地形，凸地形，凹地形，坡地，复合地形。③按平面形态分类：点式微地形景观，线状微地形景观，面状微地形景观，组合式微地形景观。④按表面方式分类：人工形式和自然形式。

参考书目

姜吉宁，2006. 园林中地形的利用与塑造初探［D］. 北京：北京林业大学.

邢佑浩，2003. 山地公园景观空间设计探讨［D］. 重庆：西南农业大学.

（王勇　张国翔）

微管式滴头（microtubule emitter）

直接插入毛管上进行滴水的细管称为微管式滴头。微管滴头是一种内径很小的细塑料管，水流通过细塑料管时除了进出口造成局部水头损失外，主要利用细管的长流道造成沿程水头损失消能。

概况 在滴灌技术发展的初期，除简单的孔口滴头外，还采用和发展了微管滴头。随着生产技术的发展，在一些发达国家为了提高效率、简化设计和施工安装，一种固定规格的长流道注塑型的滴头被制造出来。这种滴头具有和微管滴头同样的消能效果，使滴灌技术提高了一大步，由于制造精密，滴量精确，后来得到了广泛的应用。中国水利科学研究院北京燕山滴灌技术开发研究所是研制和应用我国微管滴头的先驱者，开发成功的内插式和三孔式微管滴头，为粮田和温室滴灌提供了比较理想的设备。

结构 将内径为1.0～2.0 mm的细聚乙烯管一端插入打好孔的毛管中，然后用微管缠绕毛管，形成螺纹流道，并把微管的另一端固定在毛管上，形成微管滴头，用调整微管长度的方法，使整个毛管沿程出水量达到设计的均匀流量，这类滴头具有易于维修、造价低、使用寿命长等特点。

主要用途 多用于盆栽、花卉、苗圃等作物。

参考书目

郭彦彪，邓兰生，张承林，2007. 设施灌溉技术［M］. 北京：化学工业出版社.

王立洪，管瑶，2011. 节水灌溉技术［M］. 北京：中国水利水电出版社.

（王剑）

微灌技术（micro irrigation technique）

一种根据作物的需水要求，将水和作物生长所需的养分以较小的流速均匀准确地输送到作物根部附近的土壤表面或土层中的新型灌水技术（图）。

微 灌

概况 微灌技术作为现代最先进的灌水技术，已广泛地应用于世界各国的农业灌溉领域。在微灌技术中，渗灌出现得最早，1860年在德国首次利用排水瓦管进行地下渗灌试验，结果可使种植在贫瘠土壤上的作物产量成倍增加。我国现代微灌技术是1974年从墨西哥引进滴灌设备开始的，经过40多年的试验研究和完善，现已在全国各地迅速地得到推广应用，并已取得了较好的经济效果。

原理 根据植物的需水要求，通过管道系统与安装在末级管道上的灌水器，将植物生长中所需的水分和养分以较小的流量直接送到植物根部附近的土壤表面或土层中。

结构 典型的微灌系统通常由水源工程、首部枢纽、输配水管网和灌水器4部分组成。

主要用途 微灌技术作为最重要的节水灌溉技术之一，广泛应用于干旱地区，同时也应用于非干旱地区以提高水的利用率。

类型 分为滴灌、微喷灌、涌灌、雾灌、渗灌。

参考书目

周卫平，1999. 微灌工程技术［M］. 北京：中国水利水电出版社.

（王勇 熊伟）

微灌设备 (microirrigation equipment)

微灌系统使用的各类设备。

概况 基于透水管进行滴灌试验，开始于20世纪20—30年代。60年代末和70年代初，得到较大规模的采用，但由于堵塞问题成为进一步发展滴灌的最大障碍。滴灌对水质的要求很高，80年代初开始，在滴灌管道上安装微喷头，形成微喷灌，减轻了堵塞问题。到80年代中期，全世界微灌面积虽仅有42万 hm^2，已广泛用于灌溉果树、蔬菜、花卉、葡萄等作物，国际灌溉排水委员会专门设立了微灌工作组。我国微灌设备从引进、研制到生产已有较长时间，灌水器、管材和施肥设备的种类不断增加，管材的材质及制造工艺也有较大的改进和提高。

原理 微灌设备的结构原理如图所示，用塑料（或金属）低压管道，把流量很小的灌溉水送到作物附近，再通过体积很小的塑料（或金属）滴头或微喷头，把水滴再喷洒在作物根区，或在作物顶部形成雨雾，或直接通过较细的塑料管把水直接注入根部附近土壤。

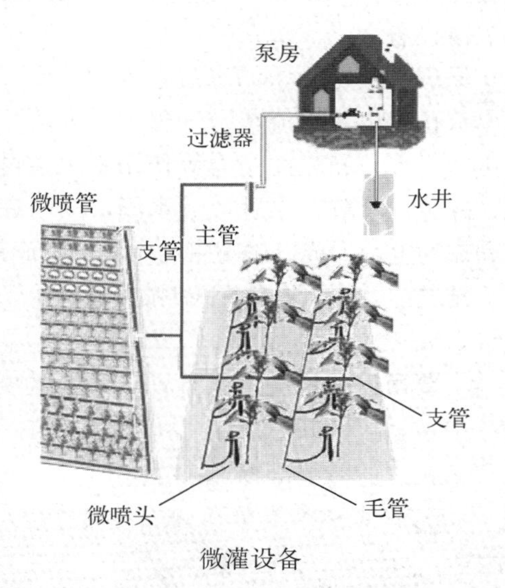

微灌设备

结构 由首部枢纽、输配水管网和灌水器3部分组成。

主要用途 以较小流量湿润作物根区附近的部分土壤，维持较低的水应力满足作物生长要求。微灌还具有省水、省工、节能、灌水均匀、可实现高产稳产、对土壤和地形的适应性强等优点。

类型 包括地表滴灌设备、地下滴灌设备、微喷灌设备和涌泉灌设备。

参考书目

郑耀泉，刘婴谷，严海军，等，2015. 喷灌与微灌技术应用［M］. 北京：中国水利水电出版社.

（李岩）

微喷带

微喷带（micro - sprinkling hose） 在薄壁塑料软管（卷盘后呈扁平带状）的管壁上直接加工以组为单位循环排列的喷孔，通过这些喷孔出水进行节水灌溉的设备。

概况 微喷带是近年来发展较快的节水灌溉设备，在地区节水农业发展中起到重要作用。微喷带在一定的工作压力下，通过微喷带上规则分布的出水孔喷出的水对作物进行灌溉。微喷带具有灌溉流量大、灌水周期短、雾化强度高、打击强度小、投资低廉和使用方便等优点，成为近年来备受关注的节水灌溉设备之一。

原理 一定压力的水流进入微喷带，通过出水孔喷出的水流在空气阻力、水的相互撞击力、重力和表面张力等作用下，经过细流、碎裂、分散雾化后形成水滴，降落在地面和作物上，形成以微喷带为中心的湿润带。

结构 由输水软管和喷水孔两部分组成。

主要用途 可应用于各种形式的微喷灌系统中，适于大田作物、设施农业、林果、蔬菜、花卉的微喷灌溉。

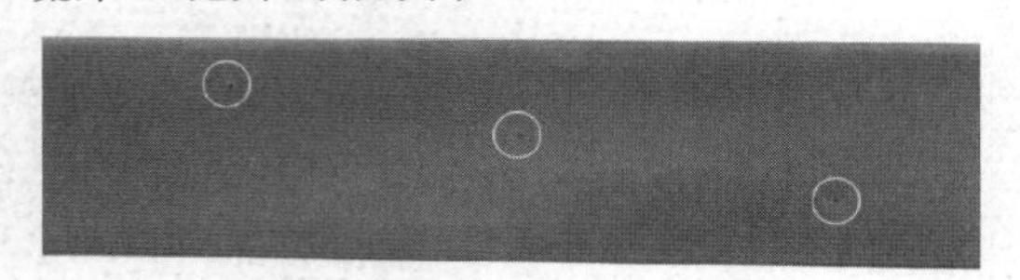

图1 微喷带结构

图2 微喷带喷洒效果

类型 包括塑料微喷带、编织微喷带、双翼微喷带3种类型。

参考书目

袁寿其，李红，王新坤，等，2015. 喷微灌技术及设备［M］. 北京：中国水利水电出版社.

（王新坤）

微喷灌

微喷灌（micro spray irrigation） 利用折射、旋转或辐射式微型喷头将水均匀地喷洒到作物枝叶等区域的灌水形式。微喷灌是一种新型先进节水灌溉技术，节约能源、效率高、适应性强。微喷灌是利用水泵加压或自然落差将水通过低压管道系统，以小的流量经过微喷头喷射到空中，形成细小的水滴，均匀喷洒到土壤表面，为作物正常生长提供必要水分条件的一种先进灌水方法。微喷灌技术具有喷水流量小（一般为50～250 L/h）、工作压力低（一般为10～30 m水头）、配套功率小（小型微喷灌可减少到550～750 W）的特点，以及喷水高度低、水滴细小、喷洒均匀等优点。

主要用途 微喷灌喷头口径小、压力大，有很大的雾化指标，能够提高空气湿度，降低小环境温度，调节局部气候。对于有淋洗要求的果蔬类作物，微喷灌喷洒水珠小，不会对蔬菜和果实造成伤害。微喷灌广泛应用于蔬菜、花卉、果园、药材种植场所，以及扦插育苗、饲养场所等区域的加湿降温。

参考书目

水利部国际合作司，1998. 美国国家灌溉工程手册［M］. 北京：中国水利水电出版社.

（汤攀）

微喷头（microsprayers） 将压力水流喷出并粉碎或散开，实现喷洒灌溉的灌水器（图），其流量不超过250 L/h。

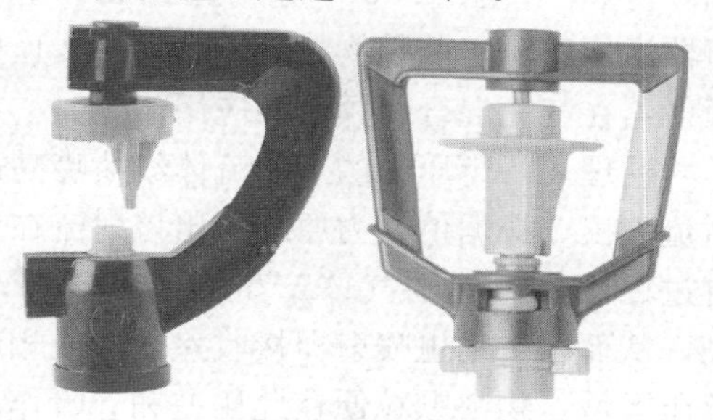

微喷头

概况 微喷头是微喷灌系统中的重要部件，具有喷水流量小、工作压力与配套功率小、喷水高度低、水滴细小、喷洒均匀、受风影响小、移动方便、使用简单以及适用于分散地块等优点。20世纪80年代后，在不少国家和地区微喷灌工程已逐渐替代了地面灌溉和其他灌溉方法，微喷灌工程在节水、节能、高效、增产等各方面均取得了显著的经济效益和社会效益。

原理 一定压力的水流进入微喷头，经过流道整流后，通过喷嘴喷出。水流经过细流与碰撞作用，碎裂、分散后形成水滴，降落在地面和作物上，形成以微喷头为中心的湿润区域。

结构 主要由进水口、流道、喷嘴、支架等组成。

主要用途 属于微喷灌系统的终端喷洒器，可应用于各种形式的微喷灌系统及喷灌机中，适用于大田作物、设施农业、经济林果、药材、蔬菜、花卉、茶叶的微喷灌溉。

类型 主要包括射流式、折射式、旋转式、离心式和缝隙式5种类型。

参考书目

袁寿其，李红，王新坤，等，2015. 喷微灌技术及设备［M］. 北京：中国水利水电出版社.

（王新坤）

微润管（moistube） 用高分子半透膜制成，具有纳米孔隙的渗水管（图）。

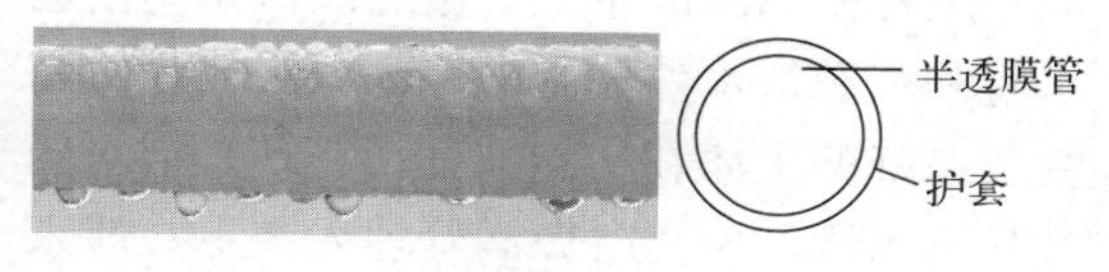

微润管

概况 微润管是微润灌溉的核心设备，微润灌溉是近年来发展起来的一种新型地下微灌技术，是应用半透膜技术的一种全新地下精准微灌技术。微润带的半透膜孔径为10～900 nm，工作压力为5～20 kPa，每米流量为0.02～0.2 L/h，管内一直处于充水状态，适时、适量按需灌溉，系统工作压力低、运行能耗少。微润带每米流量小，可全天候根据作物需求不间断供水，保持作物根区土壤适宜的水分含量与透气性。

原理 以高分子半透膜为核心材料，利用半透膜单向渗透功能取代传统消能流道设计，管内水流流速低缓，不间断沿管壁渗出，以微量缓慢、连续不断的出水方式向土壤供水。

结构 由过水管和纳米孔隙组成。

主要用途 可应用于各种形式的地下微灌系统中。

类型 目前只有纳米高分子材料孔隙管一种类型。

（王新坤）

微润灌（slightly moistening irrigation） 用微量的水以缓慢渗透方式向土壤给水，使土壤保持湿润的一种新型地下灌溉方式。微润管是一种以半透膜为核心材料制成的软管状给水器，具有双层结构，是充分利用半透膜特性，将膜技术引进灌溉领域而制成的一种新型给水器。膜壁上孔的大小允许水分子通过，而不允许较大的分子团和固体颗粒通过。当管内充满水时，水分子通过这些微孔向管壁外迁移，如果管子埋在土壤中，水分就会进一步向土壤迁移，使土壤湿润，起到灌溉作用。以微润管为给水器所构成的灌溉系统称微润灌溉系统。微润灌溉系统由输水管和水源、水位控制两个部分组成。微润管是系统的主体和功能部分，它既是给水器又是输水管。使用时微润管埋入垄下，埋入深度一般为 10～20 cm，视不同作物主根层深度而定；供水水源不同，水位控制方法不同，但控制参数只有水位。

概况 该技术是一种可调控性很强的新型灌溉方式，可大幅度降低农田水分损失，其用水量约为滴灌用水量的 20%～30%。

微润灌的优点主要表现在以下 4 点：①省工，系统取水口与调压池进水均采用了浮球阀控制，灌溉时只需打开取水口的球阀与各个微润灌溉小区的控制阀，就能持续性进行灌溉，无须人员看守，实现了自动化灌溉；②降低了管道的老化速度，延长了管道的使用寿命；③提高了水肥一体化灌溉的可操作性；④微润管是以高分子半透膜，核心材料制造的，具有纳米级孔隙，不易堵塞，系统日常维护主要是清洗过滤器，而不需要查看灌水器是否堵塞。

原理 微润灌溉技术主要通过微润灌吸力式灌水器对作物进行灌溉，其原理是利用特殊材质导水芯的毛细浸润作用，在超低水压的条件下，向作物根部土体导水，以实现作物生长需求；其设计的主导思想是通过延长灌水时间，降低灌水强度，更加有效地防止土体深层重力渗漏和田间蒸发，增加作物对灌溉水分的吸收利用率。同时，可通过反复提拉导水芯，有效清除由于物理及化学因素造成的出水孔堵塞，大大延长产品的使用周期。

（汤攀）

文丘里喷射器（venturi ejector） 流体从喷嘴射流喷出后，高速流动气流在压差的作用下射流卷吸粉体颗粒进入接收室从而实现气体与固体颗粒快速混合的一种供料装置。

概况 喷射器自 19 世纪诞生便得到相关研究者的青睐，但它一直被用在蒸汽喷射制冷行业。直至 1996 年施耐德将文丘里喷射器运用于输送散装物料，才开辟了文丘里喷射器在气固混合新领域的应用。

原理 一定压力的工作流体经喷嘴高速射流喷出，根据伯努力原理得出该射流在前进过程中，对周围气体产生卷吸和携带作用，从而在文丘里喷射器接收室内形成相对负压区域。物料颗粒便在此压差和卷吸作用下进入接收室，随着工作流体流动一起进入喉管，后从扩张管流出。文丘里喷射器在工作过程中，工作流体不仅提供产生射流卷吸和负压吸附的动力，还为颗粒和气流相互作用提供能量。

结构 文丘里喷射器的基本结构如图所示，主要包括喷嘴、物料颗粒入口、接收室、收缩管、喉管（混合管）、扩张管。

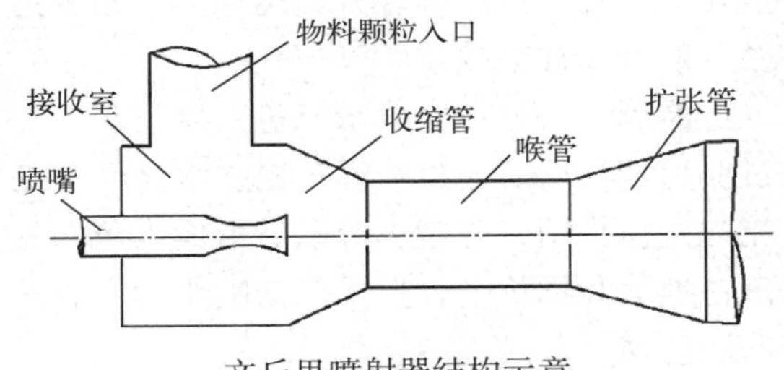

文丘里喷射器结构示意

主要用途 文丘里喷射器主要用于输送粉体、颗粒及散装物料，常被安装于粉尘收集器、袋滤捕尘室、旋风分离器、螺杆输送器与称重输送带、喷雾干燥器、煅烧炉、干燥器、混合器、研磨机等机械设备中。

（王勇　李刚祥）

文丘里施肥装置（venturi fertilizer device） 以文丘里施肥器为吸肥、注肥设备的水肥一体化施肥装置（图）。

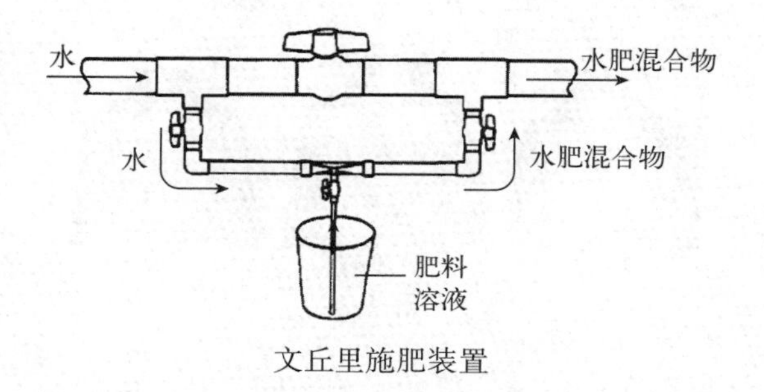

文丘里施肥装置

概况 文丘里注肥装置的优点是结构简单，便于安装，使用方便，没有运动部件，不需要额外动力，成本低廉，施肥浓度稳定；缺点是压力水头损失较大，只有当文丘里管的进、出口压力的差值进一步达到一定值时才能吸肥，工作时对压力和流量的变化较为敏感，其运行工况的变化会造成水肥比的波动。是目前应用较多的水肥一体化施肥设备，经过多年的研究开发，产品成熟，品种多样，在节水灌溉系统中应用广泛。使用时，将文丘里施肥器与微灌系统或灌区入口处的供水管控制阀门并联安装，控制阀门调整压差，使压力水流经过文丘里施肥器产生真空吸力，通过与文丘里喉部连接的软管，将肥料溶液从敞口的肥料桶中均匀吸入管道系统进行施肥。

原理 水流经过文丘里管收缩段时，过水断面减小、流速加快，喉部会产生负压，将肥液均匀地吸入灌溉系统进行施肥。

结构 由文丘里施肥器、进水管道、出水管道、注肥管、肥液罐、调压装置、连接件、控制阀门等部分组成。

主要用途 一般适于温室、大棚等灌溉面积较小的微灌系统。

类型 包括并联型与串联型两种。

参考书目

袁寿其，李红，王新坤，等，2015. 喷微灌技术及设备［M］. 北京：中国水利水电出版社.
李久生，王迪，栗岩峰，2008. 现代灌溉水肥管理原理与应用［M］. 郑州黄河水利出版社.
傅琳，董文楚，郑耀泉，等，1988. 微灌工程技术指南［M］. 北京：水利电力出版社.

（王新坤）

文丘里注入器（venturi injector） 利用文丘里效应将少量一种流体注入另一种流体流中的组件（图）。在灌溉系统中向水注入肥料溶液或其他化学物质。

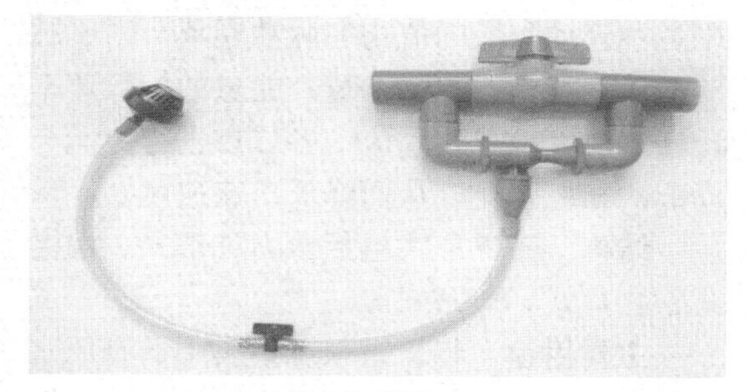

文丘里注入器

概况 其构造简单，造价低廉，使用方便。

原理 文丘里管内有个水射喷嘴，口径很小，射出的水流速度很高，根据流体力学特性即高速流体附近会产生低压区。正是利用这个低压把肥料吸入。

结构 当文丘里管道直接与干管道连接时，利用控制阀两边的压力使文丘里管内水流动，但阀产生的水头损失较小，应将其与主管道并联安装，并用小水泵加压。

主要用途 主要用于小型微灌系统（如温室微灌）向管道注入肥料或农药。

（杨孙圣）

紊流式灌水器（turbulent irrigator） 水流在流道内呈紊流的灌水器。

概况 紊流式灌水器泛指水流在流道内呈紊流的灌水器，包括多种类型。紊流是相对于层流而言的，当雷诺数较大时，意味着水的惯性力占主要地位，呈现紊流状态。紊流灌水器的流态指数一般在0.5左右，与层流式灌水器相比，其流量不仅受温度影响较小，且对压力的变化也不太敏感。因此，国内外多数灌水器制造商均以紊流式灌水器为主要产品，目前常用的压力补偿式灌水器、涡流式灌水器、迷宫式灌水器等，均属于紊流式灌水器。

原理 通过流动边界影响有压水的流动，利用边界条件变化，改变了流场的内部结构，导致水流质点的运动极不规则，流场中各种流动参数的值均有脉动现象。由于脉动的急剧混掺，水流动量、能量的扩散速率比层流更大，导致水流中各质点进行势能与动能的相互转化，从而降低出流速度。

结构 流道形式包括压力补偿式、涡流式、孔口式、迷宫式等。

主要用途 将管道系统中集中的有压水流经紊流消能并分配到每棵作物根区的土壤中去。

类型 常见的有压力补偿式灌水器、涡流消能式灌水器、孔口消能式灌水器、迷宫流道消能式灌水器等。

参考书目

姚彬，2012. 微灌工程技术［M］. 郑州：黄河水利出版社.

郑耀泉，刘婴谷，严海军，等，2015. 喷灌与微灌技术应用［M］. 北京：中国水利水电出版社.

（李岩）

涡带（vortex rope） 由于前池水位淹没深度不够、来流不稳定、流道设计不合理或泵在偏工况下运行时在进、出水流道内产生的螺旋状摆动水带，如图所示。

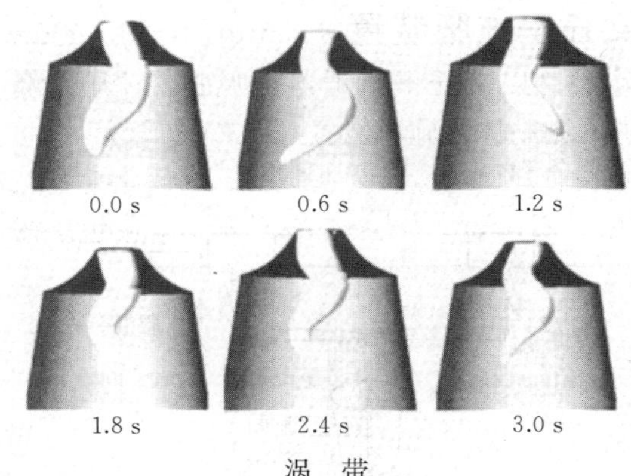

涡 带

概况 当流道内出现涡带，容易引起水力稳定性问题从而诱发机组振动。当机组振动超出技术标准时，不仅会威胁机组稳定运行，甚至影响到泵房安全。涡带是泵机组产生水力振动的主要原因，不同程度的涡带对机组安全稳定运行的影响不同，其中由低频涡带引起的压力脉动的破坏性较强，不仅会造成流道严重振动，还可能导致机组转子系统振摆超标，因此对涡带状态进行监测并准确识别是十分必要的。

类型 按其频率的大小可分为：高频涡带、低频涡带。低雷诺数的旋涡流往往是流动的，当雷诺数增加到某一数值时，流态开始变得不稳定，变为绕管轴的螺旋状涡带。当横向流分量与轴向流分量之比达到某一临界值时，流态便发生根本性的变化，出现“漩涡断裂”现象。在空腔汽蚀过程中还会出现空腔涡带。

参考书目

董毓新，1989. 水轮发电机组振动［M］. 大连：大连理工大学出版社.

（袁建平　陆荣）

涡流式滴头（vortex emitter） 以涡流方式形成紊流消能的滴头（图）。

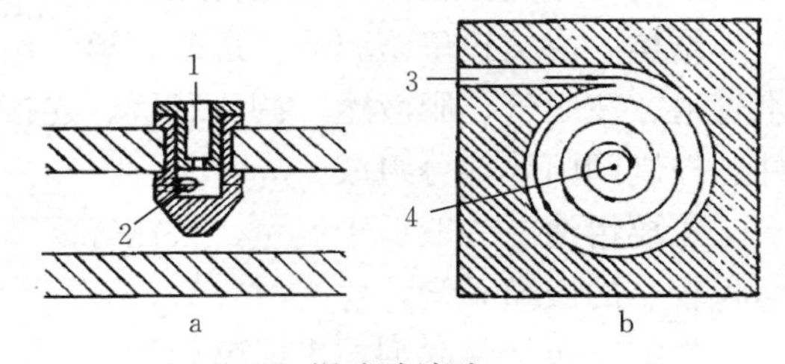

涡流式滴头

a. 滴头　b. 涡室

1. 轴向入口　2. 切向出口　3. 切向入口　4. 轴向出口

原理 当水流进入灌水器的涡室内时形成涡流，通过涡流达到消能和调节出水量的目的。水流进入涡室内，由于水流旋转产生的离心力迫使水流趋向涡流式的边缘，在涡流中心产生一低压区，使位于中心位置的出水口处压力较低，从而调节出流量。其优点是出流孔口可比孔口式滴头大 1.7 倍左右。但很难得到较低的流量，价格较贵。

结构 主要由一个涡室组成。

参考书目

郭彦彪，邓兰生，张承林，2007. 设施灌溉技术［M］. 北京：化学工业出版社 .

（王剑）

涡流消能式灌水器

涡流消能式灌水器（vortex energy dissipation irrigator） 靠水流进入涡室内形成的涡流来消能调节出水量大小的灌水器。

概况 水流阻力与水头损失的产生取决于两个条件：一是水的黏滞性，由于黏滞性作用和固壁边界引起的过水断面上流速分布不均导致了横向的速度梯度，使水流间存在摩擦力，而克服该摩擦力需要消耗部分能量；二是流动边界的影响，由于边界条件变化，导致水流产生漩涡，改变了流场的内部结构，使水流中各质点进行势能与动能的相互转化。涡流消能式灌水器以第二种消能方式为主，通过设计流道的结构形式，增加水流的紊流强度，可避免传统迷宫流道易发生沉积、黏附导致阻塞的缺点。

原理 水流进入涡室内，由于水流旋转产生的离心力迫使水流趋向涡室的边缘，在涡流中心产生低压区，使中心的出水口处压力较低，因而调节出流量。通过强紊流的流道结构达到消能的效果。

结构 流道为涡流室。

主要用途 将管道系统中集中的有压水流经涡流消能并分配到每棵作物根区的土壤中去。

参考书目

郑耀泉，李光永，党平，等，1998. 喷灌与微灌设备［M］. 北京：中国水利水电出版社 .

（李岩）

涡轮流量计

涡轮流量计（turbine flowmeter） 采用先进的超低功耗单片微机技术研制的涡轮流量传感器与显示计算一体化的新型智能仪表。当流体流经传感器壳体，由于叶轮的叶片与流向有一定的角度，流体的冲力使叶片具有转动力矩，克服摩擦力矩和流体阻力之后叶片旋转，在力矩平衡后转速稳定，在一定的条件下，转速与流速成正比，由于叶片有导磁性，它处于信号检测器（由永久磁钢和线圈组成）的磁场中，旋转的叶片切割磁力线，周期性地改变着线圈的磁通量，从而使线圈两端感应出电流脉冲信号，此信号经过放大器的放大整形，形成有一定幅度的连续的矩形脉冲波，可远传至显示仪表，显示出流体的瞬时流量和累计量。

概况 我国从 20 世纪 60 年代中期开始生产涡轮流量计，广泛应用于以下一些测量对象：石油、有机液体、无机液、液化气、天然气、煤气和低温流体等，随着新技术、新材料、新工艺的发展，已发展为多品种、全系列、多规格批量生产的规模。

类型 该类涡轮流量计按照供电方式、是否具备远传信号输出可分 LWGY－B 型和 LWGY－C 型，LWGY－B 型的供电电源采用 3.2 V 10 AH 锂电池（可连续运行 4 年以上），无信号输出功能。LWGY－C 型的供电电源采用 24 V 直流电源外供电，输出 4～20 mA 标准两线制电流信号，并可根据不同的现场需要，可增加 RS485 或 HART 通信。

结构 涡轮流量计如图所示，一般由下列 5 个典型部分组成：①表体。表体的材料一般为钢或是铸铁，其两端为法兰连接。小口径表也有采用螺纹接口方式的。②测量的组件。涡轮上有经过精密加工的叶片，它与一套减速齿轮和轴承一起构成测量组件，支撑涡轮的两个高精度不锈钢永久自润滑轴承保证该组件有较长的使用寿命。涡轮流量计亦可选用外部润滑油泵润滑轴承，但注意不能过量。③计数器。计数器面板上有以下重要信息：最大工作温度及压力；计量及最小和最大流量等级；产品型号及编号；防爆等级和标志；低频或高频脉冲所对应流体的当量以及接线方式。④整流器。整流器用以使流体流过涡轮流量计时处于规则状态，从而消除扰动对计量不利影响，高计量精准度。⑤磁耦合传动的装置。该装置将处于大气环境中的计数器部分与被测量气体分离开来，并将测量组件的转动传递给计数器。

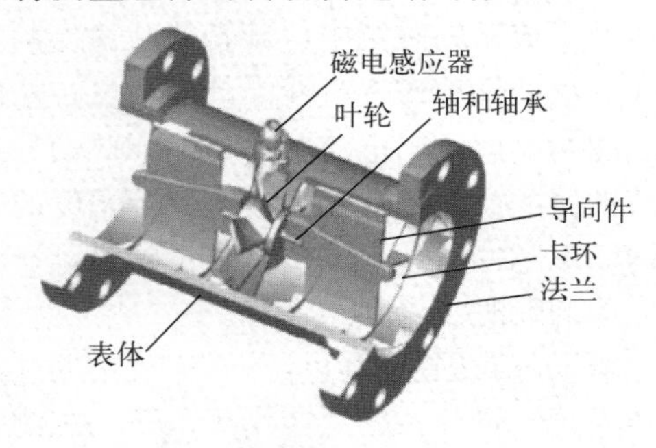

涡轮流量计结构

参考书目

杨有涛，王子钢，2011. 涡轮流量计［M］. 北京：中国计量出版社.

（骆寅）

蜗壳（volute）　蜗壳式引水室的简称，它的外形很像蜗牛壳，故通常简称蜗壳。图1为水轮机蜗壳，图2为水泵蜗壳。

图1　水轮机蜗壳

图2　水泵蜗壳

概况　混凝土蜗壳的研究。孙毅、岳晓娜等提出了一种基于混凝土蜗壳的基本参数进行自动绘制的程序，并采用 Fluent 仿真分析软件对该混凝土蜗壳进行性能分析验证，通过比较3种流量工况下的速度场、压力场的数值计算结果得出：当处于设计流量及其±10%范围内，其座环四周的速度与压力场分布均匀，流动稳定性较高，为后续蜗壳的设计提供了指导意见。

传统的概念中，蜗壳设计中沿圆周方向水流均匀分布，这种方法设计的蜗壳水流环量不同。何晓林提出了使蜗壳轴对称流动的方法，控制蜗壳出流环量和蜗壳出流角保持不变。调整各截面半径保持各截面中心处环量、固定导叶入口处的圆周速度与轴向速度的夹角为常数。

齐学义等从水轮机全蜗壳的常规水力设计方法出发对非圆形断面的蜗壳设计进行完善分析。保持蜗壳尾部水流满足速度矩不变规律，并将实例设计与数值模拟结合对比，分别对大流量工况与小流量工况下的压力分布与速度分布进行讨论，发现改善的非圆形蜗壳流量更为平顺，与全蜗壳相比呈现出一定优势。

原理　蜗壳是流体机械的过流部件之一，隶属于压水室，其原理见压水室。蜗壳的设计理论主要有两种：一种是等速度法，另一种是等速度矩法。前者蜗壳螺旋段起始部分的断面较宽，水力损失较小，但入流角沿周向分布不均匀；后者设计得到的蜗壳其入流角沿周向分布均匀，且呈轴对称分布，但由于蜗壳螺旋段起始部分的过流面积过小，液流摩擦损失较大，且易形成二次流动。

结构 蜗壳是离心泵和风机中常用的压水室，其流动规律与水轮机蜗壳相同。显然，蜗壳内顶速度矩应等于叶轮出口的速度矩。蜗壳截面形状对流动影响不大，主要根据结构与工艺条件确定。泵与压缩机的压力较高，蜗壳多用铸造，截面形状多为带圆角的梯形；而离心风机的压力较低，蜗壳多用薄钢板焊接，断面形状多为矩形。涡室的主要结构参数：①基圆直径 D_3；②涡室进口宽度 b_3；③涡室隔舌安放角 φ_0；④隔舌螺旋角 α_0；⑤涡室断面形状和断面面积。

主要用途 水泵的蜗壳又称螺旋形压水室，是离心泵上用得最广泛的压水室，它可用于单级轴向吸水式泵和多级水平中开式泵，是一种比较理想的压水室。水轮机蜗壳可分为金属蜗壳和混凝土蜗壳。水头低于 40 m 的低水头电站通常采用混凝土蜗壳。

类型 水轮机蜗壳可分为金属蜗壳和混凝土蜗壳。

参考书目

关醒凡，2011. 现代泵理论与设计［M］. 北京：中国宇航出版社 .

王福军，2005. 水泵与水泵站［M］. 北京：中国农业出版社 .

查森，1988. 叶片泵原理设计及水利设计［M］. 北京：机械工业出版社 .

（许彬）

污水泵（sewage pump）

一种适于抽送含有纤维或其他悬浮物液体的泵（图）。污水泵的扬程都不高，由于污水中杂物较多，叶轮的间隙比清水泵大。同时为了防止污水泵发生阻塞，污水泵流道宽度高于清水泵，这也是污水泵效率低于清水泵的主要原因。

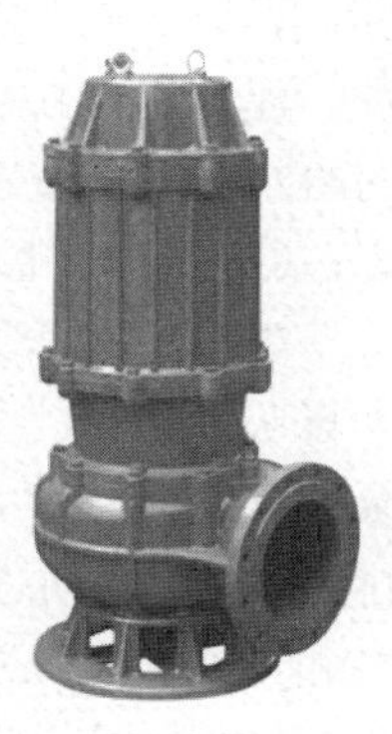

典型污水泵

概况 随着国民经济的发展，市场对污水泵的需求量日益增大，在农业、城市、能源、工矿、企业等方面广泛使用，另外它还可以抽送一些水产品等。由于污水泵工作条件相当恶劣，所抽送的介质对污水泵工况有很大影响，因此同清水泵相比，污水泵效率相对较低，使用寿命较短，主要有不出水、流量不足、杂音振动、漏水几种故障。

原理 离心式污水泵与一般离心泵工作原理类似，当叶轮转动时，叶轮中心部位产生负压，通过进水管可从污水池中不断吸取污水，再由叶片离心力作用将吸取的污水沿泵壳切线方向经出水管排出。往复式污水泵是卧式水泵，由带活塞的机械横杆在泵内往复移动，通过阀门的启闭造成泵内真空，由泵内相应位置的进出口阀门吸入和排出污水。

结构 污水泵和其他泵一样，叶轮、压水室是污水泵的两大核心部件。叶轮的结构分为四大类：叶片式（开式、闭式）、旋流式、流道式（包括单流道和双流道）、螺旋离心式；污水泵采用的压水室最常见的是蜗壳。蜗壳有螺旋型、环型和中介型 3 种。螺旋形蜗壳基本上不用于污水泵中。环形压水室由于结构简单、制造方便，在小型污水泵上采用的较多。中介型（半螺旋型）压水室因其兼具有螺旋的高效率性和环形压水室的高通透性，应用范围最为广泛。

主要用途 污水泵广泛应用于不同领域，可以归类如下：①养殖场污水排放及农村农田灌溉；②城市污水处理厂排放系统；③地铁、地下室、人防系统排水站；④医院、宾馆、高层建筑污水排放；⑤市政工程、建筑工地中稀泥浆的排放；⑥自来水厂的给水装置；⑦勘探矿山及水处理设备配套；⑧代替肩挑人担，吸送河泥。

类型 污水泵根据排污方式的不同可分为自吸排污泵、液下排污泵、带刀型排污泵、管道排污泵、化粪池排污泵和自动搅匀排污泵；根据形式的不同可分为潜水式污水泵和干式污水泵两种，最常见的是干式污水泵；根据轴安放的位置可分为卧式污水泵和立式污水泵。

参考书目

关醒凡，2011. 现代泵理论与设计［M］. 北京：中国宇航出版社.

（赵睿杰 彭光杰）

污水污物潜水电泵（sewage submersible pump）

无堵塞泵的一种主要结构形式，是泵与电机合二为一的、特殊的、输送污水污物的机械，如图所示。工作时，电动机和泵作为整体潜入水下。潜水电泵结构紧凑、安装便捷和使用方便。

污水污物潜水电泵

概况 无堵塞泵输送的物质种类日益扩大，如污水污物、灰渣矿石、粮食淀粉、甜菜水果、鱼虾贝壳等。它结构简单，使用方便，无堵塞、抗缠绕。

原理 电机通电后，电机转轴带动叶轮转动，使液体通过叶轮，在叶轮离心力作用下经泵体排出。为了防止较长纤维或较大颗拉进入流道造成堵塞现象，设计中在叶轮螺母处增加了切割刀片，将其割断或破碎。与此同时，在压力作用下液体进入电机嵌套，为了防止大颗粒物体进入嵌套，在泵体上装有挡泥板。

结构 由电动机、密封与水泵3部分组成。电动机位于电泵上部，为三相异步电动机。水泵和电动机之间采用双面机械密封。

主要用途 主要用于输送农村及城市污水、粪便或液体中含有纤维、纸屑等固体颗粒的介质；企业单位废水排放；城市污水处理厂排放系统；住宅区的污水排水站；地铁、地下室、人防系统排水站；医院、宾馆、高层建筑污水排放；市政工程、建筑工地中稀泥浆的排放。

类型 分为潜水式和干式。目前最常见的潜水式污水泵，如WQ型潜水污水泵；最常见的干式污水泵，如W型卧式污水泵和WL型立式污水泵。

（黄俊）

无堵塞泵（non-clogging pump）

一种用于输运含有固体颗粒悬浮物或纤维状悬浮物液体的固液两相流泵。

概况 1980年以后，随着我国环保事业的发展，从国外相继引进了一系列无堵塞泵。国内相关高校院所通过吸收和创新，先后开展了无堵塞泵的数值模拟和实验研究，在大量的研究基础上，总结出了各种无堵塞泵实用的设计方法，目前在国内广泛采用，设计开发的产品在国内大量生产。目前国内无堵塞泵的年产值约5亿元，满足了国内环保等行业的需要，还大量出口国外。

原理 无堵塞泵属于离心泵的一种，不同结构具有不同的工作原理。普通叶片式无堵塞泵一般通过设计流道较宽的叶轮或采用较少叶片数等途径达到无堵塞的效果；螺旋离心泵一般采用1个或2个螺旋叶片，因此叶轮流道宽大，加上进口导向和螺旋推进作用，增强了泵的通过性能。

结构 无堵塞泵与普通清水离心泵在结构上的主要区别在于叶轮型式，其叶轮有以下几种型式：普通叶片式、旋流式、双（单）流道式、螺旋离心式（图）。

螺旋离心式无堵塞泵及其叶片

主要用途 用于输送农业生产污水、生活污水、工业流程、工业废水等含有固体颗粒悬浮物或纤维状悬浮物的液体。广泛应用于疏浚、水利、环保、造纸、纺织、石油、矿山、煤化工等领域和农村沼气池废料排送、池塘污泥清理等。

类型 潜水排污泵、立式排污泵、无堵塞料浆泵、多功能清淤排污泵。

（赵睿杰）

无线远传水表（wireless remote water meter） 以无线通信技术为基础，将传感计量技术、无线数据传输技术、单片机控制技术和计算机信息管理系统等先进技术相结合的一种计量、远程监控、抄读和收费的管理系统，具体如图所示。

系统由两大部分组成即无线远传水表前台设备和后台信息管理系统。随着无线通信技术的不断进步，利用无线通信网络进行远程监测和数据传输已经在各行各业得到了广泛的应用。同样，无线远传水表系统在供水行业的应用实现了“抄表到户不入户，便民

无线远传水表

利民不扰民”，不仅改进了对居民用户的服务质量，而且成为供水企业快速、高效、准确抄收户表和回收水费的有效途径，提升了供水企业的运营管理水平和效益。相对于其他类型的智能水表，无线远传抄表系统具有良好的经济效益和社会效益。无线远传、自动抄表系统将是智能水表发展的一个方向。

加装置检测方法 无线远传水表附加装置功能检测包括：提示功能检测、控制功能检测、抄表读取及显示功能检测。

主要检测方法如下：

（1）提示功能检测。①进行抄表时，应有正确、清晰的文字提示抄表程序。②工作电源欠压提示：当水表工作电源欠压时，有明确的文字符号、声光报警、关闭控制阀等一种或几种方式提示。③误操作提示：错误操作水表，其应有误操作的提示。

（2）控制功能检测。①阀门遥控检测：通过手抄器或专用 PC 软件可以进行远程阀门开启/关闭操作（需经授权）。②无线唤醒功能：通过手抄器或专用 PC 软件，可以随时唤醒无线模块并进行抄表控制。

（3）抄表读取及显示功能检测，能按表号或按地址抄录某台水表的当前读数，抄表器读取的数值应与水表机械齿轮指示值一致。

（骆寅）

无压灌溉管道系统（pressureless irrigation piping system） 有自由水面的灌溉管道系统（图）。

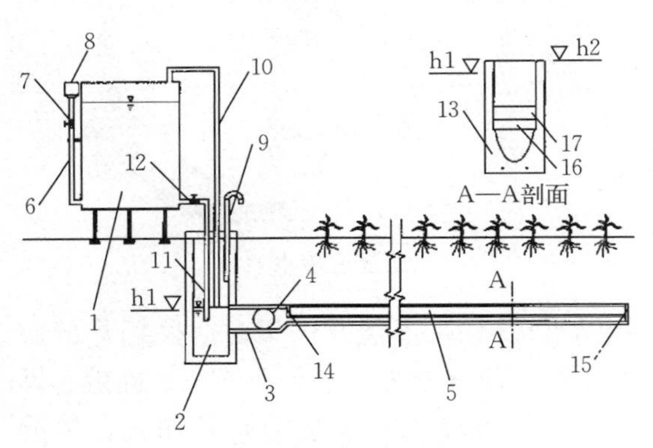

无压灌溉装置结构

1. 供水罐 2. 水位控制池 3. 输水干管 4. 汇流管 5. 灌水器 6. 供水罐注水管 7. 供水罐注水阀门 8. 供水罐注水口 9. 大气压连通管 10. 供水罐进气管 11. 供水罐出水管 12. 供水罐出水阀门 13. U形槽 14. U形槽前挡水板 15. U形槽后挡水板 16. 透水盖板 17. 沙石反滤层

原理 无压灌溉是一种新的局部控水灌溉技术，即灌水毛管埋设在地下作物耕作层，沿灌水毛管长度方向有许多小的灌水器（出水孔），在灌水毛管首端无压、小水头压力或小的负压状态下，利用土壤吸力和作物蒸腾力，使水分通过出水孔口进入作物根系层，满足作物生理需水。

结构 图为无压灌溉装置结构。

（王勇 毛艳虹）

雾化指标（atomization index） 表示喷洒水滴细小程度的技术指标。喷洒水流雾化不充分，其打击力度就大，会损伤作物，破坏土壤团粒结构，影响作物生长；喷洒水流雾化过度则会导致水流过细易被风吹走，蒸发损失严重，且耗能增大、射程减小。

概况 喷灌的雾化程度与喷头工作压力、喷嘴直径、喷嘴形状、喷洒水在喷射前的流态以及风速、风向等因素有关，通常用喷头进口处的工作压力值 P 与喷头主喷嘴直径 d 的比值作为喷灌雾化指标，即

$$W_h=\frac{1\,000\,h_p}{d}$$

式中 W_h 为喷灌雾化指标；h_p 为喷头的工作压力（kPa）；d 为喷头的喷嘴直径（mm）。

参考书目

刘建明，梁艺，张仲驰，等，2015. 节水灌溉技术［M］. 北京：中国水利水电出版社.

周世峰，2004. 喷灌工程学［M］. 北京：北京工业大学出版社.

（郑珍）

X

吸水室（suction chamber） 泵进口法兰到叶轮进口的过流部分。

概况 吸水室的功能是把液体按要求的条件引入叶轮。吸水室中的速度较小，因而水力损失和压水室相比要小得多，但是吸水室中的流动状态，直接影响叶轮中的流动情况，对泵的效率也有一定的影响，因而对效率的影响，比高扬程泵相对要大得多。

原理 吸水室在泵中称为吸水室，在风机和压缩机中则称为吸气室或者进气箱，它的作用是向叶轮提供具有合适大小的、均匀分布的速度的入流。入流速度的分布，对叶轮的工作有很大影响。

结构 不同类型的吸水室都有各自的结构特点，具体参见各个类型的结构。

主要用途 吸水室的功能是把液体按要求的条件引入叶轮。对吸水室的要求主要有两点：①保证叶轮进口有要求的速度场，如速度分布均匀，大小适当，无漩涡等；②吸水室内的速度分布均匀，水力损失最小。

类型 ①直锥型吸水室。主要用于单吸泵，结构简单，性能好。吸水室中液流的流速是逐渐增加的，分布比较均匀，具有较好的水力性能，能保证叶轮进口均匀无漩涡的进流条件。②环型吸水室。主要用于节段式多级泵。环形吸水室呈环状，各断面形状均相同，结构简单对称，轴向尺寸小，环形吸水室不能保证叶轮进口具有轴对称的流速场，液流进入吸水室后突然扩散，进入叶轮时又突然收缩，水力损失较大，并且显然上部进入叶轮的流速大，下部小；同时液流绕过泵轴时会形成漩涡，各处进入叶轮液体具有的圆周速度也很不一样，总之进入叶轮的速度很不均匀。③半螺旋型吸水室。主要用于单级双吸泵、中开式多级泵、大型节段式多级泵以及单级悬臂泵。由于这种吸水室在圆周上有相当一部分是螺旋形，因此进入叶轮的流速较为均匀，水力损失也较小，但是叶轮进口处会有一定的漩涡。④弯管型吸水室。主要用于卧式离心泵与混流泵中。为避免弯头对液体所产生的扰动，一般采用等截面或渐缩弯管将弯头与叶轮进口相连。等截面弯管性能较差，而渐缩弯管由于液体的加速而具有较好的水力性能。此种吸水室不适用于高比转速的泵，因为弯头损失对这种低比扬程泵的扬程和效率影响比高扬程泵大得多。⑤肘型吸水室和钟型。主要用于大型立式泵，可以减少开挖深度。肘型吸水室由水平吸入部分、肘型弯管及圆锥型收缩管 3 部分组成，整个流道为不断收缩的流道。钟型吸水室主要包含水平集水室及喇叭型吸入管。肘型吸水室较钟型吸水室的平面宽度小，可以减少厂房长度，钟型吸水室则较矮，在保证水泵相同安装高度的情况下，可以减少挖深，降低土建造价。由于存在拐弯，进口的流速不会太均匀。

参考书目

查森，1988. 叶片泵原理设计及水利设计［M］. 北京：机械工业出版社 .

关醒凡，1987. 泵的理论与设计［M］. 北京：机械工业出版社 .

（许彬）

系统日最大运行时数（maximum daily operating hours of the system） 一天内允许运行的最大小时数，系统设计时应留出一段非运行时间用于系统检修和其他预想不到的停机故障等。

原理 我国现行规范规定，系统日最大运行时数不大于 22 h。

$$t=\frac{10\,A\,I_a}{Q\eta}$$

式中 t 为系统日最大运行时数（h/d）；A 为可灌面积（hm^2）；I_a 为设计供水强度（mm/d）；Q 为水源可供流量（m^3/h）；η 为利用系数。

（王勇 李刚祥）

衔接建筑物（connecting building）

在渠道落差较集中处修建的连接两段高程不同的渠道的渠系建筑物。

概况 当前中国渠系建筑物的发展趋势是进一步向轻型化、定型化、装配化及机械化施工等方面发展。节水、节能建筑物的研究，新材料的研究和应用，电子计算机技术在渠系建筑物设计中的应用与普及，建筑物的综合利用，渠系建筑物监测，管理自动化及集中控制等问题的研究日益受到重视。衔接建筑物属于渠系建筑物。

原理 当渠道通过坡度较大的地段时，为了防止渠道冲刷，保持渠道的设计比降，就把渠道分成上、下两段，中间用衔接建筑物联结。

结构 跌水结构：①进口连接段；②控制缺口；③跌水墙；④消力池；⑤出口连接段；陡坡由进口连接段、控制堰口、陡坡段、消能设施和下游连接段组成。

主要用途 用于落差集中处，也用于泄洪排水和退水。

类型 这种建筑物常见的有跌水和陡坡。图为多级跌水。

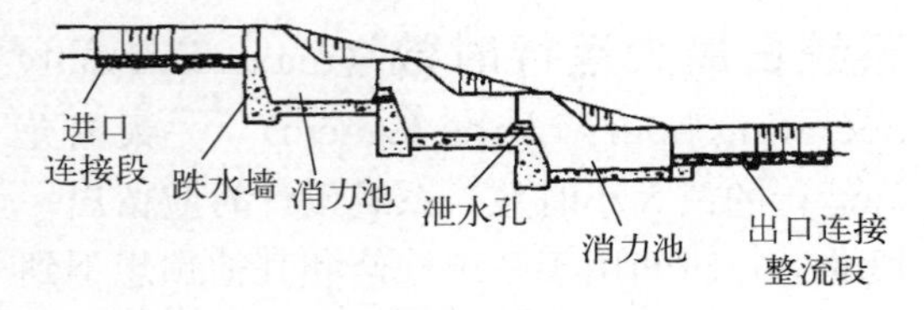

多级跌水

参考书目

李崇智，乔海泉，苟兴智，等，1988. 跌水与陡坡[M]. 北京：水利电力出版社.
安盛勋，2008. 水平旋流消能泄洪洞设计与研究[M]. 北京：中国水利水电出版社.

（王勇 杨思佳）

橡皮囊（rubber sac）

橡皮囊式水力驱动装置的核心组成部分。橡皮囊式水力驱动装置主要由换向机构、橡皮囊、泄水阀、臂杆和带内齿圈的绞盘组成。压力水通过换向机构进入橡皮囊，使囊沿轴向延伸，推动臂杆旋转，再由臂杆上的棘爪推动绞盘上的内齿圈，实现绞盘转动。橡皮囊每伸缩一次，均有废水排出。可以通过改变橡皮囊泄水阀的开度控制皮囊泄水量，达到控制皮囊每次排水、充水的时间，进而改变皮囊伸缩周期，达到调节绞盘转速，实现喷头车的运行线速度近似一致，保证喷洒质量。

（李娅杰）

小管出流灌溉（small tube flow irrigation）

通过安装在管道上的直径为 4 mm 左右的小管作为灌水器进行直接灌水的一种微灌方式。这种微灌由于出流孔径较滴灌出流孔大得多，基本避免了堵塞问题，工作压力很低，只有 4～10 m 水头，以细流（射流）状局部湿润作物根部附近的土壤，流量可达 80～250 L/h。

概况 小管出流技术的发展主要经历了 3 个阶段：第 1 阶段为 1990—1993 年，采用直径 4 mm 接头配不同长度的小管调节压力，以保证出水口流量均匀，配合开挖环沟或筑埂，将水流分散控制在作物主要根区，进行地面局部灌溉，受到农民的欢迎；第 2 阶段为 1994—1996 年，小管出流灌溉技术从不完善逐步走向成熟，稳流器研制成功，标志着该技术进入了一个新的阶段，能够省略确定小管长度的复杂计算，施工简单易行；第3阶段为1997—2000年，研制出小管出流灌溉技术的一系列配套产品，包括新型的稳流器、压力调节阀、分流管、插杆滴头等，完善系统的调压、稳流和分流技术环节，增强了系统的应变能力，使小管出流灌溉面积增加。

特点 小管出流灌溉具有节水、抗堵塞能力强、水质净化处理简单、节能、施肥方便、适应性强、灌水均匀、节省维护费用、灌水周期长、操作简单及管理方便等特点。

（汤攀）

小型潜水电泵（small submersible pump）

将叶轮直接安装在电动机的出轴端，泵体与机座或进水节直接连接，使电动机和水泵机电一体（图）。潜水电泵结构紧凑，使用、安装十分方便，是理想的提水和排灌机具。

概况 潜水电泵于20世纪初在美国研制成功。1958年，上海人民电机厂成功研制了作业面潜水电泵，揭开了我国小型潜水电泵发展的序幕。近60年来，我国小型潜水电泵日趋完善，能够满足国民经济各行业的发展需要。

原理 潜水电泵潜入水中工作，吸入管和泵内充满液体。开泵后，叶轮高速旋转，其中的液体随着叶片一起旋转，在离心力的作用下，流体产生压能和动能，在泵壳扩散室内速度逐渐变慢，动能逐渐转化为压能，最终泵出口管路高压、高速输送液体（水）。

结构 由底座、泵头、电机、外壳四部分构成，电动机位于电泵上部，为单相或三相异步电动机；潜水泵位于电泵下部，为离心式叶轮、蜗壳结构；水泵与电动机之间采用双端面机械密封，各固定止处采用O形耐油橡胶密封圈作静密封。

主要用途 小型潜水泵（图）广泛应用于农村井下抽水、农田排灌、园林浇灌和家庭生活用水，也可用于抽排工业积水、养殖用水等。

小型潜水电泵

类型：按产品类型分为小型潜水泵、井用潜水泵、污水污物潜水泵；按出水口位置分为上泵式和下泵式；按电机结构及用途分为充油式潜水泵，充水式潜水泵，干式潜水泵，屏蔽式潜水泵和特殊场合使用的矿用、盐卤和耐腐蚀潜水泵；按电机配用的电源分为单相潜水泵和三相潜水泵。

（黄俊）

小型拖拉机牵引式喷灌机（small-tractor-drawn sprinkling machine）

一种由小型拖拉机牵引移动的喷灌设备。其具有结构紧凑、机动灵活、机械利用率高，单位喷灌面积的投资低，适合在田间渠道配套性好或水源分布广、取水点较多的地区，广泛应用于农业灌排、种植、园林等领域。小型拖拉机牵引式喷灌机与人工移管式喷灌机相比，大大地节省了劳动力。

概况 随着我国农业机械化及农村经济的发展，小型拖拉机已成为农业作业及农村运输的主要动力，保有量逐年增长，“八五”期间到1994年底全国小型拖拉机已达818万多台。“九五”期间及以后一段时间小型拖拉机仍以2.7%的年递增率增长。小型拖拉机由于其小巧、机动灵活、价位低、适用面广而受到广大农民的欢迎。与人工移管式的喷灌机相比，拖拉机式喷灌机大大节省了劳动力，在我国农村得到广泛应用。

结构 小型拖拉机牵引式喷灌机是另一种小型拖拉机式喷灌机。与小型拖拉机式喷灌机基本相似，但小型拖拉机牵引式喷灌机是将水泵安装在拖拉机的后面，利用拖拉机的动力输出轴牵引喷水行车。

工作原理 这种喷灌机利用中间驱动机构带动整机滚移、多喷头喷洒作业、固定管线供水来完成喷灌工作的节水器具。它可以根据不同地块的幅宽要求，任意组装成各种长度。根据不同的喷灌强度要求，增减配置喷头的数量。该机具有雾化效果大、入机压力大、抗风能力强、操作简单、无喷灌死角等优点。广泛用于大型农田的节水喷灌工程，是一种新型较理想的喷灌机械。

参考书目

刘景泉，蒋极峰，李有才，1998. 农机实用手册[M]. 北京：人民交通出版社.

（曹璞钰）

小型拖拉机悬挂式喷灌机 (small-tractor-mounted sprinkling machine)

一种由悬挂安装在小型拖拉机上移动的喷灌设备。其具有结构紧凑、机动灵活、机械利用率高，单位喷灌面积的投资低，适合在田间渠道配套性好或水源分布广、取水点较多的地区，广泛应用于农业灌排、种植、园林等领域（图）。小型拖拉机悬挂式喷灌机与人工移管式喷灌机相比，大大地节省了劳动力。

小型拖拉机悬挂式喷灌机

概况 随着我国农业机械化及农村经济的发展，小型拖拉机已成为农业作业及农村运输的主要动力，保有量逐年增长，“八五”期间到1994年底全国小型拖拉机已达818万多台。“九五”期间及以后一段时间小型拖拉机仍以2.7%的年递增率增长。小型拖拉机由于其小巧、机动灵活、价位低、适用面广而受到广大农民的欢迎。与人工移管式的喷灌机相比，拖拉机式喷灌机大大节省了劳动力，在我国农村得到广泛应用。

结构 拖拉机悬挂式喷灌机是将喷灌泵安装在拖拉机上，牵引PE管缠绕在绞盘上，经变速装置驱动绞盘旋转，通过联轴器、变速箱和各种传动方式带动喷灌泵工作。

工作原理 将喷灌机的水泵安装在拖拉机（或农用运输车）上，利用拖拉机的动力，通过皮带轮或齿轮箱传动装置带动喷灌泵工作。将牵引PE管缠绕在绞盘上，经变速装置驱动绞盘旋转，并牵引喷头车自动移动和喷洒。拖拉机在田间行走转移时，需要摘下传动带。除了在田间有渠道网的配套工程外，还需要在渠道边配有机耕道。

参考书目

刘景泉，蒋极峰，李有才，1998. 农机实用手册[M]. 北京：人民交通出版社.

（曹璞钰）

泄水建筑物 (water release structure)

在水利工程枢纽中，用来泄放水的水工建筑物称为泄水建筑物。

概况 中国修建泄水建筑物的历史悠久。早在春秋战国时期就有有关记载。随着实践经验的不断丰富和科学技术的不断发展，世界上的泄水建筑物在形式、构造、材料以及消能防冲、防空蚀、抗振动、地基处理、施工技术等方面都日趋进步，规模也不断扩大。巴西图库鲁伊工程泄水建筑物的最大泄流量为104 400 m^3/s，中国葛洲坝水利枢纽的最大泄流量达110 000 m^3/s，巴基斯坦门格拉水利枢纽岸边溢洪道的单宽流量达290 $m^3/(s \cdot m)$，中国东江水电站右岸滑雪道式溢洪道采用窄缝式挑流消能，窄缝收缩段始端的单宽流量为 151 m³/(s・m)，末端则达 604 m³/(s・m)。

原理 控制段设有工作闸门和事故或检修闸门，用以控制水流的泄放或截断水流。泄流段将过闸水流送至消能设施前。消能设施也称消能工，用以消耗泄流段尾端高速水流的能量，使下泄水流能安全地归入下游河道（或下游退水渠），减轻不利的河床冲刷和淤积。上游引水渠是水库和控制段之间的连接水道。下游退水渠是消能设施至下游河槽之间的连接水道。

结构 泄水建筑物由控制段、泄流段及消能设施组成。当泄水建筑物设置在岸边时，根据地形条件，有时需设上游引水渠和下游退水渠。

主要用途 泄水建筑物在水利、水电枢纽中的作用：①汛期泄放洪水，控制水库水位以保证挡水建筑物的安全。②按照合理的调度运行方式，在汛期控制下泄洪水流量以减轻下游洪水灾害；在非汛期有计划地放水，以保证下游通航灌溉、工业和生活用水。③汛期排放泥沙，减轻水库淤积以延长水库有效库容的运行时间；在水库低水位时放水冲沙，降低进水口前淤沙高程，减少过机水流含沙量以减轻对水轮机的磨损。这种泄水建筑物又称排沙建筑物。④在维修大坝或紧急情况下放水降低库水位。⑤在多污物河流或寒冷地区利用开敞式泄水建筑物排放污物或冰凌以免除拦污栅被堵塞或破坏。⑥孔口高程较低的泄水建筑物还可参与冲沙和施工后期导流，同时也可向下游供水缩短截流之后下游河道断水的时间。泄水建筑物的规模和泄水能力应满足上述各项要求，并按工程的规模和重要性确定在各种控制水位时的泄水标准。

类型 根据其在枢纽中的位置和建筑物的特点类型有：溢流坝、滑雪道式溢洪道、岸边溢洪道、泄洪隧洞、坝身泄水孔、泄水闸等。广义地讲，溢流坝、滑雪道式溢洪道、岸边溢洪道和设表孔的泄洪隧洞可统称溢洪道。滑雪道式溢洪道是岸边溢洪道的一种特殊布置，它布置在岸边，但较岸边溢洪道更靠近河岸，其首部控制段大多布置在岸边坝段上，泄流段和消能设施则顺坝下游至岸边，结合岸边地形布置于高出地面的排架结构或实体混凝土之上，类似一个高台滑雪跳板，因而得名。这种溢洪道可以把挑流水舌送到距坝址较远的下游河道中，对消能防冲有利，因而常在工程中被采用。按泄水建筑物的孔口设置高程有：表孔泄水建筑物、中孔泄水建筑物和深孔（或称底孔）泄水建筑物。表孔泄水建筑物的泄水孔口设于库水位的表部，由闸门或闸门及胸墙挡水，主要用于泄放洪水，其泄水能力较大，随水位升高，泄量增加多，即具有较大的超泄能力；中孔泄水建筑物和深孔泄水建筑物的泄水孔口分别设于水库水下中部和深部，它有利于放低库水位和排沙等，但其泄洪能力小。下图为泄水建筑物布置形式。

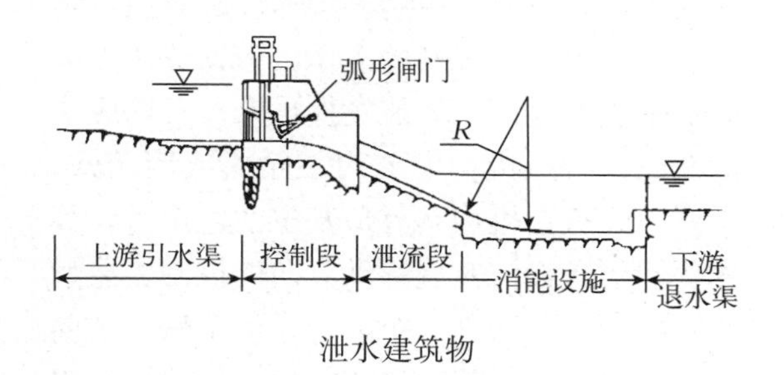

泄水建筑物

参考书目

李炜，2006. 水力计算手册［M］. 北京：中国水利水电出版社.

（王勇　杨思佳）

行走机构（running gear）

汽车、拖拉机底盘的一部分，一般包括车架、前桥、后桥、悬挂系统和车轮等结构（图）。

概况 一般常见的行走机构是车轮式行走机构，即车轮。此外，还有半履带式行走

行走机构

机构、车轮-履带式行走机构和履带式行走机构等几种。半履带式行走机构在前桥上装有车轮或滑橇，后桥上装有履带，主要用于雪地或沼泽地带行驶。车轮-履带式行走机构有可以互换使用的车轮和履带。履带式拖拉机的行走机构由悬挂系统及履带行走器两部分组成。

类型 根据结构可分为车轮式、履带式、步行式和其他方式等行走机构。

结构 车轮式行走机构具有移动平稳、能耗小，以及容易控制移动速度和方向等优点，因此得到了普遍的应用，但这些优点只有在平坦的地面上才能发挥出来。目前应用的车轮式行走机构主要为三轮式或四轮式。①三轮式行走机构具有最基本的稳定性，其主要问题是如何实现移动方向的控制。典型车轮的配置方法是一个前轮、两个后轮，前轮作为操纵舵，用来改变方向，后轮用来驱动；另一种是用后两轮独立驱动，另一个轮仅起支撑作用，并靠两轮的转速差或转向来改变移动方向，从而实现整体灵活的、小范围的移动。不过，要做较长距离的直线移动时，两驱动轮的直径差会影响前进的方向。②四轮式行走机构也是一种应用广泛的行走机构，其基本原理类似于三轮式行走机构。在四轮式行走机构中，自位轮可沿其回转轴回转，直至转到要求的方向上为止，这期间驱动轮产生滑动，因而很难求出正确的移动量。另外，用转向机构改变运动方向时，在静止状态下行走机构会产生很大的阻力。

履带式行走机构的特点很突出，采用该类行走机构的机器人可以在凸凹不平的地面上行走，也可以跨越障碍物、爬不太高的台阶等。一般类似于坦克的履带式机器人，由于没有自位轮和转向机构，要转弯时只能靠左、右两个履带的速度差，所以不仅在横向，而且在前进方向上也会产生滑动，转弯阻力大，不能准确地确定回转半径。

步行式行走机构类似于动物，利用脚部关节机构，用步行方式实现移动的机构。采用步行机构的步行机器人能够在凸凹不平的地上行走、跨越沟壑，还可以上、下台阶，因而具有广泛的适应性。但控制上有相当的难度，完全实现上述要求的实际例子很少。步行机构有两足、三足、四足、六足、八足等形式，其中两足步行机构具有最好的适应性，也最接近人类，故又称类人双足行走机构。

参考书目

韩建海，2015. 工业机器人［M］. 3 版 . 武汉：华中科技大学出版社 .

（徐恩翔）

行走式微喷头

（travelling micro sprinkler） 又称吊挂式微喷头，可实现 360°全圆均匀喷洒的微喷头（图）。采用新型工程塑料、耐磨性强。精确设计、精密制造、喷头喷洒弧度流量均匀。

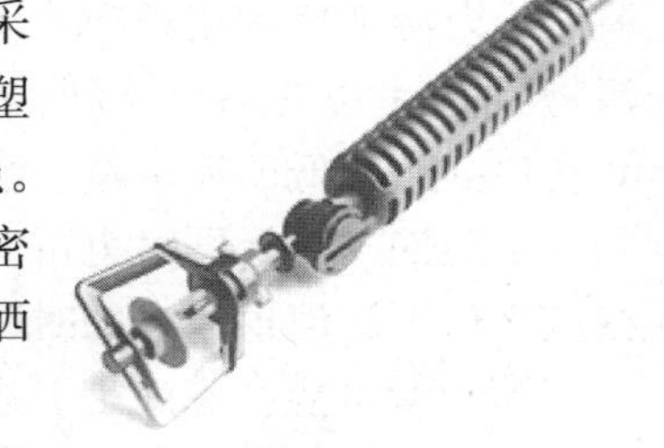

行走式微喷头

结构 一般包括管道链接双倒钩、毛管、吊喷、重锤、防滴器（又称止漏阀）和微喷头。

用途 适用温室内苗床或观叶植物灌

溉，可用于苗圃育苗，适合各种间距较大的果树灌溉。

参考书目

周卫平，2005. 微灌工程技术［M］. 北京：中国水利水电出版社出版.

（蒋跃）

型式数

型式数（formal parameter） 国际标准化组织以型式数作为离心泵的相似准则，又称为无因次比转速。因为比转速的因次正好是重力加速度因次的 3/4 次方，所以一般的比转速除以 $g^{3/4}$ 就变为无因次比转速。

概况 比转速的不同表达式和不同的单位给应用带来诸多不便，所以又提出型式数的概念。实际上就是无因次比转速。

原理 无量纲比转速与所用的单位制无关，只要将各量所涉及的时间、长度、质量这 3 个基本单位取得一致，计算结果便与单位无关。对于泵而言，ISO（国际标准化组织）和 GB（国标）规程中将其称为型式数。

公式

$$K=\frac{2\pi n\sqrt{Q}}{60\,(gH)^{3/4}}$$

式中各量的单位和国内计算 n_s 的单位相同。

比转速和型式数之间的关系为：

$$\frac{K}{n_s}=\frac{2\pi n\sqrt{Q}H^{3/4}}{60\,(gH)^{3/4}\times 3.65n\sqrt{Q}}=\frac{2\pi}{60\,g^{3/4}\times 3.65}=0.005\,175\,9$$

主要用途 和比转速意义相同。

参考书目

关醒凡，1987. 泵的理论与设计［M］. 北京：机械工业出版社.

克里斯托弗·厄尔斯·布伦南，2012. 泵流体力学［M］. 潘中永，译. 镇江：江苏大学出版社.

Brennen C E，1995. Cavitation and Bubble Dynamics［M］. Oxford：Oxford University Press.

（许彬）

续灌

续灌（continuous irrigation） 上一级渠道同时向下一级所有渠道配水的渠道配水方式。续灌渠道在灌水期间连续工作。

概况 在南疆塔河流域，呈现大陆干旱性气候特点，降雨稀少，蒸发强烈，农田灌溉以引地表水（河水）灌溉为主，配之以地下水、泉水来满足农业生产用水。通常所说的渠道灌溉方式或说渠道的工作制度，就是渠道输水方式，分为续灌和轮灌两种。

结构 图为续灌结构示意。

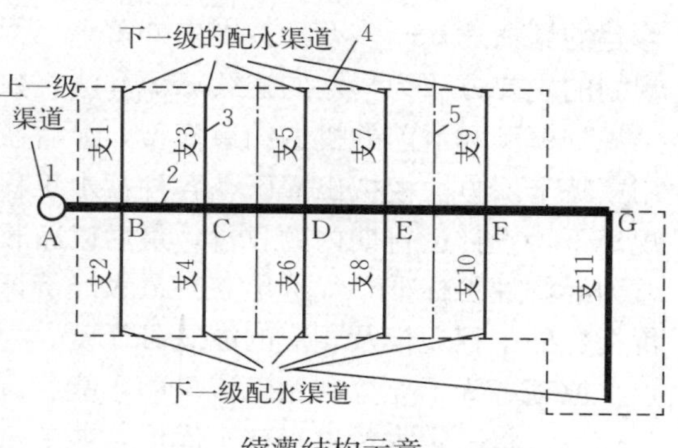

续灌结构示意

主要用途 一般干、支渠多采用续灌，适用于面积小、作物单一的灌区，微灌系统采用较多。

优点 每株作物都能得到适时灌水，灌溉供水时间短，有利于其他田间操作。

缺点 干管流量大，增大工程的投资和运行费用，设备的利用率低，在水源流量小的地区可能缩小灌溉面积。

（王勇　李刚祥）

蓄水工程

蓄水工程（water storage project） 蓄河水及地面径流以灌溉农田的水利工程设施，包括水库和塘堰（图）。

概况 中国最古老的大型蓄水灌溉工程之一，在公元前 6 世纪于今安徽省寿县境内修建了堤防长达百余里的芍陂。20 世纪 50 年代后，蓄水灌溉工程发展迅速。至 1985 年，全国已建成水库 8.3 万座，总蓄水量达 4 000 多亿米^3，占年径流量的 15%。此外

蓄水工程

修建的塘堰达630多万处。国内外蓄水工程规划的主要方法为早期的连续峰值算法、数学规划模型和目前的机遇约束模型，最后使用蒙特卡罗方法模拟出灌区在各种蓄水工程规模下，设计运行期内的收益，最后以净收益为经济评价标准，优选出获得最大经济评价指标的工程规模及相应的灌溉可靠度。

原理 为了充分利用河流里的水能、调节径流，将一定水量蓄存在水库里，调节水资源时空分布以供需要时使用。

结构 由水坝、泄水建筑物和取水建筑物等组成。

主要用途 将天然状态下的水资源按人类需求进行时空上的再分配。

类型 分为水库、塘堰。

（王勇 熊伟）

悬臂梁冲击试验机

悬臂梁冲击试验机（pendulum impact－testing machines used for lzod） 用于测试材料开始破坏至完全破坏时所吸收的能量的装置（图）。

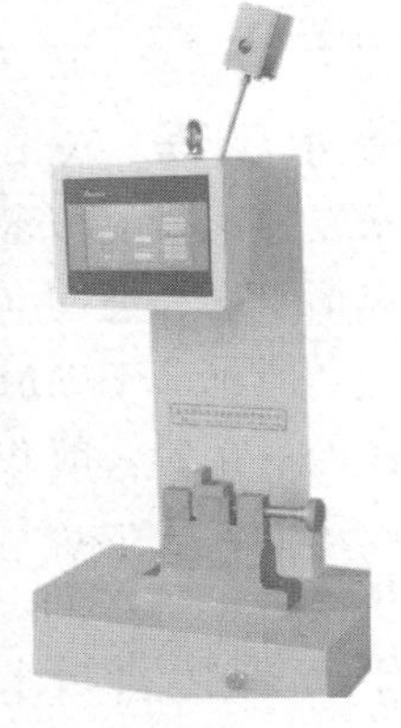

悬臂梁冲击试验机

原理 使用已知能量的摆锤，冲击垂直固定成悬臂梁的试样，测量试样破坏时所吸收的冲击功。

结构 主要由摆锤、试样支座、能量指示机构和机体等组成。

主要用途 主要用于硬质塑料、增强尼龙、玻璃钢、陶瓷、铸石、电绝缘材料等非金属材料冲击韧性的测定。

类型 根据显示类型，分为指针式和电子式。

（印刚）

旋涡泵

旋涡泵（vortex pump） 一种流量小、扬程高的叶片泵，靠叶轮旋转时使液体在叶轮和流道之间产生纵向旋涡，通过纵向漩涡的作用完成液体的吸入和排出，所以称为旋涡泵。

概况 旋涡泵（图）是叶片式泵的一种，最早出现于1920年，由德国的西门和亨施公司制造。旋涡泵主要工作结构包括叶轮（叶片式或外缘上切成许多沟槽而形成叶片的圆盘）、泵体和泵盖，以及由它们所组成的环形流道输送介质由吸入管进入流道，经过旋转的叶轮获得能量，被输送到排出管，完成泵的工作过程。旋涡泵的工作原理、结构以及特性曲线等均与离心泵、轴流泵、混流泵等类型泵不同，是一种小流量、高扬程的泵，其比转速一般低于40。旋涡泵的工作流量小的可到0.05 L/s或更小，因此美国学者提出应用旋涡泵来研制人工心脏泵，流量大的可达12 L/s，所以可以在某些场合替代离心泵。

旋涡泵

原理 液体由吸入口进入流道和叶轮。由于叶轮转动，使叶轮和流道内的液体产生圆周运动，叶轮内液体的圆周速度大于流道内液体的圆周速度，即叶轮内液体的离心力大，两者之间产生一个旋涡运动，其旋转中心线是沿流道纵长方向，称为纵向旋涡。在纵向旋涡作用下，液体从吸入至排出的整个过程中，可以多次进入与流出叶轮，类似于液体在多级离心泵内的流动状况。液体每流经叶轮一次，就获得一次能量。当液体从叶轮流至流道时，就与流道中运动的液体相混合。由于两股液流速度不同，在混合过程中产生动量交换，使流道中液体的能量得到增加。旋涡泵主要是依靠这种纵向旋涡来传递能量。

结构 主要由叶轮（外缘部分带有许多个径向叶片的圆盘）、泵体和泵盖组成。

主要用途 主要适用于化工、医药等工业领域流程中输送高扬程、小流量的酸、碱和其他有腐蚀性及易挥发液体，也可作为消防泵、锅炉给水泵、船舶给水泵和一般增压泵使用。

类型 旋涡泵按叶轮与吸入口、压出口的相对位置可分为开式与闭式旋涡泵；按流道与压出口的相对位置可分为开式流道、闭式流道和半开式流道旋涡泵。

（黄俊）

旋翼式水表（rotating vane type water meter） 一种流入水流沿测机构下部的粪轮盒下排孔切线方向冲击翼轮旋转后，利用翼轮转速与水流速度成正比例，经过减速齿轮传动计数器测量的水表。主要由外壳、叶轮计机构和减速指示机构组成，形式如图所示。

旋翼式水表

原理 水由水表进水口入表壳内，经滤水网，由叶轮盒的进水孔进入叶轮盒内，冲击叶轮，叶轮开始转动，水再由叶轮盒上部出水孔经表壳出水口流向管道内，叶轮下部由顶针支撑着。叶轮转动后，通过叶轮中心轴，使上部的中心齿轮也转动，带动叶轮盒内的传动齿轮，按转速比的规定进行转动，带动度盘上的指针。三角指针开始转动后以十进位的传递方式带动其他齿轮和上部指针，按照度盘上的分度值，从0开始按顺时针的方向进行转动，开始计量。

类型 旋翼式水表的结构形式分为湿式和干式两种。水表的计数器有三种：一是指针式；二是字轮式；三是组合式。

结构 旋翼式水表主要由表壳、滤水网、计量机构、指示机构等组成。其中计量机构主要由叶轮盒、叶轮、叶轮轴、调节板组成。指示机构主要由刻度盘、指针、三角指针或字轮、传动齿轮等组成。

表壳既是水表的掩体，又是水表的母体。水表的各部件安装在表壳内，表壳保护着水表各部件的运行。进出口两端的管接头或法兰与管道相连接，进出口的口径就是水表的口径，表壳要求有较高的耐压和抗拉强度。滤水网安装在水表的进口端叶轮盒的外部，被测水由进口端选通过滤水网过滤后，才能进入叶轮盒。滤水网用于清除水中杂质和泥沙，避免水表发生故障和损坏。

叶轮盒有三种作用：一是水由进水孔进来冲击叶轮后再由出水口出去；二是保护叶轮转动；三是调节叶轮转速。叶轮盒的下部有调节孔和调节板，调节孔面积的大小和叶轮转速成正比，叶轮的高低和转速成反比。因叶轮组装时下端位于叶轮盒进水口下缘，叶轮向上调，会使进水孔的水流部分冲击不到叶轮上，因此会变慢，反之变快，由此来调节水表的测量误差。叶轮是水表的敏感元件，它把水的动能变为转速，通过叶轮轴再传给指示机构进行指示。叶轮安装在叶轮盒上部的叶轮轴上。旋翼式水表的叶片为直板形。叶轮轴上安装有叶轮，且装有变送齿轮与指示机构连接，用于传递叶轮的转速。

发展趋势 现阶段，在国内的各种民用水表中，旋翼式湿式水表以其结构简单、计量稳定、价格低廉在国内得到广泛的应用。液封式计数器的广泛采用，克服了较早湿式水表产品的度盘容易因管道水质积垢而污损的缺点，解决了水表清晰抄读的问题，得到了广泛的应用。供水行业里普遍认为液封式水表是目前较适合国内管材和水质的水表。近年来，随着能源和水资源的全球性匮乏，随着法制计量的不断完善，全社会对水计量的要求越来越高。因此，研究和探索满足新形势下适合满足供水企业和用水户双重需要的水表或流量计，并扩大其流量测量范围、延长水表的工作寿命、提高仪表智能化程度等已成为今后水表发展的新趋势。

（骆寅）

旋转式喷头 (rotated sprinkler head)

在喷灌时依靠水压力可自动绕其竖轴旋转并喷洒的喷头，利用水流的离心作用和反作用力的推动作用，使喷头边喷水边旋转。图为旋转式喷头。

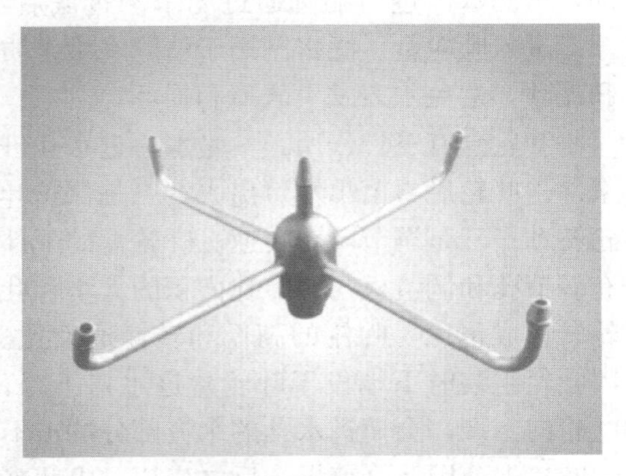

旋转式喷头

结构 可分为叶轮式喷头、摇臂式喷头、反作用式喷头、全射流喷头和阻尼式喷头等不同形式。

主要用途 其特点是水从喷嘴喷出时形成一股集中的水舌，故射程较远，流量范围大，喷灌强度较低，是目前我国农田灌溉中应用最普遍的一种喷头形式。

参考书目

袁寿其，李红，施卫东，2011. 新型喷灌装备设计理论与技术［M］. 北京：机械工业出版社.

郑耀泉，李光永，党平，等，1998. 喷灌与微灌设备［M］. 北京：中国水利水电出版社.

（朱兴业）

旋转折射式喷头 (rotating spray-plate sprinkler)

一种可以完成细小喷洒水滴的喷洒器。喷盘上的流道受到喷嘴射流的作用，喷洒时喷盘边旋转边喷洒，具有喷洒射程大、喷灌强度低、水滴直径小的特点，对土壤和作物的打击力较小。水流从喷嘴喷射出，撞击喷盘折射锥后，散射成雾状，雾化性能好，不易对作物和土壤产生冲击伤害，但是这类喷头抗风性能较差。

概况 20 世纪 90 年代，随着大型移动式喷灌设备的普及，大型喷灌机所适用的低压喷头相继问世，其工作压力一般在 100～300 kPa。此类喷头有固定的挡水结构，一般称为折射板或者喷盘，其喷洒形状一般为全圆或者扇形。按照喷盘形式进行分类，折射式喷头又可分为光滑型喷盘（旋转）和带沟槽的喷盘（非旋转）两种类型，带沟槽的喷头又可分为凸状和凹状。由于国内对折射式喷头开发研究较少，国内平行移动式和中心支轴喷灌机使用的低压喷头，如美国尼尔森（Nelson）灌溉公司的 D 3000、R 3000 和 S 3000 系列低压折射式喷头、Senninger LDN 喷头和 I-Wob 喷头，仍然依靠进口。

原理 喷嘴喷射出的高速水流撞击旋转子上的折射锥后，沿着旋转子上的沟槽抛射而出，在水束喷射时，沿喷盘切线方向形成力矩，带动旋转子旋转，其水量呈环状分布。

结构 目前典型的低压阻尼旋转喷头是美国尼尔森（Nelson）灌溉公司生产的R3000系列喷头，其主要部件包括喷嘴、喷头支架、喷水盘、喷盘帽和阻尼器（图1、图2）。

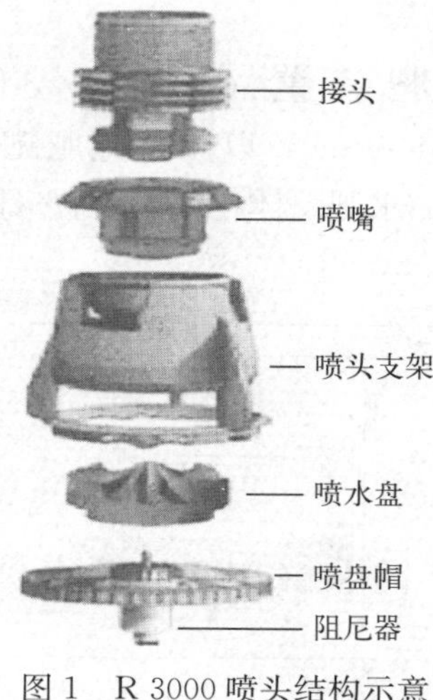

图1 R 3000 喷头结构示意

图2 R 3000 型喷头及绿色喷盘

主要用途 旋转折射式喷头喷洒范围较大，喷灌强度较小，水量分布相对较为均匀；但是该喷头工作压力相对较大，能耗相对较高，并且抗风性能较差，对自然环境要求较高，主要用于灌溉蔬菜、瓜果、粮食等作物。

参考书目

袁寿其，李红，施卫东，2011. 新型喷灌装备设计理论与技术［M］. 北京：机械工业出版社．

郑耀泉，刘婴谷，严海军，等，2015. 喷灌与微灌技术应用［M］. 北京：中国水利水电出版社．

（朱勇）

Y

压差计

压差计（differential pressure gauge） 一种物理测量仪器，用来测量两点之间的压力差，用于测量井巷或管道流体中两点间压力差的仪器。如图所示为一小型压差计，巨大的表盘可以获取管口之间的压力差，从而测量两点之间的压力差。

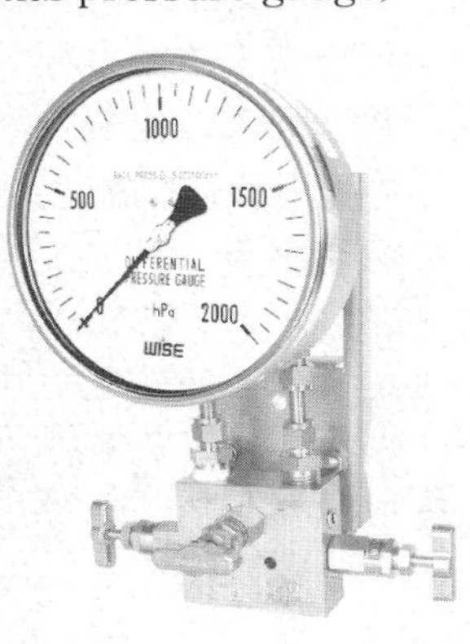

压差计

概况 用于测量井巷或管道流体中两点间压力差的仪器。广泛应用于测量风扇和鼓风机的压力、过滤器阻力、风速、炉压、孔板差压、气泡水位及液体放大器或液压系统压力等，同时也用于燃烧过程中的空气煤气比值控制及自动阀控制，以及医疗保健设备中的血压和呼吸压力监测。

类型 按产生压差的作用原理分类，主要有：①节流式；②动压头式；③水力阻力式；④离心式；⑤动压增益式；⑥射流式。

结构 主要结构有：①标准孔板；②标准喷嘴；③经典文丘里管；④文丘里喷嘴；⑤锥形入口孔板；⑥1/4 圆孔板；⑦圆缺孔板；⑧偏心孔板；⑨楔形孔板；⑩整体（内藏）孔板；⑪线性孔板；⑫环形孔板；⑬道尔管；⑭罗洛斯管；⑮弯管；⑯可换孔板节流装置；⑰临界流节流装置。

参考书目

梁国伟，蔡武昌，2005. 流量测量技术及仪表［M］. 北京：机械工业出版社：11－120.

历玉鸣，2006. 化工仪表及自动化［M］. 北京：化学工业出版社：49－65.

（王龙滟）

压差施肥装置

压差施肥装置（pressure differential fertilizer device） 以压差施肥罐为吸肥、注肥设备的水肥一体化施肥装置（图）。

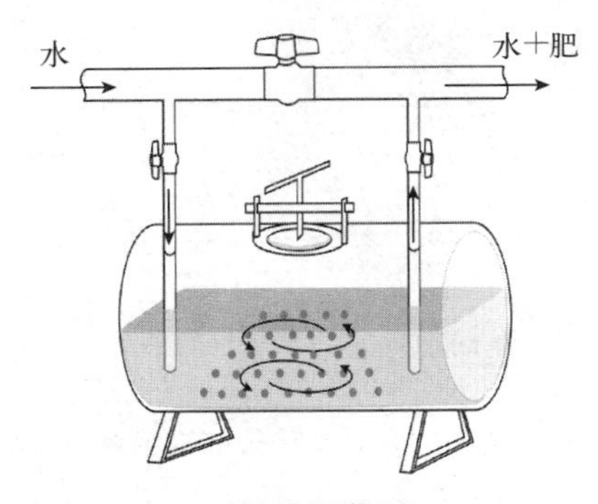

压差施肥装置

概况 压差式施肥装置具有结构简单、制造成本低廉、不需外加提供动力装置、装置体积较小、操作与移动较为方便、运行能耗低、技术产品成熟、规格品种齐全等优势，对灌溉系统的压力和流量变化不敏感，是我国大田普遍应用的一种灌溉施肥装置。但施肥罐必须是压力容器，而且在施肥灌溉的过程中，流入压差式施肥罐的水流会一直稀释着罐内的肥液，肥液浓度一直处于一个变化过程，直到施肥结束。

原理 压差施肥装置是利用管道前后压差，将肥料溶液带入滴灌管网进行施肥的。压差施肥装置的调压阀门安装在输水主管上，位于进水管和供肥管中间，通过控制其开度使管道前后形成压差，施肥罐通过进水管和供肥管与输水主管旁接。施肥时关小调压阀门，输水主管中的部分水流即会通过进水管进入密封的施肥罐中，而后通过出液支管将肥料溶液带入灌溉系统进行施肥。

结构 施肥装置一般由调压阀门、压差施肥罐、进水管、注肥管等组成。

主要用途 一般适于大田、设施作物等灌溉面积较大的喷、微灌系统。

类型 包括并联型与串联型两种类型。

参考书目

袁寿其，李红，王新坤，等，2015. 喷微灌技术及设备［M］. 北京：中国水利水电出版社.

李久生，王迪，栗岩峰，2008. 现代灌溉水肥管理原理与应用［M］. 郑州：黄河水利出版社.

傅琳，董文楚，郑耀泉，等，1988. 微灌工程技术指南［M］. 北京：水利电力出版社.

（王新坤）

压差式肥料罐（differential pressure fertilizer tank）

采用在封闭式肥料罐两端形成压差的方法将罐内肥料逐步注入喷灌主管中去的喷灌施肥装置（图）。

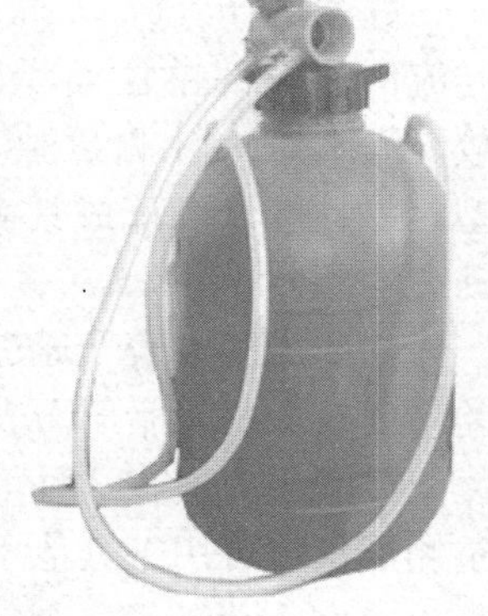

压差式肥料罐

概况 该装置操作简便、施肥均匀，可使肥料直接作用于作物根部，提高肥效，减少浪费，省时、省力、定量。既可集中施肥，也可分散施肥。

原理 压差式施肥罐的工作原理是通过调节控制阀，使施肥罐的进水管和出肥管间形成压差，从而使水流通过进水管进入施肥罐内与肥液混合，与水不断混合的肥液通过出肥管流入灌溉施肥系统的主管道中。

结构 一般由储液罐（化肥罐）、进水管、供肥管、调压阀等组成。

主要用途 主要用于蔬菜大棚、田间、果园的施肥灌溉。

（杨孙圣）

压力（pressure）

喷头的主要水力参数，主要有喷头压力和喷嘴压力。

概况 喷头的工作压力是指喷头前 20 cm 处测取的静水压力，单位为 kPa。喷嘴压力是指喷嘴出口处的流速水头。两者差值大小反映了喷头的设计和制造水平，是评价喷头好坏的指标，两者的差值应小于 49 kPa。

（郑珍）

压力变送器（pressure transmitter）

一种将压力转换成气动信号或电动信号进行控制和远传的设备。压力变送器有多个管孔，并内置了传感器，如图所示，它能将测压元件传感器感受到的气体、液体等物理压力参数转变成标准的电信号（如 4～20 mADC 等），以供给指示报警仪、记录仪、调节器等二次仪表进行测量、指示和过程调节。

概况 压力变送器的发展大体经历了四个阶段：①早期压力变送器采用大位移式工作原理，如水银浮子式差压计及膜盒式差压变送器，这些变送器精度低且笨重。②20 世纪 50 年代有了精度稍高的力平衡式差压变送器，但反馈力小，结构复杂，可靠性、稳定性和抗震性均较差。③20 世纪 70 年代中期，随着新工艺、新材料、新技术的出现，尤其是电子技术的迅猛发展，出现体积小巧、结构简单的位移式变送器。④20 世纪 90 年代科学技术迅猛发展，变送器测量精度提高而且逐渐向智能化发展，数字信号传输更有利于数据采集，出现了扩散硅压阻式变送器、电容式变送器、差动电感式变送器和陶瓷电容式变送器等不同类型。

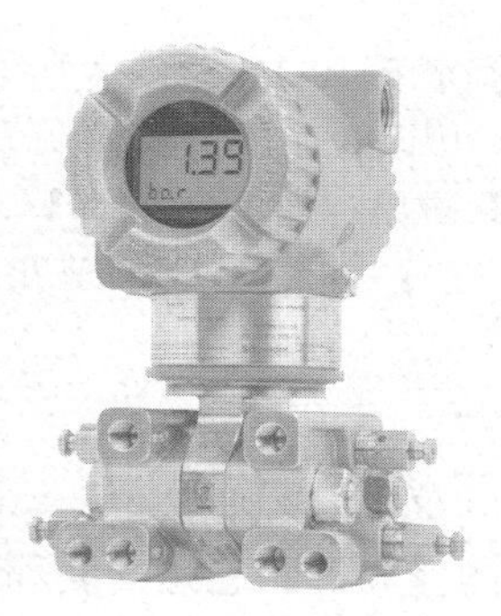

压力变送器

类型 压力变送器是工业实践中最为常

用的一种传感器，其广泛应用于各种工业自控环境，涉及水利水电、铁路交通、智能建筑、生产自控、航空航天、军工、石化、油井、电力、船舶、机床、管道等众多行业。压力变送器有电动式和气动式两大类。电动式的统一输出信号为 0～10 mA、4～20 mA 或 1～5 V 等直流电信号。气动式的统一输出信号为 20～100 Pa 的气体压力。压力变送器按不同的转换原理可分为力（力矩）平衡式、电容式、电感式、应变式和频率式等。

结构 压力变送器是由测量膜片与两侧绝缘片上的电极各组成一个电容器。当两侧压力不一致时，致使测量膜片产生位移，其位移量和压力差成正比，故两侧电容量不相等，可通过振荡和解调环节进行调节。

参考书目

刘美，2015. 仪表及自动控制［M］. 北京：中国石化出版社.

张东风，2011. 电厂热力过程自动化［M］. 北京：中国电力出版社.

梁国伟，蔡武昌，2005. 流量测量技术及仪表［M］. 北京：机械工业出版社.

（王龙滟）

压力表（pressure gauge） 一种流体强度测量装置。它是安装和调整流体动力机器所必需的，在故障排除时也是必不可少的。没有压力表，流体动力系统将是不可预测和不可靠的。压力表有助于确保没有可能影响液压系统运行状况的泄漏或压力变化。

人类目前已经发明了许多测量压力的仪器，具有不同的优点和缺点。不同的仪器之间，压力范围、灵敏度、动态响应和成本都会有几个数量级的变化。最古老的压力表是托里拆利（Evangelista Torricelli）在 1643 年发明的液柱压力计（装有汞的垂直管）。U 形管是惠更斯（Christiaan Huygens）在 1661 年发明的，如图 1 所示。

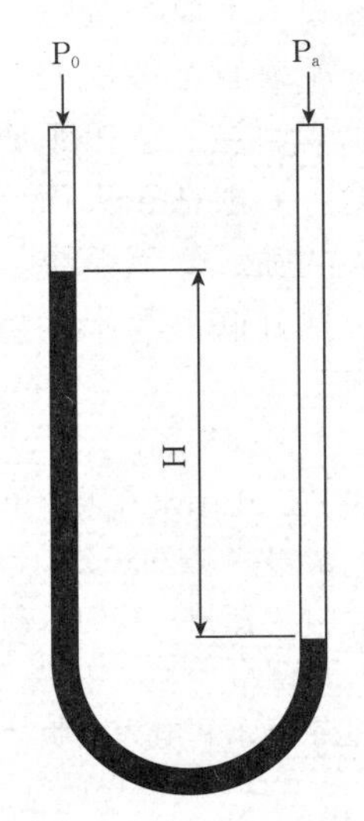

图 1 U 形管压力计

压力表的类型有如下几种：

静液压计 （如水银柱压力计）将压力与流体柱底部单位面积的静水压力进行比较。静水压力计测量独立于被测气体的类型，并且可以设计成具有非常线性的校准。动态响应差。

活塞式压力表 通过弹簧（如图 2 展示的精度较低的轮胎压力表）或固体重量来平衡流体的压力，在这种情况下，它被称为静重测试仪，可用于其他压力表的校准。

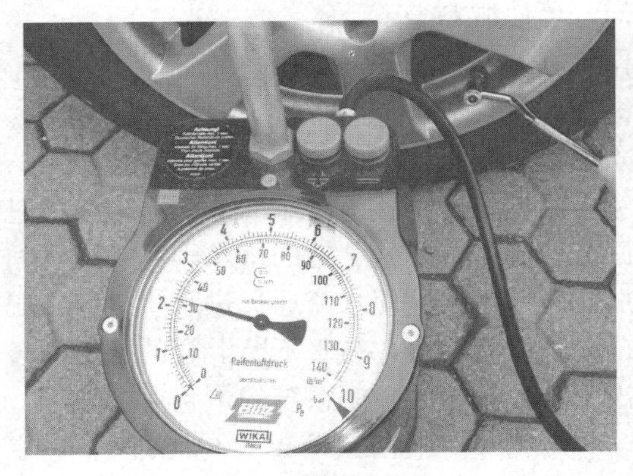

图 2 轮胎压力表

液柱压力计 由管中的一列液体组成，其末端承受不同的压力。液柱会上升或下降，直到它的重量（重力作用的力）与管子两端的压差（流体压力作用的力）达到平衡。一个非常简单的例子是U形管，其中装有一半的液体，其一侧连接到目标区域，而另一侧则施加了参考压力（可能是大气压或真空）。

麦克劳德仪表 一种用于测量极低压力的科学仪器，如图3所示，它隔离了一个气体样本，并将其压缩在一个改良的水银压力计中，直到压力达到几毫米汞柱。这个测试过程非常缓慢，不适合连续监测，但有不错的准确性。与其他压力计不同，麦克劳德仪表的读数取决于气体的成分。如果受到压缩的作用足够大，麦克劳德仪表则会完全忽略非理想蒸汽冷凝的部分压力，如泵油、水银，甚至水。

波登管压力表 最常用的压力表，如图4所示，用于测量中高压。测量元件是一个弯曲的管子，具有圆形、螺旋形或盘绕的形状，通常称为波登管。波登管压力表的原理是：扁平的管在受压时趋于拉直或在截面上恢复成圆形。横截面的这种变化可能很难被注意到，因为这个应力变化在加工材料的弹性范围内。但是把管子做成C形甚至螺旋形，管子材料的张力就会被放大，这样在受压时，整个管子就会趋于拉直或弹性地展开。由于其优越的灵敏度、线性度和准确度得到了广泛的应用。

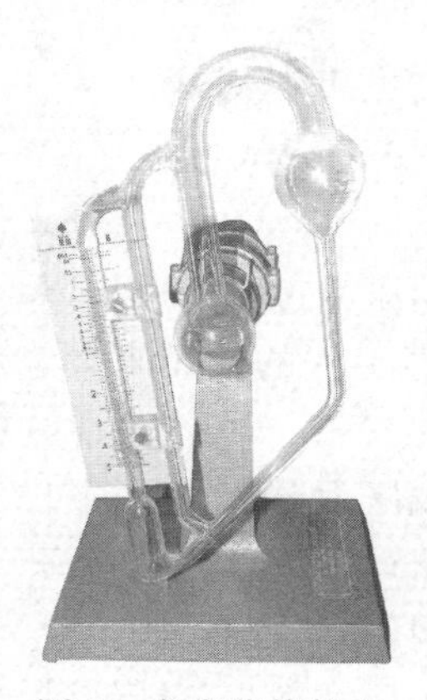

图3 麦克劳德仪表

图4 波登压力表

（王龙滟）

压力补偿式滴头

压力补偿式滴头（pressure compensation emitter） 能使压力水流变成滴状或细流状的一种灌水器（图）。

原理 利用水流压力对滴头内的弹性体的作用，使流道形状改变或过水断面面积发生变化，即当压力减小时，增大过水断面面积，当压力增大时，减小过水断面面积，从而使滴头流量自动保持在一个变化幅度很小的范围内，同时具有自清洗功能。

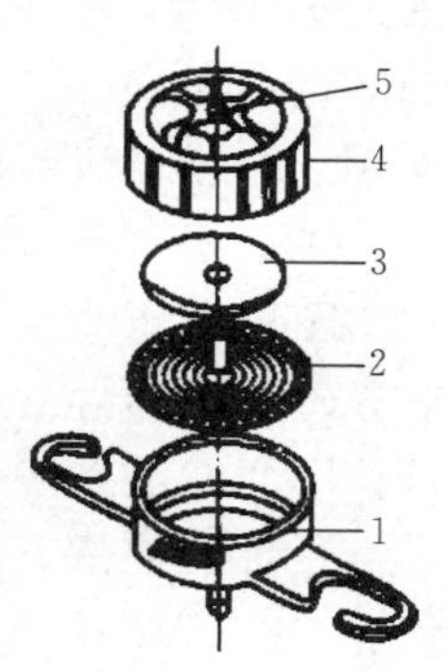

压力补偿式滴头结构
1. 底室 2. 螺旋流盘
3. 弹性橡胶垫 4. 罩盖
5. 出水口

概况 美国雨鸟（RainBird）公司、澳大利亚哈迪（Hardie）公司，以色列雷欧（Lego）公司等都能生产不同系列规格的压力补偿滴头。我国的北京绿源塑料联合公司是我国最早开发补偿式滴头的厂家，自1989年开始和多家以色列厂家接触，并于1992年选择以色列普拉斯托（Plastro）公司引进了管上补偿式滴头制造技术，生产管上压力补偿式滴头（黑色盖的DKB－2，3－60－350滴头和红色盖的DKB－3，75－60－350两种补偿式滴头）和滴管。欧洲滴灌公司（Eurodrip）1991年集各种压力补偿式滴头的特点于一身，设计制造了爱野（A1）型压力补偿式滴管并申请了国际专利。

类型 目前各式各样的压力补偿滴头很多，如纽扣式、管间式、管上式、集成式等。

结构 如图所示，压力补偿式滴头由底室、螺旋流盘、弹性橡胶垫、罩盖、出水口五部分组成。

主要用途 广泛用于温室、大棚、果树、葡萄等作物的灌溉。

参考书目

姚振宪，何松林，1999. 滴灌设备与滴灌系统规划设计［M］. 北京：中国农业出版社.

（王剑）

压力补偿式灌水器

压力补偿式灌水器（pressure compensation irrigator） 利用弹性体改变流道（或孔口）形状，从而稳定出流量的灌水器（图）。

概况 压力补偿式灌水器经历了几个发展阶段：手动调控灌水器、自动调控灌水器、利用流道补偿、鸭嘴式补偿、垫片补偿。其最大特点是补偿性能好，出流量基本不受工作压力变化的影响，使用的工作压力范围大。由于其流道大小与几何形状可发生改变，抗堵性能好。压力补偿式灌水器的工作压力一般在 5～7 m 水头以上，在低压条件下易表现出无补偿性能或部分补偿性能，严重影响水流量的稳定性。

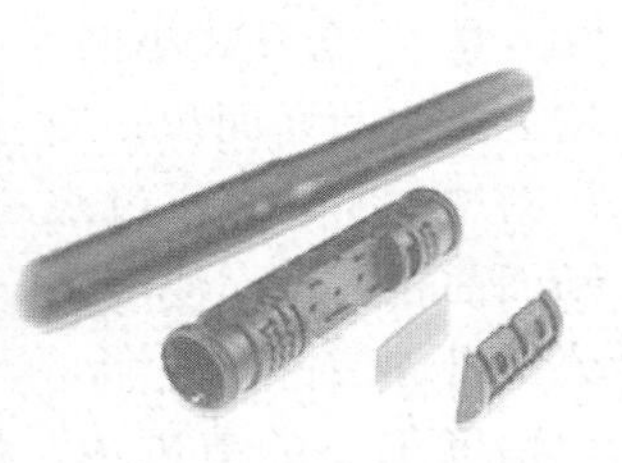
压力补偿式灌水器

原理 压力补偿式灌水器具有压力补偿型流道，即在迷宫型流道的进口或上面安装一块弹性膜片，随灌水器工作压力的变化而变形。利用水流压力对弹性体的作用，使流道（或孔口）形状改变或过水断面面积发生变化，即当压力减小时，增大过水断面面积，压力增大时，减小过水断面面积，从而使出流量自动保持稳定。

结构 压力补偿式灌水器由压盖、弹性膜片以及灌水器主体 3 部分组成，如图所示。其中灌水器主体上主要有入水口、迷宫流道、出水槽等结构。灌水器出水口与压力调节腔结构均在压盖上，压盖起到固定膜片的作用，弹性膜片变形将改变压力调节腔的体积，从而改变过流断面的面积，达到调节流量的目的。

主要用途 使出流量自动保持稳定，同时还具有自清洗功能。

类型 压力补偿式灌水器种类繁多，按照结构形式不同分为孔口式、扁平式和圆柱式，根据和滴灌管连接方式的不同分为管上式和内嵌式。

参考书目

郑耀泉，李光永，党平，等，1998. 喷灌与微灌设备［M］. 北京：中国水利水电出版社.

（李岩）

压力调节器

压力调节器（pressure regulator） 目前微灌系统中主要调压设备之一，当进口压力改变时，其流道自动变大或变小，使出口压力保持稳定（图）。滴灌系统对管网及灌水设备的水力性能要求较高，由于系统管网的水头损失及地形的变化使得压力变化较大，造成支管进口端有效工作水头差别较大。

压力调节器具有结构简单、调节范围宽、性能稳定的特点，通常安装在微灌工程支管或毛管进口，使每条支管或毛管进口压力水头相等，减少了设计时烦琐的计算，简化了管网设计，提高了灌溉系统灌水均匀度，并且还保证了每一条滴灌带都在设计工作压力范围内工作。避免了因设计不当或操作失误等因素引起的压力过大造成滴灌带爆裂现象，延长了滴灌工程的使用寿命，保障了系统安全。

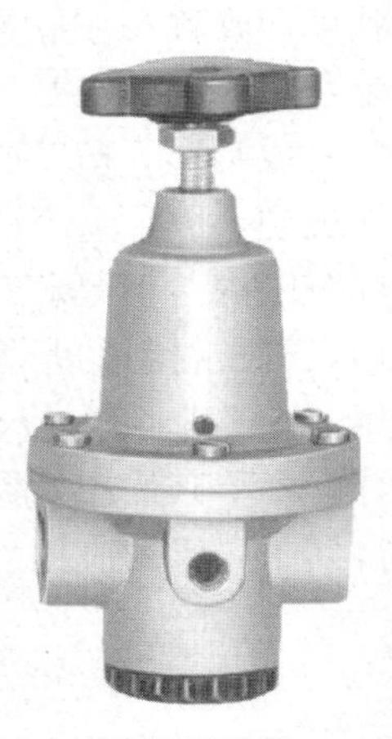
压力调节器

概况 目前生产灌溉压力调节器的国外厂商主要有：美国雨鸟公司、以色列纳特海姆公司和美国尼尔森公司等。目前，国内生产微灌使用压力调节器的厂家很少，能够独自设计、生产系列压力调节器的厂家更是凤毛麟角。例如山东莱芜厂生产的压力调节器、华润压力调节器。

类型 按照GB/T 18692—2002，压力调节器可以划分为：①直动式压力调节器，当进口压力或流量变化时，其流道自动变大或变小。使出口压力保持一个相对恒定的调压装置。②单值域压力调节器，具有一个固定不变的预置压力的压力调节器。③多值域压力调节器，透过调节组件（弹簧、调节片等）来选择预置压力，而不是通过外部调节来改变预置压力的压力调节器。④可调式压力调节器，通过外部调节而不是更换调节部件中的元件来改变预置压力的压力调节器。⑤附属压力调节器，作为微灌设备中的一个组成部分或装配在特定的灌溉设备上的压力调节器。

目前微灌系统普遍使用的是直动式单值域压力调节器，多值域、可调式压力调节器多作为附属压力调节器安装在电磁阀或其他阀门上。

结构 主要有以下几个组成部分：上游外壳、下游外壳、进口花篮堵头、O型密封圈、弹簧、调节组件、橡胶膜、限位凸台和排气孔。其中，调节组件是主要的工作部件，通过受力可以轴向移动，减小或增大进口过水断面面积，造成不同的水头损失，从而保持压力调节器出口压力恒定；弹簧是压力调节器中的关键部件，初始处于压缩状态，用以平衡作用在调节组件断面上的水压力；橡胶膜片是硅橡胶夹织物波纹膜片，一端高频焊接在调节组件内，另一端机械压嵌在上、下壳之间；O型密封圈主要起密封作用，为了防止长时间摩擦损坏；进口花篮堵头起到截流和压紧O型密封圈的作用，为了更换O型密封圈，花篮堵头与外壳一般采用螺纹连接；限位凸台与下游外壳连为一体，对调节组件的轴向移动起到限位作用；排气孔主要是用来排除安装弹簧腔体内的空气；上游外壳和下游外壳之间可用螺纹连接，也可作为一体，两个外壳与橡胶膜片接触断面需紧密配合，对橡胶膜片起到固定作用。

参考书目

张强，吴玉秀，2016. 喷灌与微灌系统及设备［M］. 北京：中国农业大学.

（蒋跃）

压水室 (pressurized water chamber)

叶轮出口到泵出口法兰（对节段式多级泵是到后级叶轮进口前）的过流部分。图（a）为顶式螺旋形压水室，图（b）为侧式螺旋形压水室。

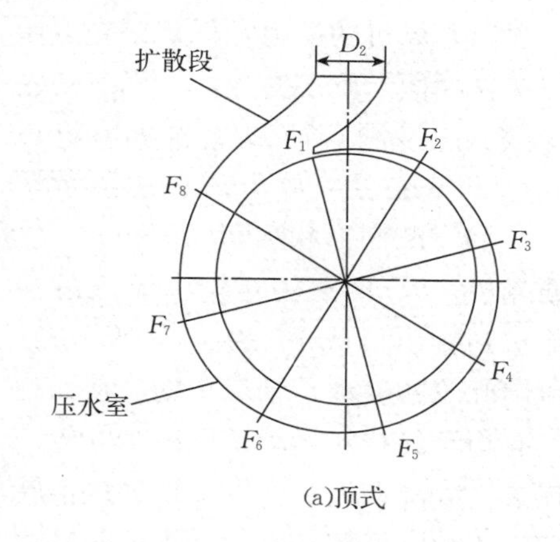

(a)顶式

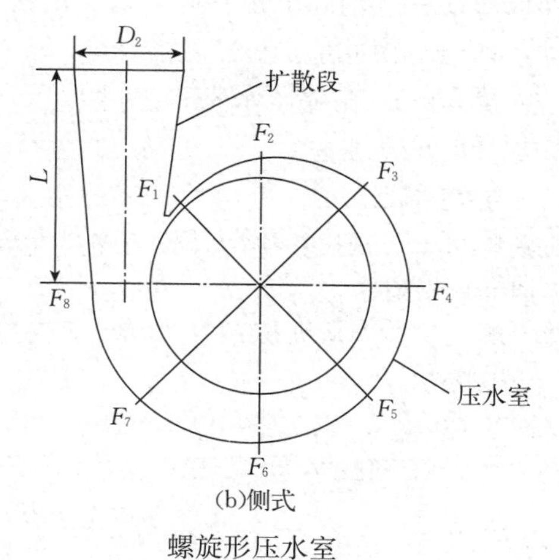

(b)侧式

螺旋形压水室

概况 压水室位于叶轮外围，其作用是收集从叶轮流出的液体，送入排出管。压水室主要有涡室（螺旋形压水室）、径向导叶、空间导叶和轴流泵导叶等形式。水泵的压水室的作用是把液体在最小的流动损失情况下导入下一级叶轮或引向出水管，同时将部分动能转化为压力能。

原理 ①整个流道内 $V_u * r = const$；②流线与圆周方向的夹角 α 不变即液流在压水室中的流动是一条对数螺旋线。

结构 蜗壳是离心泵和风机中常用的压水室，其流动规律与水轮机蜗壳相同。显然，蜗壳内顶速度矩应等于叶轮出口的速度矩。蜗壳截面形状对流动影响不大，主要根据结构与工艺条件确定。泵与压缩机的压力较高，蜗壳多用铸造，截面形状多为带圆角的梯形；而离心风机的压力较低，蜗壳多用薄钢板焊接，断面形状多为矩形。涡室的主要结构参数：①基圆直径 D_3；②涡室进口宽度 b_3；③涡室隔舌安放角 φ_0；④隔舌螺旋角 α_0；⑤涡室断面形状和断面面积。

主要用途 ①收集从叶轮中流出的液体，并输送到排出口或下一级叶轮吸入口；②保证流出叶轮的流动是轴对称的，从而使叶轮内具有稳定的相对运动，以减少叶轮内的水力损失；③降低液流速度，使速度能转换成压能；④消除液体从叶轮流出的旋转运动，以避免由此造成的水力损失。

类型 ①螺旋压水室；②叶片压水室；③加导叶的压水室。

参考书目

关醒凡，2011. 现代泵理论与设计 [M]. 北京：中国宇航出版社.

施卫东，1996. 流体机械 [M]. 成都：西南交通大学出版社.

关醒凡，施卫东，高天华，1998. 选泵指南 [M]. 成都：成都科技大学出版社.

（许彬）

沿程水头损失 (frictional head loss)

在固体边界平直的水道中，单位重量的液体自一断面流至另一断面所损失的机械能。

计算公式：

$$h_f = \lambda \frac{l}{d} \frac{v^2}{2g}$$

式中 h_f 为沿程水利损失（m）；λ 为水利摩阻系数；l 为管道长度（m）；d 为管道直径（m）；v 为平均流速（m/s）；g 为重力加速度（m/s^2）。

公式系数：

（1）达西公式中的 λ 即为沿程水头损失系数，也称为沿程阻力系数。水流流态分为层流、过渡流和湍流，在层流中的沿程阻力系数为：

$$\lambda = \frac{64}{Re}$$

（2）至于过渡流和湍流中的沿程阻力系数，尚无理论公式。1933 年，尼古拉兹对内壁用人工沙粒粗糙的圆管进行了广泛且深入的水力学实验，得到了沿程阻力系数与雷诺数（Re）的关系。1944 年，穆迪根据前人试验成果，在双对数坐标中绘制了 λ、Re、Δ/d（相对粗糙度）的关系，即为著名的穆迪图。

（3）当 $4\,000 < Re < 100\,000$，可用勃拉休斯公式：

$$\lambda = \frac{0.316}{Re^{0.25}}$$

（4）当 $Re < 10^6$，可用尼古拉兹公式：

$$\frac{1}{\sqrt{\lambda}} = 2\lg(Re\sqrt{\lambda}) - 0.8$$

参考书目

吕宏兴，裴国霞，杨玲霞，等，2002. 水力学 [M]. 北京：中国农业出版社.

（王勇　吴璞）

摇臂式喷头 (impact sprinkler)

摇臂的撞击力获得驱动力矩的旋转式喷头，是一种常用的露天场所喷灌设备，是灌溉设备中重要的灌水器。图为摇臂式喷头。

原理 在喷管上方的摇臂轴上，套装一个前端设有偏流板（挡水板）和导流板的摇臂。压力水从喷管的喷嘴中喷出时，经偏流

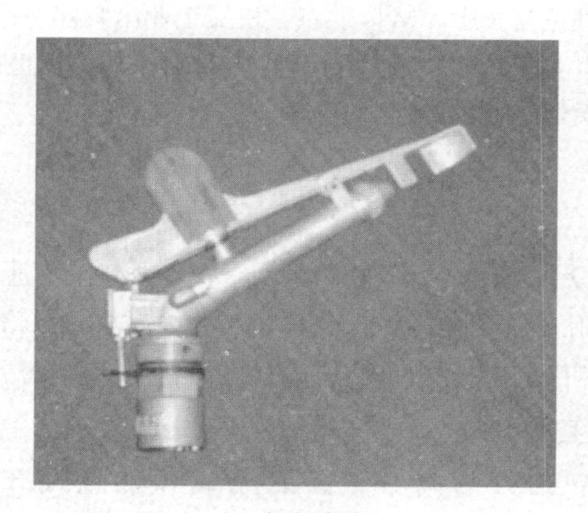

摇臂式喷头

板冲击导流板，使摇臂产生切向力绕悬臂回转一角度，然后在扭力弹簧的作用下返回并撞击喷管，使喷管转一角度，如此反复进行，喷头即可做全圆周转动。其驱动机构由摇臂、摇臂轴、弹簧座及摇臂弹簧等零件组成。

结构 就喷嘴数目来说有单嘴、双向喷嘴、单向双嘴和三嘴等型式，就喷洒形式来说有带换向机构的扇形喷洒和无换向机构的全圆喷洒两种型式。无论哪种型式，其结构均由流道、旋转密封机构、驱动机构、换向机构等几部分组成。

主要用途 摇臂喷头广泛用于大田喷灌、露天苗圃、果菜园和园艺场等场所，是使用最广泛、性能最稳定的喷头之一。有全铜、锌合金和塑料三种材质。具有减磨密封圈，独特摇臂设计，寿命长，性能稳定。

参考书目

袁寿其，李红，施卫东，2011. 新型喷灌装备设计理论与技术［M］. 北京：机械工业出版社 .

李世英，1995. 喷灌喷头理论与设计［M］. 北京：兵器工业出版社 .

（朱兴业）

叶轮（impeller） 离心泵的关键部件，它是由若干弯曲叶片构成的。叶轮的作用是将原动机的机械能直接传给液体，以提高液体的静压能和动压能（主要提高静压能）。图为水泵叶轮。

叶 轮

概况 叶轮是水泵的核心部件，是工作效率的主要影响因素。在特定工况下，如果叶轮设计不好就会在泵入口和叶片处产生水力损失和间隙损失，所以在选择时一定要选择专业的水泵叶轮生产厂家。

原理 叶轮的工作原理就是在泵内充满水的情况下，叶轮旋转使叶轮内的水也跟着旋转，叶轮内的水在离心力的作用下获得能量，叶轮槽道内的水在离心力的作用下甩向外围流进泵壳，于是叶轮中心压力降低，这个压力低于进水管内压力时，水就在这个压力差作用下由吸水池流入叶轮，这样水泵就可以不断地吸水，不断地供水。

结构 闭式叶轮由前后盖板和中间的叶片组成，半开式叶轮无前盖板，开式叶轮只有一部分后盖板。

主要用途 水泵叶轮通过电动机带动旋转，使介质（水）受到离心力或者提升力，使介质具有机械能（动能）。闭式叶轮宜用于输送清洁液体，因其效率较高，故一般离心泵多采用此类；半闭式叶轮适用于输送易沉淀或稍含颗粒的物料，其效率较闭式叶轮低；开式叶轮适用于输送含有较多悬浮物的物料，其效率较低，且输送液体的压强也不高。

类型 按其机械结构可分为闭式叶轮、半开式叶轮和开式叶轮 3 种。根据液体从叶轮流出的方向不同，叶轮分为离心式、混流式和轴流式 3 种型式。

参考书目

王福军，2005. 水泵与水泵站［M］. 北京：中国农业出版社.

查森，1988. 叶片泵原理设计及水利设计［M］. 北京：机械工业出版社.

丁成伟，1981. 离心泵与轴流泵［M］. 北京：机械工业出版社.

（许彬）

叶轮式喷头（turbine sprinkler）

利用喷射水舌冲击安装在喷嘴前的叶轮，驱动喷体绕轴旋转进行喷洒的喷头，又称蜗轮蜗杆式喷头，是利用主喷管下方设置的副喷管射出的水流，冲击其前方的叶轮旋转，并带动喷头连续转动，通过换向机构实现扇形喷灌。图为叶轮式喷头。

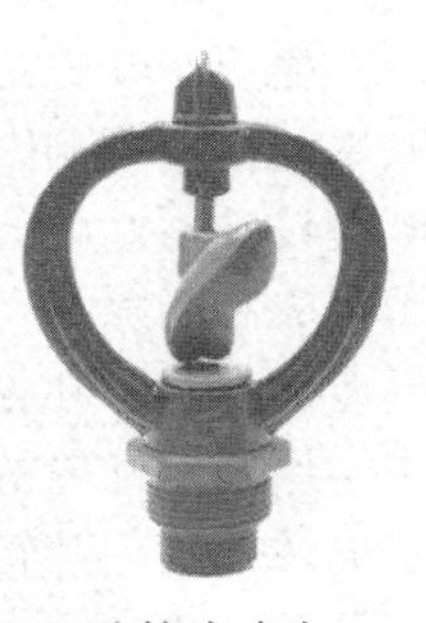

叶轮式喷头

原理 水射流冲击叶轮，叶轮旋转并带动小蜗杆转动，在小蜗轮轴上另一端套装有大蜗杆，小蜗轮的转动带动大蜗杆转动。叶轮、叶轮轴、小蜗轮、大蜗杆是安装在喷体和喷管上，这样叶轮不停地转动，促使大蜗杆与大蜗轮相对转动，从而带动喷头正向转动。这种喷头转速平稳，受风和振动的影响较小，但结构较复杂，成本较高。

结构 由流道部分、驱动机构和换向机构 3 部分组成。流道部分包括空心轴、喷体、喷管、稳流器和喷嘴等；驱动机构包括叶轮、叶轮轴、小蜗轮、小蜗杆、大蜗轮、大蜗杆等；换向机构包括换向齿轮、换向双联齿轮、牙嵌离合器、限位销等。

参考书目

袁寿其，李红，施卫东，2011. 新型喷灌装备设计理论与技术［M］. 北京：机械工业出版社.

李世英，1995. 喷灌喷头理论与设计［M］. 北京：兵器工业出版社.

（朱兴业）

叶片泵（vane pump）

一种利用高速旋转叶轮上的叶片带动泵内液体旋转，并将原动机的机械能转化为液体动能、压能和位能而工作的泵。根据被抽送液体流出叶轮的方向，可分为离心式、混流式和轴流式 3 种类型。

概况 叶片泵运转平稳、压力脉动小，噪声小、结构紧凑、尺寸小、流量大，可用来输送水、油、酸碱液、悬乳液和液态金属等液体，也可输送液、气混合物及含悬浮固体物的液体。叶片泵的性能参数包括流量、吸程、扬程、轴功率、转速、效率等。

原理 原动机通过泵轴带动叶轮旋转，叶轮中的叶片带动泵内液体旋转，并根据叶片形式的不同从叶轮出口的径向、斜向或轴向流出，从而在叶轮进口处产生低压，将液体连续不断地吸入叶轮。泵在启动前，应先灌满液体，否则叶轮只能带动空气旋转，无法在泵内造成一定的低压，液体也就无法吸入叶轮。

结构 主要由吸水管、叶轮、导叶、扩压器、排出管、密封部件、调节阀和泵体组成。

主要用途 农田排灌、城市给排水、石油化工、动力工业、采矿和船舶工业等。

类型 按液体流出叶轮的方向，叶片泵可以分为离心泵、混流泵、轴流泵等。按结构可以分为单级泵和多级泵，按用途可以分为循环泵、消防泵、排污泵、输油泵、增压泵等。

参考书目

关醒凡，1987. 泵的理论与设计［M］. 北京：机械工业出版社.

吴玉林，刘娟，陈铁军，等，2011. 叶片泵设计与实例［M］. 北京：机械工业出版社 .

（赵睿杰）

叶片泵的相似定律（similarity law of blade pump）

两台泵中的流体力学相似，且必须满足几何相似、运动相似和动力相似。

概况 严格讲，实型泵和模型泵的液流力学相似，也必须满足几何相似、运动相似和动力相似的条件。但是，只要几何相似、运动相似，叶轮内的流动可以认为自然满足动力相似。

原理 在泵压水室等流道中虽然黏性力居主导地位，但通常流速很高，液流的雷诺数很大，处于阻力平方区，在此范围内液流的摩擦阻力（黏性力）与雷诺数无关，只随表面粗糙度而变化。这样在几何相似（包括粗糙度相似）的条件下，自然近似满足黏性力相似。所以，通常在泵中，不考虑动力相似，只根据几何相似、运动相似（即速度三角形相似）来推导相似定律。运动相似又称工况相似。只有几何相似才有运动相似，因而，几何相似是前提条件。

公式

（1）几何相似条件：

$$\frac{b_2}{b_m}=\frac{D_2}{D_m}=\lambda$$

（2）运动相似条件：

$$\frac{c_2}{c_{2m}}=\frac{u_2}{u_{2m}}=\frac{nD_2}{n_mD_{2m}}=\lambda\frac{n}{n_m}$$

第一相似定律反映工况相似水泵的流量之间的关系。

$$\frac{Q}{Q_m}=\lambda^3\frac{\eta_v}{\eta_{vm}}\frac{n}{n_m}$$

第二相似定律反映工况相似水泵的扬程之间的关系。

$$\frac{H}{H_m}=\lambda^2\frac{\eta_h}{\eta_{hm}}\frac{n^2}{n_m^2}$$

第三相似定律反映工况相似水泵的轴功率之间的关系。

$$\frac{N}{N_m}=\lambda^5\frac{\eta_{mm}}{\eta_m}\frac{n^3}{n_m^3}$$

相似定律特例：同一台水泵以不同的转速运行时。

比例律

$$\frac{Q_1}{Q_2}=\frac{n_1}{n_2},\frac{H_1}{H_2}=\frac{n_1^2}{n_2^2},\frac{N_1}{N_2}=\frac{n_1^3}{n_2^3}$$

切削律

$$\frac{Q'}{Q}=\frac{D'_2}{D_2},\frac{H'}{H}=\left(\frac{D'_2}{D_2}\right)^2,\frac{N'}{N}=\left(\frac{D'_2}{D_2}\right)^3$$

主要用途 离心泵设计的基本要求：在满足其额定流量、扬程、转速、功率、效率和汽蚀余量等要求的基础上设计出泵各部件的几何形状与尺寸参数，并进行投产前的性能试验以便为泵的改进和完善提供准确而可靠的试验数据。由于设计中会有考虑不到的因素，特别是当泵的尺寸过大或过小时，因此对所设计的结果直接进行生产，可能会产生一些意想不到的缺陷。相似设计为解决这类问题提供了一个行之有效的方法。相似设计法是根据流体力学中的相似原理，选用性能好且与所设计泵相似的模型泵，对其过流部分的全部尺寸进行放大或缩小设计。

类型 第一相似定律反映工况相似水泵的流量之间的关系；第二相似定律反映工况相似水泵的扬程之间的关系；第三相似定律反映工况相似水泵的轴功率之间的关系。相似定律特例：同一台水泵以不同的转速运行时的比例律和切削律。

参考书目

袁寿其，施卫东，刘厚林，等，2014. 泵理论与技术［M］. 北京：机械工业出版社 .
蔡增基，龙天渝，1999. 流体力学泵与风机［M］. 北京：中国建筑工业出版社 .
关醒凡，2011. 现代泵理论与设计［M］. 北京：中国宇航出版社 .

（许彬）

一次灌水延续时间（once drip irrigation continuing time）

完成一次灌水定额

时所需要的时间，也间接地反映了微灌设备的工作时间。

公式

$$t = W S_e S_r / q$$

式中　t为一次灌水延续时间（h）；W为灌水定额（m）；S_e为滴头间距（m）；S_r为滴灌带铺设间距（m）；q为灌水器流量（L/h）。

主要用途　渠道设计流量大小的计算，渠道及其建筑物的尺寸和造价的计算。

（王勇　李刚祥）

移动泵站

移动泵站（mobile pumping station）　在可移动车辆上装载水泵而形成的一种可以机动排水的设备（图）。

移动泵站

概况　固定式泵站建设周期长，投资成本大，可移动泵站具有机动性、灵活性，对现有以固定式泵站为主的灌排系统是一种有力的补充。从50—60年代起，我国某些省份（例如江苏、安徽等）就有排灌队，可视为移动泵站的雏形，其设备为一些小型离心泵，运输工具多样。它具有移动泵站机动性的特点，但泵太小一般解决不了大问题，特别是抗洪排涝。国内，在20世纪70年代开始研发生产小型柴油机驱动自吸离心泵组，主要用于农业提水灌溉、喷灌，市政工程及消防工程，工程施工中也经常使用一些小型移动潜污泵。90年代以来，国内逐渐开发应用了单台流量大于1 000 m^3/h的移动泵装置，如多台组合应用，可以达到小型泵站的功效，如图所示。近几年极端气候变化导致洪涝、干旱、城市内涝等灾害频率增高，重、特大灾害逐年增多，灾害使百姓生活、安全受到很大影响，国家财产受到很大损失，因此，国内开始应运而生多种不同型式的可移动泵技术及产品，在防灾、减灾、应急抢险中发挥了积极作用。

类型　按其驱动方式可分为电机驱动移动泵站和液压马达驱动移动泵站。按作用可分为应急抢险移动泵站、消防移动泵站及供水移动泵站等。按照运载方式又可分为泵船式移动泵站、缆车式移动泵站和临时泵站。按水泵类型分为自吸泵式移动泵站、潜水泵式移动泵站和组合式移动泵站。按移动方式可分为半挂车或拖车式移动泵站、集装分离式移动泵站、自行走式液压驱动移动泵站和液压驱动履带式移动泵站。

结构　①自吸泵式移动泵站：泵站机组带有柴油发电机，泵组为电机驱动自吸离心泵（可立式、卧式），整体集成在拖车或专用汽车上，水泵具有自吸功能，不需要灌水或真空泵。②潜水泵式移动泵站：泵站（车）机组带有柴油发电机，泵组为潜水电泵整体集成在拖车或专用汽车底盘上，底盘配有汽车吊车。③组合式移动泵站：泵站机组为柴油发电机、随机吊车、自吸泵、潜水电泵等组合到专用汽车底盘上。④半挂车或拖车式移动泵站由柴油发动机、液压马达、泵组及油管等集成在拖车底盘上，用半挂车或牵引车移动。⑤集装分离式移动泵站由柴油发动机、液压站、高压油泵、控制阀块及油箱等组成。⑥自行走式液压驱动移动泵站由汽车、液压马达、辅助机构和泵组构成。⑦液压驱动履带式移动泵站由液压马达、履带底盘及泵组构成。

参考书目

严登丰，2000. 泵站过流设施与截流闭锁装置[M]. 北京：中国水利水电出版社.

严登丰，2005. 泵站工程［M］. 北京：中国水利水电出版社.

（袁建平　陆荣）

移动管道式喷灌（mobile sprinkler irrigation）　除水源工程外，喷灌系统的水泵、动力设备、各级管道、喷头均可拆卸移动的灌溉方式。

特点　喷灌系统工作时，在一个田块上作业完成，然后移转到下一个田块作业，轮流灌溉。这种喷灌系统的优点是设备利用率高，管材用量少，投资较低。缺点是设备拆装和搬运工作量大，劳动力投入多，而且设备拆装时容易破坏作物。

（郑珍）

移动式低压管道输水灌溉系统（mobile low pressure pipeline irrigation system）　除水源和首部枢纽外，各级管道等组成部分均可移动的输水灌溉系统。

特点　它在灌溉季节轮流在不同地块使用，非灌溉季节则集中收藏保管。这种系统设备利用效率高，单位面积投资低，效益高，适应性较强，使用方便；但劳动强度大，管理不善设备易损坏。一般适用于小水源、轻小型机组及抗旱使用。优缺点：这种形式的管道输水灌溉系统具有一次性投资低、适应性强的优点；但可移动软管使用寿命短，容易被杂草、秸秆等划破。

参考书目

郭元裕，1980. 农田水利学［M］. 3版. 北京：中国水利水电出版社.

水利部农村水利司，1998. 管道输水工程技术［M］. 北京：中国水利水电出版社.

（向清江）

移动式管道（mobile pipeline）　在灌溉季节中经常移动的管道，装于地面，如移动式管道系统中的管道和半固定式管道系统中的末级管道。图为移动式管道示意。

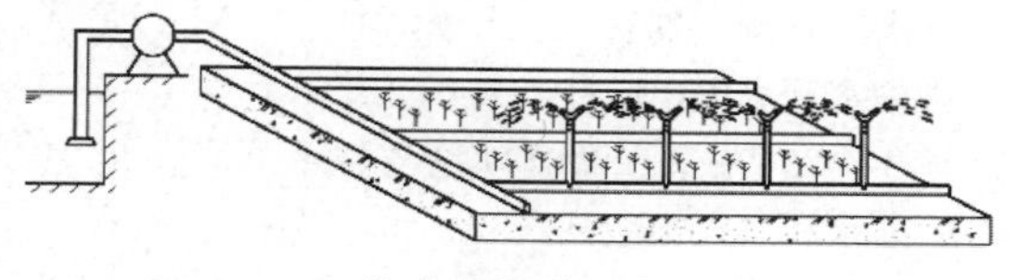

移动式管道示意

类型　移动管道分为3种：一种是软管，用完后可以卷起来移动或收藏，体积小运输方便，每节比较长，一般为10～15 m，节间用快速接头连接；一种是半软管，这种管子在水放空后横断面还基本能保持圆形，也可以卷成盘状，但盘的直径较大（1～4 m）；第三种是硬管，为了便于移动，每节不能太长，一般6～9 m，要用较多的快速接头。现在常用的软管有麻布水龙带、锦纶塑料、维塑软管等；半软管有胶管、高压聚乙烯管；硬管有硬塑料管、铝合金管和镀锌薄壁钢管等。涂塑软管用于喷灌的涂塑软管主要有锦纶塑料管和维塑软管两种。锦纶塑料管是用锦纶丝织成网状管坯后在内壁涂一层塑料而成；维塑软管是用维纶丝织成管坯，并在内、外壁涂注聚氯乙烯而成。涂塑软管多用作机组式喷管系统的进水管和输水管。薄膜塑料管是塑料吹塑而成的，我国曾称为“小白龙”。管壁很薄，仅为0.25～0.6 mm，只能承受很低的压力。主要用于地面灌溉系统中的田间配水之用，寿命一般仅1～3年。胶管在手工灌水中常见，是在橡胶中夹布制成，属于半软管，价格较高，而且比较重，因此，每节不可太长。铝合金管具有强度高、重量轻、耐腐蚀、搬运方便等优点。缺点是价格较高，管壁薄，容易碰撞变形。铝合金管可分为铝合金冷拔管和铝合金焊管。常用作喷灌系统的地面移动管道。薄壁镀锌钢管是用厚度为0.7～1.5 mm的带钢辊压成形，并通过高频感应对焊成管。管的长度按需要切割，在管端配上快速接头，然后经过镀锌而成。目前多用作于竖管及水泵进、出水管。

参考书目

王立洪，管瑶，2011. 节水灌溉技术［M］. 北京：中国水利水电出版社：104－107.

迟道才，2009. 节水灌溉理论与技术［M］. 北京：中国水利水电出版社：95－96.

（刘俊萍）

移动式灌溉管道系统（mobile irrigation pipeline system） 除水源外，组成部分均可移动的灌溉管道系统。

特点 灌溉季节时可在不同地块上轮流使用，非灌溉季节时可集中收藏保管，其设备利用率高，单位面积投资小，适应性较强，使用方便，但灌溉时劳动强度大，若管理运用不当，设备易损坏，且还可能损坏部分作物。其管道多采用地面移动管道。

（王勇 王晓林）

移动式喷灌机组（movable sprinkler irrigation system） 一种用于喷洒灌溉水的机器设备（图）。一般包括水泵机组、管道、喷头等。移动式喷灌机组除了水源外，动力装置、泵、管道及喷头都是移动的。其优点节约用水，占地较少。但由于所有设备都可拆卸，在多田地轮流喷洒作业时，拆卸、搬运劳动强度较大，设备维护较困难。

移动式喷灌机组

概况 我国从20世纪70年代中期开始大规模引进喷灌技术。一开始就着眼于农田灌溉。其中因为我国地理、经济等特点，轻小型移动式喷灌机组更适应我国农村发展的需要，使用最为广泛。目前移动式喷灌机组的研究方向依旧是轻小型化，我国内外学者集中于对其结构轻量化、低耗能等方向的研究。

类型 ①移动式喷灌机组按重量大小分为：微型、轻小型、大型等。轻小型移动式喷灌机可再细分为：手持喷枪式轻小型喷灌机组、单喷头轻小型喷灌机组、多喷头轻小型喷灌机组、软管固定（半固定）多喷头轻小型喷灌机组。②按移动方式可分为：首部移动模式，首部、喷头移动模式，全移动模式。

结构 移动式喷灌机组主要包括：①水泵及配套动力机。通常是用水泵将水提吸、增压、输送到各级管道及各个喷头中，并通过喷头喷洒出来。喷灌可使用各种农用泵，如离心泵、潜水泵、深井泵等。②管道系统及配件。管道系统一般包括干管、支管两级，竖管三级，其作用是将压力水输送并分配到田间喷头中去。干管和支管起输、配水作用，竖管安装在支管上，末端接喷头。管道系统中装有各种连接和控制的附属配件，包括闸阀、三通、弯头和其他接头等，有时在干管或支管的上端还装有施肥装置。③喷头。喷头将管道系统输送来的水通过喷嘴喷射到空中，形成下雨的效果撒落在地面来灌溉作物。喷头装在竖管上或直接安装于支管上，是喷灌系统中的关键设备。

参考书目

郑耀泉，刘婴谷，严海军，2015. 喷灌与微灌技术应用［M］. 北京：中国水利水电出版社.

（徐恩翔）

异径管（reducer） 又称大小头，是用于管道变径处的一种管件（图）。它属于化工管件之一，用于两种不同管径管子的连接。又分为同心大小头和偏心大小头。材质包括

异径管

不锈钢异径管、合金钢、异径管碳钢大小头、异径管20号钢等。

概况 异径管在日常生活中经常遇到，比如在以下情况中遇到：当管道中流体的流量有变化时，比如增大或减少，流速要求变化不大时，均需采用异径管。用于泵的进口，防止汽蚀。用于与仪表如流量计、调节阀的接头处配合。

类型 按它的曲率半径来分，可分为长半径弯头和短半径弯头。长半径弯头指它的曲率半径等于1.5倍的管子的外径。短半径弯头指它的曲率半径等于管子外径；以制作方法划分可分为推制、压制、锻制、铸造等；以制造标准划分可分为国标、电标、水标、美标、德标、日标、俄标等；以材质划分可分为碳钢、铸钢、合金钢、不锈钢、铜、铝合金、塑料、氩硌沥等。

结构 异径管是承插管件的一种，异径管若选择的口径规格与工艺管道的内径不符，应进行相应的缩径或扩径处理，若对管道进行缩管，应考虑这样所引起的压力损失是否会影响工艺流程。为了防止安装异径管后影响流速场的分布，造成压力的损失，进而降低电磁流量计的测量精度，要求的中心锥角α不大于15°，越小越好。同心异径管一般用于垂直管；偏心异径管用于水平管，并且要注意标明顶平还是底平。

参考书目

皮积瑞，解广润，1992. 机电排灌设计手册［M］. 北京：水利电力出版社.

（蒋跃）

引水工程（water - diversion project）

借重力作用把水资源从源地输送到用户的措施。

概况 我国是世界上从事调水工程建设最早的国家之一，如邗沟工程、鸿沟工程、都江堰工程，同时新中国的建立，为我国调水工程的建设创造了有利条件，例如：江水北调工程、东深供水工程、引滦入津工程、南水北调工程。据不完全统计，目前世界上24个国家已建、在建或拟建的大型跨流域调水工程有160多项，遍布世界各个地区。

原理 通过调节区域水资源时空分布不均来实现水资源合理开发利用以及实现水资源优化配置。

结构 由取水和增压泵站、输水渠道以及相应的供电、仪表、通信调度工程组成。

主要用途 主要用于城镇生活、工业供水，优化水源配置，实现城市水源的多水源保障，实现优水优用、分质供水以及农业灌溉，同时兼顾改善防洪排涝条件等的综合利用。

类型 无坝引水、有坝引水。

参考书目

张展羽，蔡守华，2005. 水利工程经济学［M］. 北京：中国水利水电出版社.

（王勇　熊伟）

引水建筑物（water diversion structure）

为引进用水而专门修建的建筑物（图）。

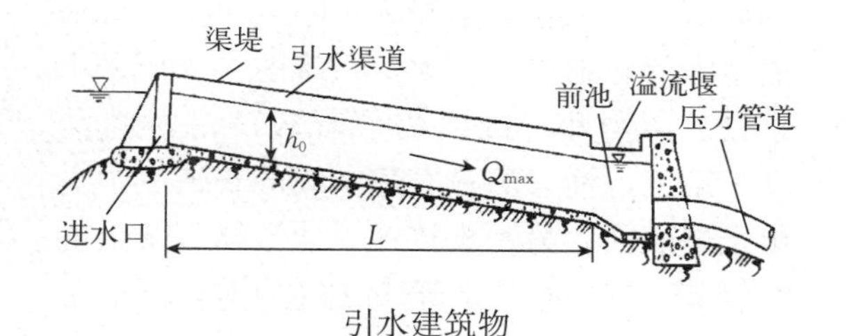

引水建筑物

概况 引水建筑物要有足够的进水能力，水质要符合要求，水头损失要小，可控制流量，水口要有足够的强度、刚度和稳定性，结构简单，施工方便，造型美观，便于运行、维护和检修。

原理 通过在枢纽布置中合理安排进水口的位置和高程使其在任何工作水位下，进水口都能引进必需的流量。

结构 包括引水道、渠道、引水隧洞、压力水管、压力前池等。

主要用途 引进符合要求的用水。

类型 分为有压进水口、无压进水口、虹吸进水口。

（王勇 熊伟）

涌泉灌 (bubbler irrigation)

采用塑料细管作为灌水器与毛管相连接，并且可以田间渗水沟作为辅助，以细流或射流局部湿润作物根区附近土壤的一种灌溉方法。涌泉灌系统利用管道输水，减少流程损失，减少蒸发损失，出流方式属于局部灌溉，灌水时一般对作物根部附近的土壤进行湿润，灌水量较小，不会发生较严重的深层渗漏损失。涌泉灌流量大于微喷灌与滴灌，灌水器孔径为1～3.5 mm，抗堵性能强，节水显著。

概况 涌泉灌技术又称小管出流，是一项由滴灌演变而来的，涌泉灌技术是针对我国滴灌系统的传统灌水器容易堵塞的弊端，以及农业生产管理水平低的状况而形成的一种适用于果树和植树造林的微灌技术。其主要有以下 3 个优点：第一，涌泉灌采用的是管道输水，基本无深层渗漏和蒸发损失，属于局部出流灌溉，水的利用率较高；第二，涌泉灌的管道出流孔大，系统的供水压力小且过流阻力小，故所需能耗较滴灌和喷灌低；第三，涌泉灌只有最末级的管道一头露出土壤表面，另一头接地下涌流器，其余各级管道均深埋于土壤耕作层以下，便于耕作。

主要用途 涌泉灌在果园和林区灌溉方面表现突出，尤其适用于果树的灌溉，在水果产区应用很多。

发展趋势 ①提出简单实用、精度较高的经验模型，应有针对性地对各个地区的不同物理参数的土壤进行土壤入渗研究，并对同一范围内的各地区的入渗特性进行整合，得出土壤不同参数条件下的最佳灌溉参数。②针对此类经济作物根系需水范围和湿润范围的问题，对涌泉灌土壤入渗过程中的水分运动模型进行细致系统地研究。

参考书目

水利部国际合作司，1998. 美国国家灌溉工程手册[M]. 北京：中国水利水电出版社.

（汤攀）

涌泉灌水器 (bubbler irrigation emitter)

应用小管出流的微灌灌水器。

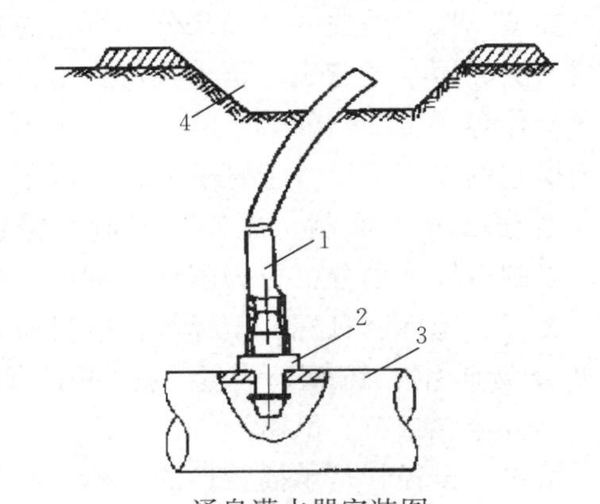

涌泉灌水器安装图

1. 微管 2. 涌泉灌水器 3. 毛管 4. 地面

概况 涌泉灌又称小管出流，在我国使用的小管出流灌溉是利用 3～6 mm 的小塑料管（或加流量调节器）与毛管连接作为灌水器，以细流（射流）状局部湿润作物附近土壤，小管灌水器的流量为 40～250 L/h。大量研究表明，涌泉灌是一种增产、节水效果明显，抗堵塞性能极好且造价较低的灌溉技术。

原理 先通过流量调节器稳定出流量，然后由小塑料管流出灌溉农作物。

结构 由流量调节器、小塑料管两部分组成。

主要用途 适用于保护地蔬菜花卉栽培、山区果园的灌溉。

类型 包括单流道和双流道两种类型。

（王新坤）

油系统 (oil system)

在泵站中对各类设备的正常运行起到润滑、降低温度和压力递送等作用的系统设备，如图所示。

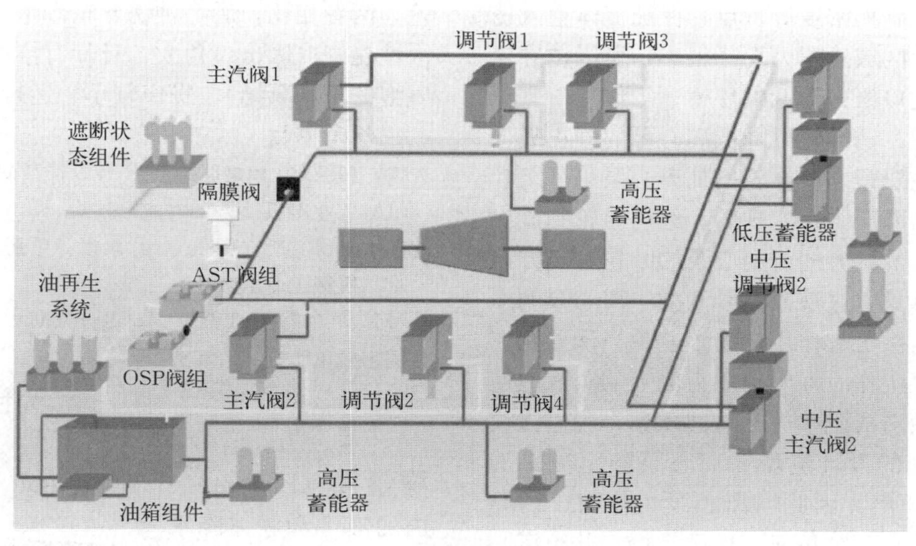

油系统

概况 大型泵站的用油系统中包含的设备种类很多，所用油品种不一，数量不同，作用各异，不能轻易混淆。在生产上必须根据用油设备的要求和所用油类的性质，做到使用合理，维护及时，以保证设备的正常持续运行。①润滑及减少摩擦，在相互运动的摩擦面形成油膜，避免了金属表面直接接触，减少金属表面的磨损，降低摩擦系数，减少摩擦阻力。②降热散温。大机组因散热量大，油温上升快，要在油槽中安装冷却器，通过油和冷却水之间的热量交换把热量散发出去。③传递能量。如水泵的叶片角度调整机构、快速闸门的启闭机、主机的液压减载轴承和管道上的液压操作阀等，需要的操作力很大，所以必须用高压油来操作。

类型 泵站中常见的油设备主要有以下几种：①电机的推力轴承和上下导轴承、主泵的油导轴承。当机组轴承的润滑油系统油温过高时常危及机组的安全运行，严重时被迫停机。②叶片调节机构、液压启闭机、液压减载装置。当压力油系统漏油严重、压力升不上去时，这些设备就无法工作。③辅助设备如空气压缩机、真空泵等。它们对用油有特殊要求，故所用油也不同于前者，有专用的空压机油、真空泵油及液压油等。

参考书目

潘咸昂，1989. 泵站辅机与自动化［M］. 北京：中国水利水电出版社.

严登丰，2000. 泵站过流设施与截流闭锁装置［M］. 北京：中国水利水电出版社.

严登丰，2005. 泵站工程［M］. 北京：中国水利水电出版社.

（袁建平　陆荣）

诱导轮 (inducer)

一个轴流叶轮，它直接装在离心泵第一级叶轮的上游，并随其一起同步转动。它也成为叶轮前置诱导轮，诱导轮装在离心泵叶轮的前面；离心泵装有诱导轮后具有较高的吸入性能。图为离心泵诱导轮。

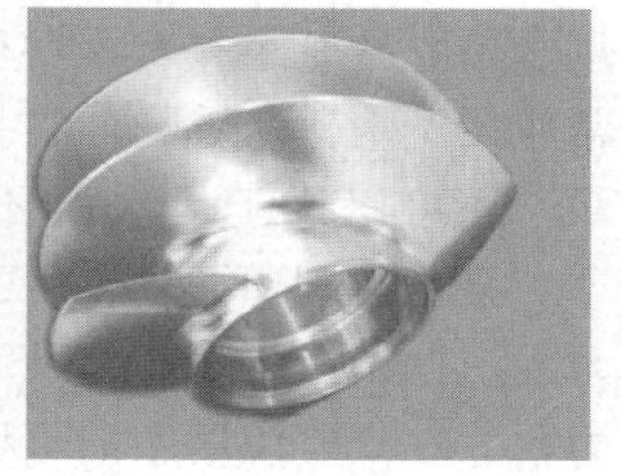

诱导轮

概况 目前，在高速离心泵前加装诱导轮是提高空化性能最有效的途径之一。一个典型的诱导轮应该具有小轮毂比、小载荷、小冲角、高稠密度等特点，保证流体进入诱导轮叶片区域后压力下降很小，所以诱导轮可以在进口压力较低的环境下工作。

原理 诱导轮可降低离心泵的静正吸入压力，主要是靠诱导轮增加离心泵第一级叶轮入口的静压力来实现的。经诱导轮到流出的旋流（欲旋方向与离心泵的叶轮旋转方向相同，参见：进液条件）对减小离心泵的净正吸入压头也起作用。为了避免当诱导轮在过负载区工作时，叶片压力面上的蒸汽泡使流道截面造成阻塞——汽蚀现象，我们往往使诱导轮的设计流量为离心泵额定流量的1.5～2.3倍，因此当离心泵工作时，诱导轮总是处在部分负荷工作区运行，并给离心泵叶轮以必要的增压。

结构 现在的大多数离心泵诱导轮的结构都是开式，进口边后掠、叶片通常有一个前倾角。由于进口边后掠会导致进口边在轴向的位置发生变动，设计叶片前倾角的目的就是为了使叶片的进口边在同一轴平面上。通常冲角取几度左右，如果冲角设计为0°的话，汽蚀就有可能在叶片工作面背面发生，也有可能在两个面上交替震荡发生。设计几度的冲角是为了消除这种不确定性并确保汽蚀在叶片背面发生。

主要用途 离心泵诱导轮广泛应用于空调水泵、冷凝泵和航天发动机燃料泵中，也常应用于汽化装置、分离装置和结晶装置用泵，还可以用于热水循环泵。在通常情况下，泵加装理想诱导轮后的优点有：①降低泵的汽蚀余量；②改善泵输送黏性物料的能力；③在真空应用中消除噪声；④改善气相处理能力；⑤延长叶轮、泵体和盖板等过流部件的使用寿命。

类型 离心泵诱导轮叶型一般可分为两种：等螺距诱导轮，其叶片进出口安放角相等；不等螺距诱导轮，其进口安放角小，出口安放角大。第一种叶型常用于圆柱形轮毂诱导轮，第二种叶型常用于锥形轮毂诱导轮。两者相比，后一种诱导轮效率高、抗汽蚀性能好（因出口角大，且具有锥形，利于气泡的重新凝结）、噪声较小、运行稳定。

参考书目

查树，1988. 叶片泵原理及水力设计［M]. 北京：机械工业出版社.

沈阳水泵研究所，1983. 叶片泵设计手册［M]. 北京：机械工业出版社.

关醒凡，2011. 现代泵理论与设计［M]. 北京：中国宇航出版社.

（许彬）

雨量筒（rain gauge）

测量在某一段时间内的液体和固体降水总量的仪器，也是用来收集降水的专用器具，如图所示，它可以用来测定以毫米为单位的降水量。

雨量筒

概况 雨量筒适用于气象台（站）、水文站、环保、防汛排涝以及农、林等有关部门用来测量降水量。一般为直径20 cm的圆筒，为保持筒口的形状和面积，筒质必须坚硬。为防止雨水溅入，筒口呈内直外斜的刀刃形。雨量器有带漏斗和不带漏斗两种。筒内置有储水瓶。降雪季节取出储水瓶，换上不带漏斗的筒口，雪花可直接储入雨量筒底。直接观测时段降水由承雨器、漏斗、储水瓶和雨量杯等部件组成，承雨器口径为20 cm。器口水平，一般离地面高70 cm。雨量筒直立安装，用于观测日降水量、一日内分段降水量和一次降水量。若增大储水瓶的容量及对雨量筒的构造相应加固，则可用于观测一周和一个月的累积降水量。

类型 雨量计的种类很多，常见的有虹吸式雨量计、称重式雨量计、翻斗式雨量计等。

结构 虹吸式雨量计能连续记录液体降

水量和降水时数，从降水记录上还可以了解降水强度。虹吸式雨量计由承水器、浮子室、自记钟和外壳组成。雨水由最上端的承水口进入承水器，经下部的漏斗汇集，导至浮子室。浮子室是由一个圆筒内装浮子组成，浮子随着注入雨水的增加而上升，并带动自记笔上升。自记钟固定在座板上，转筒由于钟机推动作用做回转运动，使记录笔在围绕在转筒上的记录纸上画出曲线。记录纸上纵坐标记录雨量，横坐标由自记钟驱动，表示时间。当雨量达到一定高度（如10 mm）时，浮子室内水面上升到与浮子室连通的虹吸管处，导致虹吸开始，迅速将浮子室内的雨水排入储水瓶，同时自记笔在记录纸上垂直下跌至零线位置，并再次开始雨水的流入而上升，如此往返持续记录降雨过程。称重式雨量计其测量原理是根据对质量的快速变化响应来测量的，并且可以连续记录接雨杯上的以及存储在其内的降水的重量。记录方式可以用机械发条装置或平衡锤系统，将全部降水量的重量如数记录下来，并能够记录雪、冰雹及雨雪混合降水。翻斗式雨量计是由感应器及信号记录器组成的遥测雨量仪器，感应器由承水器、上翻斗、计量翻斗、计数翻斗、干簧开关等构成；记录器由计数器、录笔、自记钟、控制线路板等构成。

（王龙滟）

原动机（prime mover） 又称动力机，是将自然界中的能量转换为机械能而做功的机械装置，其运动的输出形式通常为转动（图）。

原动机

概况 原动机又称动力机，是机械设备中的重要驱动部分。原动机按利用的能源分为热力发动机、水力发动机、风力发动机和电动机等，是现代生产、生活领域中所需动力的主要来源。原动机可以提供机组的有功功率和各种损耗，包括机械损耗、电磁损耗等。

类型 原动机按能量转换性质的不同分为第一类原动机和第二类原动机。第一类原动机包括蒸汽机、柴油机、汽油机、水轮机和燃气轮机；第二类原动机包括电动机、液动机（液压马达）和气动机（气动马达）。其中电动机作为机械系统中最常用的原动机，与其他原动机相比，其种类和型号较多，与机械连接方便，具有良好的调速、启动、制动和反向控制性能，具有较高的驱动效率，工作时无环境污染，容易实现远距离、自动化控制，并可满足大多数机械的工作要求，如图所示。

参考书目

严登丰，2000. 泵站过流设施与截流闭锁装置［M］. 北京：中国水利水电出版社.

严登丰，2005. 泵站工程［M］. 北京：中国水利水电出版社.

潘咸昂，1989. 泵站辅机与自动化［M］. 北京：中国水利水电出版社.

（袁建平　陆荣）

圆盘锯（circular saw） 以圆锯片为刀具，通过旋转运动来切割管材、棒料或木料等的机械装置（图）。

圆盘锯

概况 自荷兰首次使用圆盘锯开始，距今已有200多年的历史。由于圆盘锯结构简单，使用方便，应用范围广等优点发展很快。广泛应用于切割木料、棒料、管材、混凝土等。

类型 圆盘锯分为手动圆盘锯、半自动圆盘锯和自动圆盘锯。

结构 圆盘锯主要由机架、锯轴、锯片、导尺、传动机构和安全装置等结构组成。

（魏洋洋）

Z

渣浆泵（slurry pump） 用来输送含有磨蚀性固体颗粒浆体的一种固液两相流离心泵（图）。

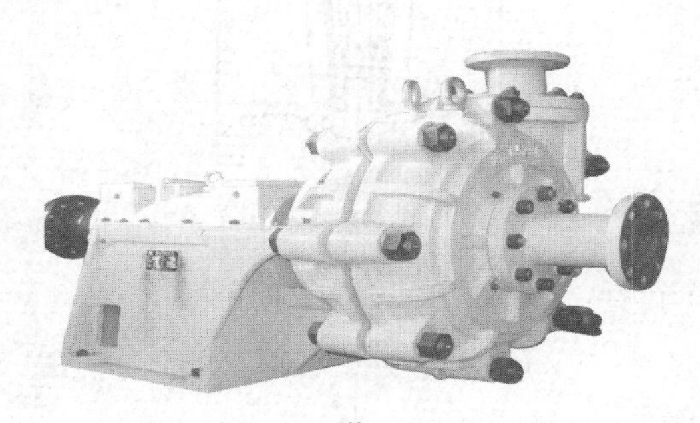

渣浆泵

概况 渣浆泵是矿山、电力、冶金、煤炭、环保等行业用以输送含有磨蚀性固体颗粒的浆体的一种离心泵，渣浆泵所输送的介质中大多含有较多的固体颗粒，有时甚至是高浓度矿浆，因此，输送过程中对渣浆泵的过流部件冲刷和磨损通常较为严重，是过流部件失效最主要的原因。且由于其输送的介质大多具有腐蚀性，对金属材质的腐蚀作用更大，严重影响了渣浆泵的使用寿命。由于输送介质的复杂性和多样性，渣浆泵的理论研究大大落后于清水泵。目前为止，世界上仍然没有公认的渣浆泵设计理论和方法，渣浆泵的设计基本上仍是利用清水泵的设计理论结合试验进行必要的修正来完成的。在外形和结构上，渣浆泵的各个零部件形状大多并不规整，如叶轮的叶片为弧形、护套具有曲面槽形等，所以，这种设备在制造时铸造材料基本上选用高铬合金铸铁。但高铬合金铸铁的补焊性能极差，通常损坏的过流部件只能做废品处理或整体丢弃。

原理 渣浆泵属于离心泵，结构与原理和一般离心泵一样。在离心力的作用下，液体从旋转叶轮中心被抛向外缘并获得能量，以高速离开叶轮外缘进入蜗形泵壳。叶轮中心由于形成负压区，从进水管不断吸入新的液体。在蜗形泵壳中，液体由于流道的逐渐扩大而减速，又将部分动能转变为静压能，最后以较高的压力流入排出管道，送至需要场所。

结构 渣浆泵通常是单级悬臂式离心泵。结构特征如下，叶轮在轴面图上为两壁平行的宽流道，叶片较厚，叶片数少（2～5）。压水室结构为环型、螺旋型、准螺旋型压水室，隔舌头部取较大的圆角半径。为了提高耐磨性，一般采用双层壳体，内流道易损件采用专用耐磨材料。为了提高寿命，在容易磨蚀的部位加厚，叶轮盖板一般设计较厚。防止固体颗粒进入口环密封部位，在大型渣浆泵上，通过供给冲洗水的方法防止叶轮入口密封件磨损。增加背叶片或副叶轮，使得固体颗粒不易进入密封件。叶轮进口一般不设计圆柱形口环，而采用角接触密封，轴封一般为填料密封、副叶轮密封或机械密封。叶轮与主轴的连接一般采用梯形螺纹连接。

主要用途 适用于疏浚、矿山、能源、冶金、石化及建材等行业领域。

类型 按叶轮的数目不同可分为单级渣浆泵和多级渣浆泵；按泵轴与水平面的位置不同可分为卧式渣浆泵和立式渣浆泵；按吸入进水的方式不同可分为单吸渣浆泵和双吸渣浆泵；按泵壳的结构不同可分为单壳渣浆泵和双壳渣浆泵。

参考书目

张人会，杨军虎，2013. 特殊泵的理论及设计[M]. 北京：中国水利水电出版社.

（赵睿杰　彭光杰）

闸阀（gate valve） 隔离类阀门中最常见的阀门类型之一，主要目的是截断流体，具有流体阻力小、结构长度小、启动省力、介质流动方向不受限制等优点。

概况 在闸阀的发展过程中，美国一直处于领先地位。从20世纪60年代起，美国开始研究103.5 MPa的高压闸阀。随着闸阀压力的增高，其结构也发生了很大的变化，闸阀阀杆由原来的明杆变为暗杆。70年代，对闸阀的研究侧重于材料和工艺方面，现已形成了闸阀零件的系列材料和工艺形式。80年代，闸阀向着压力更高和结构更合理的方向发展。90年代，闸阀的研究朝着自动化设计、结构紧凑、体积小和压力等级更高的方向发展。我国从20世纪70年代开始自行研制闸阀，目前闸阀的设计和生产水平与国外生产水平相比还有一定的差距。

类型 闸阀按照阀杆不同可以分为明杆闸阀和暗杆闸阀两种；按闸板的结构不同分为楔式和平行式两类；根据结构类型的不同又分为平板闸阀和刀型闸阀。

暗杆闸阀是一种阀杆梯形螺纹置于阀体之内，通过旋转阀杆螺母，使阀杆带动阀板同步上升与下降来实现阀门启闭的阀门（图1）。

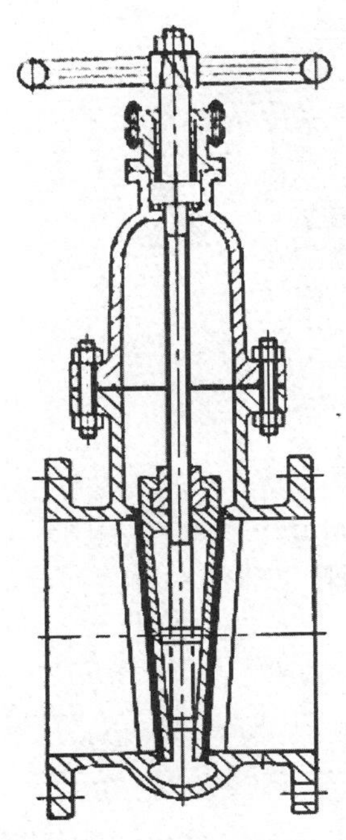

图1 暗杆楔式闸阀

由于暗杆闸阀传动用的梯形螺纹位于阀体内部，易受介质腐蚀且无法进行润滑；同时又由于阀杆不做升降运动，所需操作空间小，故常用于位置有限管路密集的场合。

明杆闸阀是一种阀杆梯形螺纹置于阀体之外，通过旋转阀杆螺母，使阀杆带动阀板同步上升与下降来实现阀门启闭的阀门（图2）。

因此，明杆闸阀容易识别阀门的启闭状态，避免误操作。由于阀杆螺母在体腔外，有利于润滑；但在恶劣环境中，阀杆的外露螺纹易受损害和腐蚀，同时由于阀门开启后的高度大，通常在阀门原高度的基础上加一个行程，因而需要很大的操作空间。

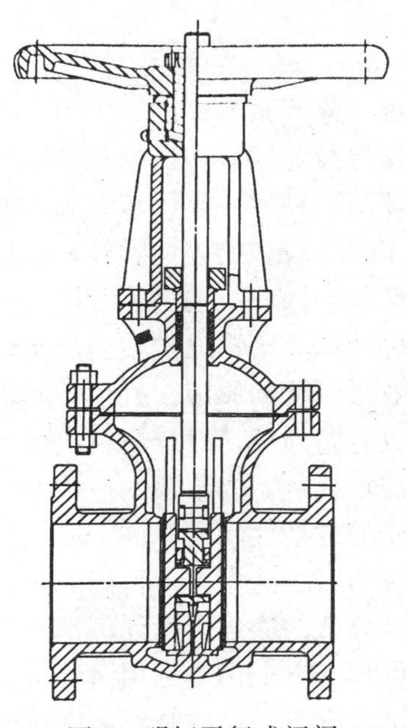

图2 明杆平行式闸阀

结构 闸阀是由阀体、阀盖、闸板、阀杆、阀座和密封填料等部分组成（图3），各部分结构具有以下特点：①阀体与阀盖结构。阀体与阀盖的连接结构通常有 5 种，分别为螺纹式阀盖、活接头式阀盖、螺栓连接阀盖、焊接阀盖和压力自密封阀盖；②阀杆结构。闸阀阀杆主要有 3 种不同形式，分别为下螺纹升降式阀杆（ISRS)、非升降式阀杆（暗杆 NRS）和上螺纹带支架（明杆 OS&Y)。③阀座结构。阀座通过闸阀与阀座形成密封副来实现阀门的开启和关闭。

图 3　典型闸阀结构

参考书目

宋虎堂，2007. 阀门选用手册［M］. 北京：化学工业出版社 .

（张帆）

闸阀井

闸阀井（gate valve well）　井口装置闸阀是应用在陆地和海洋采油（气）等领域，用于控制流体切断或接通的重要部件（图）。

闸阀井

概况　井口闸阀的设计和开发水平在几十年来得到了很大的发展，20 世纪 70 年代，闸阀的研究侧重于材料和工艺方面，现已形成闸阀零件的系列材料和工艺形式。80 年代，闸阀向着压力更高和结构更合理的方向发展。90 年代，闸阀的研究朝着自动化设计、结构紧凑、体积小、开关力矩小、密封可靠和压力更高的方向发展。

原理　阀体是闸阀最重要的零件之一，它的主要功能是作为工作介质的流动通道，并承受工作介质的压力、温度和腐蚀，在它的内部构成了一个容纳闸板、阀座、阀杆等密封和启闭件的空间。

结构　其结构形式包括明杆式和暗杆式，连接形式包括螺纹式、法兰式和卡箍式，密封形式分平行式和斜楔式。

主要用途　水利工程中，输排水管网控制操作和管道检查维修时，需要设置阀门开启和关闭管道，为了便于对阀门进行操作和定期检修，应设置井室，即闸阀井。阀门井在管线中较为常见，往往设置在穿越、三通、四通等位置，以达到控制流量、便于管道检修的目的。

类型　阀门井内的阀门主要有蝶阀、闸阀、球阀 3 种形式。闸阀内利用启闭件闸板进行管道的开启与闭合，闸阀只能做全开和全关，不能做调节和节流。闸阀通过阀座和闸板接触进行密封，通常密封面会堆焊金属材料以增加耐磨性。

（杨孙圣）

折射式喷头

折射式喷头（refraction sprinkler）　由喷嘴垂直向上喷出的水流，遇折射锥后被击散成薄水层沿四周射出，并形成细小喷洒水滴的喷洒器，是一种结构简单，没有运动部件的固定式喷头。图为折射式喷头。

折射式喷头

原理　压力水喷嘴（喷孔）射出，形成高速水流射向折射锥，经折射锥阻挡，沿锥面形成膜状水层向四周呈全圆或扇形射出，在空气阻力和水的张力作用下，裂散为小水滴降落地面。

结构 可分为内支架折射式、外支架折射式、全圆折射式和单面折射式等几种形式。其结构基本由喷嘴（喷孔）、折射锥、支架和接头等部分组成。

参考书目

袁寿其，李红，王新坤，等，2015. 喷微灌技术及设备［M］. 北京：中国水利水电出版社.

李世英，1995. 喷灌喷头理论与设计［M］. 北京：兵器工业出版社.

（朱兴业）

折射式微喷头

折射式微喷头（refractive micro sprinkler） 使流经微喷头的水在其喷嘴附近被非运动的部件或结构强行改变流动方向，并被破碎成微小水滴后撒向空间的多种微喷头的统称（图）。适用于公园、草地、苗圃、温室等。折射式微喷头压力水从孔口中喷出并碰到地面扩散时，水流受阻折射并形成薄水层后向四周射出，在空气阻力作用下粉碎成水滴洒落在地面进行灌溉，其工作压力通常为 100～350 MPa，射程为 1～7 m，流量为 30～250 L/h。

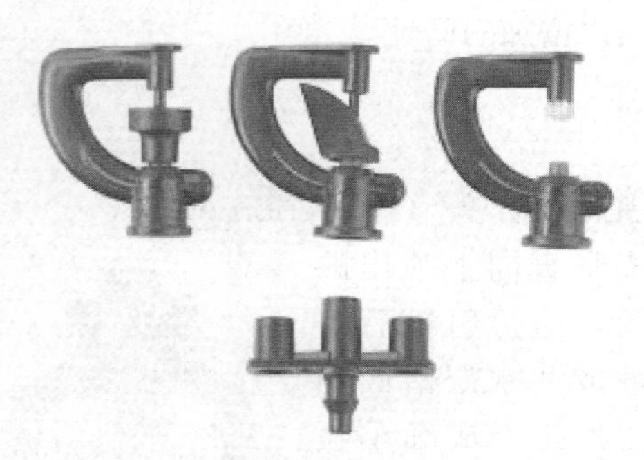

折射式微喷头

优点 结构简单，没有运动部件，工作可靠，价格便宜。适用于果园、苗圃、温室、花卉等的灌溉。

缺点 由于水滴太微细，在空气十分干燥、温度高、风大的情况下，蒸发漂移损失大。

结构 主要部件有喷嘴、折射锥和支架。

工作原理 水流由喷嘴垂直向上喷出，遇到折射锥即被击散成薄水膜沿四周射出，在空气阻力作用下形成细微水滴散落在四周地面上。

参考书目

周卫平，2005. 微灌工程技术［M］. 北京：中国水利水电出版社.

（蒋跃）

真空泵

真空泵（vacuum pump） 利用机械、物理、化学或物理化学的方法对被抽容器进行抽气而获得真空的器件或设备。通俗来讲，真空泵是用各种方法在某一封闭空间中改善、产生和维持真空的装置。

概况 随着真空应用的发展，真空泵的种类已发展了很多种，其抽速从每秒零点几升到每秒几十万、数百万升。随着真空技术在生产和科学研究领域中对其应用压强范围的要求越来越宽，大多需要由几种真空泵组成真空抽气系统共同抽气后才能满足生产和科学研究过程的要求，由于真空应用部门所涉及的工作压力的范围很宽，因此任何一种类型的真空泵都不可能完全适用于所有的工作压力范围，只能根据不同的工作压力范围和不同的工作要求，使用不同类型的真空泵。为了使用方便和各种真空工艺过程的需要，有时将各种真空泵按其性能要求组合起来，以机组型式应用。近年来，伴随着我国经济持续高速发展，真空泵相关下游应用行业保持快速增长势头，同时在真空泵应用领域不断拓展等因素的共同拉动下，我国真空泵行业实现了持续稳定地快速的发展。

原理 ①水环式真空泵工作原理。水环式真空泵叶片的叶轮偏心地装在圆柱形泵壳内，其结构如图 1 所示。泵内注入一定量的水，叶轮旋转时，将水甩至泵壳形成一个水环，环的内表面与叶轮轮毂相切。由于泵壳与叶轮不同心，右半轮毂与水环间的进气空间逐渐扩大，从而形成真空，使气体经进气管进入泵内进气空间。随后气体进入左半部，由于叶轮轮毂于水环之间容积被逐渐压缩而增高了压强，于是气体经排气空间及排气管被排至泵外。

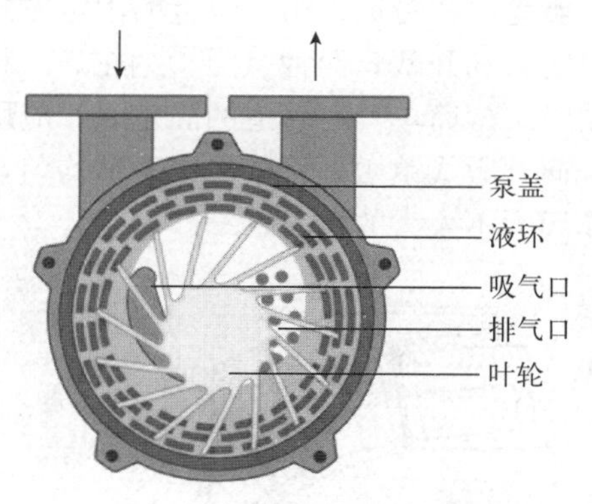

图 1　水环真空泵的结构

② 旋片式真空泵工作原理。在旋片泵的腔内偏心地安装一个转子，转子外圆与泵腔内表面相切（二者有很小的间隙），转子槽内装有带弹簧的两个旋片。旋片真空泵的工作原理如图 2 所示，旋转时靠离心力和弹簧的张力使旋片顶端与泵腔的内壁保持接触，转子旋转带动旋片沿泵腔内壁滑动。

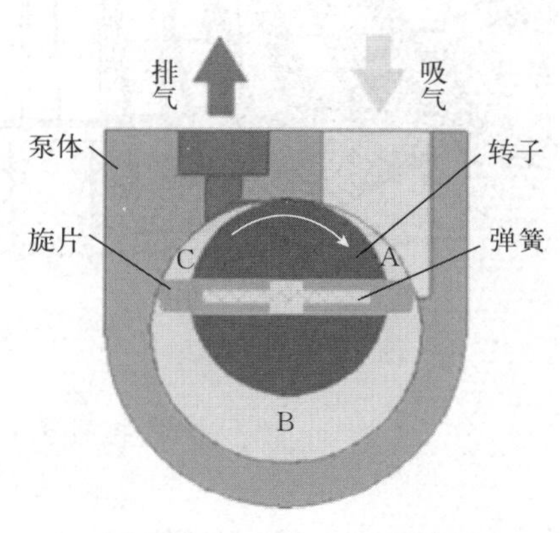

图 2　旋片式真空泵的结构

两个旋片把转子、泵腔和两个端盖所围成的月牙形空间分隔成 A、B、C 三部分，如图所示。当转子按箭头方向旋转时，与吸气口相通的空间 A 的容积是逐渐增大的，正处于吸气过程。而与排气口相通的空间 C 的容积是逐渐缩小的，正处于排气过程。居中的空间 B 的容积也是逐渐减小的，正处于压缩过程。由于空间 A 的容积逐渐增大（即膨胀），气体压强降低，泵的入口处外部气体压强大于空间 A 内的压强，因此将气体吸入。

当空间 A 与吸气口隔绝时，即转至空间 B 的位置，气体开始被压缩，容积逐渐缩小，最后与排气口相通。当被压缩气体超过排气压强时，排气阀被压缩气体推开，气体穿过油箱内的油层排至大气中。由泵的连续运转，达到连续抽气的目的。如果排出的气体通过气道而转入另一级（低真空级），由低真空级抽走，再经低真空级压缩后排至大气中，即组成了双级泵。这时总的压缩比由两级来负担，因而提高了极限真空度。

③ 罗茨真空泵工作原理。罗茨泵的工作原理与罗茨鼓风机相似。由于转子的不断旋转，被抽气体从进气口吸入到转子与泵壳之间的空间内，再经排气口排出。由于吸气后空间是全封闭状态，所以，在泵腔内气体没有压缩和膨胀。但当转子顶部转过排气口边缘，空间与排气侧相通时，由于排气侧气体压强较高，则有一部分气体返冲到空间中去，使气体压强突然增高。当转子继续转动时，气体排出泵外，如图 3 所示。

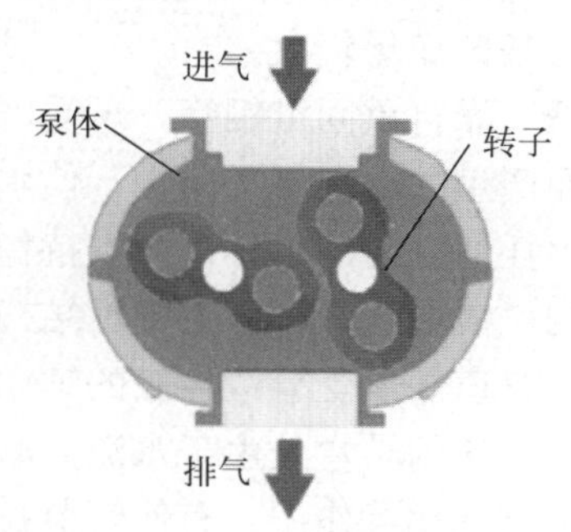

图 3　罗茨真空泵的结构

结构　真空泵的泵体的布置结构决定了泵的总体结构。立式结构的进、排气口水平设置，装配和连接管路都比较方便。但泵的重心较高，在高速运转时稳定性差，故这种型式多用于小泵。卧式泵的进气口在上，排气口在下。有时为了真空系统管道安装连接方便，可将排气口从水平方向接出，即进、排气方向是相互垂直的。此时，排气口可以从左或右两个方向开口，除接排气管道一端外，另一端堵死或接旁通阀。这种泵结构重心低，高速运转时稳定性好。一般大、中型泵多采用此种结构，泵的两个转子轴与水平面垂直安装。这种结构装配间隙容易控制，转子装配方便，泵占地面积小。但泵重心较高且拆装不便，润滑机构也相对复杂。

主要用途 广泛用于农业、化工、食品、电子镀膜等行业。

类型 干式螺杆真空泵、水环泵、往复泵、滑阀泵、旋片泵、罗茨泵和扩散泵等。

（黄俊）

镇墩

镇墩（anchor block） 设置在管道水平转角处防止管线移位的水工建筑物。

概况 镇墩主要布置在水电站、抽水站出水管及供水工程压力管的转角和伸缩节安装处，是用来保证各管段安全的建筑物。镇墩作为供排水工程中的重要建筑物，其安全性直接关系到水电站、抽水站功能、效益的实现；另外镇墩内压力钢管的布置形式复杂、受力条件变化较大。

原理 靠自重固定钢管，承受因水管改变方向而产生的轴向不平衡力，使水管在此处不产生任何方向的位移进而维持稳定。

结构 镇墩是一种管道支承结构，其作用是固定管道并承受管道传来的轴向力。在平面上，管道的转弯处由于水流离心力、水压力及温度变化等作用，有使管节拉裂、变形缝张开、管轴线变形等趋势；在纵向上，斜坡上的管道有下滑的倾向。设置镇墩后，这些不平衡力可由镇墩承担，从而改善管道本身的受力状况。

主要用途 主要适用于水电站、抽水站的出水管及供水工程的压力管，主要用来固定压力管道，防止其位移，一般建在管道转折的位置，或直线管道过长时也设镇墩。在工程设计上应用比较广泛，对管道或水工建筑物起到稳定及保护的作用。

类型 按管道在镇墩位置的固定方式分为封闭式和开敞式两种（图 1、图 2）。封闭式镇墩结构简单，对管道的固定好，应用较多。而开敞式镇墩处管壁受力不够均匀，用于作用力不太大的情况。

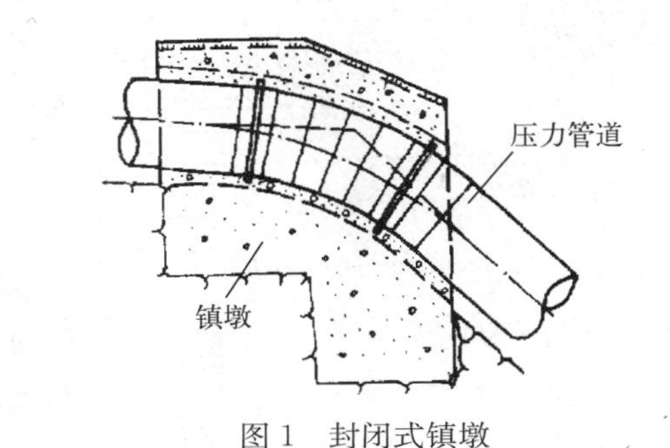

图 1 封闭式镇墩

图 2 开敞式镇墩

（杨孙圣）

支管

支管（branch pipe） 从总管上分出的或向总管汇合的管道。支管和其上面的喷头是田间灌水设备，固定管道式喷灌系统支管一般与作物行向平行布置，并尽量顺着适当地形坡度，以增加支管长度。半固定和移动式喷灌系统支管的布置应尽可能使移动操作方便，移动次数少。支管、喷头间距按组合间距确定。图为干管支管连接图。

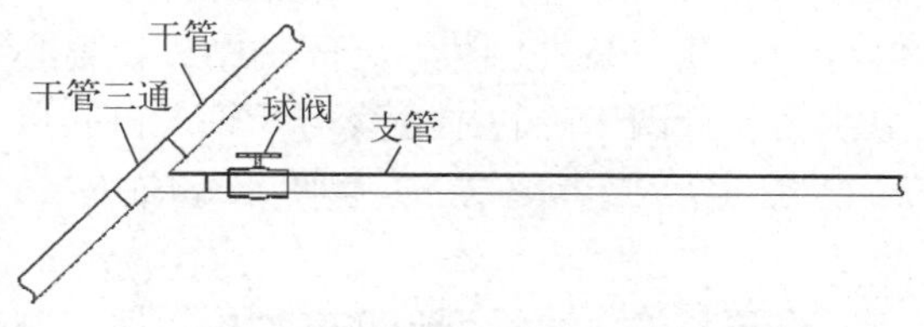

干管支管连接图

概况 为了降低投资，支管一般设计成2～4种管径组成。为了保证支管的冲洗，最小管径不应小于最大管径的一半。通常支管内流速应限制在2 m/s之内，宜垂直于植物种植行布置。管道埋深应结合土壤冻层深度、地面荷载、机耕深度和排水条件来确定。支管冲洗时，应打开若干支管进口和末端阀门以及毛管末端堵头，关闭干管末端的冲洗阀门，直到支管末端出水清洁。

布置原则 ①平坦地区，支管尽量与作物的种植方向一致。②支管必须沿主坡方向布置时，需按地面坡度控制支管长度，上坡支管距首尾地形高差加水头损失小于0.2倍的喷头设计工作压力、首尾喷头工作流量差小于等于10%确定管长，下坡支管可缩小管径抵消增加的压力水头或设置调压设备。③多风向地区，支管垂直主风向布置，便于加密喷头，保证喷洒均匀度。④充分考虑地块形状，使支管长度一致。⑤支管通常与温室或大棚的长度方向一致，对棚间地块应考虑地块的尺寸。

原理 进口联结干管，出口联结毛管，从干管取水分配到毛管中。

结构 常用聚乙烯管（PE管），一般是逐段变细的，首端应设控制阀，末端、低点应设冲洗排水阀和阀门井。聚乙烯塑料管外联结应保证管端断面与管轴线基本垂直，应将锁母、卡箍、O形胶圈依次套在管上后，将管端插入管件内，并锁紧螺母。

主要用途 从干管取水分配到毛管中。

参考书目

胡忆沩，杨梅，李鑫，2017. 实用管工手册［M］. 北京：化学工业出版社.

郑耀泉，刘婴谷，严海军，等，2015. 喷灌与微灌技术应用［M］. 北京：中国水利水电出版社.

李雪转，2017. 农村节水灌溉技术［M］. 北京：中国水利水电出版社.

（刘俊萍 李岩）

支渠（branch canal） 灌区内部分配水量的渠道（图）。

支 渠

概况 从干渠取水分配给各用户的输水渠道，一般布置在干渠的一侧或两侧。通常在渠道工程设计中，支渠按续灌方式设计，斗渠、农渠按轮灌方式设计。《灌溉与排水工程设计规范》中规定万亩以上灌区的干渠、支渠应按续灌方式设计，必要时支渠也可按轮灌方式设计。

原理 上承干渠、下接斗渠，为灌区内部分配水量。

结构 陡管、消力池、渡槽、分水闸、桥涵。

主要用途 灌溉、输水、为灌区分配水资源。

类型 无具体分类。

（王勇 熊伟）

直锥型吸水室（conoid suction chamber） 在吸入管沿流动方向加导向板（高度和半径相同），顶部做成弧形，两端做成流线型，能使泵效率稍有提高的一种装置。其结构简单，制造方便，广泛应用于单级单吸离心泵。液体在直锥型吸水室中损失很小，能在叶轮入口前造成不大的加速度，使叶轮线速度均匀。综合来讲，它是使液体以最小的损失均匀地进入叶轮的零件。图为直锥型吸水室平面投影。

概况 直锥型吸水室广泛应用于轴向吸入的单级单吸离心泵，根据其形状可分为：平直型吸水室、渐缩型吸水室和渐扩型吸水室 3 种，传统观点认为：渐缩型吸水室水力性能最佳，应用也最为广泛；渐扩型吸水室水力性能最差，仅用于汽蚀性能要求较高的场合。不同形状直锥型吸水室的选择是根据设计需要选定的。离心泵的设计方法有两种，即速度系数法和相似换算法，随着优秀水力模型库的不断更新与完善，相似换算法的应用愈加广泛。相似换算法是利用水泵的相似规律，选择一台比转数相同或相近的模型泵，进行相似换算的设计方法。将模型泵进行适当的缩放，便可得到相应的渐缩型吸水室、渐扩型吸水室和平直吸水室。

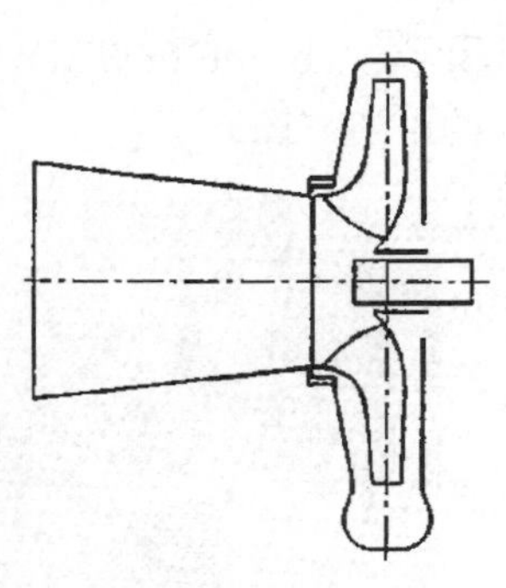

直锥型吸水室平面投影

原理 液体在直锥形收缩管中流动，流速渐增，速度分布均匀，水力损失小，保证叶轮进口有均匀的速度场。吸水室进口直径，也就是泵进口法兰处内径，应采用标准直径，通常吸入口的流速为 3 m/s 左右。直锥型吸水室的长度，视泵的总体结构而定，并无特殊要求。

结构 直锥型吸水室在设计过程中，吸入口径 D_0 根据流量和进口流速确定，吸水室的末端圆滑地过渡到叶轮入口直径 D_1 即可，直锥型吸水室的锥度一般为 7°～18°。根据泵标准 GB 5660 确定其安装尺寸——叶轮中心线与泵进口法兰之间的距离，离心泵水力设计图中叶轮中心线与叶轮入口间尺寸已确定，二者之差即为吸水室轴向长度 L。

主要用途 直锥型吸水室结构简单，制造方便，广泛应用于单级单吸离心泵。

类型 直锥型吸水室广泛应用于轴向吸入的单级单吸离心泵，根据其形状可分为平直吸水室、渐缩吸水室和渐扩吸水室 3 种。传统观点认为渐缩型吸水室水力性能最佳，应用也最为广泛；渐扩型吸水室水力性能最差，仅用于汽蚀性能要求较高的场合。不同形状直锥型吸水室的选择是根据设计需要选定的。

参考书目

关醒凡，2011. 现代泵理论与设计［M］. 北京：中国宇航出版社.

王福军，2005. 水泵与水泵站［M］. 北京：中国农业出版社.

关醒凡，1987. 泵的理论与设计［M］. 北京：机械工业出版社.

（许彬）

制造偏差（manufacture variation） 在灌水器制造过程中，由于各种偶然因素，造成一批灌水器的尺寸大小、结构形状不尽相同，把这种现象称为制造偏差。由于制造偏差，每个灌水器在同一压力下的流量也不相同，即出现了制造流量偏差现象。在微灌工业界，用 25 个灌水器在同一压力下进行流量测定，然后统计出流量的偏差系数，并定义为制造偏差率。

$$c_v = \sqrt{\frac{\sum_{i=1}^{n}(q_i - \bar{q})^2}{n\bar{q}^2}}$$

式中 c_v 为制造偏差率；n 为滴头的个数；

q_i为第 i 个灌水器的流量（m^3/s）；$\bar{q}$为平均流量（m^3/s）。

将灌水器的实际流量系数与设计流量系数之差定义为制造偏差，将最大、最小制造偏差之差与设计流量系数之间的比值定义为制造偏差率，可推导出计算公式为：

$$k_v = \frac{k_{\max} - k_{\min}}{k_d} \approx 2c_v$$

式中　k_v 为制造偏差率；$k_{\max}$、$k_{\min}$、k_d 分别为最大、最小与设计流量系数。

（王勇　吴璞）

智能 IC 卡水表（water meter with intelligent IC card）　一种利用现代微电子技术、现代传感技术、智能 IC 卡技术对用水量进行计量并进行用水数据传递及结算交易的新型水表（图）。为节约水资源应大力推广应用节水新技术，加强用水的科学管理。而要加强用水的科学管理，最重要的是研究开发用于节水科学管理的智能仪表以及这种仪表的普及应用。加快研究和推广 IC 卡智能水表管理系统，是我国供水工程管理模式的创新，对综合利用水资源具有划时代意义。

智能 IC 卡水表

结构原理　智能 IC 卡水表配套的管理系统的工作原理是以智能终端卡为媒介，刷卡进行消费，在智能终端可进行如卡充值、数据信息反馈等。系统还借助终端 PC 机将用户及水表的有关资料集成在一张 IC 卡上，水表的数据存储单元读取 IC 卡上的资料，当客户资料核实正确无误，水阀门就会自动打开供水。系统可根据使用的水量，利用已经设置好的数学函数模型计算出费用，该费用会被自动扣除。当用户的购水余额少于系统模型中设置的余额时，则通过水阀门自动停水。待用户再次购水后，再次将 IC 卡资料输入数据存储单元，则恢复供水。

应用中，从用户的角度看，智能 IC 卡水表的使用应简单明了。从管理部门的角度看，IC 卡水表应当具备一些统计、欠费记录、基础水量和超计划用水管理设定、一户一卡、补卡等基本功能。从保护性和安全性角度看，IC 卡水表应当具备阀门定时开闭、防磁性干扰、卡座抗攻击保护、掉电自动保护数据、欠电自动关闭系统、防拆卸等基本功能。

（骆寅）

中高压远射程喷头（medium - high pressure long - range sprinkler）　将有压水喷射到空中的部件，是喷灌机和喷灌系统的主要组成部分。喷头的射程大小同水的压力高低直接相关。远射程喷头的射程在 40 m 以上，相应的工作压力为 0.5～0.8 MPa。最早大量生产并投入农业灌溉中的多是中高压摇臂式喷头，其额定工作压力一般在 0.35 MPa 以上，能耗较高，相应的喷灌系统运行经济成本也较高。且喷灌系统的安装步骤较为烦琐，后期的维护费用较高；为了降低喷灌系统的能耗，扩大喷头的应用范围，雷欧公司、雨鸟公司等开发了多种不同用途的摇臂式喷头，广泛应用于农业、园林、市政等各个领域；随着大型指针式喷灌机的诞生，亨特（Hunter）公司、尼尔森（Nelson）公司等研制开发了适用该喷灌机不同类型的喷头，如具有压力调节作用的喷嘴、低压折射式喷头、低压阻尼喷头等。

类型　折射式、缝隙式和离心式固定喷头，以及摇臂式、叶轮式、垂直摇臂式、反作用式和全射流式旋转喷头等。

参考书目

袁寿其，李红，王新坤，等，2015. 喷微灌技术及设备［M］. 北京：中国水利水电出版社 .

（李娅杰）

中密度聚乙烯管 (medium - density polyethylene pipe) 用中密度聚乙烯生产的软管，其性能介于高密度聚乙烯（HDPE）和低密度聚乙烯（LDPE）之间，既保持了HDPE的刚性，又有LDPE的柔性、耐蠕变性，集两者优点于一身，具有耐环境应力开裂性以及强度的长期保持性的特点。

物理特性 中密度聚乙烯在合成过程中用α烯烃共聚，控制密度而成。1970年美国用浆液法制出，其合成工艺采用线性低密度聚乙烯的方法。α烯烃常用丙烯、1-丁烯、1-己烯、1-辛烯等，其用量多少影响着密度大小。MDPE的相对密度为0.926～0.953，结晶度为70%～80%，平均分子量为20万，拉伸强度为8～24 MPa，断裂伸长率为50%～60%，熔融温度为126～135 ℃，熔体流动速率每10 min为0.1～35 g，热变形温度（0.46 MPa）49～74 ℃。

用途 聚乙烯管因材质柔软、重量轻、抗冻能力强，常应用于节水灌溉工程，尤其广泛适用于高寒地区和管沟开挖难以控制的山区。农业灌溉常用的聚乙烯管按树脂级别分为低密度聚乙烯（LDPE）、中密度聚乙烯（MDPE）。聚乙烯管起着向喷头输送压力水和用于牵引喷头车的双重作用。MDPE因其良好的抗环境应力开裂性、焊接性和使用寿命长等，近年来应用发展迅速，被认为是目前世界上配气管、配水管、通信电缆、光纤光缆最合适的护套材料。

（李娅杰）

中心支轴式喷灌机 (center pivot sprinkler) 又称指针式喷灌机，是将喷灌机的转动支轴固定在灌溉面积的中心，固定在钢筋混凝土支座上，支轴座中心下端与井泵出水管或压力管相连，上端通过旋转机构与旋转弯管连接，通过桁架上的喷洒系统向作物喷水的一种节水增产灌溉机械。是一种重要的高效节水灌溉设备，具有节水、省工、自动化程度高等优点，适用于规模化灌溉。

概况 国外早期的中心支轴式喷灌机以液压驱动和水力驱动为主，1965年出现了电力驱动的中心支轴式喷灌机。这种机组已在地广人稀、水资源缺乏的美国中西部地区广泛应用，对美国农业综合实力的提高起到了强有力的推动作用。20世纪70—80年代，为了降低能耗、提高灌水质量和机组运行可靠性，中心支轴式喷灌机的行走驱动方式逐渐由水动改为电动，喷洒方式由向上喷洒改为向下喷洒，灌水器由中压喷头改为低压喷头。90年代以来，遥控技术、机群控制技术、变量喷洒技术、3S技术等高新技术逐步在中心支轴式喷灌机上得到应用，整体技术水平进一步提高。我国于1982年试制成功第一台水动中心支轴式喷灌机，并通过了国家机电部的鉴定。此后又相继研制出电动中心支轴式喷灌机、电动平移式喷灌机和滚移式喷灌机。从农作物灌溉、产量及经济效益方面看效果显著。

原理 合上主控制箱总电源控制开关，将百分率计时器调节到速度需要值，将运行方向开关转换到正向位置。按下行走启动按钮，末端塔架车车轮旋转，开始顺时针方向行走。开启进水阀门后，当末端塔架车与紧邻的次末端塔架车之间构成1°左右角度时，末端塔架车的电机停止供电，车轮停止旋转。次末端塔架车上的同步控制机构动作，微动开关接通，向次末端塔架车上的电机供电，次末端塔架车车轮转动并向末端塔架车看齐，开始顺时针旋转。与上述的过程相似，只要某一塔架车与左右相邻的两个塔架车之间构成1°左右角度时，该塔架车微动开关接通向电机供电，塔架车就向前行走，当某一塔架车与左右相邻的两个塔架车之间构成一条直线时，该塔架车电机供电被切断，塔架车就停止行走。末端塔架车按百分率计时器确定的需要值一直向前行走，其余塔架车根据其与左右相邻两个塔架车之间是否构成1°左右角度，或行走或停止。

结构 按机组能否转移分为：中心支座固定型、拖移型。按行走驱动动力方式分为：电动、汽油机驱动、液压驱动、水力驱动。中心支轴式喷灌机主要由中心支座、桁架、塔架车、末端悬臂、控制系统和灌水器等六大部分组成（图）。中心支座：支座是喷灌机的回转中心，也是进水口，转动套连接上水管和出水管，可以保证桁架能够围绕中心支座自由转动。桁架：主要是由输水支管、三角形弦架和拉筋等组成的空间拱架结构，它既是过流部件，也是承重部件。塔架车：主要由立柱、横梁和底梁组成的“A”字型构架组成，用于安装动力机、传动装置和橡胶车轮，它是喷灌机的驱动部件也是桁架的支座。悬臂：由输水支管、三角支架和钢丝绳组成。控制系统：由主控制箱、集电环、塔架盒、定点停机装置和电缆等组成。灌水系统：由鹅颈管、悬吊管、压力调节器、配重和喷头组成。

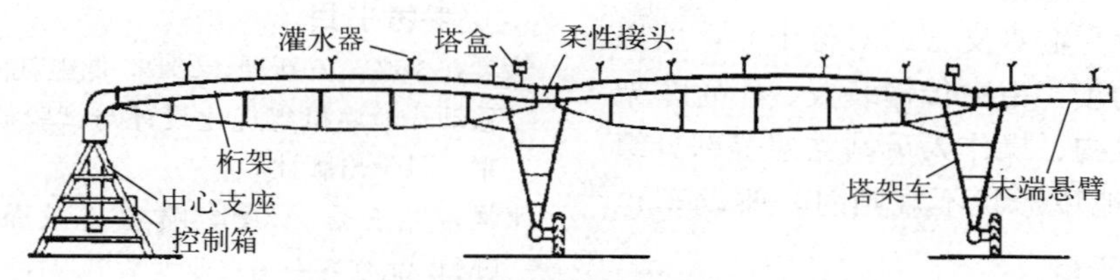

中心支轴式喷灌机组成部件

参考书目

袁寿其，李红，施卫东，2011. 新型喷灌装备设计理论与技术［M］. 北京：机械工业出版社.

郑耀泉，刘婴谷，严海军，等，2015. 喷灌与微灌技术应用［M］. 北京：中国水利水电出版社.

张强，吴玉秀，2016. 喷灌与微灌系统及设备［M］. 北京：中国农业大学出版社.

（朱勇）

中心支座（center support） 喷灌机的转动支轴，安装在灌溉面积的中心，可固定在钢筋混凝土基座上。支轴座中心管下端与井泵出水管或压力管相连，上端通过旋转机构与旋转弯管连接（图）。

中心支座

类型 主要类型有中心支座固定型、两轮拖移型和四轮拖移型。

主要用途 中心支座是钢结构部件，支座是喷灌机的回转中心，同时也是进水口，转动套连接上水管和出水管，可以保证桁架能够围绕中心支座自由转动。

参考书目

张强，吴玉秀，2016. 喷灌与微灌系统及设备［M］. 北京：中国农业大学出版社.

郑耀泉，刘婴谷，严海军，等，2015. 喷灌与微灌技术应用［M］. 北京：中国水利水电出版社.

杜森，钟永红，吴勇，2016. 喷灌技术百问百答［M］. 北京：中国农业出版社.

（朱勇）

中压灌溉管道系统（medium pressure irrigation pipeline system） 水源取水经处理后，通过压力范围为200～400 kPa的管道网输水、配水及向农田供水、灌水的全套工程系统。

用途 中压灌溉管道系统可用于输水压力需求相对较大的丘陵地区灌溉，可提高灌水效率，缓解由于地势原因导致供水量不足的问题。

（王勇 王晓林）

中央驱动车（central drive car） 把喷灌机组从一个位置滚移到另一个位置的驱动装置。驱动车位于输水支管的对称中心，所以称为中央驱动车，由力传输装置、车轮车架组件、操纵机构、操作人员站立架等部分组成（图）。当地块形状不规则时，驱动车也可以偏置。

中央驱动车

概况 国产机组的中央驱动车为有级变速，起动转矩较小，爬坡能力尚待提升。国外机组在驱动车的齿轮减速箱和动力机之间增加了一套静压动力传递装置，行进速度可在0～20 m/min无级调节，启动转矩和爬坡能力大大提高。

原理 变速箱和减速箱均安装在车架上，柴油机输出端设置第一皮带轮，变速器上设置第二皮带轮，第一皮带轮和第二皮带轮通过皮带相连，变速器连接减速箱，减速箱的输出轴上固定有第一链轮，减速箱的输出轴端部设置阳接头，车架前后分别安装第一主车轮轴和第二主车轮轴，第一主车轮轴和第二主车轮轴上均安装有两个主车轮，第一主车轮轴上固定有第二链轮，第一链轮和第二链轮之间通过链条相连。

结构 中央驱动机构包括柴油机、变速箱、减速箱、主车轮，从动机构包括输水支管，柴油机通过带传动将动力传递给变速器，变速器的输出轴上安装有齿轮，通过齿轮将动力继续传递给减速箱，由输出轴将动力输出。

主要用途 中央驱动车主要担负着把喷灌机组从一个作业位置转移到另一个作业位置。

参考书目

涂琴，李红，王新坤，2018. 低能耗多功能轻小型移动式喷灌机组优化设计与试验研究［M］. 北京：科学出版社.

张强，吴玉秀，2016. 喷灌与微灌系统及设备［M］. 北京：中国农业大学出版社.

（朱勇）

钟形流道（bell - shaped passage） 纵剖面呈钟状的进水流道，由进水段、吸水蜗室、导水锥与喇叭管等组成，如图所示。

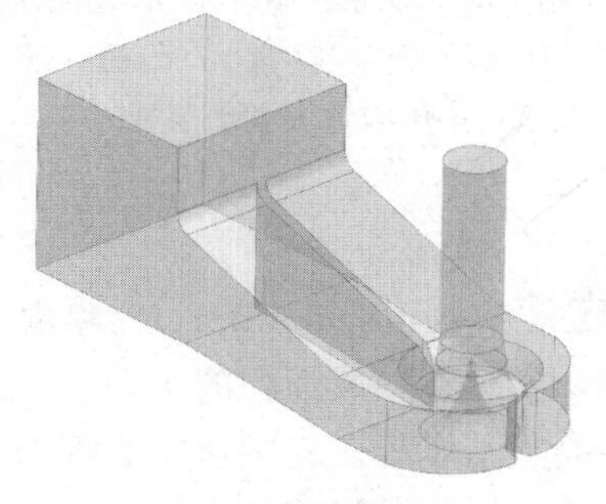

钟形进水流道

概况 钟形流道是我国大型泵站采用的两种最主要的进水流道形式之一，该流道内水流流态的优劣，是泵站能否安全和高效运行的必要条件。近些年来，国内外泵站工程中采用钟形流道的越来越多，逐渐代替了肘形进水流道，并且运行情况良好。钟形进水流道与肘形进水流道相比具有如下特点：钟形进水流道高度小，可以减少泵房基础开挖深度，混凝土用量少，特别是在石方地基、软土地基兴建泵站，钟形进水流道更是一种较佳的吸水流道形式；钟形进水流道在流量变化的情况下，叶轮进口流态及流速分布一般比肘形进水流道要好；钟形进水流道结构简单，断面形状变化单一，便于施工，从而节约了土建投资，加快了施工进度；而对于肘形流道来说，为了克服弯曲段离心力所造成的流速、压力分布不均匀，因此流道形状复杂，施工、建模都很麻烦。

类型 钟形进水流道吸水室后壁的平面形状有矩形、多边形、半圆形和蜗形。由于进水流道的出水流态决定了水泵的进水条件，对水泵的能量性能、运行稳定性和空化特性有很大影响，因此从水力性能来看，流态最好的吸水室形状是蜗形。

结构 钟形进水流道由进口段、吸水蜗室、导水锥和喇叭管组成。

参考书目

廖闻彧，柳畅，尹奇德，2014. 城市排水泵站运行维护［M］. 长沙：湖南大学出版社.

潘咸昂，1989. 泵站辅机与自动化［M］. 北京：中国水利水电出版社.

（袁建平　陆荣）

重力滴灌系统（gravity drip irrigation system） 一种不依靠动力驱动，仅依靠水源与灌水器间的高度差提供水压的滴灌系统（图）。

重力滴灌系统

概况 重力滴灌系统是目前世界上唯一可以不靠动力驱动的滴灌系统。1985 年，以色列人提出了微重力滴灌的想法，并以此为基础生产了自流式滴灌系统，该灌溉系统的灌水器为长流道迷宫式，流量为 0.2 L/h，灌水器紧固在“毛管”（4 mm）上，系统的工作水头可降至 0.5 m，是最早的重力滴灌系统。重力滴灌系统将传统的灌溉设备与先进的滴灌技术相结合，并不受水源和布设规模的限制，使用灵活方便，又可移动灌溉，经济实用，投资回收期短，使用寿命长，并可节省人力和减小劳动强度，是农村在不改变现有耕作条件下可应用的新型滴灌设施。目前，重力滴灌主要用于温室灌溉，具有以下几个特点：①灌水效率高，可节水 50%～70%，节肥 20%～40%；②与普通滴灌相比，同等流量在重力滴灌条件下可灌溉 10 倍于普通滴灌条件的面积；③为土壤提供适当比例的水和气，便于作物根系运动及吸收微量元素；④系统本身运转不需要压力，但可以接压力水管。

原理 在地势高处修建蓄水池或在棚中架高储水容器，依靠水源与灌水器间的高度差提供灌溉水压。通过配备压力补偿式的灌水器可以在地势高差很大的地块（如山区丘陵的坡地）实现较为均匀且节水的灌溉。

结构 主要由水箱、阀口节制部分、输水管道、滴灌管网组成。

主要用途 适用于温室大棚、庭院作物及水池、集雨水窖等场合。适合一家一户的、种植面积较小的分散式农业生产。重力滴灌系统的使用范围较广，既适用于现有的各种灌溉方法，又可与自控系统及压力系统连接。

（李岩）

轴流泵（axial flow pump） 叶片泵的一种，它的叶片单元为一系列翼型，围绕轮毂构成圆柱叶栅（图）。由于流过叶轮的流体微团迹线理论上位于与转轴同心的圆柱面上，经过导叶消旋后沿着近似轴向流出，所以这种泵称为轴流泵。轴流泵的流量较大，单级扬程较低，通常为 1～20 m，因此轴流泵的比转速较高，其常用范围在 500～1 800。

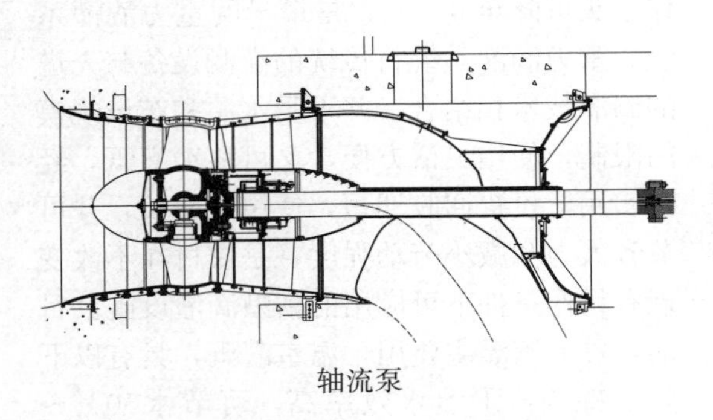

轴流泵

概况　轴流泵的优点：①结构简单，在给定工作参数条件下，横截面积（垂直于转轴的平面）和重量较其他类型的叶片泵小；②不管是在停机状态还是运行状态，都可以通过改变叶片安放角而很容易地改变流量；③轴流泵通常都是立式结构，因此其占地面积小，还可露天安装。轴流泵的缺点：①自吸能力不高；②单级扬程低；③效率曲线陡，高效区比较窄，偏离设计工况运行时经济性较差，小流量工况的扬程曲线存在运行不稳定的“马鞍形”。

中国、日本、俄罗斯、荷兰、德国等国对轴流泵的研制水平较高。其中立式轴流泵主要是靠叶片的升力将流体引到出口，是轴向进，轴向出，具有流量大等优点。潜水轴流泵其驱动水泵的电动机是干式全封闭潜水三相异步电动机，可以长期浸入水中运行，具有传统机组一系列无可比拟的优点。江苏大学研制了系列高效轴流泵水力模型，完全拥有我国自主知识产权，广泛应用于南水北调、引江入淮等大中型泵站工程。我国南水北调东线工程大型轴流泵机组最大单机功率达到 5 000 kW。

原理　轴流泵输送液体不是依靠叶轮对液体的离心力，而是利用旋转叶轮叶片的推力使被输送的液体沿泵轴方向流动。当泵轴由电动机带动旋转后，由于叶片与泵轴轴线有一定的螺旋角，所以对液体产生推力（或称升力），将液体推出从而沿排出管排出。当液体被推出后，原来位置便形成局部真空，外部液体由泵进口被吸入叶轮中。只要叶轮不断旋转，泵便能不断地吸入和排出液体。导水叶片间的流道呈扩散形，使从叶轮流出的水由斜向导为轴向流入出水弯管。这样一方面消除水旋转所产生的能量损失，同时也将水流的一部分动能转换为压能，从而提高了水泵的效率。

结构　轴流泵按叶片固定方式和调节方法可分为固定式、半调节式和全调节式。半调节式立式轴流泵由叶轮、进水喇叭管、导水叶片、出水弯管和轴封等主要部件组成。为防止运行时泵轴的摆动，一般在轴的上、下端设置两个导（向）轴承，其材质多采用水润滑的橡胶或尼龙制成。当泵抽取混水时，为防止泥沙对轴和轴承的磨损，应由专门的清水系统进行润滑，以延长其使用寿命。叶轮上的叶片可根据所需流量和扬程大小调节其安放的角度，当需要调节时，将固定于轮毂上的叶片调节螺母松脱，转动叶片到所需倾角即可。全调节式轴流泵需要增加一套叶片调节控制装置。

主要用途　轴流泵主要适用于低扬程、大流量的场合，如在农田排灌方面，小块田地的灌溉采用可移动式小型轴流泵，防洪排涝则采用大中型轴流泵；在水利建设、跨流域调水领域，采用大型轴流泵；在电站建设中，电站冷却汽轮机冷凝用循环水采用轴流泵，其他如大型钢铁联合企业生产用水和船坞进排水，浅水船舶的推进通常也采用轴流泵。

类型　根据泵轴的相对位置分为立式（泵轴竖直放置）、卧式（泵轴水平放置）和斜式 3 种。立式轴流泵工作时启动方便，占地面积小，目前生产的绝大多数是立式的。根据叶片调节的可能性分为固定叶片轴流泵、半调节叶片轴流泵和全调节叶片轴流泵3种。其中半调节式轴流泵既能调节流量和扬程，结构又较简单便于制造，因此，多数中小型轴流泵做成半调节式的，大中型泵站一般采用全调节轴流泵。

参考书目

袁寿其，施卫东，刘厚林，2014. 泵理论与设计［M］. 北京：机械工业出版社.

（张德胜　赵睿杰）

肘形流道（elbow passage）　由进水段、弯曲段和出口段组成的类似于弯肘形状的流道，是目前国内块基型站房中最常见的一种进水流道（图）。

概况　弯管的形状主要有等径直角弯管、等径圆角弯管、曲率半径相同的断面渐缩弯管以及不同曲率半径断面渐缩的肘形弯管，如图所示。对等直径直角弯管，出口断面的流速分布受离心力的影响很大，对水泵性能产生很大影响。同时，这种形状的弯管，不仅内侧会产生漩涡，外侧直角处也因流动不畅会产生漩涡。这种漩涡达到一定剧烈程度时，流道内就会形成涡带进入水泵叶轮，引起机组振动。此外，直角弯管的阻力损失也大，必然影响泵运行效率。圆角弯管其流速分布较直角弯管有所改善，而曲率半径相同的断面渐缩管有较大改善，不同曲率半径断面渐缩肘形弯管内流速则几近均匀分布，因此，只要形状尺寸设计合理，就可以使肘形弯管满足设计要求。

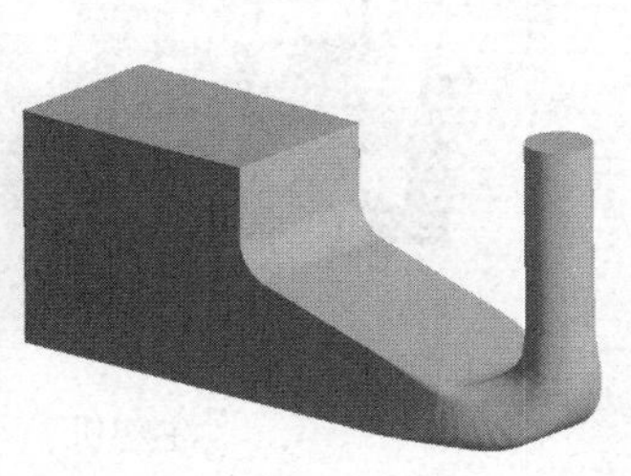

肘形进水流道

结构　肘形弯管进水流道的流道断面由矩形逐渐变为近似椭圆形，再变为与水泵进口相一致的圆形，其主要由3部分组成：①直线渐缩段，一般做成底部水平、顶部上翘的形式，有时为了抬高进水口底部高程，以减少土建工程量，改善泵房稳定性，也有做成底部上翘形式；②弯曲渐缩段，椭圆断面其焦距逐步减小，并逐步将水流从水平流改变为垂直流向；③直锥段，为由上至下逐渐缩小的同心圆形。

参考书目

廖闾彧，柳畅，尹奇德，2014. 城市排水泵站运行维护［M］. 长沙：湖南大学出版社.

潘咸昂，1989. 泵站辅机与自动化［M］. 北京：中国水利水电出版社.

（袁建平　陆荣）

主水泵（main pump）　在整个给排水灌溉系统中发挥主要作用的水泵，如核电站中的核主泵，固定泵站中的大型轴、混流泵等。

概况　主水泵是泵站运行的核心部件，是大型泵站更新改造关注的重点，其主要功能是实现引排水的目的，是泵站中发挥主要作用的水泵，如排水灌溉泵站中的大型立式轴流泵、混流泵、贯流泵等都是主水泵，如图所示。

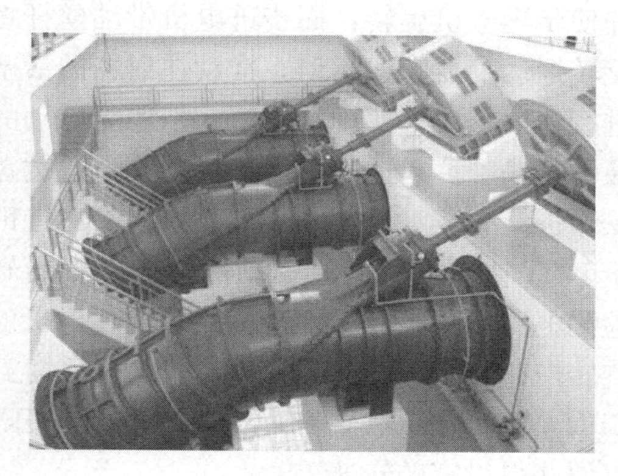

主水泵

分类　从主泵的密封形式来看，主泵可以分为轴封泵和屏蔽泵；按安装方式又可分为立式、斜轴、贯流泵。

参考书目

关醒凡，2011. 现代泵理论与设计［M］. 北京：中国宇航出版社.

（袁建平　陆荣）

注射泵

注射泵（injection pump）　将小剂量的药液持续、均匀、定量输入人体静脉的注射装置（图）。

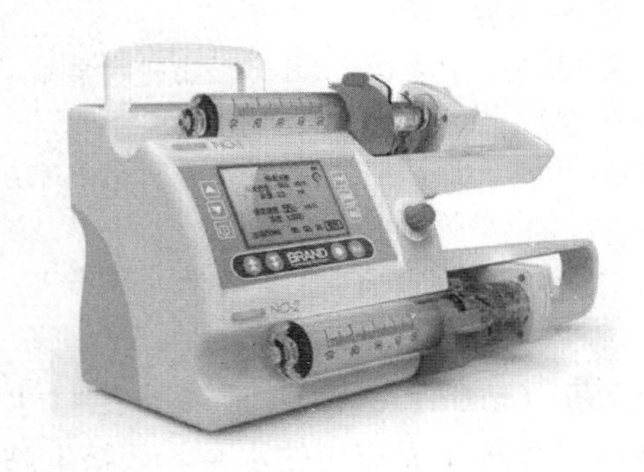

注射泵

概况　当临床所用的药物必须由静脉途径注入，而且在给药量必须非常准确、总量控制严格、给药速度需缓慢或长时间恒定的情况下，则应当使用注射泵来实现这一目的。

原理　工作时，单片机系统发出控制脉冲使步进电机旋转，而步进电机带动丝杆将旋转运动变成直线运动，推动注射器的活塞进行注射输液，实现高精度、平稳无脉动的液体传输。注射速度可由操作人员通过键盘操作进行设定。注射泵启动后，CPU 借助于 D/A 转换提供电机驱动电压。电机旋转检测电路为一组光电耦合电路，通过电机的旋转产生脉冲信号，这一脉冲信号反馈到 CPU，CPU 根据这一反馈控制电机电压，以便获得设定的转速。

结构　注射泵由步进电机及其驱动器、丝杆和支架等构成，具有往复移动的丝杆、螺母，因此也称为丝杆泵。

主要用途　主要应用于医学、工业等领域，另外还有一些微量注射泵可用于实验室当中。

类型　按通道数可分为单通道和多通道；按工作模式可分为单推和推拉以及双向推拉模式；按构造可分为分体式和组合式等。

（杨孙圣）

注塑机

注塑机（plastic injection molding machine）　将固态塑料通过剪切作用和电热圈加热至熔融状态后，以高速度、高压力注入模具腔内，并经冷却定型后得出塑料制品的加工设备（图）。

注塑机

概况　1849 年，斯托格思公司推出了首台金属压铸机，主要用于加工纤维素硝酸酯和醋酸纤维类塑料。1932 年，德国弗兰兹布劳恩工厂生产出全自动柱塞式卧式注塑机，成为柱塞式注塑机的基本形式。1947 年，意大利制造出了第一台液压驱动式注塑机。1948 年开始使用螺杆塑化装置，并于 1956 年推出了世界上第一台往复螺杆式注塑机。从此，注塑成型工艺技术取得重大突破，注塑机的生产效率和质量大大提高，更多的塑料有可能通过注射成型方法加工成各种塑料制品。近几十年来，其基本结构没有多大改变，但控制水平及节能措施一直在不断改进，扩大了品种和规格，系列和款式更为齐全，出现了多组分复合材料和低压普通热塑性注塑机，同时，加工人工陶瓷材料、磁性材料、聚氨酯的低压反应式专用注塑机、精密和超精密注塑机发展迅速。

原理 注塑机是借助螺杆（或柱塞）的推力，将已塑化好的熔融状态（即黏流态）的塑料注射入闭合好的模腔内，经固化定型后取得制品的工艺过程。注射成型是一个循环的过程，每一周期主要包括：定量加料—熔融塑化—施压注射—充模冷却—启模取件。取出塑件后又再闭模，进行下一个循环。

结构 注塑机通常由注射系统、合模系统、液压传动系统、电气控制系统、润滑系统、加热及冷却系统、安全监测系统等组成。

主要用途 广泛应用于国防、机电、汽车、交通运输、建材、包装、农业、文教卫生及人们日常生活各个领域。

类型 ①按塑化方式可分为柱塞式塑料注射成型机、往复式螺杆式塑料注射成型机、螺杆-柱塞式塑料注射成型机；②按合模方式可分为机械式、液压式、液压-机械式。

参考书目

王志新，张华，葛宜远，2001. 现代注塑机控制 微机及电液控制技术与工程应用［M］. 北京：中国轻工业出版社.

（印刚）

柱塞泵（plunger pump） 液压系统的一个重要装置，它依靠柱塞在缸体中往复运动，使密封工作容腔的容积发生变化来实现吸油、压油（图）。

柱塞泵

概况 柱塞泵是水泵中的一种，而整个水泵行业是典型的投资拉动型产业，市场需求受国家宏观政策，特别是受水利、建筑、能源等行业的宏观政策影响很大。柱塞泵是一种典型的容积式水力机械，由原动机驱动，把输入的机械能转换成为液体的压力能，再以压力、流量的形式输入到系统中去，它是液压系统的动力源，由于它能在高压下输送液体，因此，在工业生产和日常生活中的各个行业都得到广泛的应用。

原理 柱塞泵柱塞往复运动总行程 L 是不变的，由凸轮的升程决定。柱塞每循环的供油量大小取决于供油行程，供油行程不受凸轮轴控制是可变的。供油开始时刻不随供油行程的变化而变化。转动柱塞可改变供油终了时刻，从而改变供油量。柱塞泵工作时，在喷油泵凸轮轴上的凸轮与柱塞弹簧的作用下，迫使柱塞做上、下往复运动，从而完成泵油任务。

结构 柱塞泵分为有代表性结构形式的轴向柱塞泵和径向柱塞泵两种。

主要用途 柱塞泵被广泛应用于高压、大流量和流量需要调节的场合，诸如液压机、工程机械和船舶中。

类型 柱塞泵一般分为轴向柱塞泵和径向柱塞泵。

（杨孙圣）

铸铁管（cast iron pipe） 用含碳量大于2%的铁碳合金熔融铸造成型的无缝金属管。

类型 按铸造方法不同分为砂型铸造管、砂型离心铸造管、连续铸造管等。按连接方式不同分为承插式和法兰式。按铸铁材料不同分为灰铸铁管、球墨铸铁管。灰铸铁材质较脆，不能承受较大的应力，因此在动荷载较大的地区与重要地段不能使用；球墨铸铁又称延性铸铁，加工性能好，管壁薄、强度高，国外在燃气管道上已普遍采用。按用途不同分为承压铸铁管和排水铸铁管。

特点 耐腐蚀性较好、经久耐用、价廉，但质脆、承受振动和弯折能力较差、自重较大、管长较短、接头较多、施工安装不便。主要用于各种流体的压力或重力输送。

主要用途 铸铁管比钢管耐锈蚀，较普通塑料管刚硬，承压能力强，常用于流量、压力较大，对刚度要求高的场合。

参考书目

山仑，黄占斌，张岁岐，2009. 节水农业 [M]. 北京：清华大学出版社.

迟道才，2009. 节水灌溉理论与技术 [M]. 北京：中国水利水电出版社.

李宗尧，2010. 节水灌溉技术 [M].2 版. 北京：中国水利水电出版社.

王立洪，管瑶，2011. 节水灌溉技术 [M]. 北京：中国水利水电出版社.

（王勇　刘俊萍）

紫外光老化试验箱 (UV climate resistant aging test chamber)

以荧光紫外灯为光源，通过模拟自然阳光中的紫外辐射和冷凝，对材料进行加速耐候性试验，以获得材料耐候性结果的设备（图）。

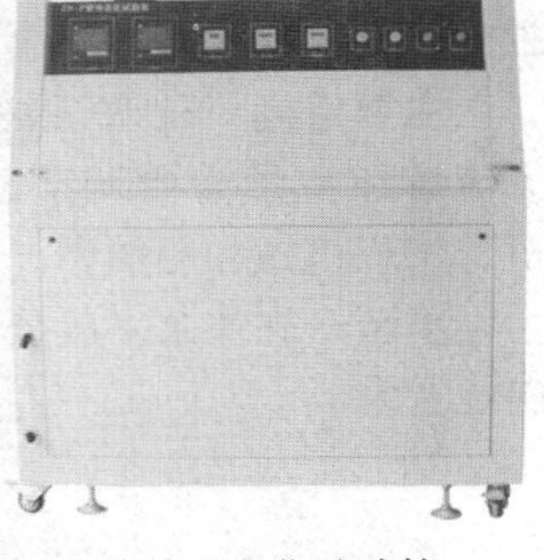

紫外光老化试验箱

原理 设备

回路电阻测试仪

通过将待测材料曝晒放在经过控制的紫外光和湿气的交互循环中，同时以提高温度的方式来进行模拟阳光对材料物理性质的破坏影响。

结构 由加热水槽、试样架、荧光灯、计时器、温控装置等组成。

主要用途 适用于非金属材料的耐阳光和人工光源的老化试验。

类型 根据试验标准与需求分为台式紫外老化、紫外耐气候、光伏紫外、光伏紫外湿冻 4 种。

（印刚）

自闭阀 (self - closing valve)

把永磁材料按照设计要求充磁制成永久记忆的多极永磁联动机构，对通过其间的燃气压力参数的变化进行识别，当超过安全设定值时自动关闭阀门，切断气源。

概况 自闭阀安装于低压燃气系统管道上，当管道供气压力出现欠压、超压时，不用电或其他外部动力，能自动关闭并需手动开启的装置。安装在燃气表后管道末端与胶管连接处的自闭阀应具备失压关闭功能。

结构 主要由阀盖、膜片、复位盖、阀杆、磁铁和推杆等零件组成（图）。

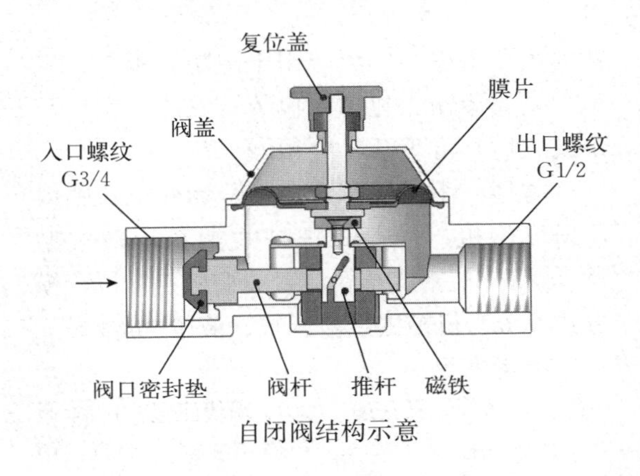

自闭阀结构示意

（王文杰）

自动量水阀 (automatic metering valve)

一种可通过测量用水量来控制水流大小的水阀（图）。

自动量水阀

概况 20 世纪 70—80 年代，中国水处理行业对于水质优化的设备控制部分主要应用为手动类的控制系统，需要大量人员通过阀门开关工具进行控制。设备的准确性及保养大多依赖人员的责任心，所以同样的设备在不同的环境，不同的操作人员使用的条件下，所达到的效果会有一些差距。随着中国对外开放，一些国外的先进技术被引进中国，在20世纪90年代初期，一些国外的电力自动控制阀头传入中国，开始在中国的工业水处理行业普及。这种阀头只要设定好参数后，其水质优化的过程是自动完成的，同时它将许多水的通路集成在一个小小的阀头上，使控制集中，节省了空间，同时简化了人员的操作，为企业节省了大量的成本。2010年，作为水处理行业的领军企业，也是第一家将国外多路阀及水控阀引进中国的洁明之晨集团再次迎来了水处理行业的改革。全新的自动控制水力驱动阀头研发成功。这也意味着国人的第一台不需要用电的全自动阀头的诞生。

原理 阀体的内部安装有阀瓣，阀瓣左右两侧均安装有流速传感器，当水流量通过流速传感器时，控制器上设置的显示屏记录流量。

结构 ①阀体；②伺服电机；③电机外壳；④连接座；⑤安装座；⑥传动轴；⑦阀瓣；⑧流速传感器；⑨控制器；⑩控制按键；⑪显示屏；⑫管道；⑬第一密封垫圈；⑭卡槽座；⑮卡件；⑯卡槽；⑰第一固定座；⑱第二固定座；⑲第二密封垫圈；⑳内螺纹；㉑外螺纹。

主要用途 测定用水量，节省水源，有效提高水阀使用效率。

类型 主要有水质软化类和水质过滤类。

（杨孙圣）

自动泄水阀（automatic drain valve）

当系统停止供水时，能将设备、管路内存水自动泄出的管道阀门。其设计要求是喷灌开始时能及时密封，喷灌结束后能自动开启，并能保证在一定时间内倾泄完输水支管里的水。

原理 自动泄水阀安装时给弹簧一个压缩的预紧力，尼龙套和橡胶挡圈被弹簧顶起。开始供水后，随着输水支管里压力的增大，水的压力不断加在橡胶挡圈上，逐渐克服弹簧的弹力，橡胶挡圈被压下，自动泄水阀关闭，开始正常喷灌。当停止供水后，随着水作用在橡胶挡圈上的压力减小，橡胶挡圈在弹簧力的作用下又被弹起，水就从泄水阀体和尼龙套之间的泄水通道中流出，完成自动泄水。通过调整螺母的位置控制弹簧的预紧力，可以控制自动泄水阀自动开启和关闭的压力。

结构 如图1所示，自动泄水阀是由泄水阀体、固定夹、橡胶挡圈、尼龙套、弹簧、螺杆、螺母等组成。泄水阀体由泄水阀下体和弹簧支撑筒焊接而成。泄水阀下体的侧面开有两个泄水口。

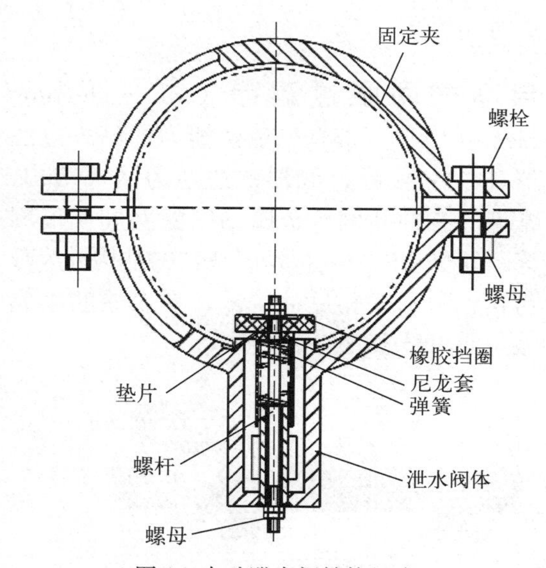

图1　自动泄水阀结构组成

主要用途 如图2所示，该自动泄水阀为低压泄水，其作用为当系统停止供水，且设备、管路内水压低于某设定值时，泄水阀自动打开，将设备、管路内存水泄出，防止冬季结冰造成伤害。

图 2　自动泄水阀

参考书目

张强，吴玉秀，2016. 喷灌与微灌系统及设备［M］. 北京：中国农业大学出版社.

郑耀泉，刘婴谷，严海军，等，2015. 喷灌与微灌技术应用［M］. 北京：中国水利水电出版社.

王艳花，孙培灵，孙文峰，等，2015. 滚移式喷灌机关键部件的设计与试验［J］. 排灌机械工程学报，33（10）：915－920.

（朱勇）

自净式网眼过滤器（self－cleaning mesh filter）

带有自清洗能力的网式过滤器（图）。该种过滤器的滤芯为网式结构，常见的有冲孔网、金属编织滤网和楔形网等；其自清洗方式根据过滤器的结构分为吸污式、刷刮式和反冲洗式，在农业灌溉领域，使用最多的是反冲洗式。

一种自清洗网式过滤器

概况　近年来，我国越来越重视环境保护和资源的有效利用。发展能源、水资源和环境保护技术是科技发展的一个战略重点，这预示着自净式网眼过滤器有着巨大的应用前景。

原理　自净式网眼过滤器的原理：当含有污物的流体流经滤网，污物被滤网拦下，过滤后的流体从出口流出。自净方法不同，清洗过程也不同：吸污式自清洗过滤器清洗时，排污阀打开，排污管和外界的压差使吸嘴产生强劲吸力，滤网内部的吸嘴与排污管连接，吸嘴吸出滤网表层的污物，从排污口排出；刷刮式自清洗过滤器清洗时，通过刮刀或刮盘的运动刮下滤网上的污物，通过排污口排出过滤器；反冲洗式自清洗过滤器清洗时，系统内的流体反向流动，将滤渣从滤网表面冲洗剥离，从排污口排出。

结构　自净式网眼过滤器主要由承压外壳、网状滤芯、进水口、出水口和排污口构成，依照自清洗方式的不同，还存在电机、吸嘴和反冲洗管等结构。

主要用途　自净式网眼过滤器广泛适用于工业、农业、市政、海水淡化过程等的分离过滤，如冷却塔循环水过滤、钢厂冷却水过滤以及中央空调循环水过滤，提高换热效率。在排灌机械领域，主要用于农田灌溉水的过滤。

类型　自净式网眼过滤器按照自清洗方式的不同，可以分为：吸污式、刷刮式和反冲洗式，目前农田灌溉领域，比较常见的是反冲洗式。

发展趋势　自清洗过滤器在各行业具有广泛的应用，重要场合使用的自清洗过滤器多为国外制造。因此，结合本国国情，制造符合我国行业标准的自净式网眼过滤器是未来的一个发展方向。

（邱宁）

自清洗过滤器组（self－clearing fiter group）

由两个或两个以上自清洗过滤器组成的具有自动清洗功能的过滤器组（图）。

概况　自清洗过滤器组是将两个或两个以上自清洗过滤器设置在一起组成的序列。单个自清洗过滤器无法满足某些机械对流体的要求，在机械前加装自清洗过滤器组，能够满足机械对于流体精度和流量等的较高要求。与传统过滤器组相比，具有自动化程度高，压力损失较小，自动清洗，清洗时能不间断供水等优点。

一种自清洗过滤器组

国外对自清洗过滤器组的研究起步较早。起初国内由于技术落后，只能引进国外的技术和设备，但是由于应用环境和标准的差异，引进的产品在性能上不够稳定，为了解决这些问题，国内一直在大力发展和研究适合我国国情和应用环境的自清洗过滤器和自清洗过滤器组。

发展趋势 为了适应我国的国情和应用环境，国内正在大力发展新型的自清洗过滤器和过滤器组，并对传统过滤器进行了改进和对其他领域应用的过滤器进行了改造。

（邱宁）

自吸泵 (self - priming pump)

不需要在吸入管内注满水（泵体内必须有足够的水）的情况下启动泵，能把水抽上来的泵称为自吸泵。

概况 自吸泵根据结构及工作原理通常可以分为以下几类：气液混合式（外混式、内混式）、水环轮式、射流式（水射流、气体射流）。

在市场应用最多的是气液混合式自吸泵，该自吸泵属于离心泵的种类之一，它具有结构紧凑、操作简单、维护方便、寿命长、自吸能力强等优点，管路不须安装底阀。

自吸泵（气液混合式），其中气液分离室中的水回流到泵叶轮外缘处，气体和水在叶轮外缘处混合的称外混式自吸泵（图1）；气液分离室中的水回流到叶轮进口处，气体和水在叶轮进口处混合的称内混式自吸泵（图2）。

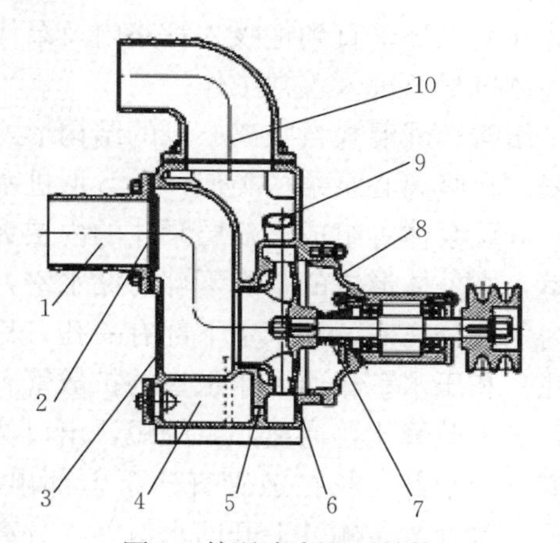

图1 外混式自吸泵结构

1. 进水管 2. 吸入阀 3. 泵体 4. 储水室 5. 回流孔 6. 叶轮 7. 机械密封 8. 轴承体 9. 扩散管 10. 出水管

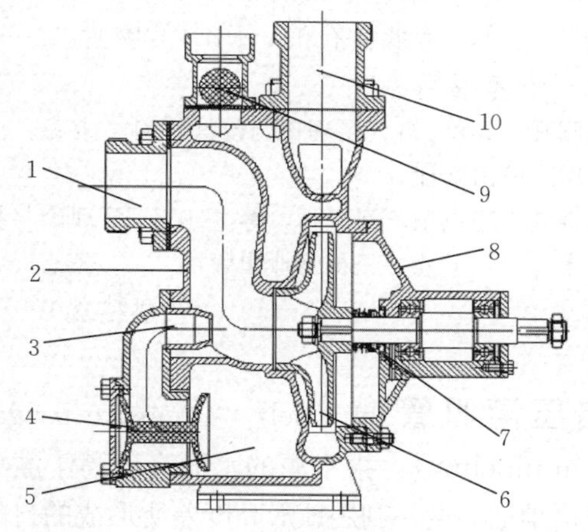

图2 内混式自吸泵结构

1. 进水管 2. 泵体 3. 喷嘴 4. 回流阀 5. 储水室 6. 叶轮 7. 机械密封 8. 轴承体 9. 排气阀 10. 出水管

原理 自吸泵的工作原理：泵第一次启动前在泵体内注满水（再次启动无须在泵体内注水）。泵启动后，压水室的水经扩散管流入气液分离室进行气液分离，气体从排出管排出，气液分离室中的水回流到叶轮外缘，再进行气液混合，不断循环把吸入管路及泵体内的气体排尽，泵进入正常工作；泵启动后，泵体内的水通过回水流道射向叶轮进口，在叶轮内进行充分的气液混合，经压水室扩散管出口排到分离室进行气液分离，如此往复循环，直到把吸入管路内及泵体内的气体排尽，进入正常工作。

结构 外混式自吸离心泵的结构形式与内混式自吸离心泵结构类似，由S形进水弯管、双层泵体等组成。双层泵体的内层为压水室，内外体形成的空腔下部为储水室，上部为气液分离室，储水室下部有一孔（称回流孔）和压水室相通。压水室的扩散管有两种，短扩散管比普通离心泵的短，出口位于分离室的中部；长扩散管直达泵上部出口，这种扩散管要在侧壁上开回水口并在分离室顶部有排气阀。

主要用途 自吸泵适用于农业灌溉、苗圃、果园、茶园喷洒灌溉，城市环保、建筑、消防、化工、制药、染料、酿造、电力、电镀、造纸、石油、矿山等场所。

参考书目

关醒凡，2011. 现代泵理论与设计［M］. 北京：中国宇航出版社 .

袁寿其，施卫东，刘厚林，等，2014. 泵理论与技术［M］. 北京：机械工业出版社 .

（刘建瑞）

自压灌溉管道

自压灌溉管道（self - Pressure irrigation pipeline） 指水源的水面高度高于灌溉区的地面高度，利用地形高度差所形成的自然水头来满足管道运行时所需工作压力的管道。

特点 能充分利用自然压差，形成压力管道系统，不需要消耗电能；供水及时，可缩短轮灌周期，改善田间灌水条件，有利于适时适量灌溉，起到增产增收效果；水工程结构简单、技术容易掌握、运行管理方便、用水量便于控制和计量；使用年限长，管道埋入地下破坏程度小。此种类型管道可大大降低工程投资，在山丘区或地形高差较大的地区应优先采用自压式灌溉管道。

（王勇　王晓林）

自压喷灌

自压喷灌（self - pressure sprinkler irrigation） 利用水源自然水头获得工作压力的喷灌系统。

概况 自压喷灌充分利用了天然水头，减少了系统的运行费用，是一种值得大力推广的喷灌方式。但自压喷灌受地形条件影响，存在一些特殊的问题，如当地形高程变化较大时，规划设计中应考虑进行压力分区，有时还要考虑设置减压和调压设施，用于保证系统安全运行和节约投资。

（郑珍）

自压式低压管道输水灌溉系统

自压式低压管道输水灌溉系统（system of low pressure pipeline irrigation by terrain） 利用地形高差，通过低压管道将水引入灌区的一种输水灌溉形式。当水源水面高程高于灌区地面高程，管网配水和田间灌水所需要的压力完全依靠地形落差所提供的自然水头得到，采用压力管道引用到灌区后，扣除输水水力损失仍然满足灌水器工作压力的要求。

原理 利用地形自然落差加压输水灌溉。

特点 水源位置较高，灌区位置低，这类系统不用油、不用电、不用机、不用泵，故可降低工程投资。在有利的地形条件下可利用的地方均应该首选考虑采用自压式灌溉管道系统。

参考书目

水利部农村水利司，2011. 低压管道输水灌溉［M］. 北京：水利水电出版社 .

王立洪，管瑶，2011. 节水灌溉技术［M］. 北京：中国水利水电出版社 .

（向清江）

最大设计灌水周期

最大设计灌水周期（maximum design irrigation period） 最大灌水定额与作物日蒸发蒸腾量的比值。

概况 水资源是国民经济和社会发展的重要基础资源。随着全球水资源供需矛盾的日益加剧，节水农业成为当今具有世界意义的焦点问题之一，节水灌溉技术势在必行。采用节水灌溉工程可以大大减少输水过程中的渗漏和蒸发损失，使水的利用效率大大提高，可以减少输水渠道占地，提高土地利用率，且管理方便。为保证灌溉设计的规范性，要遵守喷灌灌溉技术参数，其包括最大灌水定额、毛灌溉定额、设计灌水周期。

原理 公式如下：

$$T=[100\gamma h(\beta_1-\beta_2)]/W\cdot\eta$$

式中 T 为设计灌水周期（d）；γ 为土壤容重（kg/cm^3）；h 为计划湿润层深度（cm）；β_1 为适宜土壤含水量上线（%）；β_2 为适宜土壤含水量下线（%）；η 为喷洒水利用系数；W 为日需水量（mm/d），取灌水临界期的平均日需水量。

主要用途 用于计算农业技术灌溉所需周期。

（王勇　李刚祥）

条目汉字笔画索引

说　明

1. 本索引按条题第一汉字的笔画顺序排列。

2. 笔画数相同的字按起笔笔形一（横）、丨（竖）、丿（撇）、丶（点）、乛（折，包括亅、乚、乙等笔形）的顺序排列。

3. 第一字相同的条题，依次按后面各字的笔画数和起笔笔形顺序排列。

五画

六画

七画

八画

九画

十画

十一画

十二画

十四画

十五画

十六画

十七画

十八画

十九画

二十画

条目外文索引
(Index of articles)

说　明

1. 本索引是英文文种的条题。

2. 本索引按条目的外文条题第一个词的第一个拉丁字母的顺序排列，第一个字母相同的，依次按其后一个字母的顺序排列。

A

B

C

N

O

P

Q

R

S

T

U

V

W

图书在版编目（CIP）数据

中国排灌机械全书 / 袁寿其主编．—北京：中国农业出版社，2021.12
ISBN 978-7-109-28312-1

Ⅰ.①中… Ⅱ.①袁… Ⅲ.①排灌机械—中国 Ⅳ.①S277.9

中国版本图书馆 CIP 数据核字（2021）第 104432 号

中国农业出版社出版
地址：北京市朝阳区麦子店街 18 号楼
邮编：100125
责任编辑：张孟骅　　文字编辑：刘金华
版式设计：王　晨　　责任校对：刘丽香
印刷：北京通州皇家印刷厂
版次：2021 年 12 月第 1 版
印次：2021 年 12 月北京第 1 次印刷
发行：新华书店北京发行所
开本：787mm×1092mm　1/16
印张：19.75
字数：438 千字
定价：198.00 元
